随动系统
原理与设计

王浩 刘少伟 时建明 任卫华 冯刚 编著

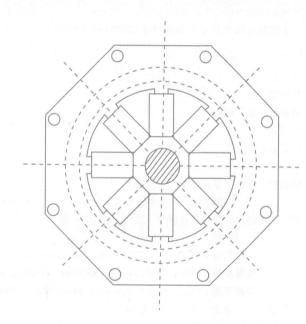

清华大学出版社

北京

内 容 简 介

本书系统地介绍了随动系统的组成和原理,并从工程设计和计算机辅助设计的角度出发,详细地介绍了随动系统的设计方法。内容包括:随动系统的发展及应用,随动系统设计内容及总体设计要求等基本概念,随动系统各部分的组成、原理,随动系统的误差分析、性能分析、非线性分析、稳态设计、动态设计,最后给出了随动系统设计的应用案例。

本书注重系统构成的完整性和应用性,内容丰富,理论性和实用性强,既可作为高校武器发射工程专业、自动控制及自动化专业、机电专业的本科教材,也可作为有关专业和工程技术人员的参考书。

图书在版编目(CIP)数据

随动系统原理与设计/王洁等编著.—北京:清华大学出版社,2020.6(2021.12重印)
ISBN 978-7-302-54734-1

Ⅰ.①随… Ⅱ.①王… Ⅲ.①随动系统—系统理论 ②随动系统—系统设计 Ⅳ.①TP275

中国版本图书馆 CIP 数据核字(2020)第 008767 号

责任编辑:赵 凯 李 晔
封面设计:刘 键
责任校对:梁 毅
责任印制:沈 露

出版发行:清华大学出版社
    网　　　址:http://www.tup.com.cn,http://www.wqbook.com
    地　　　址:北京清华大学学研大厦 A 座　　　　邮　　编:100084
    社 总 机:010-62770175　　　　　　　　　　邮　　购:010-83470235
    投稿与读者服务:010-62776969,c-service@tup.tsinghua.edu.cn
    质量反馈:010-62772015,zhiliang@tup.tsinghua.edu.cn
    课件下载:http://www.tup.com.cn,010-83470236
印 装 者:三河市龙大印装有限公司
经　　销:全国新华书店
开　　本:185mm×260mm　　印　张:20.75　　　字　　数:505 千字
版　　次:2020 年 6 月第 1 版　　　　　　　　　印　　次:2021 年 12 月第 2 次印刷
印　　数:1501～2000
定　　价:79.00 元

产品编号:078300-01

前言

随动系统广泛应用于国防、制造业、船舶、航空及航天等领域,并在武器装备中发挥着重要作用。在防空领域,随动系统是防空武器系统的重要组成部分,其主要作用是解决武器系统对目标的瞄准跟踪问题,其性能好坏直接决定着武器装备的作战效能。随着控制技术的不断发展,防空武器的目标性能也在从低速向高速、从小机动向大机动的方向发展,这就要求武器系统能够适应战场环境的变化,不断提升瞄准系统的性能,从而推动随动系统向着数字化、大功率、高精度、快速的方向发展。

本书针对防空武器装备随动系统的发展以及结构特点,在深入研究多型防空导弹随动系统的基础上,结合作者多年从事地空导弹发射设备教学的经验,从原理、设计和应用的角度详细介绍了随动系统的概念、组成、工作原理、设计思路与方法等专业理论知识,内容丰富翔实,理论联系实际。

全书共 11 章。第 1 章介绍了随动系统的发展及应用、基本概念、设计内容及总体设计要求等基本内容;第 2 章介绍了随动系统主要速度测量元件以及角位置测量元件;第 3 章介绍了信号选择电路、信号转换电路、信号放大电路的组成以及工作原理;第 4 章介绍了交磁电动机放大机、可控硅功率放大装置、脉冲宽度调制(PWM)功率放大器等随动系统功率放大装置的结构、工作原理以及应用;第 5 章介绍了直流伺服电动机、交流伺服电动机、步进电动机等随动系统执行元件的结构、工作原理以及主要特性;第 6 章介绍了随动系统的元件误差、动态误差和稳态误差分析以及数字随动系统的量化误差;第 7 章介绍了随动系统的典型环节数字模型、随动系统性能指标以及性能指标与系统特性的关系;第 8 章介绍了随动系统稳态设计中的控制方案选择、典型负载分析与折算、执行电动机的选择和传动装置的确定、测量元件的选择、选择级的设计以及放大装置的选择;第 9 章介绍了随动系统动态设计中的基于相角裕量的设计方法、基于希望特性的设计方法以及数字控制器设计;第 10 章介绍了非线性系统的特征以及干摩擦、机械结构谐振和传动间隙等随动系统的非线性分析;第 11 章详细介绍了发射架模拟随动系统以及高精度位置数字随动系统设计的应用案例。

本书的成稿,得到了空军工程大学防空反导学院发射系统教研室领导和关心此书编著的同事们的支持和帮助,是教研室集体的心血和创作的成果,也是作者多年从事地空导弹发射设备教学工作的总结。

　　本书的出版得到了军队"2110 工程"以及清华教材资助项目的资助,在此表示衷心感谢。在本书的编写过程中引用了许多专家学者的研究成果,对列入或未列入参考文献的专家学者在该领域所做出的贡献和无私奉献表示崇高的敬意,对能引用他们的成果感到十分荣幸并表示由衷的感谢。

　　限于编者的水平,错误和不妥之处在所难免,恳请广大读者批评指正。

编　者

2020 年 3 月于空军工程大学防空反导学院

目录

第1章

绪 论

1.1 随动系统的发展及应用

1.1.1 控制系统的发展及应用

控制系统是人们为了达到预期的目标而设计,并由相互关联的部件和设备组成的一个有机整体。它是伴随着控制理论的发展和控制技术应用而发展的。控制技术与人类的生活和生产实践紧密相关,是人类在不断认识世界的过程中发展起来的一门重要的科学技术。人类在长期的生产和生活实践中不断创造出各种工具来替代人的手工操作和体力劳动,降低劳动强度,提高工作效率,使人类得以从繁重的体力劳动和重复的手工操作中解放出来,从事更富创造性的工作,并通过不断实践和改进,逐步形成技术先进的控制装置和设备,使生产能力和生产技术得到进一步提高。控制理论是研究自动控制规律的技术学科,是人类通过不断地总结和研究生产过程中的控制技术和方法,而逐步形成的各种有规可循的控制理论与方法。控制理论的发展加速了控制技术的广泛应用和高水平发展,控制技术应用和发展又推动着控制系统快速发展,同时促进新的控制理论的形成和发展,控制理论正向以控制论、信息论、人工智能为基础的智能控制理论方向发展。现在控制系统已成为人类社会活动中不可缺少的重要组成部分。

控制技术在工业生产过程中的真正应用距今已有 200 多年的历史。早期的主要应用是轮船驾驶,随着当时海运的发展需求,轮船体积及速度的增加,仅靠人力已不能胜任轮船的驾驶。因此,需要采用大功率辅助导航装置,于是产生了利用蒸汽功率控制的导航系统。斯克尔斯(Sickels)于 1849 年发明了世界上第一台蒸汽导航引擎。英国人葛莱(Gray)于 1859年设计了第一艘具有闭环控制功能的蒸汽轮船,称为"大东方(Great Eastern)"。可以说在1868 年以前,大部分自动控制技术还处于利用人的直觉控制阶段,人们通过加入机械转换装置,以减轻人类的劳动强度。因此,早期的自动控制系统是人参与的控制系统,人工控制和驱动执行装置对被控物体进行控制,人的感觉器官作为测量装置,感受被控物体的控制结果,人脑作为中枢控制器对通过感官获得的信息进行分析、比较,并做出判断和决策。由此可见,在人参与的简单控制系统中,已包含执行、测量和控制等各个环节。尽管在生产过程中人类实现了生产过程的机械化,但其监督与调整生产过程的任务仍需要通过人工来完成,人要用眼、耳等感官不断监督系统的运行过程,直接获取生产过程的信息,然后由大脑对这些信息进行处理和决策,并通过人工对执行装置进行调整来改变系统的运行状态。随着工业生产的要求日益精密化、快速化,对控制系统的性能要求也越来越高,人的大脑思维在速度、可靠性和耐力等方面越来越不能胜任系统性能不断增长的要求。随着人类对控制系统的不断认识和总结,逐步对控制系统从每个环节的孤立器件认识,发展到作为系统中的系统部件来认识,使控制系统的理论和技术逐步形成并在应用中得到发展。

从 20 世纪初开始,控制技术得到了迅速发展,并广泛应用于国民经济各个方面,不仅改善了劳动条件,而且极大地提高了劳动生产率和产品质量,推动了现代工农业的巨大发展。近几十年来,随着电子计算机技术的发展和应用,在宇宙航行、航天发射、导弹制导、舰船控制以及核动力等高新技术领域中,控制技术更加具有特别重要的作用。不仅如此,控制技术的应用范围现已扩展到生物、医学、环境、经济管理和其他许多领域,在现代工业生产、军事领域和经济活动中发挥着重要作用。

在军事上,控制技术有效地提高了武器的精确度和威力。以雷达、导弹发射架随动系统为例,当敌方飞行器在空中飞行时,雷达天线自动跟踪目标,并始终指向目标。雷达测量出目标方位和高低角数据经过计算机处理后,送给导弹发射架随动系统,作为方位角和高低角随动系统的输入,控制导弹发射架随动系统在方位和高低方向的转动,给导弹赋予初始瞄准射向。当允许导弹发射时,将导弹发射出去,而瞄准的角度误差要求仅有几分。如果不利用控制系统实现,发射架随动系统很难达到跟踪精度的要求。发射系统本身很重,现代空中飞行目标的速度又很快,要准确地快速响应,用人力直接控制发射架随动系统进行目标跟踪是完全达不到跟踪精度和快速性要求的。所以,只有利用控制技术实现导弹发射架随动系统,才能适应战争的需要。控制系统在军事上的应用越来越广泛,也越来越重要,如导弹制导控制系统将导弹引导到敌方目标、无人驾驶飞机在导航系统的控制下按照预定航迹自动升降和飞行、雷达天线的控制、火炮的方位角与俯仰角的控制等,所有这些执行部件任务的完成和控制都需要借助控制系统。

在航天、核能等方面,控制技术更是不可缺少,控制系统的应用更为重要。例如,要把重量达数吨的人造卫星准确地送入预先计算好的位于数百公里甚至几千公里高空的轨道和指定位置,并使它一直保持着正确的姿态运行,使它的太阳能电池一直朝向太阳,无线电天线一直指向地球,还要保持卫星内的环境条件正常,使它所携带的各种仪器自动准确地工作等,所有这些都是对空间飞行器的姿态以及轨道参数等的控制,都是以高性能的控制系统为前提的。

随现代控制理论的发展,特别是计算机的迅速发展,为现代控制理论的应用奠定了基础。控制科学和控制技术也随着军事应用和航空航天的需求跨入了一个新阶段,使控制技术水平不断提高和不断适应日益复杂、日益精密、难度越来越大的控制要求,并且控制系统的应用也不断扩展到国民经济和社会生活的各个方面。目前,控制技术和自动控制理论还在继续发展,并且已跨越学科界限,正向以控制论、信息论、仿生学等为基础的智能控制理论方面深入发展,控制系统的组成及其设计方法与几十年前甚至十年前传统的机电控制系统相比已经有了很大的不同,新技术、新设备和新方法的融入,控制系统和控制技术飞速发展,使得控制系统在国民经济与日常生活中起到越来越重要的作用。

1.1.2 随动系统的发展及应用

随动系统亦称为伺服系统(Servo-System),是自动控制系统中的一种。它通常是具有负反馈的闭环控制系统,有的场合也可以用开环控制系统来实现其功能。"伺服"概念最早出现于20世纪初。1934年,第一次提出了伺服机构(Servomechanism)这个词。对随动系统的控制技术一般称为"伺服控制技术",随动系统的发展是伴随电子与电力的应用和伺服控制技术的发展而发展的。伺服控制技术的发展,一方面是工业生产的需求,尤其是军事装备发展的需求;另一方面与控制器件、功率驱动装置和执行机构的发展紧密相联。

为了便于了解随动系统的发展,本书按照控制器件和功率驱动装置的发展,对随动系统的发展大致归纳为以下4个阶段。

第一阶段是20世纪40年代和50年代初期,以电磁放大元件作为功率放大装置,以直流电动机作为执行机构。具有代表性的功率放大元件是交磁放大电动机。世界上第一个随动系统是由美国麻省理工学院辐射实验室(林肯实验室的前身)于1944年研制成功的火炮自动跟踪目标的随动系统。这种早期的随动系统都是采用交磁放大电动机-直流电动机式的驱动方式。由于交磁放大电动机的频响差,电动转动部分的转动惯量以及电气时间常数都比较大,该阶段随动系统的特点是响应速度比较慢。第二次世界大战期间,由于军事上的需求,复杂零件的加工提出了诸如大功率、高精度、快速响应等一系列高性能要求。在这个时期单纯使用电磁元件随动系统很难满足这些要求。

第二阶段是20世纪50年代末期和60年代初期,在军事需求的驱动下也促使人们深入研究液压技术,使液压伺服技术得以迅速发展,关于液压伺服技术的基本理论也日趋完善,从而使电液随动系统的应用达到了前所未有的高潮,并被广泛应用到武器装备、航空、航天等军事领域、工业部门以及高精度机床控制中。电液随动系统良好的快速性、低速平稳性等一系列性能,使得在20世纪60年代,液压控制技术被广泛应用,电液随动系统有优于交磁放大电动机控制的直流随动系统趋向。一些由电动机拖动的机床进给系统也相继改成了电液随动系统。虽然电液随动系统在快速性、低速平稳性上优于以交磁电动机放大机为放大元件的电气随动系统,但液压元件因存在漏油、维护和维修不方便,对油液中的污染物比较敏感,而导致经常发生故障等缺点,影响了电液随动系统在军事装备中的广泛应用。

第三阶段是20世纪70年代以来,电力电子技术(即大功率半导体技术)发展,电气随动系统的重要元件在性能上的有了新的突破,尤其是1957年可控的大功率半导体器件——晶闸管问世,推出了新一代的开和关都能控制的"全控式"电力电子器件。与此同时,稀土永磁材料发展和电动机制造技术的进步,使得性能良好的执行元件得以发展,与PWM脉宽调制放大器相配合,使直流电源以1~10kHz的频率交替导通和断开,以改变脉冲电压的宽度来改变平均输出电压,从而控制执行电动机的转速,大大改善了随动系统的性能,促进了电气随动系统的发展。用大功率晶体管PWM控制的永磁式直流伺服电动机驱动装置,实现了宽范围的速度和位置控制,较常规的驱动方式(交磁电动机放大机驱动、晶体管线性放大驱动、电液驱动、晶闸管驱动)具有无可比拟的优点。

第四阶段是随着数字技术的飞速发展,计算机技术和控制理论的发展为数字随动系统的发展奠定了基础。将计算机与随动系统相结合,使计算机成为随动系统中的一个环节已成为现实。现代控制理论的发展,为数字随动系统提供了新的控制律以及相应的分析和综合方法,而计算机技术的发展为数字随动系统提供了实现这些控制律的可能性。以计算机作为控制器、基于现代控制理论的随动系统,其品质指标无论是稳态性能还是动态性能,都达到了前所未有的水平。在全数字控制方式下,利用计算机实现了控制器的软件化。现在很多新型的控制器都采用了多种新算法,目前比较常用的算法主要有 PID(比例-积分-微分)控制、前馈控制、可变增益控制、自适应控制、预测控制、模型跟踪控制、在线自动修正控制、模糊控制、神经网络控制、H∞控制等。通过采用这些控制算法,使随动系统的响应速度、稳定性、准确性和可操作性都达到了很高的水平。在数字随动系统中,利用计算机来完成系统的校正,改变随动系统的增益、带宽,完成系统的管理、监视等任务使系统向智能化方向发展。

由于大规模集成电路的飞速发展,以及计算机(特别是高性能、高集成度数字控制器——DSP 控制器)在随动系统中的广泛应用,使构成随动系统的重要组成部分——伺服元件发生了巨大的变革,并且向着便于计算机控制的方向发展。为提高控制精度,便于计算机连接,位置、速度等测量元件也趋于数字化、集成化。用数字计算机作控制器,以高精度数字式元件(如光电编码器)作位置反馈元件,进一步提高了随动系统的静态精度。

随着微处理器技术、大功率高性能半导体功率器件技术和电动机永磁材料制造工艺的发展及其性能价格比的日益提高,交流随动系统在技术上已趋于成熟,具备十分优良的低速性能,并可实现弱磁高速控制,拓宽了系统的调速范围,适应了高性能伺服驱动的要求。并且随着永磁材料性价比的提高,其在工业生产自动化领域中的应用亦越来越广泛,交流伺服技术已经成为工业领域实现自动化的基础技术之一。交流随动系统按其采用的驱动电动机的类型来分,主要有两大类:永磁同步(SM 型)电动机构成的交流随动系统和感应式异步(IM 型)电动机构成的交流随动系统。其中,永磁同步电动机目前已成为交流随动系统的主流。感应式异步电动机由于其结构坚固,制造容易,价格低廉,因而具有很好的发展前景,代表了未来伺服技术的发展方向。但由于感应式异步电动机交流随动系统采用矢量转换控制,相对永磁同步电动机随动系统来说控制比较复杂,而且电动机低速运行时还存在着效率低、发热严重等问题,并未得到广泛应用。

由于随动系统是自动控制系统的一种,以传递函数、拉普拉斯变换和奈奎斯特稳定性理论、根轨迹法为基础的经典分析和设计方法也是进行随动系统分析和设计的常用方法。这些方法主要用于单输入/单输出系统的分析和设计,而对于多输入/多输出时变系统的分析与设计无能为力。20 世纪 60 年代以来,现代控制理论的发展,为多变量时变系统的分析与设计奠定了基础,也为计算机在随动系统中应用提供了理论基础,并为航空、航天飞行器等复杂控制系统的设计提供了技术基础,基于现代控制理论的分析与设计也成为随动系统设计的发展趋势。但从系统的复杂性上看,单纯的速度和位置随动系统远非空间飞行器控制技术那样复杂,因此,经典的控制系统分析与设计方法在随动系统的分析与设计中至今仍然广泛使用。

目前,随动系统在军事、机械制造等领域应用最多也最广泛。在机械加工制造业,各种机床运动的速度控制、运动轨迹控制、位置控制等,都是依靠各种随动系统进行控制。它们不仅能完成转动控制、直线运动控制,而且能依靠多套随动系统的配合,完成复杂的空间曲线运动的控制,如仿型机床的控制、机器人手臂关节的运动控制等。它们完成的运动控制精度高、速度快,远非一般人工操作所能达到。在冶金工业中,电弧炼钢炉、粉末冶金炉等的电极位置控制,水平连铸机的拉坯运动控制,轧钢机轧辊压下位置的控制等,都是依靠随动系统来实现的。在运输行业中,电气机车的自动调速、高层建筑中电梯的升降控制、船舶的自动操舵、飞机的自动驾驶等,都是由各种随动系统进行控制的,从而减轻操作人员的疲劳感,同时也大大提高了工作效率。特别是在军事上,随动系统用得更为普遍,如用于雷达天线自动瞄准跟踪控制的随动系统,火炮和防空导弹发射架瞄准跟踪的方位和高低角随动系统,用于坦克炮塔防摇的稳定控制系统、防空导弹的制导控制系统、鱼雷的自动控制系统等。图 1-1 分别给出了前苏联的 SA-2、SA-6 防空导弹发射装置,美国的"爱国者""霍克"导弹发射装置,美国、意大利和德国合研的"迈兹"防空导弹发射装置和意大利的"阿斯派德"防空导弹发射装置,都采用倾斜发射方式,利用随动系统实现对目标的跟踪和瞄准,其中"爱国者"和"迈兹"防空导弹发射装置是倾斜定角发射装置。

(a) SA-2导弹发射装置

(b) SA-6导弹发射装置

(c) "爱国者"导弹发射装置

(d) "霍克"导弹发射装置

(e) "迈兹"导弹发射装置

(f) "阿斯派德"导弹发射装置

图 1-1 倾斜发射方式导弹发射装置

1.1.3　随动系统的发展趋势

随着军事领域和工程应用对随动系统的要求越来越高。从国外和国内随动系统的发展和应用情况来看,随动系统的发展趋势可以概括为以下几个方面。

1. 交流化

随动系统将继续由直流随动系统向交流随动系统方向发展。从目前国际市场的情况看,在工业发达国家,交流伺服电动机的市场占有率已经超过80%。在国内,交流伺服电动机的应用也越来越多,正在逐步地超过直流伺服电动机的应用,交流伺服电动机将会逐步取代直流伺服电动机的应用。

2. 数字化

采用新型高速微处理器和专用数字信号处理器(DSP)作为控制器将全面代替以模拟电子器件为主的控制器,从而实现随动系统的数字化或全数字化,将原有的硬件控制变成了软件控制,从而使随动系统中应用现代控制理论的先进算法(如最优控制、人工智能、模糊控制、神经元网络等)成为可能。随着大规模集成电路的飞速发展和计算机在随动系统中的普遍应用,随动系统已向着易于计算机控制的方向发展。便于与计算机相连的位置、速度等测量元件也趋于数字化、集成化。例如,各种类型的轴角编码器、光电脉冲速度测量元件等在随动系统中得到了广泛的应用。

3. 采用新型电力电子半导体器件

目前,随动系统的输出器件越来越多地采用开关频率很高的新型功率半导体器件,主要有大功率晶体管(GTR)、功率场效应晶体管(MOSFET)等。这些先进器件的应用显著地降低了随动系统的功耗,提高了系统的响应速度,降低了系统运行噪声。尤其是,新型的随动系统已经开始使用一种把控制电路功能和大功率电子开关器件集成在一起的新型模块,称为智能控制功率模块(Intelligent Power Module,IPM)。这种器件将输入隔离、能耗制动、过温、过电压、过电流保护及故障诊断等功能全部集成于一个模块之中,其输入逻辑电平与TTL信号完全兼容,与微处理器的输出可以直接接口。它的应用显著地简化了随动系统的设计,并实现了随动系统的小型化和微型化。

4. 高度集成化

大规模集成电路的应用,随动系统的速度和位置控制单元的集成,使控制单元具有高度的集成化、小型化和多功能的控制作用。同一个控制单元,只要通过软件设置系统参数,就可以改变其性能,既可以使用电动机本身配置的传感器构成半闭环调节系统,又可以通过接口与外部的位置或速度或力矩传感器构成高精度的全闭环调节系统。高度的集成化还使随动系统的安装与调试工作得到了简化。

5. 智能化

智能化是所有工业控制设备的发展趋势,随动系统作为一种常用的工业控制设备当然也不例外。现代数字化的伺服控制单元都尽可能设计为智能型产品,其主要特点如下:

(1) 具有参数记忆功能,系统的所有运行参数都可以通过软件方式设置,保存在伺服控制单元内部,并通过通信接口,这些参数甚至可以在运行途中由上位计算机加以修改;

(2) 具有故障自诊断与分析功能,无论什么时候,只要系统出现故障,就会将故障的类型以及可能引起故障的原因通过用户界面显示出来,简化了维修与调试的复杂性;

（3）有的随动系统还具有参数自整定的功能。保证随动系统满足系统的性能指标,带有自整定功能的伺服单元可以通过几次试运行,自动将系统的参数整定出来,并自动实现其最优化。

6. 模块化和网络化

随着网络技术的发展,以局域网技术为基础的工厂自动化(Factory Automation,FA)技术得到了长足的发展,有些新研制的随动系统配置了标准的串行通信接口(如 RS-232C 或 RS-422 接口等)和专用的局域网接口。这些接口的设置,显著地增强了随动系统与其他控制设备间的互连能力,使随动系统与计算机数字控制(CNC)系统间的连接也变得简单。随动系统单元既可与上位计算机连接成整个数控系统,也可以通过串行接口与可编程控制器(PLC)的数控模块相连。

综上所述,随动系统将向两个方面发展:一方面是满足一般工业应用要求,对性能指标要求不高的应用场合,发展以低成本、少维护、使用简单等特点的驱动产品,如变频电动机、变频器等;另一方面是满足高性能需求的应用领域,发展具有高水平的伺服电动机、控制器,开发高性能、高速度、数字化、智能化、网络化的驱动控制。

1.2　随动系统的基本概念

1.2.1　随动系统的定义

随动系统是用来控制被控对象的某种状态,使其能自动地、连续地、精确地复现输入信号的变化规律,通常是闭环控制系统。其作用在于系统接收来自上位控制装置的指令信号,驱动被控对象跟随控制指令运动,实现快速、准确的运动控制。随动系统主要解决被控对象的速度或位置跟踪控制问题,其根本任务就是实现对输入指令的准确跟踪。本书主要介绍位置随动系统(以下简称随动系统)的原理与设计方法。

1.2.2　随动系统的组成

为了便于说明随动系统的组成,下面介绍 3 个实际随动系统。

图 1-2 是防空导弹发射装置方位角随动系统示意图。图 1-2 中 $\varphi_r(t)$ 为雷达天线指向的目标方位角,$\varphi_c(t)$ 为防空导弹发射装置方位角随动系统的输出方位角,希望防空导弹的方位角与雷达天线指向的目标方位角一致,这时 $\varphi_r(t)-\varphi_c(t)=0$,说明导弹能完全跟随目标。在图 1-2 中,方位角执行电动机 M 是电枢控制的直流电动机,其电枢电压由功率放大装置提供,并通过自整角机误差测量装置提供的控制电压 u_a 来改变电动机的电枢电压控制执行电动机转动,并经过减速器带动发射架在方位上转动(即被控量)。图 1-3 是防空导弹发射架方位角随动系统的原理框图。

在图 1-3 中,误差 $e(t)=\varphi_r(t)-\varphi_c(t)$,这一误差通过自整角机线路测量并转换为误差电压 $u_e(t)$,经串联校正装置、放大器放大,再经功率放大器进行功率放大后加到执行电动机电枢两端,控制执行电动机转动。执行电动机一方面经减速器减速带动防空导弹发射装置方位角系统朝着消除误差的方向转动,只要输出方位角 $\varphi_c(t)$ 和输入方位角 $\varphi_r(t)$ 不相等,就会产生误差电压控制执行电动机转动来消除误差,使导弹不断地跟踪瞄准目标,直到误差角等于零,执行电动机停止转动;另一方面经过测速发电动机并联负反馈,负反馈信号

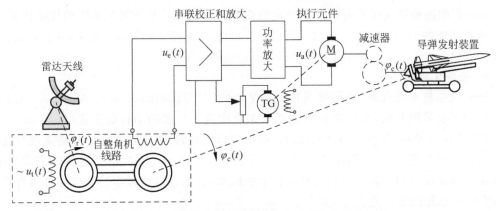

图 1-2 防空导弹发射装置方位角随动系统示意图

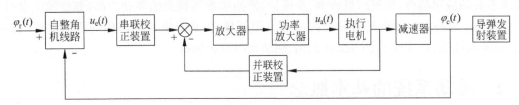

图 1-3 防空导弹发射架方位角随动系统的原理框图

加到放大器,形成速度环对放大部分的变化进行补偿。当 $e(t)=0$ 时,方位角随动系统实现了输出角 $\varphi_c(t)$ 复现输入角的运动 $\varphi_r(t)$,导弹指向与雷达指向一致,说明导弹已瞄准目标,可以发射导弹。串联校正装置和并联校正装置用于提高系统的品质性能。

图 1-4 是工业控制中的龙门刨床速度控制系统原理图。当毛坯表面不平整时,加工时龙门刨床速度变化很大。为了保证加工精度,一般不允许刨床速度变化过大,因此必须对速度进行控制。图中,刨床执行电动机 M 是电枢控制的直流电动机,其电枢电压由晶闸管整流装置 KZ 提供,并通过触发器 CF 的控制电压 u_k 来改变电动机的电枢电压,从而改变电动机的速度(即被控量)。测速发电动机 TG 是测量元件,用来测量刨床速度并给出与速度成正比的电压。然后将 u_f 反馈到输入端并与给定电压 u_i 反向串联便得到偏差电压 $\Delta u = u_i - u_f$。这里 u_i 是根据刨床工作情况预先设定的速度给定电压,它与反馈电压 u_f 相减便形成偏差电压,因此称为负反馈电压。由于偏差电压比较小,故需经放大器 FD 放大后才能成为触发器的控制电压。在系统中被控对象是电动机,触发器和整流装置起着执行控制的作用。

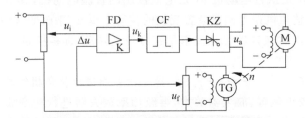

图 1-4 龙门刨床速度控制系统原理图

在如图 1-4 所示的刨床速度控制系统中,当刨床正常工作时,对于给定电压 u_i,执行电动机必须有确定的速度与给定值速度 n 相对应,同时测速发电动机也有相应的输出电压 u_f

以及相应的偏差电压 Δu 和触发控制电压 u_k。如果刨床负载变化,将使速度变化而偏离给定值 u_i。若刨床负载增大,使执行电动机的转速下降偏离给定值,测速发电动机的输出电压 u_f 降低,偏差电压 Δu 和触发器控制电压 u_k 增大,从而使晶闸管整流电压 u_a 增大,逐步使执行电动机的转速 n 升高,使执行电动机转速回升到给定值。在刨床速度控制过程中,如果调整给定电压 u_i,便可改变刨床的工作速度。因此,在如图 1-4 所示的速度控制系统中,既可在不同的负载下自动维持刨床的速度不变,也可根据需要自动改变刨床的速度,其工作原理都是相同的,它们都是由测量元件(测速发电动机)对被控量(速度)进行检测,并将测量结果反馈给比较电路(即速度负反馈),与给定值相减而得到偏差电压,经放大器放大和变换(触发器和晶闸管整流装置)后,执行元件便依据偏差电压的性质对被控量(速度)进行调节,从而使偏差消失或减小到允许范围。图 1-5 是刨床速度控制系统的方框图。

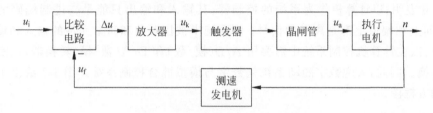

图 1-5 刨床速度控制系统的方框图

图 1-6 是某火炮数字随动系统原理图。系统采用 MCS-96 系列单片机作为控制计算机或数字控制器(专用微型计算机),以 PWM(脉宽调制)放大器作为功率放大器控制直流电动机形成数字控制系统,具有低速性能好、稳态精度高、快速响应性好、抗扰能力强等特点。整个系统主要由控制计算机、PWM 放大器、被控对象和位置反馈 4 部分组成。控制计算机具有 3 个输入接口和 5 个输出接口。数字信号发生器给出 16 位数字输入信号 θ_i 经两片8255A 的 A 口进入控制计算机,系统输出角 θ_o(模拟量)经多极双通道旋转变压器和 A/D转换器及其锁存电路完成轴角编码,将输出角模拟量转换成二进制数码(粗、精各 12 位),该数码经锁存后,取粗 12 位、精 11 位分别由 8255A 的 B 口和 C 口进入控制计算机。经计算机程序运算,将精、粗合并,得到 16 位数字量的系统输出角 θ_o。

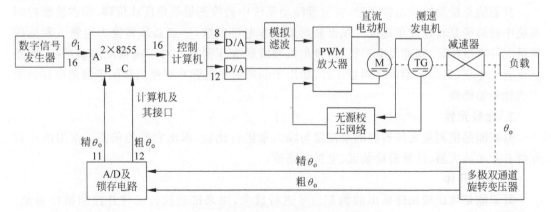

图 1-6 某火炮数字随动系统原理图

控制计算机的输出为主控输出口和前馈输出口,主控输出口由 12 位 D/A 转换芯片等组成,其中包含与系统误差角 θ_e 及其一阶差分 $\Delta\theta_e$ 成正比的信号,同时也包含与系统输入角 θ_i 的一阶差分 $\Delta\theta_i$ 成正比的复合控制信号,从而构成系统的模拟量主控信号,通过 PWM 放大器,驱动直流电动机,带动减速器与火炮,使其输出转角 θ_o 跟踪数字指令 θ_i。前馈输出口由 8 位 D/A 转换芯片等组成,它将数字前馈信号转换为相应的模拟信号,再经模拟滤波器滤波后加入 PWM 放大器,作为系统控制量的组成部分作用于系统,主要用来提高系统的控制精度。

控制计算机及其接口、PWM 放大器(包括前置放大器)、直流电动机和减速器构成闭环系统控制负载(火炮)连续运动。测速发电动机,以及速度和加速度无源反馈校正网络用以提高火炮随动系统的性能。

图 1-6 表明,以计算机作为系统的控制器,其输入和输出只能是二进制编码的数字信号,即时间上和幅值上都是离散的信号;而系统中被控对象和测量元件的输入和输出是连续信号,所以在计算机控制系统中需要用 A/D(模/数)和 D/A(数/模)转换器,以实现两种信号的转换。因此,火炮数字随动系统是数字与模拟混合控制系统。图 1-7 给出了数字随动系统的方框图。

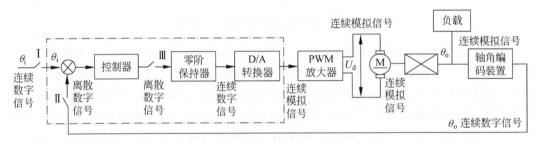

图 1-7　数字随动系统的方框图

由以上 3 个实际随动系统的工作原理可以看到,随动系统的应用很广,种类很多,组成元件和工作状况多种多样,按组成随动系统的元部件的职能可分为以下几类。

1. 测量元件

其职能是检测被控制物理量,在位置随动系统中被检测量是角度或位移,而在速度控制系统中被测量是转速或角速度。如果被测量是非电量参数,一般必须转换为电量。常见的测量元件有电位计、测速发电动机、自整角机和旋转变压器等。对于高精度随动系统,测量精度要求更高,可以选用数字测量元件,如用于测速的光电脉冲测速机和用于测角位移的数字式轴角编码器。

2. 比较元件

其职能是把测量元件检测的被控量与输入量进行比较,求出它们的偏差。常用的比较元件有差动放大器、机械差动装置、电桥电路等。

3. 放大元件

其职能是将比较元件给出的偏差信号进行放大,用来推动执行元件并控制被控对象。电压放大元件有电子管、晶体管等,功率放大元件有电动机放大机、可控硅晶闸管整流电路、PWM 功率放大器等。

4. 执行机构

其职能是直接驱动被控对象。电气随动系统常用执行元件有电动机,液压随动系统常用执行元件有液压电动机等。

5. 校正元件

其职能是改善随动系统的动态和稳态品质。校正元件也称补偿元件,它是结构和参数都易于调整的元件,以串联或并联方式连接在系统中。最简单的校正元件是由电阻、电容组成的无源或有源网络。现代随动系统也多用计算机作为校正元件。

6. 信号转换电路

其职能使各部件之间能有效地组配和连接,实现信号的有效传递和控制。随动系统常用的信号转换电路有交流-直流转换、直流-交流转换、直流-直流、频率-电压和电压-频率转换等。

7. 电源和辅助装置

其职能是给随动系统的各部分提供所需的各种类型电源,并对系统进行保护和支持随动系统完成控制功能。电源装置常用有 50Hz 的工频电源、400Hz 的中频电源和各种直流电压的开关电源等。辅助装置常用的有过载保护装置、限位器、行程开关和制动器等。

从组成随动系统的职能元件来看,随动系统的组成可简单地用图 1-8 来表示。

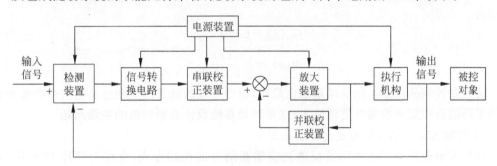

图 1-8 随动系统的组成框图

1.2.3 随动系统的分类和结构

随着控制技术的不断发展,组成随动系统的元件不断出现,随动系统的具体结构形式多种多样,随动系统的类型也多种多样,按不同的方式分类,则得到不同名称的随动系统。

1. 按输出物理量方式分类

(1) 位置随动系统,即系统的输出量是角位移量或位置位移量。

(2) 速度随动系统,即调速控制系统,它的输出量是角速度或位移速度。

2. 按系统的控制方式分类

1) 按误差控制的随动系统

它的特点是系统的运动快慢取决于误差信号的大小。当误差为零时(即系统的输出量与输入量完全相等),系统便处于静止状态。按误差控制的随动系统的结构形式如图 1-9 所示,它由前向通道 $G(s)$ 和反馈通道 $H(s)$ 构成,也称闭环控制系统。

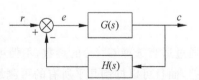

图 1-9 按误差控制的系统结构图

系统的开环传递函数为

$$G_o(s) = G(s)H(S) \tag{1-1}$$

系统的闭环传递函数为

$$\Phi(s) = \frac{G(s)}{1 + G_o(s)} \tag{1-2}$$

若系统是调速系统,输入 r 为给定电压 U_r,输出 c 为速度,与输出速度相应的反馈电压为 U_f,用输入信号 U_r 与反馈信号 U_f 的差进行控制,则误差 e 为误差电压

$$e = U_r - U_f \tag{1-3}$$

调速系统的速度反馈通常采用测速发电动机,所以主反馈通道的传递函数为常系数,即

$$H(s) = K_f \tag{1-4}$$

若系统为角位置随动系统,输入 r 为角位移 φ_r,输出 c 为角位移 φ_c,将输出角位移 φ_c 信号反馈到输入端,用输入角位移 φ_r 与输出角位移 φ_c 进行控制,则误差 e 为误差角

$$e = \varphi_r - \varphi_c \tag{1-5}$$

那么位置随动系统的主反馈通道的传递函数通常是

$$H(s) = 1 \tag{1-6}$$

即所谓的单位反馈系统,这也是位置随动系统的特点。它的开环传递函数与闭环传递函数分别为

$$G_o(s) = G(s) \tag{1-7}$$

$$\Phi(s) = \frac{G(s)}{1 + G(s)} \tag{1-8}$$

按误差控制的随动系统应用最早也最广,由于系统的动态品质和稳态品质存在着矛盾,要使系统输出能完全准确地复现输入,这是随动系统设计必须解决的主要问题。

2) 按输入或扰动补偿的复合控制系统

这种类型的随动系统采用负反馈与前馈相结合的控制方式,也称为开环-闭环控制系统,如图 1-10 所示,图中 $G_q(s)$ 为前馈通道的传递函数。

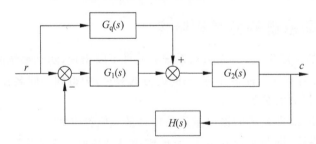

图 1-10　按输入或扰动的复合控制系统结构图

系统闭环传递函数为

$$\Phi(s) = \frac{[G_q(s) + G_1(s)]G_2(s)}{1 + G_1(s)G_2(s)H(s)} \tag{1-9}$$

通过适当选择 $G_q(s)$ 的参数,不但可以保持系统稳定,而且可以极大地减小乃至消除稳态误差,而且可以抑制几乎所有的可测量扰动。无论是速度控制还是位置控制随动系统,都可以通过复合控制形式,提高系统的精度和快速性,而不影响系统的闭环稳定性。

3）模型跟踪控制系统

这种类型的控制系统除了具有前向主控制通道外，还有一条与它平行并行的模型通道 $M(s)$，如图 1-11 所示。在模拟随动系统中，它通常用电子线路来实现；在数字随动控制系统中，它主要用计算机软件来实现。将两条通道输出的差 e 作为主反馈信号，通过反馈通道 $H(s)$ 反馈到主通道的输入端，要求系统的实际输出 c 跟随模型的输出 c_m。

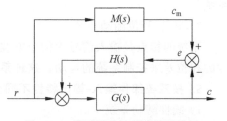

图 1-11　模型跟踪控制系统结构图

两条通道输出差为

$$e = c_m - c \qquad (1\text{-}10)$$

与复合控制系统类似，该系统的传递函数可表示为

$$\Phi(s) = \frac{[1 + M(s)H(s)]G(s)}{1 + G(s)H(s)} \qquad (1\text{-}11)$$

由式(1-11)可以看出，通过适当选取模型通道的传递函数 $M(s)$ 和反馈通道的传递函数 $H(s)$，可以使系统获得较高的精度和良好的动态品质。它可以看成是由复合控制演变而成的，故仍属于相同的一类。模型跟踪控制用于速度随动系统比较方便，在位置随动系统中只适宜将它用于速度环的控制。

3. 按组成系统元件的物理性质分类

1）电气随动系统

组成系统的元件除机械部件外，均是电磁或电子元件。根据执行元件所用电动机种类的不同，又将电气随动系统分为 3 类：

(1) 纯直流随动系统。系统中传递的都是直流信号，执行元件是直流伺服电动机。

(2) 纯交流随动系统。系统中传递的都是交流信号，执行元件是交流伺服电动机。

(3) 交直流混合系统。系统中传递的既有交流信号又有直流信号。当执行元件是直流伺服电动机时，在直流信号前应增加交流信号到直流信号的变换电路(称为相敏整流电路或解调器)；当执行元件是交流伺服电动机，在交流信号前应增加直流信号到交流信号的变换电路(称为调制器)。

2）电气-液压随动系统

系统的误差测量装置与前级放大部分是电气的，而系统的功率放大与执行元件则是液压元件。

3）电气-气动随动系统

系统的误差测量与前级放大部分是电气的，而执行元件是气动元件。

4. 按系统传递信号的特点分类

1）连续随动系统

系统中传递的电信号是连续的模拟信号而不是离散的数字信号。

2）数字随动系统

系统中传递的电信号既有离散的脉冲数字信号，又有连续的模拟信号。数字信号与模拟信号必须经过转换才能进行传递。在数字随动系统中，数字计算机作为系统的控制器，是系统的一个环节，其输入和输出都必须是数字信号，而系统中模拟元件的输入和输出必须是模拟信号。因此,在数字随动系统中必须有数/模(D/A)、模/数(A/D)转换器。所以说数字随动系统是模拟信号和数字信号的混合系统,实质上数字随动系统就是一种计算机控制系统。

3)脉冲-相位随动系统

系统的特点是输入信号为指令方波脉冲,输出也转换为方波脉冲,按输入与输出方波脉冲的相位差来控制系统的运动。这种系统又称为锁相随动系统。

5. 按系统部件输入-输出特性不同分类

1)线性随动系统

系统各部件的输入-输出特性在正常工作范围内均是线性关系。可用线性微分方程或线性状态方程描述系统的运动。

2)非线性随动系统

系统中含有输入-输出特性是非线性的部件。描述这种系统的微分方程是非线性微分方程。

严格地说,任何一个实际的随动系统都是非线性系统,不可能存在那种理想的线性系统,因为组成系统的某些元部件总是存在较小的不灵敏区(或称死区),并有饱和界限。但只要系统处于正常的工作状态时,系统仍能工作在线性区,则称系统是线性系统。而当系统处于正常的工作状态时,有元部件的输入-输出特性存在非线性特性,就称该系统为非线性系统。

6. 按执行元件功率大小分类

(1)小功率随动系统。一般指执行元件输出功率在50W以下。

(2)中功率随动系统。一般指执行元件输出功率在50~500W。

(3)大功率随动系统。一般指执行元件输出功率在500W以上。

7. 按随动系统的无差度来分类

1)一阶无差度随动系统

一阶无差度随动系统又称为Ⅰ型系统或一阶无静差系统,系统的结构特点是正向通道(主通道)包含一个纯积分环节,它的开环传递函数形式为

$$G(s) = \frac{K(1 + b_1 s + b_2 s^2 + \cdots + b_m s^m)}{s(1 + a_1 s + a_2 s^2 + \cdots + a_n s^n)} \quad (n > m) \tag{1-12}$$

Ⅰ型系统结构简单、易于稳定,快速性较好,一直被广泛应用。

2)二阶无差度随动系统

二阶无差度随动系统又称为Ⅱ型系统或二阶无静差系统,系统的结构特点是正向通道(主通道)包含两个纯积分环节,它的开环传递函数形式为

$$G(s) = \frac{K(1 + b_1 s + b_2 s^2 + \cdots + b_m s^m)}{s^2(1 + a_1 s + a_2 s^2 + \cdots + a_n s^n)} \quad (n > m) \tag{1-13}$$

Ⅱ型系统和Ⅰ型系统相比,结构复杂,稳定性差,但Ⅱ型系统的精度要比Ⅰ型系统高得多。

当然还可以具有三阶或更高阶无差度系统,这样虽然系统的精度提高了,但系统的稳定性会更差,系统也会变得更复杂,所以一般随动系统至多设计为Ⅱ型系统。

1.3　随动系统的总体性能要求及设计内容

随着工业自动化技术、航空航天和军事领域的发展需求,对随动系统的性能要求越来越高,设计具有良好性能的随动系统就成为系统设计的主要问题。随动系统设计的依据是什么? 如何根据随动系统的用途进行系统设计,即确定系统的结构,选择系统的元部件,设计系统的校正装置等,使随动系统稳定地、准确地、快速地工作? 都是随动系统的设计要考虑的。本节针对一般随动系统的设计总体要求和设计内容进行介绍。

1.3.1　对随动系统的总体性能要求

随动系统是按照误差控制的反馈控制方法设计的自动控制系统,是否能很好地工作,是否能准确地跟随输入量? 回答是不一定。系统的性能可能很差,甚至会出现被控对象的不稳定,被控量可能出现强烈振荡,使被控对象受到损坏的现象。这些都取决于被控对象与控制装置之间、各功能元器件的特性参数之间是否匹配得当。在理想的控制情况下,系统的被控量 $y(t)$ 和输入量 $r(t)$ 在任何时候都应当相等,不存在误差,而且不受干扰的影响,即有 $r(t)=y(t)$,但在实际系统中,由于机械部分质量、惯量的存在,以及电路中电感、电容的存在,加上电源功率的限制,使得运动部件的加速度不会很大,速度和位移不能瞬间变化,而要经历一段时间,要有一个过程。通常把系统受到外加信号(给定值或干扰)作用后,被控量随时间 t 变化的全过程称为系统的动态过程,以 $y(t)$ 表示系统输出随时间的变化关系,系统控制性能的优劣,可以通过系统动态过程 $y(t)$ 表现出来。

考虑到动态过程 $y(t)$ 在不同阶段的特点,工程上常常从稳定性、快速响应性和精度 3 个方面来评价随动系统的优劣情况。对随动系统的总体性能要求,一般都在设计任务书中以性能指标给出。

1. 系统稳定性好

稳定性是指系统在给定外界输入干扰作用下,能经短暂的调节过程后达到新的或者恢复到原有的平衡状态的能力。如果系统在受到扰动后偏离了原来的工作状态,控制装置再也不能使系统恢复到原先的状态,而是越偏离越远,这样的系统称为不稳定系统。显然,不稳定系统是不能达到动态过程振荡小的要求。稳定性是随动系统正常工作的前提,是由系统本身特性决定的,即取决于系统的结构及组成元件的参数(如惯性、刚度、阻尼、增益等),与外界作用信号(包括指令信号和干扰信号)的性质或形式无关,因此输出响应的状态由随动系统的结构和参数所决定。当增益高、控制延迟大时,系统的输出响应就容易发生振荡。在最坏的情况下,振荡将发展到发散状态。一般要求输出响应经过短暂的小幅度振荡很快就衰减下来,并能准确地跟随输入进入稳态运行。对于位置随动系统,当运动速度很低时,往往会出现一种由摩擦特性所引起的被称为“爬行”的现象,这是随动系统不稳定的一种表现。“爬行”会严重影响随动系统的定位精度和位置跟踪精度。

2. 快速响应性好

快速响应是系统动态品质的标志之一,即要求系统跟随输入信号的响应要快。快速响应性有两方面含义:一是指动态响应过程中,输出量跟随输入指令信号变化的快慢程度;二是指动态响应过程结束的快慢程度。快速响应性好,一方面要求过渡过程的时间短,一般在 200ms 以内,甚至小于几十毫秒;另一方面为了满足超调要求,希望过渡过程的前沿陡,即上升斜率要大。若系统过渡过程持续时间很长,将使系统长久地出现大偏差,同时也说明响应很迟钝,难以快速地跟踪变化的输入信号。动态响应随系统的阻尼情况不同而变化。一般地说,当系统的响应很快时,系统的稳定性将变坏,甚至可能产生振荡。在设计随动系统时,应该特别注意。

3. 控制精度高

控制精度是度量系统输出量能否控制在目标值所允许的误差范围内的一个标准,是随动系统的一项重要的性能指标要求,表征随动系统输出量复现输入指令信号的精确程度,反映了系统动态过程后期的稳态性能。一个高性能的随动系统,在整个运行过程中,输出量与输入量的偏差应该是很小的,如雷达跟踪系统、导弹随动系统和火炮随动系统、作为精密加工的数控机床等,所要求的精度通常都是比较高的,允许的偏差都小于几密位。影响随动系统精度的因素很多,有系统组成元件本身引起的误差,也有因系统的构成原理带来的误差。当放大器的增益为无限大时,控制误差 $\lim_{t\to\infty} e(t) = \lim_{t\to\infty}(r(t) - y(t)) = 0$。为了使随动系统的稳态误差为 0,通常在控制回路中设置积分控制环节。虽然利用放大器的增益可以解决控制误差问题,但由于机械部分的耦合存在间隙和摩擦阻力,没有包含在闭环系统之内,故也将使系统产生输出误差。所以,闭环外的机械部件应具有相当高的精度,才能保证输出误差控制在允许的范围内。

随动系统的稳定性、快速响应性和控制精度 3 项基本性能要求是相互关联的,在进行随动系统设计时,由于被控对象的具体情况不同,随动系统对稳定性、快速响应性和精度的要求是有所侧重的。必须首先满足稳定性要求,然后在满足精度要求的前提下尽量提高系统的快速响应性。提高随动系统的快速性,可能会引起系统强烈振荡;改善了系统的平稳性后,控制过程又可能变得迟缓,甚至使最终精度也很差。分析和解决这些矛盾,是随动系统设计的重要内容。

上述 3 项性能要求仅是对一般随动系统的基本性能要求,除此之外,常用的随动系统,还有调速范围、负载能力、可靠性、体积、质量以及成本等方面要求,应在设计时给予综合考虑。

1.3.2　随动系统的设计内容

随动系统应用领域广泛,涉及工业、航空、航天和军事领域,由于应用对象各种各样,无法针对具体对象的设计内容进行介绍。针对以上总体性能要求,仅对一般随动系统的设计内容和任务概括为以下几方面。

1. 系统调研

随动系统是由若干元部件组成的,因此,系统设计前,首先,必须按照设计任务书提出的要求,根据被控对象的工作性质和特点,明确对具体系统的基本性能要求;其次,必须了解元部件的市场情况,跟踪新产品、新器件、新工艺和新技术的发展和应用情况,即要充分了解国际和国内的市场上器材、元器件的供应情况和系统加工水平,尤其是电力电子技术产品和器件的发展和应用。

2. 系统总体设计方案的制定

根据系统的设计指标要求和控制对象的实际情况,确定采用随动系统的类型、结构、控制方式和系统的组成部分,合理制定系统设计方案。具体地说,就是首先确定是采用模拟随动系统还是数字随动系统的方案,是采用纯电气的,还是采用电气-液压的或是电气-气动的随动系统;其次,若确定采用纯电气的方案时,是采用步进电动机作执行元件,还是采用直流伺服电动机或是交流伺服电动机作执行元件;再次,系统控制方式是用开环控制,还是闭环控制或复合控制的方式;最后,确定主通道的构成,即整个系统应由哪些部分组成?选定系统的各主要元部件的形式,确定各元部件的接口方式、电源类型等。这些问题在制定方案时必须明确。必要时可以制定多个方案,以便进一步分析比较。

3. 稳态设计

在确定系统方案的基础上,进行主通道的设计,即进行稳态设计。稳态设计包括:负载计算与执行元件选择,传动装置的选择、放大装置的选择、检测装置的选择、信号变换电路的设计等。检验元部件之间输入、输出的功率匹配。

在进行主通道设计时,应为系统的动态设计留有余地,保证既能使系统动态性能改善的同时又能方便地引入校正装置。

4. 建立系统数学模型

当完成随动系统稳态设计后,系统主通道的元部件基本确定。首先,分别建立主通道各环节的数学模型;其次,建立随动系统的数学模型;最后,根据需要对系统模型进行适当简化和线性化处理,得到系统最终的数学模型。必要时还需对元部件的特性进行实验,通过系统辨识的方法进行建模。

系统的数学模型是对系统进行分析和动态设计的基础,所以建立的数学模型既要尽量反映系统的实际,又要便于系统动态设计。

5. 系统的动态分析与设计

系统的动态分析是为了研究系统的动态品质和提高系统动态品质的措施和方法。系统的动态设计是确定系统的校正方式和校正装置的形式,研究和设计校正装置,使得系统的动态性能能够满足系统的性能指标要求。因此,必须根据指标要求,合理地选择设计方法。

设计校正装置一般还应考虑它在系统中所处的部位和连接形式。

6. 仿真验证和模拟试验

随动系统经过稳态和动态设计后,还需要通过仿真验证确定系统的性能指标能否达到系统的技术指标要求。如果指标均满足要求,设计方案便可以确定;否则,必须对设计的校正装置作局部调整修改或重新进行设计,再进行仿真验证,直到系统的性能指标完全达到要求。如果经过反复设计仍无法满足系统技术指标要求,就需要重新制定系统方案。由于设计计算总是近似的,因此结果往往与实际情况有较大的出入,所以在样机试制前用计算机对系统进行模拟是一种有效的方法。必要时还可采用半实物仿真或采用缩比的实物模拟负载,逼近实际系统进行控制试验,指导具体随动系统的设计、制造、安装和调试,提高系统设计的可靠性和有效性。

所以,要完成随动系统的设计,不仅需要具备对系统进行性能分析及其控制的能力,还必须了解和熟悉组成随动系统部件的工作原理及其性能与市场价格之间的情况,学会如何从现有的市场产品中选择出性价比优良的产品,并通过合适的接口、软件以及控制策略组合成达到系统性能指标的集成系统。

第2章

随动系统测量元件

2.1 概述

在工业生产和国防军事装备武器系统中,各种测量元件在系统中起着极其重要的作用,在一定程度上决定了系统的水平,有时甚至成为影响系统工作的关键。速度和位置测量元件是实现位置(速度)反馈的重要元件,它是产生一个与被检测量等效的电信号,并与输入的信号进行比较,送给控制器控制系统工作。在随动系统中,测量元件是随动系统的重要组成部分,主要用于测量位置和速度等物理量,实现各种各样的控制,直接影响着随动系统的精度。

现代科学技术的发展,对随动系统的精度要求越来越高,高精度随动系统的应用也越来越广。例如,用于跟踪目标的雷达天线随动系统和导弹发射架随动系统,观测天体的射电望远镜,家用电视激光放像机等。以上有的应用要求随动系统有很高的精度,因此对它们所采用的检测元件的精度要求将更高。系统中的测量元件要首先对误差能够分辨,并能提供出有效的信号,然后才能对系统进行控制。因此,测量元件的高精度,是实现高精度随动系统的前提。不同测量元件在系统中的用途也不同,本章仅就常见的速度和位置测量元件进行介绍。

2.1.1 随动系统测量元件的分类

测量元件的分类方法很多,从随动系统应用的角度出发,可按被测物理量、输出量的函数值形式和测量的物理效应方式 3 种方法进行分类。

1. 按被测物理量分类

根据随动系统工作所需测量的物理量,分为以下 4 种:

(1) 位移测量元件。主要用于测量位移量,实现位移量反馈,包括角位移和线位移。

(2) 速度测量元件。主要用于测量速度量,实现速度量反馈,包括角速度和线速度。

(3) 加速度测量元件。主要用于测量加速度量,实现加速度量反馈,包括角加速度和线加速度。

(4) 电流测量元件。主要用于测量电流量,实现电流反馈。

在位移、速度和加速度测量元件中,又分为直线和旋转角度的两种方式。而无论哪种测量元件,无论采用何种原理,测量元件最后都是以电信号的形式输出。

2. 按输出量的函数值形式分类

根据随动系统中测量元件输出的电信号的函数值形式可分为以下两种:

(1) 模拟量形式。是以电压、电流等形式输出的,可能值通常有无穷多个。

(2) 数字量形式。是以数码形式输出的,由于寄存器的位数总是有限的,因此数字量可能取的值总是有限多个,如寄存器为 8 位,数字信号可能取为 00H~FFH,共 256 个。

若对数字与模拟混合控制系统中的信号进行更细的分类,则可分为 4 类,即连续数字信号、连续模拟信号、离散数字信号和离散模拟信号。图 2-1 形象地表示了这 4 种信号,其横坐标 t 表示时间。图 2-1(a)表示连续数字信号,在 $0 \leqslant t \leqslant T_1$ 这段时间间隔内,其值为 12H;在 $T_1 \leqslant t \leqslant 2T_1$ 这段时间间隔内,其值为 0EH,……,图 2-1(b)表示连续模拟信号。图 2-1(c)表示离散数字信号,当 $t=0$ 时,其值为 09H;当 $t=T_2$ 时,其值为 18H;当 $t=2T_2$ 时,其值为 7EH,……,但当 $0 \leqslant t \leqslant T_2,T_2 \leqslant t \leqslant 2T_2$,……,它没有定义。图 2-1(d)表示离散模拟信号,当 $t=0,t=T_3,t=2T_3$ 等时刻,它取一定数值;其余时刻,它没有定义。

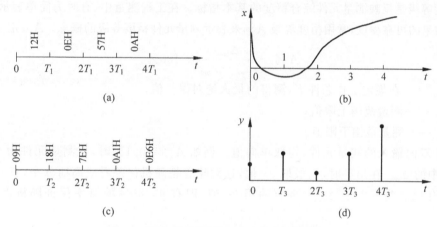

图 2-1　数字-模拟混合控制系统中信号的形式

在有的文献中,仅将图 2-1(c)的信号称数字信号,但是数字随动系统属于数字-模拟混合系统,为了叙述方便,也将图 2-1(a)的信号称为数字信号,在"数字信号"前加上"连续"或"离散"来区分图 2-1(a)和图 2-1(c)这两类数字信号。

3. 按信号转换的原理分类

随动系统的测量元件基本上都是采用物理原理进行信号测量的,根据物理原理随动系统常用的测量元件可分为以下两种:

(1) 电磁感应原理类。这类测量元件有自整角机、旋转变压器及测速发电动机和感应同步器等。

(2) 光电效应类。这类测量元件有光电编码器和光栅等。

不同类型的随动系统其测量元件不同,在位置随动系统中除了位移测量外,还有速度测量,一般随动系统都要求实现速度控制和位置控制,需要速度和位置两个反馈信号,所以在系统中需要对速度和位置两种信号进行测量。对于模拟随动系统多采用电磁感应原理类测量元件；对于高精度的数字随动系统多采用光电效应类测量元件。

2.1.2　随动系统测量元件的性能指标

在随动系统中，所测量的物理量一般都是各种形式的变化量。由于随动系统的本质是使系统的输出能准确、快速地复现输入规律，作为测量系统物理量的测量元件，其输出必须能准确、快速地跟随反映这些被测量的变化，这样才能使随动系统达到准确快速的性能要求。因此，随动系统测量元件一般应具有性能指标要求。

1. 测量范围和量程

测量范围是指测量元件能够满足规定精度时测量到的最小输入量和最大输入量。

量程是指测量元件能够满足规定精度时测量到的最大输入量与最小输入量之差。

2. 测量精度

测量精度是指测量结果相对于被测量真值的偏离程度。也就是说，对同一个被测量对象，在规定相同的工作条件下，由同一个测量者用同一台测量元件在相当短的时间内按同一行程连续重复测量多次时，其测量结果不一致的程度。测量精度实际是一种综合精度指标。

精度等级是反映测量元件综合精度的基本指标。在工程测量中，有时为简单表示测量元件测量结果的可靠程度，常用精度等级 $A\%$ 来表示测量元件精度等级的概念。$A\%$ 定义为

$$A\% = \frac{\Delta_{\max}}{r_{\max} - r_{\min}} \times 100\% \tag{2-1}$$

式中，$\Delta_{\max}$——在规定工作条件下，测得的最大绝对误差值；

　　　$r_{\max}$——测量范围上限值；

　　　$r_{\min}$——测量范围下限值。

对于双向输入的测量元件，均取单向值。例如 $A\% = 0.1\%$ 时，该测量元件为 0.1 级。式（2-1）中的 $\Delta_{\max}$ 在出厂时，一般取 3σ 值，这意味着把随机误差看成高斯分布，有 99.73% 的概率，随机误差不大于 $\Delta_{\max}$；也有的用 2σ 值，即有 95.45% 的概率保证随机误差不大于 $\Delta_{\max}$。

如果给出测量元件的精度等级和量程 L，那么，测量元件的最大误差就是

$$\Delta_{\max} = A\% \times L \tag{2-2}$$

式中，L 为测量元件的量程，$L = r_{\max} - r_{\min}$。

在测量中任何一种测量元件精度的高低都只能是相对的，皆不可能达到绝对程度，总会存在有各种原因导致的误差。为使测量结果准确可靠，应尽量减少误差，提高精度。

3. 分辨力和分辨率

分辨力是指当输入从任意某个非零值开始变化时，所引起测量元件输出变化最小的输入变化值。由于测量元件的输入与输出之间不可能做到绝对连续。有时当输入量变化太小，输出量不会随之而变，而是输入量变化到某一程度时，输出量突然产生一个小的变化，这就是分辨率的问题。在最小输入处的分辨力也被称为阈值，分辨力有量纲。

分辨率是以测量元件的分辨力与其量程之比的百分数来表示，无量纲。

4. 灵敏度

灵敏度是指输出的微小增量与输入微小增量的比值，是测量元件特性曲线的一阶导数或斜率。对于线性的输出、输入关系，各点的灵敏度不变。但对于非线性的输出、输入关系，

各点的灵敏度不同。

5. 线性度 e_f(或称非线性误差)

它表示输出特性曲线(实测)与理想拟合直线之间的吻合程度,测量元件实测曲线与拟合直线之间的最大偏差为 ΔU_{max},满量程输出为 U_{FS},如图 2-2 所示。则 e_f 为

$$e_f = \pm \frac{\Delta U_{max}}{U_{FS}} \tag{2-3}$$

把 e_f 折算为输入量,还需除以该测量元件的灵敏度。

由此可见,非线性误差的大小是以一定的拟合直线为基准而得出来的,拟合直线不同,非线性误差也不同。

6. 灵敏限(死区)Δr_s

它指当测量元件输入量缓慢地从零点开始,逐渐增加到测量元件输出值刚刚开始微小变化时所加的输入值 Δr_s。死区则为输入量变化的一个有限区间内,输出为零。显然,对于双向测量元件,如果拟合直线通过死区中点(一般如此),那么灵敏限和死区是一致的;而对于单向测量元件,两者本来一致。

7. 迟滞

对于被测量,测量元件正行程的输出量与反行程的输出量不一致,称为迟滞。它反映传感器在正行程测量与反行程测量之间不重合的程度,对应同一输入量,正反行程输出不同,如图 2-3 所示。对于机械部分的摩擦和间隙、磁性材料的磁滞都具有迟滞误差,数值上用测量的最大迟滞偏差 Δy_{max} 与满量程理想输出值 y_{FS} 之比的百分率表示,即

$$e_L = \pm \frac{1}{2} \frac{|\Delta y_{max}|}{y_{FS}} \times 100\% \tag{2-4}$$

式中,Δy_{max} 为正反行程输出间的最大值。

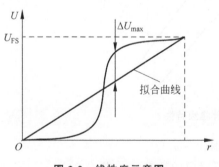

图 2-2 线性度示意图

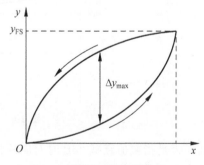

图 2-3 迟滞示意图

8. 漂移

漂移是指测量元件在外界干扰下,在一定时间内输出量发生与输入量无关或不需要的变化。漂移包括零点漂移和灵敏度漂移等,如图 2-4 所示。

9. 重复性

重复性是指测量元件在输入按同一方向作全量程连续多次测量时所得输出不一致的程度,它反映了测量元件的随机误差。重复性特性如图 2-5 所示,正行程的最大重复性偏差为 ΔU_{1max},反行程的最大重复性偏差为 ΔU_{2max}。重复性误差取这两个最大偏差中的较大者,即

$\Delta U_{\max} = \max\{\Delta U_{1\max}, \Delta U_{2\max}\}$，再以满量程输出的百分数表示。即

$$e_{\mathrm{x}} = \pm \frac{\Delta U_{\max}}{U_{\mathrm{FS}}} \times 100\% \tag{2-5}$$

式中，U_{FS} 为满量程输出值。

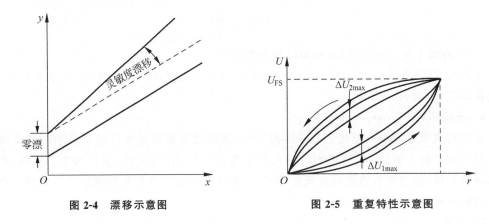

图 2-4　漂移示意图　　　　　图 2-5　重复特性示意图

10. 频率性能指标

频率性能是指测量元件在正弦信号作用下的频率响应特性有关的性能，它体现了测量元件的动态性能，主要包括通频带、工作频带、相位误差，如图 2-6 所示。

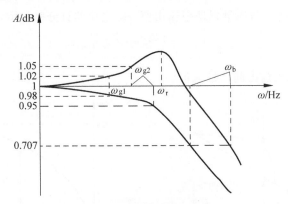

图 2-6　测量元件幅频特性

通频带是指幅值衰减 3dB 时对应的频带范围（$0 \sim \omega_{\mathrm{b}}$）。

工作频带是指幅值误差为 $\pm 5\%$ 或 $\pm 2\%$ 时所对应的频率（ω_{g1} 或 ω_{g2}）。

相位误差是指在工作频带范围内，测量元件实际输出与无失真输出时的相位差。

在实际应用中，测量元件的通频带应远远大于随动系统的通频带，这样才能满足随动系统的动态特性。

2.2　速度测量元件

在随动系统中，要进行速度控制和速度反馈，必须有速度测量元件，因此在随动系统中速度测量元件被广泛应用。用得最多的是各种测速发电动机和光电脉冲测速机，在一些精

度要求不高的场合,有的也采用电桥测速电路。测速发电动机是模拟速度测量元件,光电脉冲测速机是数字速度测量元件,它们在随动系统中构成速度反馈环。

2.2.1　测速发电动机

测速发电动机是一种微型发电动机,它的作用是将角速度量(转速)变为电压信号,用来测量角速度(转速)。根据结构和工作原理的不同,常见的测速发电动机有 3 种,即直流测速发电动机、交流异步测速发电动机和交流同步测速发电动机,其中交流同步测速发电动机实际应用很少。在随动系统中,测速发电动机常用作调速系统和位置随动系统的校正元件,它产生的速度反馈电压用于提高随动系统的稳定性和精度。

1. 直流测速发电动机

直流测速发电动机有他励式和永磁式两种,其主要性能均一致,其工作原理电路如图 2-7 所示。

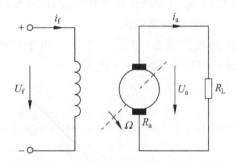

图 2-7　直流测速发电动机工作原理电路

在空载时直流测速发电动机的输出电压将满足

$$U_a = C_e n = K_e \Omega \tag{2-6}$$

式中,C_e、K_e——直流测速发电动机常数和电势常数;

n、Ω——直流测速发电动机转子的转速和角速度。

由式(2-6)可知,直流测速发电动机在空载时其输出电压与转子的角速度(或转速)成线性关系。

有负载时,直流测速发电动机的输出电压将满足

$$U_a = \frac{K_e \Omega}{(1 + R_a/R_L)} \tag{2-7}$$

由式 2-7 可知,直流测速发电动机电枢输出直流电压 U_a,其极性由输入转向决定,大小与输入角速度 Ω 成正比,它的输出特性如图 2-8 所示。

若令

$$K'_e = \frac{K_e}{(1 + R_a/R_L)}$$

则

$$U_a = K'_e \Omega \tag{2-8}$$

由式(2-8)可以看出,在理想状态下,K_e 和 R_L 都为常数,直流测速发电动机在有负载时其输出电压与角速度仍是线性关系。但实际上,由于电枢反应及温度影响,输出特性不完

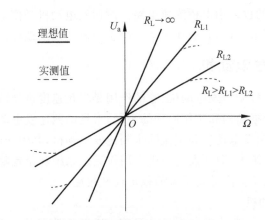

图 2-8   直流测速发电动机输出特性

全是线性的,负载越小转速越高,输出非线性程度越大,因此在精度要求高的场合使用,必须选择较大负载,转速也应工作在较低的范围内。

直流测速发电动机特性的线性误差一般$\leqslant 0.05\%$。由于有电刷与换向器的接触电压ΔU,从而给电动机特性造成一定死区,如图 2-9 所示。

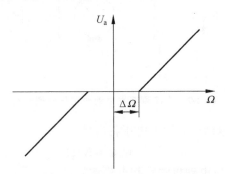

图 2-9   考虑接触电阻对直流测速发电动机输出特性影响

影响接触电压 ΔU 大小的因素很多,在电刷尺寸和接触压力一定的条件下,电刷和换向片的材料是很重要的因素。换向片一般是紫铜的,而电刷材料有多种。一般电刷用铜-石墨制成,一对电刷造成的接触电压 $\Delta U \approx 0.2 \sim 1\text{V}$;若采用银-石墨的电刷,则 $\Delta U \approx 0.02 \sim 0.2\text{V}$;在要求灵敏度更高的直流测速发电动机中,采用铂、锗材料制成的电刷,其接触电压可降到几毫伏或十几毫伏。根据 ΔU 和比电势 K_e,可估算出测速发电动机能检测的最低角速度为

$$\Delta \Omega \approx \frac{\Delta U}{K_e} \tag{2-9}$$

直流测速发电动机的主要技术参数是比电势 K_e,通常可用测速发电动机最高转速 $n_{\max}(\text{r/min})$ 和最大输出电压 $U_{\max}(\text{V})$ 计算得到。

$$K_e = \frac{9.55 U_{\max}}{n_{\max}} (\text{V} \cdot \text{s}) \tag{2-10}$$

由于有整流换向,直流测速发电动机输出的直流电压总带有高频噪声,它的频率取决于换向器的换向片数和转速,对周围电路形成高频电磁干扰。要保持换向器表面清洁,电刷与

它接触良好,应采取滤波措施和必要的屏蔽,尽量减小换向带来的影响。

直流测速发电动机在速度控制系统中的应用原理如图 2-10 所示,图中 u_{sr} 为给定输入电压。

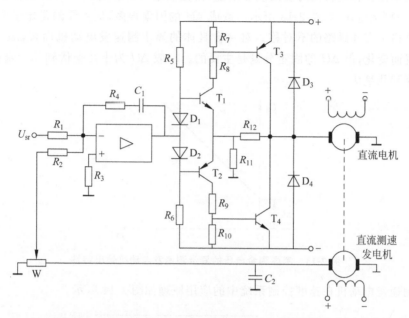

图 2-10　直流测速发电动机在速度控制系统中的应用原理图

2. 交流异步测速发电动机

交流异步测速发电动机的基本结构与两相异步电动机相似,有两个定子绕组:一个用作励磁,加固定的励磁电压 $u_f = U_f \sin\omega_0 t$;另一个是输出绕组,转子用非磁性材料制成杯形,两相绕组彼此相差 90°,励磁电源以旋转的转子为媒介,在工作绕组上便产生感应电压 u_o,工作原理电路如图 2-11 所示。异步测速发电动机的输出电压 u_o 的角频率与励磁电压 u_f 的角频率一致,但 u_o 的相位一般要滞后于 u_f,滞后相位一般小于 30°。在励磁电源幅值 U_f 一定的情况下,当输出负载很小时,异步测速发电动机的输出幅值 U_o 与转子的角速度 Ω 成正比,输出特性如图 2-12 所示。异步测速发电动机的输出幅值 U_o 为

$$U_o = K_e \Omega \tag{2-11}$$

式中,K_e——异步测速发电动机的比电势常数,比电势常数仍可用式(2-10)计算。

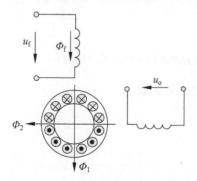

图 2-11　异步测速发电动机工作原理

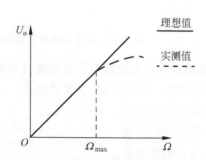

图 2-12　异步测速发电动机的输出特性

从图 2-12 输出特性可以看出,异步测速发电动机的线性特性也有一定范围,有最大线性角速度 $\Omega_{\max}$(rad/s)。输入角速度超过 $\Omega_{\max}$,则线性误差将随角速度的平方增加。异步测速发电动机不仅在转速较高时会出现非线性,而且在输入角速度 $\Omega=0$ 时,有输出电压存在 ΔU,ΔU 称为剩余电压,如图 2-13 所示。造成 ΔU 的因素很多,最主要的是定子两个绕组在空间不是严格正交和磁路的不对称。对一台具体的异步测速发电动机而言,ΔU 随转子处于不同位置而变化,但 ΔU 的固定分量是主要的。一般 ΔU 为十几毫伏到几十毫伏,制造精度高的可降到几毫伏。

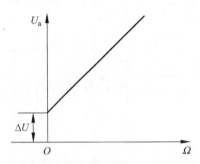

图 2-13 考虑剩余电压的异步测速发电动机输出特性

异步测速发电动机在速度控制系统中的应用原理如图 2-14 所示。

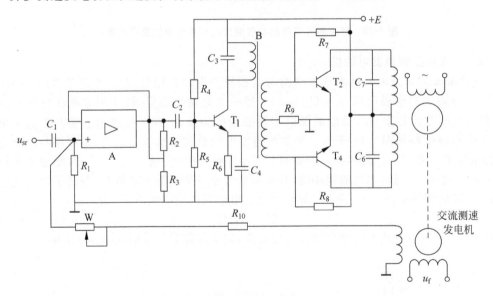

图 2-14 异步测速发电动机在速度控制系统中的应用原理图

3. 直流测速发电动机与异步测速发电动机的性能比较

1) 直流测速发电动机的主要优缺点

直流测速发电动机的主要优点有:

(1) 没有相位波动;

(2) 没有剩余电压;

(3) 输出特性斜率比异步测速发电动机大。

直流测速发电动机的主要缺点有：

(1) 有电刷和换向器,有接触电压和换向火花,易产生干扰；

(2) 摩擦力矩大,产生输出不太稳定；

(3) 结构复杂、维护不便；

(4) 正、反向转动时,输出特性不对称。

2) 异步测速发电动机的主要优缺点

异步测速发电动机的主要优点有：

(1) 不需要电刷和换向器,无滑动接触,不易产生干扰；

(2) 转动惯量小,输出特性稳定；

(3) 摩擦转矩小,精度高；

(4) 正、反向转动时,输出特性对称。

异步测速发电动机的主要缺点有：

(1) 有剩余电压；

(2) 有相位误差；

(3) 负载大小和性质会影响输出电压的幅值和相位。

在实际应用中应注意以上特点,根据随动系统的性能要求选择合适的测速发电动机。

2.2.2 测速电路

在有些测速精度要求不高的系统中,可以利用执行电动机的特点,用简单的电路来获得与速度成比例的电信号。

1. 简单直流测速电路

最简单的直流测速电路是利用他励直流电动机电动势正比于电动机速度的原理,通过直流电动机两端电压测出转速,如图 2-15 所示。由于电枢两端电压是变化的,所以转速测量误差较大。

2. 测速电桥

在采用他励直流电动机作执行元件的随动系统中,如果采用的是控制电动机电枢电压的控制方式,可用电动机电枢与 3 个电阻形成电桥进行测速。电桥测速电路原理如图 2-16 所示。

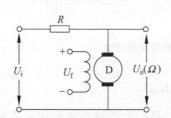

图 2-15 最简单的直流测速电路原理图

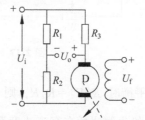

图 2-16 电桥测速电路原理

根据图 2-16 可求得测速电桥的端电压为

$$U_o = \frac{R_a U_i}{R_3 + R_a} - \frac{R_2 U_i}{R_1 + R_2} + \frac{E_a R_3}{R_3 + R_a} \tag{2-12}$$

式中,E_a——执行电动机的反电势;

$\quad R_a$——直流电动机电枢电阻;

$\quad R_1$、R_2、R_3——桥路 3 个电阻。

当电枢内阻 R_a 与 3 个电阻 R_1、R_2、R_3 保持以下平衡关系

$$R_1 R_a = R_2 R_3 \tag{2-13}$$

则式(2-12)变为

$$U_o = \frac{R_3 E_a}{R_3 + R_a} = \frac{R_3}{R_3 + R_a} K_e \Omega \tag{2-14}$$

式中,K_e——执行电动机的反电势系数;

$\quad \Omega$——执行电动机角速度。

很明显,这与直流测速发电动机的输出电压方程式是一致的。当电动机角速度 $\Omega = 0$ 时,电桥保持平衡,则测速桥的输出电压 $U_o = 0$;当电动机转速不为零时,即电动机转动时,电枢绕组将产生反电势 $K_e \Omega$,电桥不再平衡,测速电桥的输出电压 U_o 与执行电动机的转速成正比。可以看出电桥测速很简单,但在电动机电枢电流较大时,由于 R_a、R_1、R_2、R_3 的发热状况不一样,阻值变化将使式(2-13)不再成立,则输出电压 U_o 不再正比于角速度 Ω。这表明该桥的测速精度难以保证,故一般只用在精度要求不高的场合,或电动机十分小,不适合带测速装置的场合。

图 2-17 给出测速桥在单向调速控制系统中的应用,单向调速系统采用单向全波整流电源,由晶闸管 KZ 控制他励直流电动机的电枢电压。电动机电枢 R_a 与电阻 R_6、R_7、R_8 形成一个电桥。

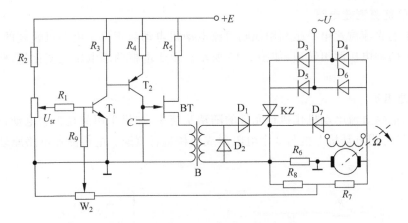

图 2-17 直流测速电桥的应用原理图

当电桥平衡时,$R_6 R_7 = R_8 R_a$,则 $U_o = \dfrac{R_6}{R_6 + R_a} K_e \Omega$。

图 2-18 给出测速桥在交流速度系统中的应用,执行电动机采用两相异步电动机,图中电动机控制绕组的电阻 R_a 和电感 L_a,与电阻 R_{15}、R_{16}、R_{17} 形成一个交流电桥。根据图 2-18 可求得测速电桥的端电压为

$$U_{ab}(s) = \frac{R_{16} U_I(s)}{R_{15} + R_{16} + R_{15} R_{16} C_4 s} - \frac{R_{17}[U_I(s) - E_a(s)]}{R_{17} + R_a + L_a s} \tag{2-15}$$

式中，E_a——两相异步电动机的反电势；

U_I——加在测速桥的输入控制电压。

若式(2-15)电桥满足以下平衡关系

$$\begin{cases} R_{15}R_{17} = R_{16}R_a \\ L_a = R_{15}R_{17}C_4 \end{cases} \tag{2-16}$$

则式(2-15)变为

$$U_{ab}(s) = \frac{R_{17}E_a(s)}{R_{17}+R_a+L_a s} = \frac{R_{17}}{R_{17}+R_a+L_a s}K_e\Omega(s) \tag{2-17}$$

式中，K_e——两相异步电动机的反电势系数。

由式(2-17)可得出，当交流电桥平衡时，交流测速桥的输出电压 U_{ab} 的幅值与两相交流电动机的角速度 Ω 成正比。在如图 2-18 所示的交流速度系统中，当两相交流电动机角速度 $\Omega = 0$ 时，测速桥 ab 两端电压 $U_{ab} = 0$；当 $\Omega \neq 0$ 时，ab 两端的电压幅值与角速度成正比。

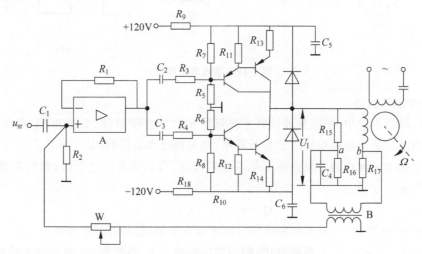

图 2-18　交流测速电桥的应用原理图

2.2.3　光电测速器

1. 光电测速原理

光电测速器是高精度数字式速度测量元件，主要由光电脉冲发生器和检测装置组成。光电脉冲发生器主要由光源、圆盘、光敏元件组成。圆盘周边均匀开设一圈小孔，并与被测轴相连，光源与光敏元件固定不动，圆盘处于光源和光敏元件之间，光源通过圆盘的小孔射到光敏元件上。当电动机带动圆盘旋转时，光源发出的光交替通过小孔照到光敏元件上，使光敏元件导通和断开，便发出与转速成正比的脉冲信号，经过放大整形电路就可得一串脉冲，基本电路原理如图 2-19(a)所示。很明显，脉冲的频率 f_c 与圆盘的小孔数目 N、电动机转速 n 有关，即

$$f_c = \frac{Nn}{60} \tag{2-18}$$

由式(2-18)可以看出，当 N 固定时，输出脉冲频率 f_c 与电动机转速 n 成正比；当 n 固

定时,显然圆盘小孔数目 N 越大,测速的精度就越高,但 N 的大小受圆盘大小的制约,圆盘的直径不宜过大,否则会造成变形反而使测速精度降低。

对于双向控制系统,为了判别转向,光电脉冲发生器输出两路 U_A 和 U_B,它们是在相位上相隔 $\pi/2$ 电脉冲角度的正交脉冲。当电动机正转时,U_A 脉冲滞后 U_B 脉冲;反之,U_A 脉冲超前 U_B 脉冲,输出脉冲波形如图 2-19(b)所示。

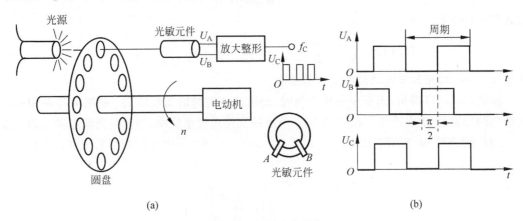

图 2-19　基本电路原理

2. 数字测速方法

在闭环随动系统中,根据脉冲计数来测量转速的方法有 M 法、T 法和 M/T 法 3 种。

衡量测速方法优劣的指标主要有分辨率、测量精度和测量时间。

分辨率是表征测速装置对速度变化的敏感程度,当测量数值改变时,对应转速由 n_1 变为 n_2,则分辨率 Q 为

$$Q = n_2 - n_1 (\mathrm{r/min}) \tag{2-19}$$

在式(2-19)中,Q 值愈小,表示测速装置对速度变化愈敏感,其分辨率愈高。

测量精度是表示偏离实际值的百分比,即当实际转速为 n、误差为 Δn 时的测速精度为

$$e\% = \left(\frac{\Delta n}{n}\right) \times 100\% \tag{2-20}$$

影响测速精度的主要因素有光电测速器的制造误差及对脉冲计数产生的 ±1 个脉冲的误差。检测时间是表示两次速度连续采样的间隔时间 T。T 愈短,对系统的快速性影响愈小。

1) M 法测速(测频测速法)

在规定的时间间隔 $T_g(s)$ 内,测量所产生的脉冲数来获得被测速度值,这种方法称为 M 法。

设脉冲发生器每转一圈发出的脉冲数为 P,且在规定的时间 $T_g(s)$ 内,测得的脉冲数为 m_1,如图 2-20 所示,则电动机每分钟转数为

$$n_M = 60 \frac{m_1}{PT_g}(\mathrm{r/min}) \tag{2-21}$$

M 法测速的技术指标:

(1) 分辨率。

当在 T_g 时间内,脉冲数 m_1 变化一个数时,由式(2-19)可得,M 法测速的分辨率为

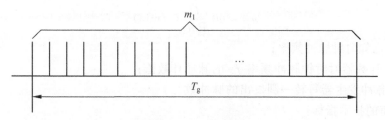

图 2-20　M 法测速原理

$$Q = 60 \frac{m_1 + 1}{PT_g} - 60 \frac{m_1}{PT_g} = \frac{60}{PT_g} \tag{2-22}$$

由式(2-22)可见，Q 值与转速无关，即计数值 m_1 变化±1，在任何转速下所对应的转速值增量均等。当电动机转速很小时，在规定时间 T_g 内只有少数几个脉冲，甚至只有一个或者不到一个脉冲，因此测出速度的准确性不高。欲提高分辨率，可改用较大 P 值的脉冲发生器(即增加光电转盘的透光孔或刻线密度)，或者增加检测时间 T_g。

(2) 测量精度。

M 法测速过程也存在误差。在 M 法测量过程中总会有 1 个脉冲的检测误差，所以 M 法测速过程存在误差，显然测量相对误差为 $1/m_1$。随着转速增加，m_1 即增大，相对误差会减小，这说明 M 法适用于高速测量场合。

(3) 检测时间。

由式(2-22)可得

$$T = T_g = \frac{60}{PQ} \tag{2-23}$$

式中，T_g——规定的测量时间。

由式(2-23)可见，在保持一定分辨率的情况下，缩短检测时间唯一的办法是改用每转脉冲数 P 值大(转盘刻线密度大或透光孔多)的光电脉冲发生器。

2) T 法测速(测周期测速法)

测量相邻两个脉冲的时间来确定被测速度的方法叫做 T 法测速。用已知频率为 f_c 的时钟脉冲向计数器发送脉冲数，此计数器由测速脉冲的两个相邻脉冲控制计数器的起始和终止。若计数器的读数为 m_2，如图 2-21 所示，则电动机每分钟的转数为

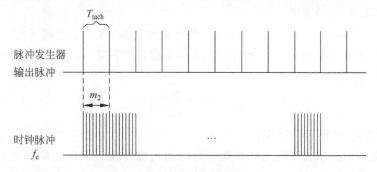

图 2-21　T 法测速原理

$$n_{\mathrm{M}} = 60\,\frac{f_{\mathrm{c}}}{Pm_2}(\mathrm{r/min}) \tag{2-24}$$

式中，f_{c}——已知时钟脉冲频率；

$\quad\quad m_2$——计数器对时钟脉冲频率 f_{c} 的脉冲计数值；

$\quad\quad P$——脉冲发生器每转一圈发出的脉冲数。

T 法测速的技术指标：

（1）分辨率。

由式（2-24）的定义可得

$$Q = 60\,\frac{f_{\mathrm{c}}}{Pm_2} - 60\,\frac{f_{\mathrm{c}}}{P(m_2+1)} = \frac{n_{\mathrm{M}}^2 P}{60f_{\mathrm{c}} + n_{\mathrm{M}}P} \tag{2-25}$$

由式（2-25）可见，随着转速 n_{M} 的升高，Q 值增大，转速愈低，Q 值愈小，亦即 T 法测速在低速时有较高的分辨率。

（2）测速精度。

由于脉冲发生器不可避免存在制造误差 $e_{\mathrm{P}}\%$，且随着由此导致测速的绝对误差随着转速的升高而增加。例如 $e_{\mathrm{P}} = 10\%$，当 $n_{\mathrm{M}} = 100\mathrm{r/min}$ 时，$\Delta n_{\mathrm{M}} = 10\mathrm{r/min}$；当 $n_{\mathrm{M}} = 1000\mathrm{r/min}$ 时，$\Delta n_{\mathrm{M}} = 100\mathrm{r/min}$。除了脉冲发生器制造误差外，T 法测速也存在误差。若不考虑脉冲发生器的制造误差，当计数器对 f_{c} 时钟脉冲计数时，计数值 m_2 总有 ± 1 个脉冲的误差，由此造成的相对误差为 $1/m_2$。随着转速 n_{M} 增加，m_2 计数值减小，此项误差也随之增大，则 T 法产生的误差为

$$e = e_{\mathrm{P}} + \frac{1}{m_2}$$

可见，T 法在低速时有较高的精度和分辨率，适合于低速时测量。

（3）检测时间。

检测时间 T 等于测速脉冲周期 T_{tach}，由图 2-21 可知 $T_{\mathrm{tach}} = \dfrac{m_2}{f_{\mathrm{c}}}$，由式（2-24）可得

$$T = T_{\mathrm{tach}} = \frac{60}{n_{\mathrm{M}}P} \tag{2-26}$$

可见，随着转速的升高，检测时间将减小。确定检测时间的原则是：既要使尽可能短，又要使计算机在电动机最高速运行时有足够的时间对数据进行处理。

（4）时钟脉冲 f_{c} 的确定。

由式（2-25）可知，f_{c} 愈高，分辨率愈高，测速精度愈高；但 f_{c} 过高又使 m_2 过大，使计数器字长加大，影响运算速度。f_{c} 确定方法是：根据最低转速 $n_{\mathrm{M\cdot min}}$ 和计算机字长设计出最大计数 $m_{2\cdot\mathrm{max}}$，由式（2-24）得

$$f_{\mathrm{c}} = \frac{n_{\mathrm{M\cdot min}}Pm_{2\cdot\mathrm{max}}}{60} \tag{2-27}$$

3）M/T 法测速（测频测周法）

M/T 法是同时测量检测时间和在此检测时间内脉冲发生器发送的脉冲数来确定被测转速，其原理如图 2-22 所示。它是用规定时间间隔 T_{g} 以后的第一个测速脉冲去终止时钟脉冲计数器，并由此计数器的示数 m_2 来确定检测时间 T。显然，检测时间为

$$T = T_{\mathrm{g}} + \Delta T \tag{2-28}$$

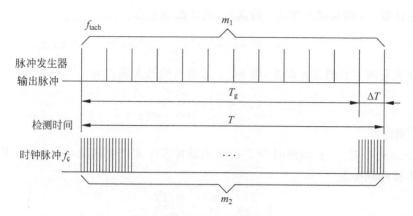

图 2-22 M/T 法测速原理

设电动机在 $T(s)$ 时间内转过的角度位移为 $\theta(\text{rad})$，则其实际转速值为

$$n_M = \frac{60\theta}{2\pi T} = \frac{60\theta}{2\pi(T_g + \Delta T)} \tag{2-29}$$

如果脉冲发生器每转输出 P 个脉冲，在 T 时间内，计数值为 m_1，则角位移 $\theta(\text{rad})$ 为

$$\theta = \frac{2\pi m_1}{P} \tag{2-30}$$

同时，考虑在检测时间 $T = T_g + \Delta T$ 内，由计数频率为 f_c 的参考时钟脉冲来定时，且计数值为 m_2，则检测时间 T 可表示为

$$T = \frac{m_2}{f_c} \tag{2-31}$$

于是被测转速为

$$n_M = \frac{60 f_c m_1}{P m_2} (\text{r/min}) \tag{2-32}$$

在式(2-32)中，$\dfrac{60 f_c}{P}$ 是常数，在检测时间 T 内，分别计取测速脉冲 f_{tach} 和时钟脉冲 f_c 的脉冲个数 m_1 和 m_2，即可计算出电动机转速值。计取 T_g 时间内的测速脉冲 f_{tach} 的个数相当于 M 法；而计取 $T(T = T_g + \Delta T)$ 时间内参考时钟脉冲 f_c 的个数 m_2 相当于 T 法，所以这种测速方法兼有 M 法和 T 法的优点，在高速和低速段均可获得较高的分辨能力，M/T 法由此而得名。

M/T 法测速的性能指标如下：

(1) 分辨率。

由于 T_g 定时和 m_1 计数同时开始，m_1 无误差。由 m_2 变化 ± 1 时，算出分辨率 Q 为

$$Q = \frac{60 f_c m_1}{P}\left(\frac{1}{m_2 - 1} - \frac{1}{m_2}\right) = \frac{60 f_c m_1}{P m_2(m_2 - 1)} = \frac{n_M}{m_2 - 1} (\text{r/min}) \tag{2-33}$$

(2) 测速精度。

用 e_P 表示测速脉冲周期 T_{tach} 不均匀误差，因该误差不累积，计取 m_2 时只在最后一个周期内对 m_2 产生影响，由此引起测速误差 e_{tach} 为

$$e_{tach} = \frac{e_P}{m_1} \tag{2-34}$$

再考虑计数 m_2 时可能产生 ± 1 的误差，则计数误差为

$$e_{\mathrm{m}} = \frac{1}{m_2 - 1} \tag{2-35}$$

忽略微机有限字长的舍入误差，则 M/T 法测速的最大误差为

$$e_{\max} \approx e_{\mathrm{tach}} + e_{\mathrm{m}} = \frac{e_{\mathrm{P}}}{m_1} + \frac{1}{m_2 - 1} \tag{2-36}$$

（3）检测时间。

由图 2-22 可以看出，在检测时间 T 内光电脉冲发生器产生的脉冲数为 m_1，则光电脉冲发生器产生脉冲频率为

$$f_{\mathrm{tach}} = \frac{m_1}{T} = \frac{m_1 f_{\mathrm{c}}}{m_2} \tag{2-37}$$

由式（2-28）、式（2-29）和式（2-37）可得检测时间为

$$T = T_{\mathrm{g}} + \Delta T = T_{\mathrm{g}} + T_{\mathrm{tach}} = T_{\mathrm{g}} + \frac{60}{n_{\mathrm{M}} P} \tag{2-38}$$

M/T 法是目前广泛应用的测速方法，下面说明与 M/T 法测速有关参数的选取方法：

（1）时钟脉冲频率 f_{c} 的选取。

由式（2-33）可知，当测速规定时间 T_{g} 和光电脉冲发生器的每转输出脉冲数 P 一定时，f_{c} 愈高，则分辨率愈高。但 f_{c} 太高，将使低速时的计数值 m_2 增大，必将导致需要计数器有较大的字长，否则 m_2 计数产生溢出，造成错误结果。实际应用中应根据计算机字长，由希望被检测到的最低转速值 $n_{\mathrm{M \cdot min}}$ 和所应用计数器字长所对应的最大计数值 $m_{2 \cdot \max}$ 来确定。若最低转速 $n_{\mathrm{M \cdot min}}$ 对应的 m_1 值为 $m_{1 \cdot \min}$，则由式（2-32）可得

$$f_{\mathrm{c}} = \frac{n_{\mathrm{M \cdot min}} P m_{2 \cdot \max}}{60 m_{1 \cdot \min}} \tag{2-39}$$

（2）测速规定时间 T_{g} 的选择。

T_{g} 的大小主要取决于测速系统最高速运行时对分辨率的要求，当然也与所选用闭环调节器算法的难易、微处理机的运算速度、所用计数器的字长有关，其选取原则是：在性能指标允许的条件下，尽可能选取小的 T_{g} 值。

3. 3 种数字测速方法比较

以上对数字测速的 3 种方法做了详细描述，为了便于比较，表 2-1 给出了 3 种速度测量方法的汇总。

由表 2-1 可见，就分辨率与速度之比 Q/n_{M} 而言，T 法低速时分辨率较高，随着速度的增大，分辨率变差；M 法则相反，高速时分辨率较高，随着速度的降低，分辨率变差；M/T 法的 Q/n_{M} 是常数，与速度无关，因此它比前两种方法都好。从测速精度上看，由于 M/T 法兼有 M 法对高速系统测量精度高和 T 法对低速系统测量精度高的优点，因此测速精度也以 M/T 法为佳。从检测时间看，在标准的 M 法中，$T = T_{\mathrm{g}}$，与速度无关；在 T 法中，因为取测速脉冲的间隔时间 T_{tach} 作为检测时间，因而，随着速度的增大而减小；M/T 法检测时间相对前两种方法是较长的，但是若稍微牺牲一点分辨率，选择分辨率在最低速时仍使 $m_1 = 5$ 或 6 个脉冲，便可使检测时间几乎与 M 法相同（$T = T_{\mathrm{g}}$）。另外，速度控制系统的响应速度决不仅仅由检测时间确定，还与功率转换电路、电动机的特性以及负载情况有关。因此，检测时间的选取，应视具体系统的要求而定。但对快速响应要求比较高的系统来说，检

测时间的影响是不容忽视。

表 2-1　数字脉冲测速的计算公式

方　　法	M 法	T 法	M/T 法
原理	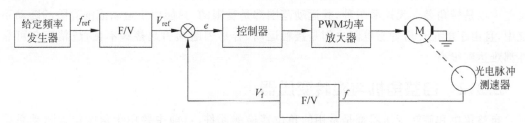		
被测速度 n_M （r/min）	$60\dfrac{m_1}{PT_g}$	$60\dfrac{f_c}{Pm_2}$	$60\dfrac{f_c m_1}{Pm_2}$
检测时间 T	T_g	$T_{tach}=\dfrac{60}{n_M P}$	$\dfrac{60}{Pn_M}\left(\dfrac{Pn_M T_g}{60}+1\right)$
分辨率 Q	$\dfrac{60}{PT_g}$	$\dfrac{n_M^2 P}{60f_c+n_M P}$	$\dfrac{n_M}{m_2-1}$
精度 e	$\dfrac{1}{m_1}$	$e_P+\dfrac{1}{m_2}$	$\dfrac{e_P}{m_1}+\dfrac{1}{m_2-1}$
Q/n_M	$\dfrac{60}{n_M PT_g}$	$\dfrac{n_M P}{60f_c+n_M P}$	$\dfrac{1}{m_2-1}$

图 2-23 给出了光电脉冲测速器在速度控制系统中的应用。在图中给定频率 f_{ref} 脉冲发生器经过频率/电压转换器 F/V 转换成电压信号 V_{ref}，光电脉冲测速器输出测速脉冲的频率经频率/电压转换器 F/V 转换成电压信号 V_f，V_{ref} 与 V_f 进行比较得到误差电压 e 并输入到控制器经 PWM 功率放大器驱动执行电动机按照给定的速度工作。图 2-23 中的光电脉冲测速器作为速度反馈装置将执行电动机的速度反馈到系统的输入端与给定输入速度进行比较。

图 2-23 光电脉冲测速器速度控制系统原理图

2.3　角位置测量元件

位置测量元件是随动系统的重要组成部分，对提高随动系统的精度起着重要的作用。位置测量元件和测量方法较多，常用的有电位计、差动器、感应同步器、自整角机、旋转变压器等，本节主要介绍在随动系统中常用的几种角位置测量元件。

2.3.1　电位计

以电位计构成位置测量电路是位置测量常用的方法,由于用电位计测量位置量,必然有滑动接触,容易因磨损产生接触电压和温热电动势,且会引起接触不良,造成测量误差大而影响测量精度,并会因接触不良造成可靠性低。因此,常用在精度要求不高的系统。

图 2-24 给出了一个由微型永磁式直流电动机、电位计 W_1 和 W_2 组成测角电桥和晶体管直流放大器构成的随动系统,即位置随动系统。输入轴带动的是 W_1 的滑臂、输出轴带动的是 W_2 的滑臂,两滑臂之间的电压差 u_θ 与输入角、输出角之差 $\theta(\theta=\varphi_r-\varphi_c)$ 成正比。

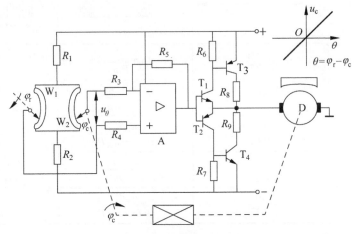

图 2-24　位置随动系统

当 $\varphi_r=\varphi_c$,误差角 $\theta=0$ 时,$u_\theta=0$,放大器输出亦为零,电动机不转,系统处于稳定协调状态。当 $\varphi_r\neq\varphi_c$,误差角 $\theta\neq0$ 时,$u_\theta\neq0$,放大器输出信号不为零,电动机电枢两端有电压,电动机转动,并带动 W_2 的滑臂向减小 θ 的方向转动。当达到 $\theta=0$ 时,系统又处于协调状态。

电位计 W_1 和 W_2 可以是直线位移型,误差可以是直线位移差,也可以是圆弧转动型,误差可以是转角差。无论哪一种,其运动范围都是受限的,只能用于运动范围有限的随动系统中,且由于电位计滑臂与电阻之间是接触运动,容易因磨损引起接触不良,故精度与可靠性都难达到很高。

2.3.2　自整角机与旋转变压器

自整角机和旋转变压器都是常用的角位移检测元件,目前主要用于角度位置随动系统中,特别是在高精度的双通道随动系统中被广泛应用。

1. 自整角机

自整角机又称为同步机(Syncro),是一种感应式机电元件,是随动系统中应用最广泛的一种测量元件,既可用于大功率随动系统,又可用于小功率随动系统中。自整角机分为力矩式自整角机和控制式自整角机,通常为两个或两个以上组合使用,分别被称为发送机和接收机。

力矩式自整角机主要用于角位置指示,在 20 世纪 50 年代和 60 年代初期,因数字显示尚未发展,在地空导弹武器系统中常用它分别远距离指示雷达的方位、俯仰角位置和导弹发射装置发射臂的方位、高低角位置,如在导弹发射装置上使用时,将一个力矩式自整角机安装在发射架方位(高低)机轴上,称为力矩式发送机,将另一个力矩式自整角机带有指针或刻度盘安装在指控车操作控制面板上,称为力矩式接收机,以指示发射臂的方位(高低)位置,如图 2-25 所示。

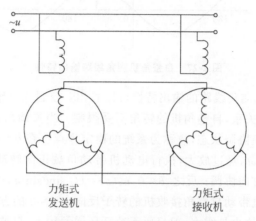

图 2-25　力矩式自整角机线路

控制式自整角机主要用于角位置误差的测量,其角位置误差测量线路如图 2-26 所示。控制式自整角接收机不直接驱动机械负载,只是输出电压信号,工作情况如同变压器,因此又称变压器式自整角,其测角线路亦称为自整角机误差测量装置。

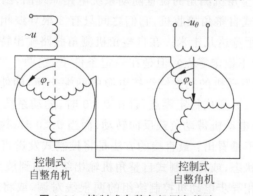

图 2-26　控制式自整角机测角线路

在图 2-26 中,控制式自整角机线路工作时,发送机的转子与控制轴相联,接收机的转子与执行电动机轴相联,当接收机与发送机不协调时,就会在接收机转子绕组上出现误差信号电压,使随动系统工作,执行电动机转动带动接收机向与发送机协调方向转动,消除误差角。控制式自整角接收机输出电压为

$$u_\theta(t) = U_\mathrm{m}\sin\theta\sin\omega t \qquad (2\text{-}40)$$

式中,U_m——接收机最大输出误差电压;

θ——失调角(即误差角),$\theta = \varphi_\mathrm{r} - \varphi_\mathrm{c}$;

ω——发送机单相绕组电源角频率。

在式(2-40)中,称 $e(t)$ 与失调角 θ 关系为输出特性,即

$$U_\theta = U_\mathrm{m}\sin\theta \tag{2-41}$$

自整角机测角线路输出特性如图 2-27 所示。

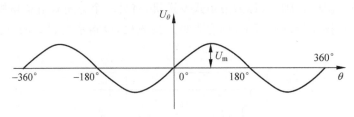

图 2-27　自整角机测角线路输出特性

从图 2-27 自整角机测角线路的输出特性可以看出:控制式自整角接收机输出电压 U_θ 与系统失调角 θ 成正弦关系,自整角机的转角不受限制。当失调角 $\theta=0,u_\theta(t)=0$,执行电动机不转,系统处在稳定协调状态,故称为系统的稳定零点。在 $\theta=0$ 附近,若出现 $\theta>0$,则产生 $u_\theta(t)=U_\mathrm{m}\sin\theta\sin\omega t$,经过放大,执行电动机带动负载正向转动,同时也带动自整角接收机的转子向 $\theta=0$ 的方向协调;反之,$\theta<0,u_\theta(t)=U_\mathrm{m}\sin\theta\sin\omega t$,经过放大,执行电动机带动负载反向转动,同时也带动自整角接收机的转子反向向 $\theta=0$ 的方向协调。从图上特性可知:$\theta=\pm\pi,u_\theta(t)=0$,这也是零点,但只要系统开环增益较大,自整角变压器总存在一定的剩余电压或系统存在一定的干扰,经过放大,将促使执行电动机转动,使系统偏离 $\theta=\pm\pi$,而最终趋向稳定零点 $\theta=0$,故称 $\theta=\pm\pi$ 为系统的不稳定零点。正因为如此,用自整角机作测角装置构成的随动系统,可以使输出角 φ_c 连续不断地跟踪输入角 φ_r。

如图 2-28 给出用自整角机测角的位置随动系统电路原理图,图中 F 表示是控制式自整角发送机,J 表示是控制式自整角接收机,它们之间只有 3 根导线相连,可以相距一定距离,如在兵器随动系统中相距竟达几十米。在自整角机测角线路输出特性一个周期中有两种零点(一个稳定零点和一个不稳定零点),但是在一定条件下,这两个零点是可以互相转化的,例如图 2-28 中将控制式发送机的励磁绕组接电源的两端交换,即使励磁反向,就会使 $\theta=0$ 变成不稳定零点,而 $\theta=\pm\pi$ 变成稳定零点,且在 $\theta\neq0$ 时,随动系统执行电动机的转向也变反了,即当 $\theta>0$ 时,执行电动机带动负载反向转动,而当 $\theta<0$ 时,执行电动机带动负载正向转动。从原理电路分析不难看出:最直接的方法是将控制式发送机的励磁绕组接电源的两端再对调回原来的接线状态,或将控制式自整角机输出绕组加到放大器输入的两根线对调,或将放大器输出加到两相异步电动机控制绕组的两根线对调,或将两相异步电动机励磁绕组接电源的两根线对调等,都可以达到同样的效果。

2. 旋转变压器

旋转变压器类似于旋转式的小型交流电动机,也可像自整角机那样用于测量系统的误差角,其工作原理和自整角机相同,只是它的定子绕组和转子绕组均为空间上正交的两相绕组,在使用时,也是成对使用,分别被称为发送机 F 和接收机 J。如图 2-29 所示,与发送机励磁绕组正交的绕组要短接,以减小正交磁场的影响,提高测量精度。

旋转变压器接收机输出电压仍可用式(2-40)表示,旋转变压器输出特性与自整角机输出特性一样也可用式(2-41)表示,输出特性曲线也如图 2-27 所示,同样,输出特性在一个周期内也具有两个零点,失调角($\theta=\varphi_\mathrm{r}-\varphi_\mathrm{c}$)$\theta=0$ 为稳定零点,$\theta=\pm\pi$ 为不稳定零点。在应用上,旋转变压器的测量精度要比自整角机测量精度高,价格也比较贵。

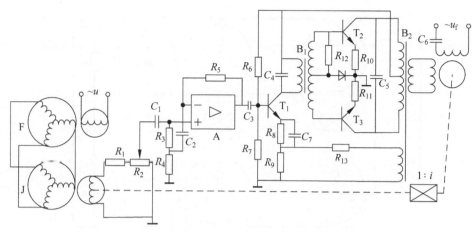

图 2-28 控制式自整角机组成的测角线路应用

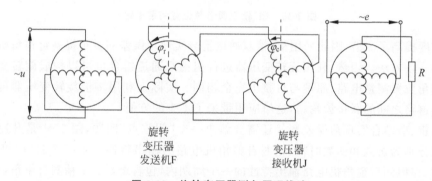

图 2-29 旋转变压器测角原理线路

3. 粗、精双通道角位置测量电路

如前所述,自整角机和旋转变压器有许多显著的优点,适于在武器装备上作为角位置误差测量元件,但有些系统对测量精度要求较高,超出了自整角机和旋转变压器能够达到的精度,为此,可以使用两对自整角机或旋转变压器组合,构成粗、精双通道角误差测量装置,如图 2-30 所示。

在图 2-30 中双通道角位置测量电路分为粗测通道和精测通道,粗测通道由一对自整角机 CF 和 CJ 构成,精测通道由一对自整角机 JF 和 JJ 构成,粗测和精测通道由一对传动比为 i 的升速齿轮传动装置连接。当粗测发送机转子转一周时,精测发送机转子就转 i 周。同样,当执行电动机带动被控制对象转一周,同时也带动粗测接收机转子转一周,因而精测接收机转子就转 i 周。因此,当粗测通道误差角为 $\theta = \varphi_r - \varphi_c$ 时,反映到精测通道的误差角就为 $\theta' = i\theta = i(\varphi_r - \varphi_c)$。在误差角 θ 较大时(一般取 $\theta > 2.5°$),粗测通道输出较大,使粗测通道起主导作用,控制输出使误差角向减小的方向协调;当误差角 θ 小到一定程度时(一般取 $\theta < 2.5°$),粗测通道断开,使精测通道起主导作用,控制输出使误差角趋于零。假设粗、精测通道自整角机误差等级相同且精测通道误差为 Δ,当精测通道协调到 Δ 时,即 $\theta' = \Delta$ 时,粗测通道的误差角为

$$\theta = \frac{\Delta}{i} \tag{2-42}$$

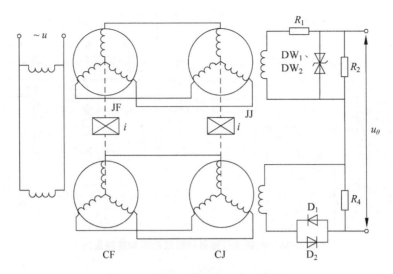

图 2-30　粗、精双通道角位置测量电路

即测量精度提高了 i 倍,因此采用粗、精双通道组合实现角误差测量是提高自整角机电路测量精度的有效方法。当然,利用旋转变压器进行粗精双通道组合也可以构成旋转变压器粗精双通道角位置测量电路,原理与自整机完全相同。实际上利用多极旋转变压器可以取消粗精测通道路之间的联接齿轮箱,这给应用带来了不少的方便。

采用粗、精结合实现角误差测量还需要解决一个"假零点"问题,图 2-31 是升速齿轮装置传动比分别为奇数和偶数时粗、精测自整角机电路的输出特性。由图 2-31(a)可见,当 i 为奇数时,在粗测自整角机电路输出特性的一个周期内,包含奇数 i 个精测自整角机电路输出周期,粗测自整角机电路输出特性的稳定零点和精测自整角机电路输出特性的稳定零点重合,粗测自整角机电路输出特性的不稳定零点和精测自整角机电路输出特性的不稳定零点重合,即 $\theta = \pm\pi$ 属于"不稳定零点"。因此它们将最终协调至粗、精双通道自整角机电路输出特性重合的稳定零点,系统进入正常跟踪状态,无"假零点"现象出现。当 i 为偶数时,如图 2-31(b)所示,在粗测自整角机电路输出特性的一个周期内,包含偶数个精测自整角机电路输出周期,粗、精通道自整角机电路输出特性的稳定零点重合,粗测自整角机电路输出特性的不稳定零点和精测自整角机电路输出特性的一个稳定零点重合,这时就会出现"假零点"问题。因为在粗测自整角机电路输出特性的不稳定零点上,粗测通道输出电压也很低,精测通道处于主导地位,而精测通道这时在输出特性上对应一个稳定零点,因此系统将协调

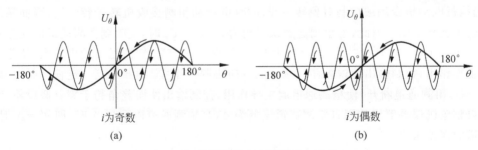

图 2-31　粗、精双通道角位置测量电路输出

在误差角为 π 附近,无法实现零误差跟踪。为此应采用移零电路,使粗测通道的不稳定零点与精测通道的不稳定零点重合,同时,仍然保持粗、精测通道的稳定零点重合,则可以解决上述问题,具体原理在后续内容中介绍。

2.3.3　数字轴角编码装置

近年来,随着计算机和现代控制理论的发展,数字随动系统也随之发展,并已在生产和军事装备中广泛应用。数字随动系统的精度主要由测量元件的精度决定,高精度的数字随动系统必须采用高精度的数字测量元件。主要的数字测角元件有光电编码器、自整角机(或旋转变压器)加数字转换器等,下面就数字随动系统中轴角的表示和常用的几种数字测角元件进行介绍。

1. 数字随动系统中角的表示方法

在数字随动系统中,将转角这一模拟量转换为数字量,完成轴角检测的器件,称为轴角编码器。如何用数字表示角,这是数字随动系统首先遇到的一个问题。为了讨论方便,假定数字随动系统的输入角 θ_r 及轴角编码装置均为 16 位。

角是一个几何量,它与所有物理量一样,不仅存在度量单位问题而且存在方向问题。若用 δ 作为其度量单位(如:$1\delta = 360° \times 2^{-16}$),以 δ 为度量单位去测量一个角,测量的结果就是一个数,该数存储在计算机里或参与运算,总是以二进制的形式出现。为了计算方便,系统输出角 θ_c(连续模拟信号)的正方向规定如下:当输出轴正方向旋转,轴角编码装置输出的编码(连续数字信号 θ_c)增加,在这样的正方向规定下,有的数字随动系统输出轴逆时针旋转为正转,有的系统则相反。数字随动系统和模拟随动系统不同,它没有输入轴,系统输入角 θ_r 仅是一个抽象的数码,因此系统输入角 θ_r 不存在正方向规定的问题。

由于用 δ 作为角的度量单位,在数字计算机中,这些数值总是以二进制形式出现,不同的数字随动系统,根据轴角编码器的二进制位数和存储这些编码的存储单元的字长,决定了分辨率 δ。若存储单元的位数足够长,检测输出轴角位置的轴角编码器是 16 位的绝对式编码器,它将输出轴的 360° 等分成 2^{16} 份,这时该轴角编码器的分辨率为 δ_{16},即

$$\delta_{16} = \frac{360 \times 60 \times 60}{2^{16}} \approx 19.8''$$

或

$$\delta_{16} = \frac{6000}{2^{16}} \approx 0.092 \text{mil} \quad (\text{mil 即密位}, 360° = 6000 \text{mil})$$

若轴角编码器是 8 位的绝对式编码器,它将输出轴的 360° 等分成 2^8 份,即有

$$\delta_8 = \frac{360°}{2^8} \approx 1.4063°$$

显然 δ_{16} 的分辨率远远高于 δ_8。

若数字随动系统输入角 θ_r 是 16 位,对于 16 位轴角编码器,若 θ_r 增加(或减少)1,则输出轴沿正(或反)向转动 δ_{16}。因此,它测量输出轴位置的分辨率为 $2^{16}/2^{16} = 1\delta$。下面计算上述分辨率引起的数字随动系统的静态误差角(简称静差)。

若 θ_r 为常量(不随时间变化),则该数字随动系统已结束了过渡过程静止下来。若在 1δ 范围内转动输出轴,由于轴角编码装置的输出(即连续数字信号 θ_c,也即系统的主反馈信

号)维持不变,因此系统仍然维持原来的静止状态。由此可知,在这种情况下,轴角编码转置的分辨率引起的数字随动系统的(最大)静差为 1δ。应该指出,引起数字随动系统静差的因素有多种,这仅是其中之一。

若轴角编码装置是 18 位的,则它的分辨率为 $2^{16}/2^{18}=0.25\delta$。在这种情况下,轴角编码装置的分辨率引起的数字随动系统的(最大)静差为 0.25δ。由于引起数字随动系统静差的因素有多个,因此当将轴角编码转置的位数由 16 位提高到 18 位时,数字随动系统的静差下降不多。所以,在设计数字随动系统时,一般来说,没有必要使轴角编码装置的位数大于输入角 θ_r 的位数。若轴角编码装置是 12 位的,则它的分辨率为 $2^{16}/2^{12}=16\delta$。在这种情况下,轴角编码装置的分辨率引起的数字随动系统的(最大)静差为 16δ。所以在设计数字随动系统时,不宜选择位数太低的轴角编码装置,以免系统的静差太大,不满足设计指标的要求。

一般来说,应将轴角编码装置的位数定义为数字随动系统的位数。需要说明的是,若轴角编码装置为 17 位,计算机只用其高 16 位,舍去最低位,则该数字随动系统是 16 位的。准确地说,应将轴角编码装置的位数(不计被计算机舍去的位数)定义为数字随动系统的位数。

通常数字随动系统的输入角 θ_r 的位数等于数字随动系统的位数。若数字随动系统的位数大于 θ_r 的位数,则一般来说该系统的轴角编码装置有些大材小用,若数字随动系统的位数小于 θ_r 的位数,如系统的静差符合设计指标要求,则未尝不可。一般 θ_c 的位数≤θ_r 的位数。

数字随动系统计算机的位数不一定要等于数字随动系统的位数,如有 16 位数字随动系统,其计算机是 8 位,采样 θ_r(或 θ_c)时分两次采,先采高字节后采低字节。常选计算机的位数等于随动系统的位数,其目的是考虑运算速度和采样 θ_r(或 θ_c)的速度。计算机的位数≤θ_c 的位数。

D/A 转换器的位数不一定要等于数字随动系统的位数。例如,16 位的数字随动系统选择 8 位的 D/A 转换器就可以。D/A 转换器的位数决定它输出的连续模拟信号的挡数(若 D/A 转换器 8 位,则它输出的连续模拟信号 256 挡),它不影响数字随动系统的静差。一般 D/A 转换器的位数≤θ_c 的位数。

数字随动系统中,由于用 δ 作为角的度量单位,一旦检测输出轴角位置的绝对值轴角编码器的位数确定,δ 的值便确定。所以在数字随动系统的设计中,要根据设计指标的要求,先确定 δ 值,这样数字随动系统的输出轴的有限个输出位置就被确定,而且各个输出位置的编码值也就完全确定了。

例如,某数字随动系统选用 16 位的绝对值轴角编码器。它检测出的输出轴的角位置:输出轴转一周,角度为 $0°\sim360°$,编码值为 0000H$\sim$0FFFFH,再回到 0000H。这时,轴的转角只能取 0(对应 0000H)$\sim$65 535(对应 0FFFFH),总共 65 536 个数值,$\delta=360°/65\,536$。输出轴在 0 位置,用 δ 度量该角度的数值为 0(0000H),输出轴沿规定的正方向转过一个 δ 角,用 δ 度量该角,度量值为 1(0001H),……,输出轴转至 90° 角的位置,用 δ 度量值为 16 384(4000H),……,输出轴转到至 180° 的位置,用 δ 度量值为 32 768(8000H),输出轴转至差一个 δ 为 360° 时,用 δ 度量值为 65 535(0FFFFH),再转一个 δ,输出轴恰好转一周,即 360°,也正好回到 0 位置,编码值也回到了 0000H。上述编码过程如图 2-32 所示。图中,轴的零位定在时针 12 点的位置,这完全是为了看起来更习惯一些,实际上零位可以选在任何位置。

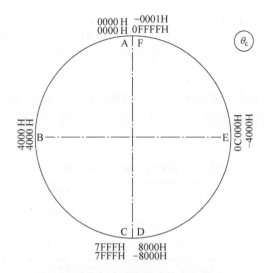

图 2-32 数字随动控制系统中角的表示

从上述例子看到，δ 值由轴角编码器的位数确定。δ 越小，轴角编码器的分辨率越高，轴角编码值的位数越多，要求存储轴角编码的存储器或寄存器的字长就越长，轴角在一周范围内的取值（编码值）越多。上述分析可以归纳为：

1) 数字随动系统输出轴的位置唯一确定了存储该位置的寄存器的内容

在数字随动系统中，尽管随动系统输出的位置对应了无穷多个输出角，相应也对应了无穷多个角度值，例如，输出角 $-270°$、$90°$、$450°$……都确定了输出轴的同一个位置，因此该位置对应 $-270°$、$90°$、$450°$……这些角度值，共无穷多个。但当检测输出轴角位置的轴角编码器的位数确定，输出轴角位置的度量分辨率 δ 也就唯一确定。进而，输出轴角位置能取的值的个数确定，每个角位置对应的编码数值也唯一确定。该角位置读入计算机，存储于存储器或寄存器中的值便唯一确定。

上述唯一确定的原因在于一个相似性：当数字随动系统输出角 θ_c（连续模拟信号）连续增加，输出轴的位置循环转圈，其循环周期为 $10000H\delta$；当该字寄存器的内容不断 $+1$，其内容循环变化，循环周期为 $10000H$。因此，数字随动系统输出轴的位置唯一确定了存储该位置的寄存器的内容。

2) 角的表示方法及其关系

轴角编码器的位数越多，在圆周 $360°$ 上取得的编码的个数越多。但是，不论轴角编码有多少位，最高有效位总是将 $360°$ 分成两个 $180°$：最高有效位为 0，编码器的编码范围为 $0°\leqslant\theta<180°$；最高有效位为 1，编码器的编码范围为 $180°\leqslant\theta<360°$。同理，次高位为 0，$0°\leqslant\theta<90°$，次高位为 1，$90°\leqslant\theta<180°$……不论编码有多少位，最高两位总是将 $360°$ 分成 4 个象限，如图 2-33 所示。这一编码首先确定了正方向，轴沿着正方向，即向角度增加的方向旋转，得到了对应的角度的编码值。这样得到的角度的编码值是用原码表示的，也是数字随动系统中表示轴角编码

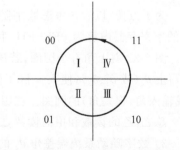

图 2-33 最高有效位与 4 个象限关系

的常用方法。

当从假定的零位开始,沿着与给定的正方向相反的方向转动轴时,显然得到的是-1δ,记为$-1(-0001\text{H})$;-2δ,记为$-2(-0002\text{H})$……$-16\,384\delta$,记为$-16\,384(-4000\text{H})$……表 2-2 中列出了输出轴沿与指定正方向相反方向旋转,用δ量测得到的转角的负值及对应负值的编码值,并列出了这些负的编码值对应的补码值。从表中可以看出,沿反方向转动轴角可以用补码表示。这样,在如图 2-33 所示的圆上,可以用原码表示角度的正值,用补码表示角度的负值。

表 2-2　负角度的编码与补码表示

轴位置	量测值	原码值	补码值
-1δ	-1	-0001H	FFFFH
-2δ	-2	-0010H	FFFEH
…	…	…	…
$-16\,383\delta$	$-16\,383$	-3FFFH	C001H
$-16\,384\delta$	$-16\,384$	-4000H	C000H
…	…	…	…
$-32\,767\delta$	$-32\,767$	-7FFFH	8001H
$-32\,768\delta$	$-32\,768$	-8000H	8000H

在图 2-32 中,若圆表示数字随动系统输出轴的刻度盘。甲按内圈读刻度,乙按外圈读刻度。若输出轴转到位置 B,甲、乙均读 4000H;若输出轴转到位置 D,甲读 8000H,乙读-8000H。若输出轴转到位置 F,甲读 0FFFFH,乙读-0001H。容易看出:甲的读数正好是乙的读数的补码(模为2^{16})。计算机中放的是甲的读数,乙的读数在为负数时无法直接放进计算机。在甲看来,计算机中放的是输出角;在乙看来,计算机中放的是输出角的补码。

由于数字随动系统无输入轴,输入角θ_r仅是一个抽象的数码。但若将该数码(例如其值为 4000H)与要求输出轴所转的位置(B 点)对应起来,该数码就有明显的几何意义了。为了方便,在考虑数字随动系统输入角和输出角时,采用甲的观点。

数字随动系统的误差角$\theta_e(=\theta_r-\theta_c)$是一个数码,人为地赋予其几何意义:误差角$\theta_e$也可用图 2-32 表示,圆不再表示系统输出轴的刻度盘,此时,圆周上的2^{16}个点表示系统的误差角θ_e。同样地,甲、乙分别按内、外圈读刻度;甲的读数是乙的读数的补码(模为2^{16});计算机里放的是甲的读数;在甲看来,计算机里放的是误差角,在乙看来,计算机里放的是误差角的补码。

为了方便,以后在考虑数字随动系统误差角时,通常用乙的观点。若表示系统误差角θ_e的字寄存器内容为 0FFFFH,我们通常说误差角θ_e为-1δ,0FFFFH 为-0001H的补码。图 2-32 右上角有个圆圈,若该图表示的是系统的输出角(或输入角、误差角),则在圆圈中写上θ_c(或θ_r、θ_e),使人一目了然。为了方便起见,以后不妨称图 2-32 为系统的输出角(或输入角、误差角)的圆图。在圆图上根据需要可只标一种刻度。

总之,乙的读数和甲的读数之间的关系与数和它的补码之间的关系一致。

3) 数字随动系统误差角θ_e的计算

若字寄存器 20H 存放系统输入角θ_r,字寄存器 22H 存放系统输出角θ_c,计算误差角。

若执行减法指令"SUB 24H,20H,22H"后,字寄存器 24H 中存放的就是误差角 θ_e (这是甲的观点,在乙看来为误差角之补码)。若字寄存器 20H 的内容大于或等于字寄存器 22H 的内容,则上述结论显然成立。若字寄存器 20H 的内容小于字寄存器 22H 的内容,则计算机在进行减法运算时,自动借位。执行上述指令后,字寄存器 24H 的内容等于字寄存器 20H 的内容加 10000H,减字寄存器 22H 的内容。字寄存器 20H 的内容加 10000H 也可看作系统的输入角,因为它与字寄存器 20H 的内容正好相差 2^{16},它们要求输出轴所转的是同一个位置。既然如此,我们可以不管实际情况如何,总看成系统输入角大于或等于系统输出角,因此上述结论成立。例如,字寄存器 20H 的内容为 5FFFH,字寄存器 22H 的内容为 6000H,由于计算机自动借位,执行上述指令后,字寄存器 24H 的内容为 0FFFFH,即系统误差角 θ_e 为 -1δ(乙的观点)。

若数字随动系统的位数大于 8 位而小于 16 位,为不失一般性,假定轴角编码装置为 12 位的,系统的输入角 θ_r 为 14 位。在此情况下,角的度量单位 δ 应如何选定?

由于存放 θ_r (或 θ_c、θ_e)仍需一个字寄存器(一个字节寄存器只有 8 位),一般建议:仍用 $360° \times 2^{-16}$ 作为角的度量单位,记作 δ,θ_r 占字寄存器的高 14 位,低 2 位清零;θ_c 占字寄存器的高 12 位,低 4 位清零。如果用这种方法在计算机中存放 θ_r (或 θ_c、θ_e),在计算机中进行处理时会带来不少方便。

如果数字随动系统是 8 位的,那么在此情况下,角的度量单位 δ 应如何选定?这个问题留给读者,但是应注意:能用一个字节寄存器存放一个角时,不用一个字寄存器存放,这样不仅节省存储空间,而且可以提高运算速度。

2. 数字随动系统中数字信号的圆图

数字随动系统中的除了输出角 θ_c、输入角 θ_r 和误差角 θ_e 外,其他数字信号(如 $\Delta\theta_r$、$\Delta\theta_e$、C)也可用圆图表示,对于它们,宜用乙的观点。

绘制圆图时,数字信号是沿着圆周顺时针方向数码增加(如图 2-34 所示),还是沿着圆周逆时针方向数码增加(如图 2-32 所示)?由于系统输出角的圆图本来就具有鲜明的几何意义,如果系统输出轴逆时针方向转动,输出角增加(此时轴角编码装置输出数码增加),那么绘制输出角圆图时,一般按照沿着圆周逆时针方向数码增加绘制圆图;反之,则相反。这样,输出角圆图与系统输出轴刻度盘是一致的,便于处理。至于系统中其他数字信号的圆图,仿照输出角圆图的绘制方法,在画其他数字信号圆图时也可将 0000H 标在圆图顶上,以方便处理为原则确定数码增加方向,一般绘制数字信号圆图时沿着圆周顺时针方向为数码增加。

图 2-34 是某数字随动系统中的数字信号 $C_1(n)$ 的圆图,圆内的 $C_1'(n)$ 是该系统中的另一数字信号(为了表示清楚,该图未按比例画)。在图中 8000H 处的小箭头表示该点的隶属关系。

根据图 2-34 分析 $C_1'(n)$ 与 $C_1(n)$ 之间的关系。在圆周上 7FFFH 和 8000H 两点之间,假想被剪了一刀,并拉直圆周,变成如图 2-35 所示的横轴(严格来说,不能算数轴,为了说明方便,称为横轴),以图 2-34 的外圈标横轴刻度。再根据图 2-34 圆内所述 $C_1'(n)$ 和 $C_1(n)$ 的关系,绘制图 2-35(为了表示清楚,该图未按比例画)。图 2-35 形象地显示了限幅特性。

在实际工作中,只需给出圆图 2-34 的内圈刻度。分析时,先根据程序给出圆图,再根据圆图分析其设计思路;设计时,先按设计思路画出圆图,再根据圆图设计程序。

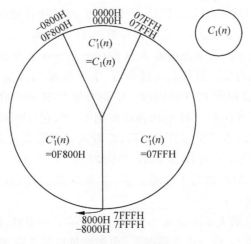

图 2-34 $C_1(n)$ 圆图

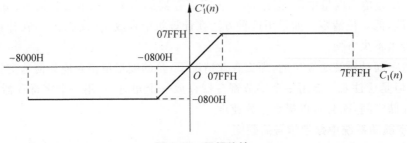

图 2-35   限幅特性

综上所述,数字随动系统中数字信号的圆图,可以作为设计思路和程序之间的桥梁。根据图 2-34 可给出计算 $C_1(n)$ 程序流程图如图 2-36 所示,执行该程序之前,$C_1(n)$ 在字寄存器 20H 中,执行该程序之后,$C_1'(n)$ 在字寄存器 22H 中。

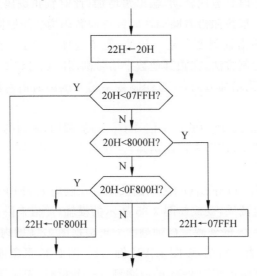

图 2-36   计算的程序流程图

3. 光电编码器

光电编码器是机、光、电 3 种技术结合的产物。随着光电子学和数字技术的发展,光电编码器广泛应用于随动系统的速度和位置检测中,并在数字随动系统中占有重要的地位。按脉冲与对应位置(角度)的关系,光电编码器通常分为增量式光电编码器、绝对式光电编码器以及上述两者结合为一体的混合式光电编码器 3 类。按运动部件的运动方式来分,编码器又可分为旋转式和直线式两种,但直线式光电编码器用得较少。

1) 增量式光电编码器

增量式光电编码器是由一个中心有轴的光电码盘制成,码盘上有环形明/暗间隔相同的刻线,对应每一个分辨率区间可输出一个增量脉冲,则可输出与量化后的轴角成比例的输出脉冲信号,然后用计数器对脉冲信号进行计数,就可使轴角数字化。

增量式编码器原理电路与光电测速器相同,如图 2-19 所示。一般只有两个码道。以轴角式编码器为例,随着码盘旋转,输出一系列计数脉冲。增量式编码器需要预先指定一个基数:零位。输出脉冲相对于基数进行加减,从而测量或读出码盘的位置或位移量。轴角式编码器的码盘附在传感轴或其他形式的转子上,增量编码器产生代表移动位置的脉冲。为了适应可逆控制以及转向判别,编码器输出包括两个通道的信号,通常称为 A 相和 B 相。每一转(round)产生 N 个脉冲(pulse),A 相和 B 相通过 1/4 圈被移动,产生两路脉冲输出,相位差 $\pi/2$,如图 2-37 所示,若 A 相超前(或滞后)B 相表示其轴正(或反)转,所以两相信号之间的移动,能够使控制器按照 A 相是否超前(或滞后)B 相来确定旋转的方向。

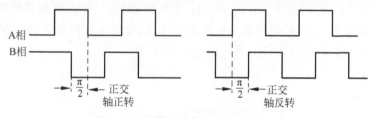

图 2-37　增量编码器的位置输出信号

增量式光电编码器的特点是,码盘的刻线间距均一,每产生一个输出脉冲信号就对应一个增量位移角,计数量相对于基准位置(零位)对输出脉冲进行累加计数。正转则加计数,反转则减计数,但不能通过输出脉冲区别出是哪一个增量位移角,即无法区别是在哪个位置上的增量,编码器能产生与轴角位移增量等值的电脉冲。增量式编码器的优点是易于实现小型化,响应迅速,结构简单;其缺点是掉电后容易造成数据损失,且有误差累积现象。这种编码器的作用是提供一种对连续轴角位移量离散化或增量化以及角位移变化(角速度)的传感方法,它不能直接检测出轴的绝对角度,主要用于数控机床这类数字随动系统中。

2) 绝对式光电编码器

绝对型编码器是以基准位置作为零位置,其零位置固定,测量出各位置的绝对值,然后以二进制编码来表示。它的特点是不需要基数,输出是轴角位置的单值函数,即输出的二进制数与轴角位置具有一一对应的关系。

绝对式光电编码器可以在任意位置处给出一个确定的与该位置唯一对应的读数值,因此在不同的位置,即输出不同的数字编码,并且其误差只与码盘的刻制精度有关。因此,对绝对式编码器来说,要提高编码器的精度,关键在于提高码盘的划分精细度和准确度。

绝对式光电编码器与增量式光电编码器的不同之处在于圆盘上透光、不透光的线条图形。绝对式编码器的特点是具有固定零点,输出编码是轴角的单值函数,可有若干编码,根据读出码盘上的编码,检测绝对位置。绝对式光电编码器的优点是编码由光电码盘的机械位置决定,且每个位置是唯一的,无须记忆,无须找参考点,而且不用一直计数,不受停电、干扰的影响,抗干扰性、数据的可靠性大大提高。若需知道位置,就去读取它的位置编码。但其缺点是制造工艺复杂,不易实现小型化。编码的设计可采用二进制码、循环码、二进制补码等。因此,绝对式光电编码器在国防、航天及科研部门得到了广泛应用。

绝对式光电编码器分单圈和多圈,单圈的测角度是 360°内,若超过 360°则选择多圈。工作方式分旋转循环工作和来回方向循环工作。

旋转单圈绝对式编码器在转动中测量光电码盘各道刻线,来获取唯一的编码。当转动超过 360°时,编码又回到原点,这样的编码只能用于旋转范围 360°以内的测量。如果要测量旋转超过 360°范围,就要用到多圈绝对式编码器。在火炮和导弹随动系统中常用旋转单圈绝对式编码器测量角位置。

4. 自整角机的数字轴角编码装置

自整角机轴角编码装置有多种,下面介绍由自整角机和专用模块构成的轴角-交流-数字轴角编码装置,这类专用模块称为自整角机-数字转换器(SDC),自整角机与数字转换器的连线如图 2-38 所示。其中,自整角机的 $D_1 \sim D_3$ 分别接 SDC 的 $D_1 \sim D_3$。自整角机的激磁绕组 Z_1、Z_2 接交流电源,该电源还接 SDC 的 Z_1、Z_2,供给参考电压。国产 SDC 的参考电压为 50 Hz 和 400 Hz,进口的为 60 Hz、400 Hz 以及 2.6 kHz。若自整角机所需激磁电压和 SDC 所需参考电压大小不同,则可加一只电源变压器,交流电源向变压器的原边供电,变压器的一个副边接自整角机的 Z_1、Z_2,另一副边接 SDC 的 Z_1、Z_2。

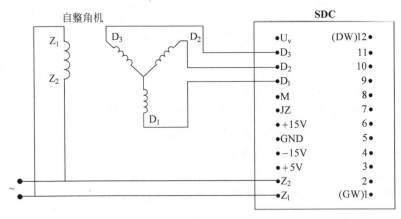

图 2-38   自整角机与 SDC 的连线图

自整角机的数字转换器(SDC)由微型变压器、高速数字乘法器、放大器、鉴相器、积分器、压控振荡器、加减计数器组成,其功能框图如图 2-39 所示。图中 SDC 并无引脚 D_4,用虚线表示,所示微型变压器为 Scott 变压器,它将来自自整角机的信号转换成解算形式,即

$$\begin{cases} V_1 = KE_0 \sin\omega t \sin\theta \\ V_2 = KE_0 \sin\omega t \cos\theta \end{cases}$$

式中，θ 为自整角机的轴角。

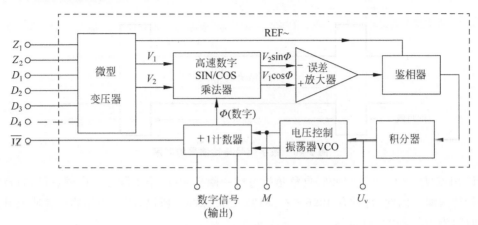

图 2-39　SDC 的功能框图

因此，自整角机三相输出电压和旋转变压器的两相输出电压可以相互转换，即用斯科特 (Scott)变压器完成。

在图 2-39 中，假设：±1 计数器现在的状态字为 Φ。V_1 乘以 $\cos\Phi$，V_2 乘以 $\sin\Phi$（由高速数字 SIN/COS 乘法器完成），有

$$\begin{cases} V_1\cos\Phi = KE_0\sin\omega t\sin\theta\cos\Phi \\ V_2\sin\Phi = KE_0\sin\omega t\cos\theta\sin\Phi \end{cases}$$

误差放大器将它们相减，得

$$KE_0\sin\omega t(\sin\theta\cos\Phi - \cos\theta\sin\Phi)$$

即

$$KE_0\sin\omega t\sin(\theta - \Phi)$$

图 2-39 中鉴相器、积分器和电压控制振荡器(VCO)等使之构成闭环系统，寻找 $\sin(\theta-\Phi)$ 之零点。找到后，±1 计数器的状态字 Φ 等于自整角机的轴角 θ，此时，SDC 输出的数字信号就是 Φ，它等于 θ。这样就实现了轴角编码的功能。其原理是鉴相器产生与 $\sin(\theta-\Phi)$ 成正比的直流信号，并送入积分器，经积分，产生一个随时间增长的输出电压，它作为一个宽动态范围的压控振荡器(VCO)输入电压，VCO 输出的脉冲的频率正比于输入的幅值。可逆计数器累积这一脉冲序列。当鉴相器输出大于零时，表明 $\theta>\Phi$，计数器作加法计数；当鉴相器输出小于零时，表明 $\theta<\Phi$，计数器作减法计数。计数同时，随着正余弦信号的变化，使 Φ 趋近于 θ，系统平衡以后，可逆计数器保持的 Φ 值即为转角 θ 的等效值。

在图 2-39 中，忙信号 M 也是 SDC 输出的信号。当 $M=1$ 时，表示 VCO 正在对 ±1 计数器进行操作，此时 SDC 输出的数字信号不可信，即不是 θ 的数字信号；当 $M=0$ 时，SDC 输出的数字信号是 θ 的编码值。所以，应在 $M=0$ 时采样 SDC 输出的数字信号。该数字信号与忙信号的时序如图 2-40 所示。对于 400Hz SDC，忙信号 M 脉冲宽度通常为 $1\sim2\mu s$，最大 $3\mu s$。若自整角机的角速度 $d\theta/dt=720°/s$，问两个相邻的忙脉冲上升沿之间的时间为多少？

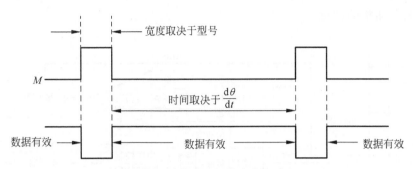

图 2-40 数字信号与忙信号的时序

设 SDC 为 12 位，$2^{12}=4096$，自整角机每转一圈有 4096 个忙脉冲。由题意可知，自整角机每秒转两圈。因此，每秒有 $4096\times2=8192$ 个忙脉冲。所以，两个相邻的忙脉冲上升沿之间的时间为 $10^6/8192=122\mu s$。

在图 2-39 中，禁止信号 $\overline{JZ}$ 是 SDC 的输入信号，低电平有效。当 $\overline{JZ}=0$ 时，它禁止 VCO 对 ±1 计数器进行操作。但若在 $M=1$ 时 $\overline{JZ}=0$，直到 $M=0$ 后，信号 $\overline{JZ}=0$ 才起作用。因此，$\overline{JZ}=0$ 负脉冲的宽度应大于忙脉冲的宽度。此外还需注意，使用信号 $\overline{JZ}=0$ 时，断开了 SDC 内部的控制环，当 $\overline{JZ}=1$ 时，需过一定时间后，SDC 才恢复其精度。

从上面的分析可以看出，要获取 SDC 输出的数字信号，有两种方法：一是利用 SDC 输出的 M 信号；二是向 SDC 输入 $\overline{JZ}=0$ 信号。M 与 JZ 均为汉语拼音。

图 2-39 中，U_V 是 SDC 输出的模拟信号，它正比于自整角机的旋转角速度 $d\theta/dt$。当 SDC 输出的数字信号数码增加时，U_V 为负；当数码减小时，U_V 为正。SDC 对自整角机的最高转速是有限的。SDC1700（进口型号）：当自整角机的转速为（SDC 允许自整角机的）最高转速的 $1/5$，U_V 约为 2V（或 $-2V$）。

容易想到：以自整角机加 SDC 等组成的数字随动系统中，若 U_V 的大小及负载能力均合适时，可省去一台测速发电动机。此外，测速发电动机低速旋转时，其电枢电压纹波很大，而 U_V 无此缺点。

表 2-3 和表 2-4 分别给出了部分国产 12 位和 14 位 SDC 的型号及技术规格。

表 2-3 自整角机的数字转换器（ZSZ）[②]

技术规格	型号 12ZSZ749	12ZSZ741	12ZSZ759	12ZSZ755
精度	$\pm10'$	※[①]	$\pm12'$	※※[①]
输出	12 位并行 自然二进制码	※	※	※
信号及参考频率（Hz）	400	※	50	※※
信号电压（线电压）(V)	90	11.8	90	53
信号阻抗（kΩ）	200	27	200	120
参考电压（V）	115	26	115	115
参考阻抗（kΩ）	270	56	270	270
跟踪速度（r/s）	30	※	5	※※

技术规格 \ 型号	12ZSZ749	12ZSZ741	12ZSZ759	12ZSZ755
工作温度(℃)	0～+70	※	※	※
尺寸(mm)	80×67×12	※	※	※
质量(g)	90	※	※	※

注：① ※与12ZSZ749相同,※※与12ZSZ759相同；

②军品级除工作温度为-55℃～+105℃外,其他技术参数与相应的民品级相同,相应的型号为12ZSZ1049、12ZSZ1041、12ZSZ1059、12ZSZ1055。

表 2-4　自整角机的数字转换器(ZSZ)^{②}

技术规格 \ 型号	14ZSZ749	14ZSZ741	14ZSZ759	14ZSZ755
精度	±5′	※^{①}	±6′	※※^{①}
输出	14位并行 自然二进制码	※	※	※
信号及参考频率(Hz)	400	※	50	※※
信号电压(线电压)(V)	90	11.8	90	53
信号阻抗(kΩ)	200	27	200	120
参考电压(V)	115	26	115	115
参考阻抗(kΩ)	270	56	270	270
跟踪速度	12 r/s	※	500°/s	※※
工作温度(℃)	0～+70	※	※	※
尺寸(mm)	80×67×12	※	※	※
质量(g)	90	※	※	※

注：① ※与14ZSZ749相同,※※与14ZSZ759相同；

②军品级除工作温度为-55℃～+105℃外,其他技术参数与相应的民品级相同,相应的型号为14ZSZ1049、14ZSZ1041、14ZSZ1059、14ZSZ1055。

5. 旋转变压器的数字转换器(RDC)

旋转变压器的数字转换器的英语缩写为RDC。

旋转变压器与RDC之间的连线如图2-41所示。旋转变压器的Z_1、Z_2、Z_3、Z_4分别接RDC的D_1、D_2、D_3、D_4。旋转变压器的激磁绕组D_1、D_2接交流电源,该电源还接RDC的Z_1、Z_2,供给参考电压。国产RDC的参考电压为400Hz,进口的为60Hz、400Hz以及2.6kHz。如图2-41所示,若旋转变压器所需激磁电压和RDC所需参考电压大小不同,则可加一台电源变压器,交流电源向变压器的原边供电,变压器的一个副边接旋转变压器的D_1、D_2,另一副边接RDC的Z_1、Z_2。

与自整角机的数字转换器原理类似,旋转变压器的数字转换器RDC也由微型变压器、高速数字乘法器、放大器、鉴相器、积分器、压控振荡器、加减计数器组成,图2-39也是RDC的功能框图。在图2-41中,RDC有引脚D_4,这与SDC不同。此外,来自旋转变压器的信号已经是解算形式的信号,所以图2-39中的微型变压器不是Scott变压器,而是隔离变压器。

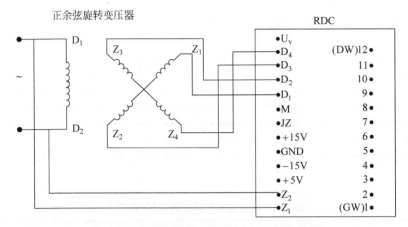

图 2-41　正余弦旋转变压器与 RDC 的连线图

除此以外,RDC 与 SDC 是一样的。

表 2-5 和表 2-6 分别给出了部分国产 12 位和 14 位 RDC 的型号及其技术规格。

表 2-5　正余弦旋转变压器的数字转换器(XSZ)[②]

技术规格 \ 型号	12XSZ741	12XSZ742	12XSZ746	12XSZ7411
精度	±10′	※[①]	※	※
输出	12 位并行 自然二进制码	※	※	※
信号及参考频率(Hz)	400	※	※	※
信号输入电压(V)	11.8	26	60	115
信号输入阻抗(kΩ)	27	56	130	270
参考输入电压(V)	11.8 或 26	26	115	115
参考输入阻抗(kΩ)	26 或 56	56	270	270
跟踪速度(r/s)	30	※	※	※
工作温度(℃)	0~70	※	※	※
尺寸(mm)	80×67×12	※	※	※
质量(g)	90	※	※	※

注:① ※与 12XSZ741 相同,※※与 12ZSZ759 相同;

　　② 军品级除工作温度为 −55℃~+105℃外,其他技术参数与相应的民品级相同,相应的型号为 12XSZ1041、
　　12XSZ1042、12XSZ1046、12XSZ10411。

表 2-6　正余弦旋转变压器的数字转换器(XSZ)[②]

技术规格 \ 型号	14XSZ741	14XSZ742	14XSZ746	14XSZ7411
精度	±5′	※[①]	※	※[①]
输出	14 位并行 自然二进制码	※	※	※
信号及参考频率(Hz)	400	※	※	※

续表

技术规格 ＼ 型号	14XSZ741	14XSZ742	14XSZ746	14XSZ7411
信号输入电压(V)	11.8	26	60	115
信号输入阻抗(kΩ)	27	56	130	270
参考输入电压(V)	11.8 或 26	26	115	115
参考输入阻抗(kΩ)	26 或 56	56	270	270
跟踪速度(r/s)	12	※	※	※
工作温度(℃)	0～+70	※	※	※
尺寸(mm)	80×67×12	※	※	※
质量(g)	90	※	※	※

注：① ※与 12XSZ741 相同,※※与 12ZSZ759 相同；

　　② 军品级除工作温度为−55℃～+105℃外,其他技术参数与相应的民品级相同,相应的型号为 12XSZ1041、12XSZ1042、12XSZ1046、12XSZ10411。

表 2-7 为国内外互换型号对照表。

表 2-7　自整角机的数字转换器和正余弦旋转变压器的数字转换器国内外互换型号对照表

国内产品型号	国外互换型号	国内产品型号	国外互换型号	国内产品型号	国外互换型号
10ZSZ749	SDC1702512	14ZSZ1055	SDC1704621	12XSZ746	
10ZSZ755	SDC1702521	14ZSZ1059	SDC1704622	12XSZ7411	
10ZSZ759	SDC1702522	14ZSZ1041	SDC1704611	12XSZ1041	RDC1700613
10ZSZ741	SDC1702511	16ZSZ749	SDC1721512	12XSZ1042	RDC1700614
10ZSZ1049	SDC1702612	16ZSZ755	SDC1721521	12XSZ1046	
10ZSZ1055	SDC1702621	16ZSZ759	SDC1721522	12XSZ10411	
10ZSZ1059	SDC1702622	16ZSZ741	SDC1721511	14XSZ741	RDC1704513
10ZSZ1041	SDC1702611	16ZSZ1049	SDC1721612	14XSZ742	RDC1704514
12ZSZ749	SDC1700512	16ZSZ1055	SDC1721621	14XSZ746	
12ZSZ755	SDC1700521	16ZSZ1059	SDC1721622	14XSZ7411	
12ZSZ759	SDC1700522	16ZSZ1041	SDC1721611	14XSZ1041	RDC1704613
12ZSZ741	SDC1700511	10XSZ741	RDC1702513	14XSZ1042	RDC1704614
12ZSZ1049	SDC1700612	10XSZ742	RDC1702514	14XSZ1046	
12ZSZ1055	SDC1700621	10XSZ746		14XSZ10411	
12ZSZ1059	SDC1700622	10XSZ7411		16XSZ741	RDC1721513
12ZSZ1041	SDC1700611	10XSZ1041	RDC1702613	16XSZ742	RDC1721514
14ZSZ749	SDC1704512	10XSZ1042	RDC1702614	16XSZ746	
14ZSZ755	SDC1704521	10XSZ1046		16XSZ1041	
14ZSZ759	SDC1704522	10XSZ10411		16XSZ1042	RDC1721613
14ZSZ741	SDC1704511	12XSZ741	RDC1700513	16XSZ1046	RDC1721614
14ZSZ1049	SDC1704612	12XSZ742	RDC1700514		

表 2-8 为进口 SDC(RDC)1700 系列、1702 系列、1704 系列部分技术规格。

表 2-8   SDC(RDC)1700 系列、1702 系列、1704 系列部分技术规格

技术规格 \ 型号		SDC 1702 RDC 1702	SDC 1700 RDC 1700	SDC 1704 RDC 1704
精度		±22′	±8.5′	±2.9′
分辨率		10 位 (1LSB=21′)	12 位 (1LSB=5.3′)	14 位 (1LSB=1.3′)
输出(并行自然二进制码)		10 位	12 位	14 位
信号与参考频率(Hz)		60,400,2600	*[①]	*
变压器绝缘		500V(DC)	*	*
跟踪速度 (最大)(r/s)	60Hz	5	*	500(°/s)
	400Hz	36	*	12
	2.6kHz	75	*	25
步响应(179°至 1LSB 误差)	60Hz	1.5s	*	*
	400Hz	125ms	*	*
	2.6kHz	50ms	*	*
电源		±15V 25mA±5%	*	±15V 30mA±5%
		+5V 75mA±5%	*	+5V 85mA±5%
电源功率(W)		1.1	*	1.3
数据输出(TTL 相容)		2TTL(军品)	*	2TLL
		4TTL(民品)	*	
"忙"输出正脉冲 (TTL)(μs)	60Hz	9±30%	*	*
	400Hz	2±30%	*	*
	2.6kHz	2±30%	*	1.3μs±30%
最大数据传输时间(μs)	60Hz	40	*	35
	400Hz	5	*	3
	2.6kHz	1.8	*	0.8
"禁止"输入		"0"1TTL	*	"0"2TTL
加热时间		1s 至额定精度	*	*
温度范围(℃)	工作	0~70(民品)	*	*
		−55~105(军品)	*	*
	存储	−55~125	*	*
尺寸(mm)		79.4×66.7×10.2	*	*
质量(g)		85	*	*

注①: *表示与 1702 相同。

6. 用单片微处理机实现轴角/数字转换

前面介绍的轴角/数字转换的原理和方法也可用微处理机来实现。目前单片微处理机在数字随动系统中应用广泛,这里仅介绍一种使用单片微处理机实现轴角/数字转换的基本结构组成和程序设计方法。

1) 硬件结构

图 2-42 给出了由单片微处理机构成的自整机/数字转换装置的硬件结构。它主要由自整角机、衰减电路、模拟多路开关、过零检测电路、采样保持器、A/D 转换器、单片微处理机及其输出接口电路组成。

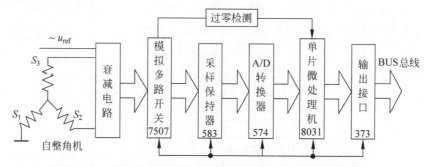

图 2-42　由单片微处理机实现的同步机/数字转换的硬件结构

由自整角机输出交流电压 u_{s_1}、u_{s_2}、u_{s_3}，S_1 相接地，其余两相和参考电压 u_{ref} 经过衰减送到模拟多路开关。衰减电路是纯电阻电路，其作用是将自整角机输出电压衰减到适合于集成电路芯片所要求的允许输入电压。以 S_1 相为基准的线电压分别为 u_{s_2-1} 和 u_{s_3-1}，用单片微处理机控制选通自整机输出电压 u_{s_2-1}、u_{s_3-1} 和参考电压 u_{ref}。过零检测电路检测出 u_{ref} 过零点信号，送给单片微处理机，以便实现采样保持、A/D 转换、数据录取控制。采样得到的数字量，经过单片微处理机计算、变换、迭代，得到平稳精确的角度值，提供给随动系统闭环控制与角度显示。

2) 转换原理和程序设计

自整机输出经衰减后加到转换器的信号形式为

$$\left.\begin{aligned}
u_{s_1} &= U_m \sin\omega t \sin\theta \\
u_{s_2} &= U_m \sin\omega t \sin(\theta + 120°) \\
u_{s_3} &= U_m \sin\omega t \sin(\theta - 120°)
\end{aligned}\right\} \tag{2-43}$$

式中，U_m——参考电压幅值（衰减之后）；

ω——参考电压频率；

θ——机械转角。

以 u_{s_1} 相为基准采样线电压，其幅值分别为

$$u_{s_2-1} = u_y = U_m \sin(\theta + 120°) - U_m \sin\theta = -\sqrt{3} U_m \sin(\theta - 30°) \tag{2-44}$$

$$u_{s_3-1} = u_x = U_m \sin(\theta - 120°) - U_m \sin\theta = -\sqrt{3} U_m \sin(\theta + 30°) \tag{2-45}$$

则

$$\left.\begin{aligned}
u_y + u_x &= -\sqrt{3} U_m \sin\theta \\
u_x - u_y &= -\sqrt{3} U_m \cos\theta
\end{aligned}\right\} \tag{2-46}$$

取

$$\frac{u_y + u_x}{u_x - u_y} = \frac{-\sqrt{3} U_m \sin\theta}{-\sqrt{3} U_m \cos\theta} = \tan\theta \tag{2-47}$$

　　根据式(2-43)～式(2-47)以及象限码即可编制程序框图,如图 2-43 所示。

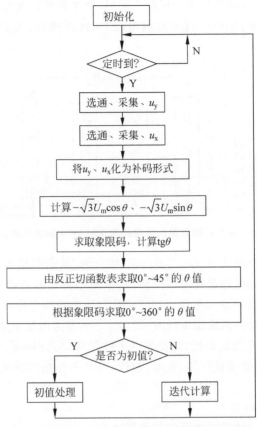

图 2-43　单片微处理机实现 S/D 转换程序框图

　　根据以上所述转换原理和程序设计思想,即可构成功能完善的 S/D 转换装置,象限码与轴角对应的关系如表 2-9 所示。

表 2-9　象限码与轴角对应的关系

象　限　码	角度(0°～360°)计算公式
000	$90° - \Delta\theta$
001	$270° + \Delta\theta$
010	$90° + \Delta\theta$
011	$270° - \Delta\theta$
100	$\Delta\theta$
101	$360° - \Delta\theta$
110	$180° - \Delta\theta$
111	$180° + \Delta\theta$

　　注:$\Delta\theta$ 为 0°～45°范围的角度值。

　　根据以上原理,不难实现粗、精双通道转换。这种转换装置可方便地用于机床、工业机器人以及军用随动系统中。

7. 单通道角位置测量电路

下面主要以旋转变压器的 RDC 轴角编码装置构成测角电路为例介绍单通道角位置测量电路。

1）电路组成

单通道旋转变压器的 RDC 轴角编码装置的电路可分成角度-交流信号的转换、交流信号-数字编码信号的转换、锁存电路 3 部分构成。其中,角度-交流信号的转换电路由正余弦旋转变压器完成;交流信号-数字编码信号的转换由数字转换器 12XSZ742 芯片完成;锁存电路由 1/2 74LS123、74LS374 8 位 D 型触发器、74LS173 4 位 D 型寄存器组成。

单通道旋转变压器的 RDC 轴角编码装置的电路原理图如图 2-44 所示。

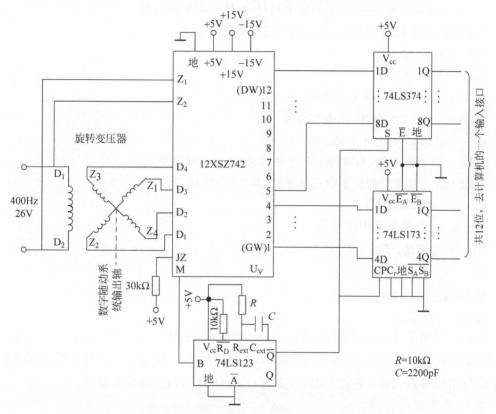

图 2-44　单通道旋转变压器的 RDC 轴角编码装置的电路原理图

（1）旋转变压器。

在分析数字随动系统的原理时,可认为该系统输出轴就是旋转变压器转子轴。旋转变压器型号为 20XZ10-10,其技术数据如下:

电压 26V、频率 400Hz、空载阻抗 1000Ω、电压比是 1。

由此可知,其输出最大电压约 26V。

（2）数字转换器。

RDC 型号为 12XSZ742,由表 2-5 可查到其技术数据。

400Hz、26V 电源向 20XZ10-10 提供激磁电压和向 12XSZ742 提供参考电压。由表 2-5 可知,12XSZ742 要求信号电压 26V,20XZ10-10 正好满足其要求。

在图 2-44 中，12XSZ742 中的 DW 和 GW 为汉语拼音字母，也就是说，1 为最高位，12 为最低位。

轴角编码装置利用 RDC 发出的忙信号 M，获取 RDC 输出的数字信号，不向 RDC 发禁止信号 $\overline{JZ}$。因此，$\overline{JZ}$ 引脚经 30kΩ 电阻接＋5V，使其始终无效。

（3）1/2 74LS123、74LS173、74LS374 组成锁存电路，锁存 RDC 输出的数字信号。

74LS374 为 8 位上升沿 D 型触发器（三态），其引脚功能如下：

1D～8D——输入端。

1Q～8Q——输出端。

$\overline{E}$——使能控制端，低电平有效。

S——时钟脉冲端，当时钟上升沿来到时，将输入的数据锁存。

74LS173 为 4 位 D 型寄存器（三态），其引脚功能如下：

1D～4D——输入端。

1Q～4Q——输出端。

$\overline{E}_A$、$\overline{E}_B$——控制端，低电平有效。

$\overline{S}_A$、$\overline{S}_B$——允许控制端，低电平有效。

C_r——清零端，高电平有效。

CP——时钟输入端，当时钟上升沿来到时，将输入的数据锁存。

74LS123 为双可重触发单稳态触发器，其引脚功能如下：

Cext——外接电容端。

R_{ext}/C_{ext}——外接电阻电容端。

$\overline{R}_D$——清零端，低电平有效。

$\overline{A}$——触发端，低电平有效。

B——触发端，高电平有效。

Q、$\overline{Q}$——输出端。

74LS374 的 $\overline{E}$、74LS173 的 $\overline{E}_A$、$\overline{E}_B$、$\overline{S}_A$、$\overline{S}_B$ 均接地（见图 2-44），因此它们处于能输出状态（非高阻状态）。74LS173 的 C_r 接地，使其始终无效。74LS173 的时钟输入端 CP 和 74LS374 的时钟输入端 S 连在一起后，接到 1/2 74LS123 的反相输出端 $\overline{Q}$。

2）工作原理

由轴角转换成数字编码信号的原理在前面已介绍过，这里仅对锁存电路进行叙述。

当 M 忙信号为高电平时，74LS123 的 B 端为高电平有效，就触发 74LS123，其输出端 $\overline{Q}$ 变为低电平，并通过 RC 延时，使其低电平的宽度大于忙脉冲 M 的宽度。

74LS173 和 74LS374 为上升触发，当 $\overline{Q}$ 上升沿到来时，忙信号 M 处于低电平，74LS173 和 74LS374 将 RDC 输出的数字信号（12 位）锁存，又由于它们处于能输出状态，该数字信号输给计算机一个输入口，作为数字随动系统的主反馈信号。

在锁存时刻（即 74LS123 的 $\overline{Q}$ 上升沿到来时刻）RDC 输出的数字信号应是有效的，即此时刻忙信号 M 应为低电平（见图 2-40）。这正是 1/2 74LS123 组成的延时电路的设计要求。如何验证延时电路的有效性（即 $\overline{Q}$ 上升沿应在忙信号 M 处在低电平期间）？可通过下面例子说明。

例 2-1 数字随动系统的轴角编码装置如图 2-44 所示,该系统输出轴的最高转速为 2r/s。求:其延时电路的输出 $\overline{Q}$ 之上升沿较忙信号 M 上升沿的延时 T_d 的允许范围。

解 由图 2-40 可知,T_d 应大于 M 脉冲宽度,T_d 应小于两个相邻的忙脉冲上升沿之间的时间。

由图 2-40 可知:这种情况下,两个相邻的忙脉冲上升沿之间的时间最小为 $122\mu s$。

由表 2-7 可知,12XSZ742 相当于国外型号 RDC1700514。由表 2-8 可知,M 脉冲宽度为 $2\mu s \pm 30\%$,即最大为 $2.6\mu s$。

因此,T_d 的允许范围为 $2.6\mu s < T_d < 122\mu s$。如图 2-45 所示,该图为示意图,横坐标未按比例画。该图还画出了延时电路的输出 $\overline{Q}$ 之波形。

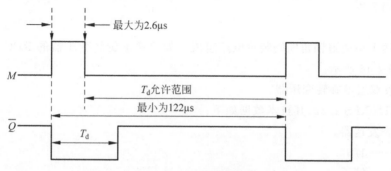

图 2-45 T_d 的允许范围

图 2-44 的 74LS123,$\overline{R}_D$ 通过电阻接 +5V,使其始终无效;$\overline{A}$ 接地,使其始终有效;上述忙信号 M 加到触发端 B;引脚 R_{ext}/C_{ext} 和引脚 C_{ext} 之间接一电容 C,引脚 C_{ext} 还通过一电阻 R 接 +5V。此时延时电路的输入信号 M 和输出信号 $\overline{Q}$ 之间的时序关系如图 2-45 所示,延时 T_d 与 R 值、C 值有关,有经验公式如下:

$$T_d = KRC(1 + 0.7/R) \tag{2-48}$$

式中,T_d——单位为 ns。

R——单位为 $k\Omega$。

C——单位为 pF。

K——常数,取决于芯片型号。

现设 $R = 10k\Omega$,$C = 2200pF$,$K = 0.28$(74LS123),代入式(2-48),得

$$T_d = 0.28 \times 10 \times 2200 \times (1 + 0.7/10) = 6600ns = 6.6\mu s$$

$T_d = 6.6\mu s$,在其允许范围内。

3) 轴角编码装置的测量误差

输出角的测量误差是数字随动系统静差的重要组成部分。以图 2-44 为例,说明如何计算轴角编码装置测量数字随动系统输出角的测量误差(指最大测量误差,下同)。

若在图 2-44 中,旋转变压器 20XZ10-10 为 Ⅰ 级精度,计算该轴角编码装置测量数字随动系统输出角的测量误差。

20XZ 系列正-余弦旋转变压器 Ⅰ 级精度,误差为 $10'$。

查表 2-5 可知,12XSZ742 的误差为 $10'$。因此,该轴角编码装置测量数字随动系统输出角的测量误差为 $10' + 10' = 20'$。

因此,该轴角编码装置将引起数字随动系统 20′ 静差。

自整角机的 SDC 轴角编码装置的测量误差也可用与旋转变压器的 RDC 轴角编码装置同样的方法得到。

8. 双通道角位置测量电路

如果要求数字随动系统静差很小,很显然要求随动系统的轴角编码装置(测量该系统输出角)的测量误差更小。因此,应选择更高精度等级的旋转变压器和位数更多的 RDC。虽然如此,但有时还不能满足设计要求。例如,即使选用零级精度旋转变压器,其误差达 3′～5′(型号不同,规定的最大误差略有不同);再加上 RDC 的误差,轴角编码装置的测量误差就更大了。为了使轴角编码装置的测量误差满足数字随动系统静差的设计要求,可采用双通道轴角编码装置。

1) 组成

它是由两个单通道轴角编码装置电路组成。如双通道旋转变压器的 RDC 轴角编码装置电路,如图 2-46 所示。

(1) 多极双通道旋转变压器。

型号为 110XFS 1/32,其技术数据如下:

类别——发送器。

极对数——1/32。

激磁方——转子。

额定电压——36V。

频率——400Hz。

开路输入阻抗——1500Ω/140Ω。

开路输入功率——1W/6W。

最大输出电压——12V/12V。

电气误差——30′/10″、30′/20″、30′/40″。

粗精机零位偏差——±30′。

以上数据中,分子表示粗机的数据,分母表示精机的数据。精度有 3 个等级,它们的电气误差不同,假定图 2-46 中的 110XFS 1/32 之电气误差为 30′/20″。

(2) 两片数字转换模块。

RDC 型号均为 12XSZ741,由表 2-5 可查到其技术数据。

(3) 粗、精测数字锁存电路。

在图 2-46 中,下方的 1/2 74LS123、74LS173、74LS374 组成粗 θ_0。(θ_0 为数字随动系统输出角,粗 θ_0 为粗测 θ_0 的结果)锁存电路;上方的 1/2 74LS123、74LS173、74LS374 组成精 θ_0。(精 θ_0 为精测 θ_0 的结果)锁存电路。

400Hz 的电源变压器用于获得 110XFS 1/32 所需激磁电压 36V 和 12XSZ741 所需参考电压 11.8V。110XFS 1/32 最大输出电压粗、精机均为 12V。

2) 工作原理

粗、精测通道轴角编码装置的工作原理分别与单通道轴角编码装置相同。不同的是,由于粗、精测通道旋转变压器极对数不同,如图 2-46 所示,当系统输出轴每转一转,粗测旋转变压器输出的信号变化一周,精测通道的旋转变压器输出信号变化 32 周。

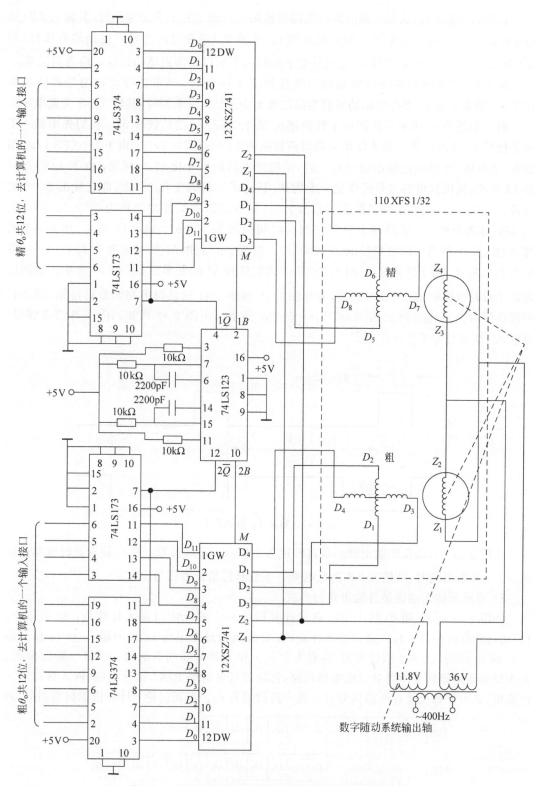

图 2-46 双通道旋转变压器-RDC 轴角编码装置电路图

在粗 θ_{o}（或精 θ_{o}）锁存电路的延时电路的输出 $2\overline{Q}$（或 $1\overline{Q}$）上升沿来到时，其输入 $2B$（或 $1B$）即忙信号 M 应为低电平。如何验算粗 θ_{o}（或精 θ_{o}）锁存电路的延时电路的有效性（即 $2\overline{Q}$ 和 $1\overline{Q}$ 上升沿应在忙信号 M 处在低电平期间），下面以精测通道的延时电路为例说明。

例 2-2 数字随动系统的轴角编码装置如图 2-46 所示，该系统输出轴的最高转速为 $180°/s$。验算：精 θ_{o} 锁存电路的延时电路的输出 $1\overline{Q}$ 上升沿来到时，其输入 $1B$ 为低电平。

解 如图 2-46 所示，$1B$ 即用于转换精 θ_{o} 的 12XSZ741 之忙信号 M。我们先来画一下该忙信号 M 的波形图。系统输出轴的最高转速为 $180°/s$，即 $0.5r/s$；由于 110XFS 1/32 精机有 32 对极，所以系统输出轴每转一转，精机发出的信号变化 32 个周期；由于 12XSZ741 是 12 位的，精机发出的信号每变化一个周期，其输出的数码变化 2^{12} 次，即它发出 2^{12} 个忙脉冲。所以，当系统输出轴以最高转速旋转时，每秒发出的忙脉冲个数为 $2^{12} \times 32 \times 1/2 = 65\,536$，即两个相邻的忙脉冲上升沿之间的时间间隔为 $10^6/65\,536 = 15.2\mu s$。由表 2-7 可知，12XSZ741 相当于国外型号 RDC1700513。由表 2-8 可知，M 脉冲宽度为 $2\mu s \pm 30\%$，即最大为 $2.6\mu s$。用于转换精 θ_{o} 的 12XSZ741 之忙信号 M 的波形图如图 2-47 所示。该图还画出了延时电路的输出 $1\overline{Q}$ 之波形，对比图 2-46 和图 2-44 的延时电路参数后可知，图 2-47 的理论延时为 $6.6\mu s$，满足 $2.6\mu s < T_d < 15.2\mu s$ 要求。由图 2-47 可知，$1\overline{Q}$ 上升沿来到时，其输入 $1B$ 为低电平。

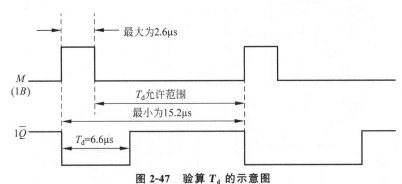

图 2-47 验算 T_d 的示意图

在图 2-47 中，该系统输出轴的最高转速为 $180°/s$。还应验算：粗 θ_{o} 锁存延时电路的输出 $2\overline{Q}$ 上升沿来到时，其输入 $2B$ 为低电平。该验算留给读者进行。

3）双通道轴角编码装置输出角的合成

如图 2-48 所示，粗 θ_{o} 共 12 位，通过计算机的一个输入接口进入计算机；精 θ_{o} 共 12 位，通过计算机的另一输入接口进入计算机；计算机通过程序将 12 位的粗 θ_{o} 和 12 位的精 θ_{o} 组成 16 位的 θ_{o}，为了叙述方便，称它为合 θ_{o}。作为数字随动系统的一个信号输出角 θ_{o}，在多极双通道旋转变压器处分成粗精两路，每路经过各自的 RDC、锁存电路、输入接口进入计算机，又由计算机将这两路信号组合成一路信号合 θ_{o}。下面讨论：计算机如何将粗 θ_{o} 和

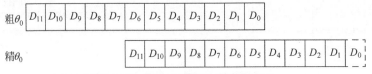

图 2-48 粗 θ_{o} 和精 θ_{o} 的对应关系

精 θ_o 组合成合 θ_o?

仍以图 2-46 为例。由于多极双通道旋转变压器 110XFS 1/32 粗机、精机极对数分别为 1 对、32 对，所以粗 θ_o 和精 θ_o 的对应关系如图 2-48 所示。

（1）理想情况下输出角的合成。

在理想情况下，粗 θ_o 之 D_6 等于精 θ_o 之 D_{11}，粗 θ_o 之 D_5 等于精 θ_o 之 D_{10}，……，粗 θ_o 之 D_0 等于精 θ_o 之 D_5。如图 2-49 所示。开始时，数字随动系统在零位，粗 θ_o 的 12 位和精

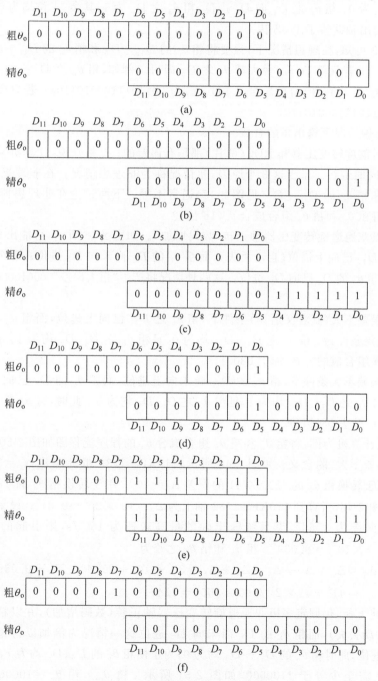

图 2-49　理想情况下的粗 θ_o 和精 θ_o

$\theta_\circ$ 的 12 位均为 0。数字随动系统输出轴从零位沿正向旋转 $1/2\delta$($2^{16}\delta=360°$),精机从零位沿正向旋转的电角为 $1/2\delta\times32=2^4\delta=2^{-12}$ 转,因此精 $\theta_\circ$ 的 D_0 变为 1,精 $\theta_\circ$ 的 $D_{11}\sim D_1$ 和粗 $\theta_\circ$ 的 12 位均保持为 0。继续慢慢旋转,精 $\theta_\circ$ 码逐一增加,粗 $\theta_\circ$ 编码保持为 0,直至精 $\theta_\circ$ 编码为 000000011111。再转 $1/2\delta$,精 $\theta_\circ$ 编码变为 000000100000,此时粗 $\theta_\circ$ 编码变为 000000000001,即粗 $\theta_\circ$ 之 D_0 和精 $\theta_\circ$ 之 D_5 为 1,其余均为 0。再继续旋转,直到精 $\theta_\circ$ 的 12 位均为 1,此时粗 $\theta_\circ$ 之 $D_6\sim D_0$ 均为 1,$D_{11}\sim D_7$ 仍保持为 0。再转 $1/2\delta$,精 $\theta_\circ$ 进位自动丢失,其 12 位均为 0;粗 $\theta_\circ$ 之 D_6 向 D_7 进位,粗 $\theta_\circ$ 之 D_7 为 1,其余 11 位均为 0。到此时,数字随动系统输出轴共转了 1/32 转。

由图 2-49 可知,在理想情况下,只要将粗 $\theta_\circ$ 的 $D_{11}\sim D_7$ 和精 $\theta_\circ$ 的 $D_{11}\sim D_0$ 拼起来,就得合 $\theta_\circ$(17 位);若只要 16 位,舍去精 $\theta_\circ$ 之 D_0 即可。例如,粗 $\theta_\circ$ 之 $D_{11}\sim D_7$ 为 00110,精 $\theta_\circ$ 之 $D_{11}\sim D_0$ 为 111000101101,合 $\theta_\circ$(17 位)为 00110111000101101;若只要 16 位,合 $\theta_\circ$(16 位)为 0011011100010110。

(2) 非理想情况下输出角的合成。

多极双通道旋转变压器和 RDC(两片)都是有误差的;严格来说,计算机采样粗 $\theta_\circ$ 和采样精 $\theta_\circ$ 并不同时进行。基于这 3 个原因,此情况称为非理想情况。在非理想情况下,粗 $\theta_\circ$ 的 $D_6\sim D_0$ 和精 $\theta_\circ$ 的 $D_{11}\sim D_5$(见图 2-48)通常不等。下面讨论在非理想情况(即实际情况)下,如何将粗 $\theta_\circ$ 和精 $\theta_\circ$ 组合成合 $\theta_\circ$(16 位)?

假定多极双通道旋转变压器轴正转(数码增加)。如图 2-48 所示,可能出现这样两种情况:精 $\theta_\circ$ 的 D_{11} 已向上进位(自动丢失),而粗 $\theta_\circ$ 的 D_6 尚未向 D_7 进位;精 $\theta_\circ$ 的 D_{11} 尚未向上进位,而粗 $\theta_\circ$ 的 D_6 已向 D_7 进位。这两种情况将产生"粗大误差"0000100000000000B$\delta=$0800Hδ。

在粗测误差不大(其含义后详)条件下,精 $\theta_\circ$ 之 D_{11} 已向上进位,而粗 $\theta_\circ$ 的 D_6 尚未向 D_7 进位的充要条件为:精 $\theta_\circ$ 之 D_{11}、D_{10} 均为 0,且粗 $\theta_\circ$ 之 D_6、D_5 均为 1。此时,合 $\theta_\circ$ 等于按理想情况组合成的合 $\theta_\circ$ 加上 0800Hδ。

在粗测误差不大条件下,精 $\theta_\circ$ 的 D_{11} 尚未向上进位,而粗 $\theta_\circ$ 的 D_6 已向 D_7 进位的充要条件为:精 $\theta_\circ$ 之 D_{11}、D_{10} 均为 1,且粗 $\theta_\circ$ 之 D_6、D_5 均为 0。此时,合 $\theta_\circ$ 等于按理想情况组合成的合 $\theta_\circ$ 减去 0800Hδ。

以 16 位计算机为例,将粗 $\theta_\circ$ 和精 $\theta_\circ$ 组合成合 $\theta_\circ$ 的程序流程图如图 2-50 所示。

"粗测误差不大"的含义:如图 2-46 所示,110XFS 1/32 粗机误差 $\Delta_1=30'$,精机误差 $\Delta_3=20''$。用于转换粗 $\theta_\circ$ 的 12XSZ741 的误差 $\Delta_2=10'$。用于转换精 $\theta_\circ$ 的 12XSZ741 的误差为 $10'$,见图 2-48,折算到 110XFS 1/32 轴上为 $\Delta_4=10'\times2^{-5}=0.31'$。设采样粗 $\theta_\circ$ 和采样精 $\theta_\circ$ 的时间差为 3.6μs,设系统输出轴的最高转速为 180°/s,则引起的误差为 $\Delta_5=180°\times60\times3.6\times10^{-6}=0.039'$。粗 $\theta_\circ$ 和精 $\theta_\circ$ 之差为

$$\Delta_\Sigma=\Delta_1+\Delta_2+\Delta_3+\Delta_4+\Delta_5=30'+10'+20''+0.31'+0.039'$$
$$=41'=41\times2^{16}/(60\times360)=124\delta$$

为了叙述方便,仍假定多极双通道旋转变压器轴正转(数码增加),并以精 $\theta_\circ$ 的 D_{11} 已向上进位(自动丢失),而粗 $\theta_\circ$ 的 D_6 尚未向 D_7 进位这一情况为例加以讨论。设精 $\theta_\circ$ 的 D_{11} 才向上进位,此时精 $\theta_\circ$ 的 $D_{11}\sim D_0$ 均为 0,为了使粗 $\theta_\circ$ 的 D_6、D_5 均为 1,粗 $\theta_\circ$ 的 $D_6\sim D_0$ 必须也只需至少等于 1100000,如图 2-51 所示。精 $\theta_\circ$ — 粗 $\theta_\circ$ = 100000000000Bδ —

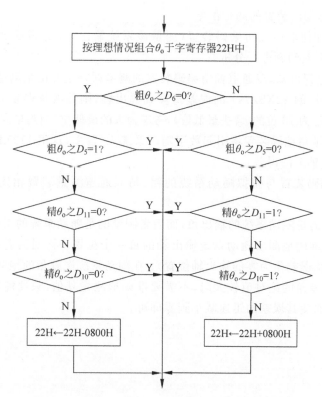

图 2-50 将粗 $\theta_\circ$ 和精 $\theta_\circ$ 组合成合 $\theta_\circ$ 的程序流程图

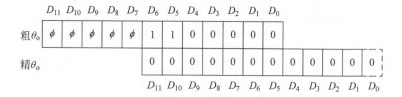

图 2-51 "粗测误差不大"的临界情况(ϕ 表示为 0 或为 1)

11000000000Bδ＝01000000000Bδ＝512δ。即精 $\theta_\circ$ 与粗 $\theta_\circ$ 之差最大允许值为 512δ。不难证明：精 $\theta_\circ$ 的 D_{11} 尚未向上进位而粗 $\theta_\circ$ 的 D_6 已向 D_7 进位，粗 $\theta_\circ$ 与精 $\theta_\circ$ 之差最大允许值也为 512δ。总之，粗 $\theta_\circ$ 与精 $\theta_\circ$ 之差（绝对值）最大允许值为 512δ。

把实际的粗 $\theta_\circ$ 和精 $\theta_\circ$ 之差（指其绝对值得最大值，下同）Δ_Σ 小于粗 $\theta_\circ$ 与精 $\theta_\circ$ 之差（指绝对值，下同）最大允许值这一情况，称为粗测误差不大。现在 124δ＜512δ，正属此情况。之所以称这一情况为粗测误差不大，原因如下：

由于多极双通道旋转变压器粗机误差比精机误差大得多，即 $\Delta_1 \gg \Delta_3$；粗机精机极对数之比常为 1/16 或 1/32，若粗精通道 RDC 选用同样型号，则 $\Delta_2 = 16\Delta_4$（或 32Δ_4）；设计计算机程序时，有意识地减小采样粗 $\theta_\circ$ 和采样精 $\theta_\circ$ 之间的时间差，使 Δ_5 很小。因此，$\Delta_\Sigma \approx \Delta_1 + \Delta_2$，而 $\Delta_1 + \Delta_2$ 正好是粗测通道测量 $\theta_\circ$ 的误差。

设计双通道旋转变压器的 RDC 轴角编码装置时，为了确保其工作正确性，不仅要验算粗 $\theta_\circ$（和精 $\theta_\circ$）锁存时刻其忙信号 M 是否有效，还要验算是否为粗测误差不大这一情况。

4) 双通道轴角编码装置的测量误差

根据图 2-46,如何求该轴角编码装置(测量该系统输出角)的测量误差(指最大值,下同)? 下面对测量误差问题进行分析。

由求合 θ_{o} 的过程可知,双通道轴角编码装置的测量误差主要由精测通道的轴角编码装置决定,且应将精 θ_{o} 的 12XSZ741 的误差折算到输出轴,则其测量误差为 $\Delta_3 + \Delta_4 = 20'' + 0.31' \approx 39''$。若合 θ_{o} 为 16 位的(舍去最低位),考虑舍去的最低位,则测量误差为 $39'' + 1/2\delta = 49''$。由此可知,该轴角编码装置将引起数字随动系统 $49''$ 静差(这里 110XFS 1/32 的精机误差已是折算到输出轴上的误差)。

双通道轴角编码装置与模拟随动系统的粗、精双通道测量装置相比主要有以下两点不同:

(1) 前者测量的是随动系统的输出角,而后者测量的是随动系统的误差角;

(2) 要求前者准确地测出随动系统输出轴的每一个位置。而对后者,只要求准确地测出零位(使随动系统误差角为零的输出轴位置);在随动系统误差角的绝对值不大时能较准确地测量;当其误差角的绝对值较大时,不需要准确地测量其值,只要能输出足够大电压,使放大器饱和,从而使其误差角迅速减小到零即可。

第3章

信号选择、转换与放大电路

第 2 章介绍了随动系统的误差测量元件,知道误差测量元件的输出信号用于控制随动系统工作。为了实现对随动系统的控制,需要对控制信号进行转换和处理。一般需要解决两类问题:一类是要将直流信号变为交流载波信号,此变换电路称为相敏调制器;另一类是要将交流载波信号变为直流信号,这种变换电路称为相敏解调器(或称相敏整流电路)。本章主要介绍信号选择、转换与放大电路,主要用于对随动系统的控制信号进行选择、调制、解调和数/模转换、信号放大等,以便实现随动系统对输入信号的自动跟踪。一般情况下,经信号选择、转换与放大后的控制信号功率比较弱,不能直接用来控制执行元件,必须经过功率放大后送给执行元件。如图 3-1 所示为一种由典型信号选择、转换与放大电路构成的原理框图。

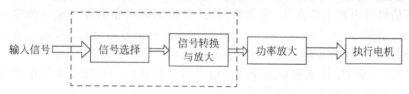

图 3-1　典型信号选择、转换与放大电路构成的原理框图

3.1　信号选择电路

为了保证随动系统的精度,应提高位置测量元件的测量精度,测量装置通常采用双通道测量电路。双通道测量电路可以产生精测和粗测两种控制信号,二者相互配合实现高精度随动系统控制。为了实现这两种控制信号对随动系统的适时控制,必须采用信号选择电路实现精测和粗测控制信号对随动系统的控制时机。

3.1.1　信号选择电路作用

对于双通道测量电路的随动系统,在误差角较小时,用于阻断粗测误差电压信号 u_c,仅使精测误差电压信号 u_j 通过;在误差角较大时,且粗测误差电压信号 u_c 大到一定值时,用于阻断或减小精测误差电压信号 u_j,而使粗测误差电压信号 u_c 通过。

3.1.2 信号选择电路原理

在随动系统中,目前常用的信号选择电路有晶体三极管型、稳压管型,早期的选择电路还有电子管型。这里仅介绍前两者。

1. 稳压管型选择电路

1)电路组成

稳压管型选择电路如图 3-2 所示。主要由精测误差信号分压电阻 R_1 和 R_2、截止电压形成电路双向稳压管 V_1、变压器 T_1、移相电容 C_1 和 C_2 组成。

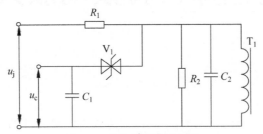

图 3-2　稳压管型选择电路

2)稳压管型选择电路原理

双向稳压管的稳压值决定了粗测误差电压信号的截止电压,双向稳压管 V_1 就构成了"截止"电压电路。当系统误差角小时,粗测误差电压信号的幅值 U_c 小于"截止"电压,双向稳压管 V_1 处于"截止"状态,切断了粗测误差电压信号。而精测误差电压信号经电阻 R_1 和 R_2 分压后输出到变压器 T_1 原边绕组。随着系统误差角的增大,当粗测误差电压信号的幅值 U_c 大于"截止"电压与 R_2 上的分压的幅值之和时,双向稳压管 V_1 转为"导通"状态,使粗测误差电压信号输出到变压器 T_1 原边绕组,此时输出既有粗测误差电压信号又有经分压后的精测误差信号,但由于经 R_1 和 R_2 分压后精测误差信号与粗测误差电压相比已降低很多,使得粗测误差电压信号起主要作用。

移相电容 C_1 和 C_2 用来保证选择级的输出信号的相位与双通道测量电路发送机的激磁电源同相或反相,同时也有滤波作用。

选择级的输入、输出信号波形如图 3-3 所示。

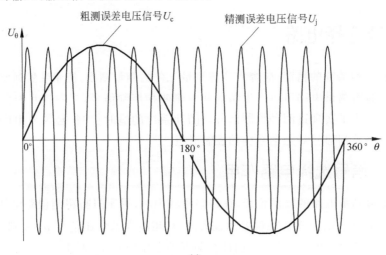

(a)

图 3-3　选择级的输入、输出信号波形

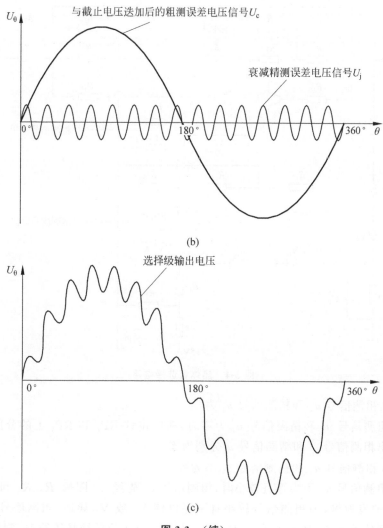

图 3-3 （续）

2. 晶体管型选择电路

1) 电路组成

晶体管型选择电路如图 3-4 所示。主要由双向二极管 V_1 和 V_5、晶体管 V_3 和 V_4、单结晶体管 V_7、稳压管 V_2 和 V_6、电阻 $R_1 \sim R_{20}$，电位计 RP_1 和 RP_2 组成，其中晶体管 V_3 和 V_4 构成粗测信号选择开关（即粗测信号截止电路），由 V_1、R_1、R_2 和 R_4 构成分压限幅；单结晶体管 V_7 构成精测信号的选择控制开关，由 R_{17}、R_{18} 和 R_{19} 给单结晶体管 V_7 提供 $-5V$ 的夹断偏压，R_{13}、R_{14}、R_{15} 和 V_5 构成精测信号的分压限幅电路。电位计 RP_1 和 RP_2 分别输出粗、精测选择信号。

2) 晶体管型选择电路原理

在通常状态下，V_3 的基极偏置电压 U_{b3} 由 $-15V$ 经 R_7 和 R_5 分压、R_{10} 限流后为 $-0.7V$，V_4 的基极偏置电压 U_{b4} 由 $15V$ 经 R_8 和 R_6 分压、R_{11} 限流后为 $+0.7V$，均为反向偏置，即 V_3、V_4 通常均处于截止状态。

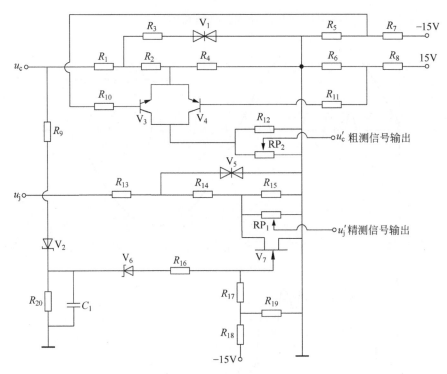

图 3-4　晶体管选择电路

（1）输入粗测信号 u_c 和精测信号 u_j 为零

当输入粗测信号 u_c 和精测信号 u_j 为零时，在电位计 RP$_1$ 和 RP$_2$ 上的分压为零，信号选择电路输出粗测信号 u_c' 和精测信号 u_j' 分别为零。

（2）输入粗测信号 u_c 和精测信号 u_j 不为零

当输入粗测信号 u_c 不为零且较小时，粗测信号 u_c 先经 V$_1$ 限幅，R_1、R_2 和 R_4 分压后，送到 V$_3$、V$_4$ 的发射极，但粗测信号较小且不足以使 V$_3$ 或 V$_4$ 导通，粗测信号选择开关截止。这时精测信号 u_j 较大，-15V 由 R_{17}、R_{18} 和 R_{19} 分压给单结晶体管 V$_7$ 提供 -5V 的夹断偏压使 V$_7$ 截止，精测信号 u_j 经 R_{13}、R_{14}、R_{15} 和 V$_5$ 限幅分压后，在 RP$_1$ 上得到选择的输出精测信号电压 u_j'，这时只有精测信号电压 u_j' 输出，随动系统主要由精测信号起控制作用。

随着粗测信号电压 u_c 幅值的增大，当粗测信号电压幅值大到某一值时，一方面在粗测信号的正半周期，使 V$_4$ 的基极偏置电压 U_{b4} 由反向偏置变为正向偏置时，V$_4$ 导通，粗测信号的正半周通过 V$_4$；在粗测信号的负半周期，随着粗测信号电压 u_c 幅值的反向增大，使 V$_3$ 的基极偏置电压 U_{b3} 由反向偏置变为正向偏置时，V$_3$ 导通，粗测信号的负半周通过 V$_3$。这样，随着粗测信号电压 u_c 幅值的变化，使 V$_3$、V$_4$ 交替导通，就实现了粗测信号的选择，粗测信号通过 V$_3$ 或 V$_4$ 经 RP$_2$ 分压后得到输出粗测信号 u_c'。理论上，当粗测信号幅值增大到 1.4V 时，V$_3$、V$_4$ 才能实现偏置状态的改变，但由于电路中其他元件的分压作用，使 V$_3$、V$_4$ 偏置状态发生改变，而导致 u_c 的幅值要大于 1.4V。另一方面粗测信号电压 u_c 由 V$_2$、R_9、R_{20} 和 C_1 整流滤波成直流电压后，经 V$_6$、R_{16} 使 V$_7$ 发射极电位升高，但粗测信号电压 u_c 不足以克服 V$_7$ 发射极的夹断控制电压，V$_7$ 仍处于截止状态，精测信号 u_j 仍通过 R_{13}、R_{14}、R_{15} 和 V$_5$ 限幅分压后，在 RP$_1$ 上得到选择的输出精测信号电压 u_j'。因此，在这种情况下，精测

信号 u_j 和粗测信号电压 u_c 同时输出到下一级。对于如图 3-4 所示电路,粗测信号电压 u_c 为 3.5～5V,经选择的精测信号电压 u_j' 和粗测信号电压 u_c' 同时输出到下一级,但参数的选配和 RP_1 的调节,使粗测信号电压 u_c' 所占比例较大,故主要由粗测信号电压 u_c' 起控制作用控制随动系统工作。

随着粗测信号电压幅值的继续增大,V_3 或 V_4 仍处于交替导通状态,一方面粗测信号通过 V_3 或 V_4 经 RP_2 分压后得到输出粗测信号 u_c';另一方面由于粗测信号电压幅值的增大,由 V_2、R_9、R_{20} 和 C_1 整流滤波成直流电压后,经 V_6、R_{16} 使 V_7 发射极电位升高,足以克服 V_7 发射极的夹断控制电压,使 V_7 导通,精测信号电压 u_j 由 V_7 旁路到地,即阻断了精测信号电压 u_j 的输出,从而达到控制精测信号 u_j 输出的目的。因此,随着粗测信号电压幅值的继续增大,选择级的输出只有粗测信号输出,随动系统只由粗测信号电压 u_c' 控制工作。

晶体管选择级的输出电压波形如图 3-5 所示。

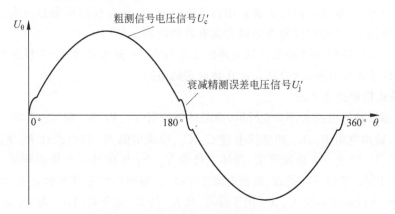

图 3-5　晶体管选择级的输出电压波形

3.2　信号转换电路

在随动系统中,为了便于信号的传输和实现信号对系统的控制,往往需要对信号的形式进行变换,如最常见的交流信号到直流信号的转换或直流信号到交流信号的转换等。随动系统采用的信号转换电路的类型较多,比较常见的有以下几种类型:

1. 振幅调制电路

输入信号为直流电压信号,经振幅调制后,输出为固定频率的交流电压信号,其幅值与输入直流信号大小成正比,相位与输入直流信号的极性有关。当输入直流信号极性为正时则输出交流信号与参考电源同相位,否则反相位。

2. 相位调制电路

输入信号为直流电压信号,经相位调制后,输出为固定频率的交流电压或脉冲信号,但输出交流电压信号的幅值一定,而相位与输入信号的大小成一一对应关系。

3. 相敏整流电路(亦称相敏解调器)

当输入为固定频率的交流电压信号,经相敏整流后,输出为直流电压信号。输出直流信号的大小与输入交流信号的幅值对应,极性与输入交流信号的相位有关。当输入交流信号与参考电源同相位时,则输出直流信号的极性为正,否则输出直流信号的极性为负。

4. 频率调制电路(V/F)

输入为直流电压,经频率调制后,输出为脉冲信号,其频率与输入信号的大小成正比,通常称为电压-频率转换电路。

5. 频压转换电路(F/V)

输入信号是交流信号或脉冲信号的频率,经频压转换后,输出为直流电压信号,其大小与输入信号的频率成线性关系。

3.2.1 相敏整流电路

相敏整流电路又称相敏解调器,广泛地应用位置随动系统。对于测角元件采用自整角机和旋转变压器等感性元件的随动系统,其测量元件将转角(或位移)转换成具有一定频率的交流电压信号,当系统的执行元件采用直流电动机时,需要利用相敏整流电路,将交流信号转换为直流信号,才能对直流电动机实施有效的控制。

相敏整流电路按照构成的元件和电路的工作原理,可分为开关式、采样保持式、模拟乘法器式和集成芯片等几种,现分别介绍几种常用的电路。

1. 开关式相敏整流电路

开关式相敏整流电路如图 3-6 所示,由晶体三极管 V_1、V_2、V_3 和 V_4、电源变压器 T_1、输入变压器 T、输出电阻 R_1、R_2 和滤波电容 C_1、C_2、限流电阻 R_3 和电位计 R_w 组成。其中晶体三极管 V_1、V_2 组成一个模拟开关,晶体三极管 V_3、V_4 组成另一个模拟开关,V_1、V_2、V_3、V_4 参数完全相同。模拟开关的通、断由电源变压器 T_1 提供的固定频率的交流参考电压 u_t 来控制。R_1、R_2 构成输出负载,C_1、C_2 用于滤波,且 R_1 与 R_2 完全相同,C_1 与 C_2 完全相同。

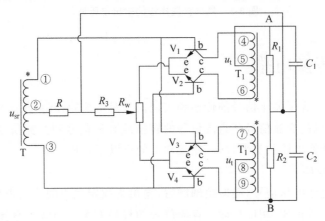

图 3-6　开关式相敏整流电路

由图 3-6 可知,开关式相敏整流电路的主要特点是晶体管集电极电源由变压器 T_1 的绕组供给与输入信号电压同频率的交流电压,其相位则与输入信号电压准确的同相位或反相位。

为了保证相敏整流电路的正常工作,除满足上述条件外,还应保证电源变压器 T_1 和输入变压器 T 与晶体管 V_1、V_2、V_3、V_4 的正确连接,即满足若加在 V_1 或 V_2 的输入交流信号电压与其集电极交流电压同相位,则加在 V_3 或 V_4 的输入交流信号电压与其集电极交流电压反相位,反之满足若加在 V_1 或 V_2 的输入交流信号电压与其集电极交流电压反相位,则

加在 V_3 或 V_4 的输入交流信号电压与其集电极交流电压同相位。

1) 当输入交流电压信号 $u_{sr}=0$ 时

在参考电源电压 u_t 正半周,电源变压器 T_1 的④端为负、⑥端为正,⑦端为正,⑨端为负。三极管 V_1 集电极电源为负,V_1 截止不导通,集电极电流 $I_{C1}=0$,而三极管 V_2 集电极电源为正,V_2 饱和导通,集电极电流 I_{C2} 由 V_2 集电极 $V_{2\text{-}c}$ 到发射极 $V_{2\text{-}e}$,经过电位计 R_W 和 R_3,流过输出电阻 R_1 产生电压 V_{R1}。同样,在参考电源电压 u_t 正半周,三极管 V_3 集电极电源为正,V_3 饱和导通,集电极电流 I_{C3} 由 V_3 集电极 $V_{3\text{-}c}$ 到发射极 $V_{3\text{-}e}$,经过电位计 R_W 和 R_3,流过输出电阻 R_0 产生电压 V_{R2},而三极管 V_4 集电极电源为负,V_4 截止不导通,集电极电流 $I_{C4}=0$。由于 V_2、V_3、R_1、R_2、C_1、C_2 参数完全相同,电路结构对称,所以 $|V_{R1}|=|V_{R2}|$,方向相反,输出电压 $U_{AB}=0$。

在参考电源电压 u_t 负半周,电源变压器 T_1 的④端为正、⑥端为负,⑦端为负,⑨端为正。三极管 V_1 集电极电源为正,V_1 饱和导通,集电极电流 I_{C1} 由 V_1 集电极 $V_{1\text{-}c}$ 到发射极 $V_{1\text{-}e}$,经过电位计 R_W 和 R_3,流过输出电阻 R_1 产生电压 V_{R1}。而三极管 V_2 集电极电源为负,V_2 截止不导通,集电极电流 $I_{C2}=0$。同样,在参考电源电压 u_t 负半周,三极管 V_3 集电极电源为负,V_3 截止不导通,集电极电流 $I_{C3}=0$。而三极管 V_4 集电极电源为正,V_4 饱和导通,集电极电流 I_{C4} 由 V_4 集电极 $V_{4\text{-}c}$ 到发射极 $V_{4\text{-}e}$,经过电位计 R_W 和 R_3,流过输出电阻 R_2 产生电压 V_{R2}。由于 V_1、V_4、R_1、R_2、C_1、C_2 参数完全相同,电路结构对称,所以 $|V_{R1}|=|V_{R2}|$,方向相反,输出电压 $U_{AB}=0$。

所以,当输入交流电压信号 $u_{sr}=0$ 时,无论在参考电源的正半周还是负半周,相敏整流电路输出都为零。输入输出波形如图 3-7(a) 所示,其中 u_{AB} 为 C_1、C_2 滤波前的信号。

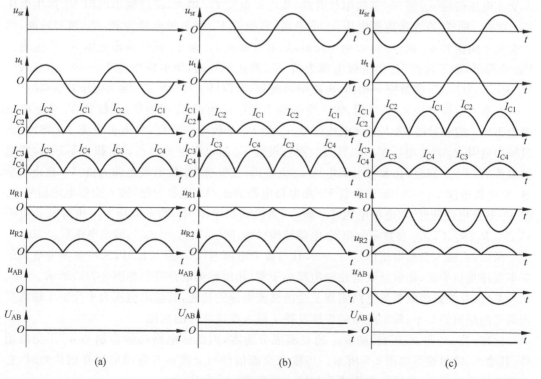

图 3-7　开关式相敏整流电路主要波形图

2) 当输入交流电压信号 $u_{sr} \neq 0$，且与参考电源电压 u_t 同相位时

在参考电源电压 u_t 正半周，输入变压器 T 的①端为正、③端为负，三极管 V_1 集电极电源为负，V_1 截止不导通，集电极电流 $I_{C1} = 0$，而三极管 V_2 集电极电源为正，V_2 饱和导通，输入交流电压信号 u_{sr} 使 V_2 基极电位降低，集电极电流 I_{C2} 减小，流过输出电阻 R_1 产生电压 V_{R1} 降低。同样，在参考电源电压 u_t 正半周，三极管 V_3 集电极电源为正，V_3 饱和导通，输入交流电压信号 u_{sr} 使 V_3 基极电位升高，集电极电流 I_{C3} 亦增大，流过输出电阻 R_2 产生电压 V_{R2} 升高，而三极管 V_4 集电极电源为负，V_4 截止不导通，集电极电流 $I_{C4} = 0$。由于 V_2、V_3、R_1、R_2、C_1、C_2 参数完全相同，电路结构对称，所以 $|V_{R1}| < |V_{R2}|$，输出电压 $U_{AB} > 0$。

在参考电源电压 u_t 负半周，输入变压器 T 的①端为负、③端为正，三极管 V_1 集电极电源为正，V_1 饱和导通，输入交流电压信号 u_{sr} 使 V_1 基极电位降低，集电极电流 I_{C1} 减小，流过输出电阻 R_1 产生电压 V_{R1} 也降低。而三极管 V_2 集电极电源为负，V_2 截止不导通，集电极电流 $I_{C2} = 0$。同样，在参考电源电压 u_t 负半周，三极管 V_3 集电极电源为负，V_3 截止不导通，集电极电流 $I_{C3} = 0$。而三极管 V_4 集电极电源为正，V_4 饱和导通，输入交流电压信号 u_{sr} 使 V_4 基极电位升高，集电极电流 I_{C4} 增大，流过输出电阻 R_2 产生电压 V_{R2} 也升高。由于 V_1、V_4、R_1、R_2、C_1、C_2 参数完全相同，电路结构对称，所以 $|V_{R1}| < |V_{R2}|$，输出电压 $U_{AB} > 0$。

所以，当输入交流电压信号 $u_{sr} \neq 0$，且与参考电源电压同相位时，无论在参考电源的正半周还是负半周，相敏整流电路输出都大于零，相敏整流电路波形如图 3-7(b) 所示。

3) 当输入交流电压信号 $u_{sr} \neq 0$，且与参考电源电压 u_t 反相位时

在参考电源电压 u_t 正半周，输入变压器 T 的①端为负、③端为正，三极管 V_1 集电极电源为负，V_1 截止不导通，集电极电流 $I_{C1} = 0$，而三极管 V_2 集电极电源为正，V_2 饱和导通，输入交流电压信号 u_{sr} 使 V_2 基极电位升高，集电极电流 I_{C2} 增大，流过输出电阻 R_1 产生电压 V_{R1} 升高。同样，在参考电源电压 u_t 正半周，三极管 V_3 集电极电源为正，V_3 饱和导通，输入交流电压信号 u_{sr} 使 V_3 基极电位降低，集电极电流 I_{C3} 减小，流过输出电阻 R_2 产生电压 V_{R2} 也降低，而三极管 V_4 集电极电源为负，V_4 截止不导通，集电极电流 $I_{C4} = 0$。由于 V_2、V_3、R_1、R_2、C_1、C_2 参数完全相同，电路结构对称，所以 $|V_{R1}| > |V_{R2}|$，输出电压 $U_{AB} < 0$。

在参考电源电压 u_t 负半周，输入变压器 T 的①端为正、③端为负，三极管 V_1 集电极电源为正，V_1 饱和导通，输入交流电压信号 u_{sr} 使 V_1 基极电位升高，集电极电流 I_{C1} 增大，流过输出电阻 R_1 产生电压 V_{R1} 也升高。而三极管 V_2 集电极电源为负，V_2 截止不导通，集电极电流 $I_{C2} = 0$。同样，在参考电源电压 u_t 负半周，三极管 V_3 集电极电源为负，V_3 截止不导通，集电极电流 $I_{C3} = 0$。而三极管 V_4 集电极电源为正，V_4 饱和导通，输入交流电压信号 u_{sr} 使 V_4 基极电位降低，集电极电流 I_{C4} 减小，流过输出电阻 R_2 产生电压 V_{R2} 也降低。由于 V_1、V_4、R_1、R_2、C_1、C_2 参数完全相同，电路结构对称，所以 $|V_{R1}| > |V_{R2}|$，输出电压 $U_{AB} < 0$。

所以，当输入交流电压信号 $u_{sr} \neq 0$，且与参考电源电压 u_t 反相位时，无论在参考电源的正半周还是负半周，相敏整流电路输出都小于零，相敏整流电路波形如图 3-7(c) 所示。

总之，开关式相敏整流电路实现了全波整流电路的功能，其输出电压大小反映了输入交流信号的幅值的大小，输出电压的极性反映了输入交流信号的相位。

同理，若 u_{sr} 与 u_t 正交，则 u_{AB} 的直流成分为零，因此该电路亦能抑制与 u_t 正交的信号，其输入、输出波形如图 3-8 所示。当输入交流信号与交流参考电源电压有相位差时，它亦能完成鉴相任务，使输出直流成分与输入的相位一一对应。

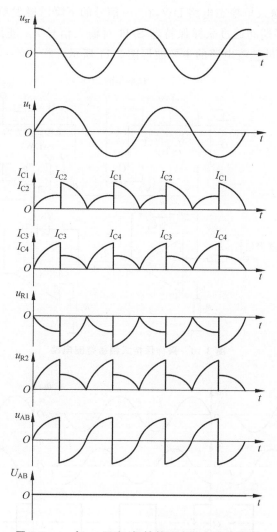

图3-8 u_{sr} 与 u_t 正交,相敏整流电路主要波形图

将开关晶体管可以等效成一个电阻 r,故如图3-6所示的电路可以等效为如图3-9所示的电路。相敏整流电路的传递函数形式是一个惯性环节,其传递函数为

$$\frac{U_{AB}(s)}{U_{sr}(s)}=\frac{K}{\tau s+1} \qquad (3-1)$$

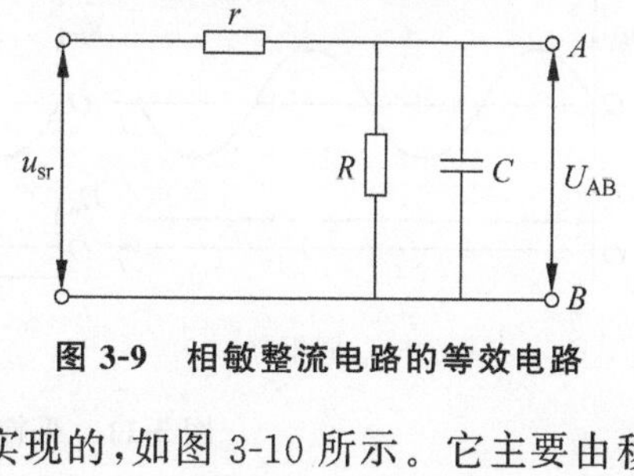

式中,$\tau=\dfrac{rRC}{R+r},K=\dfrac{R}{R+r},R_1=R_2=R,C_1=C_2=C$。

图3-9 相敏整流电路的等效电路

2. 采样保持式相敏整流电路

采样保持式相敏整流电路是基于峰值采祥的原理实现的,如图3-10所示。它主要由移相器 N_1、限幅比较器 N_2、单稳态触发器 DW 和采样保持器 S/H 构成。N_1 的作用是将参考信号 u_{ref} 的过零点移相到输入信号 u_{sr} 峰值时刻上,考虑到轴角传感器的相位延迟,这一相位将不会是严格的90°或270°,需要在实际电路调试时调整,N_2 的作用是对 N_1 的输出信

号 u_1 整形为方波 u_2 送入单稳态电路 DW，在 u_2 信号的下降沿触发单稳压电路产生一个窄脉 u_3，在脉冲的低电平期间通过采样保持器 S/H 对输入信号 u_{sr} 进行峰值采样，并检出相位信息，采样保持式相敏整流电路的主要波形图 3-11 所示。

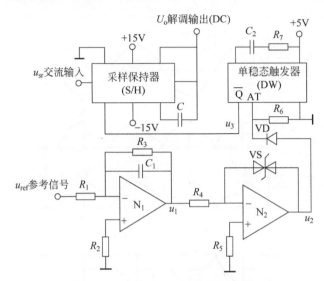

图 3-10   采样保持式相敏整流电路

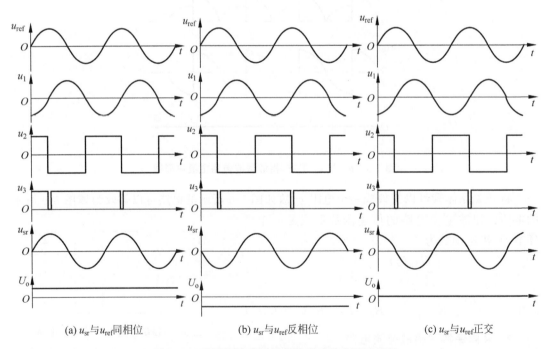

(a) u_{sr} 与 u_{ref} 同相位   (b) u_{sr} 与 u_{ref} 反相位   (c) u_{sr} 与 u_{ref} 正交

图 3-11   采样保持式相敏整流电路的主要波形图

由图 3-11 可以看出，采样保持式相敏整流电路同样具有抑制与参考电源信号 u_{ref} 正交的输入信号，也具有鉴相功能。

3. 用模拟乘法器作相敏整流电路

模拟乘法器也能实现相敏整流电路的功能。现有的集成器件，国产的型号有 FZ4、BG314、F1595；国外的型号如 LM1496N、MC1494L、MC1495/1595 等，它们都是四象限模拟乘法器。模拟乘法器如图 3-12 所示，模拟乘法器的一个输入端为交流输入信号 u_{sr}，另一个输入端为参考交流电压信号 u_{ref}。

图 3-12　模拟乘法器

$$\left.\begin{array}{l} u_{sr} = U_{sr}\sin(\omega t + \varphi_1) \\ u_{ref} = U_{ref}\sin(\omega t + \varphi_2) \end{array}\right\} \tag{3-2}$$

u_{sr} 与 u_{ref} 同相，$\varphi_1 = \varphi_2 = \varphi$，则模拟乘法器的输出信号 u_{sc} 为

$$\begin{aligned} u_{sc} &= k u_{sr} \times u_{ref} \\ &= k U_{sr} U_{ref} \sin^2(\omega t + \varphi) \\ &= k U_{sc} \sin^2(\omega t + \varphi) \end{aligned} \tag{3-3}$$

式中，k——乘法器的系数；

　　$U_{sc} = U_{sr} U_{ref}$——常数。

由于 $\sin^2(\omega t + \varphi) \geqslant 0$，所以式(3-3)中的 u_{sc} 为正的脉动直流信号，若再经滤波电路即可得到平稳直流信号。

若 u_{sr} 和 u_{ref} 反相，$\varphi_1 - \varphi_2 = 180°$，则模拟乘法器的输出信号为

$$\begin{aligned} u_{sc} &= k u_{sr} \times u_{ref} \\ &= k U_{sr} U_{ref} \sin(\omega t + \varphi_1)\sin(\omega t + \varphi_2) \\ &= -k U_{sc} \sin^2(\omega t + \varphi_1) \end{aligned} \tag{3-4}$$

因为 $u_{sc} < 0$，所以 u_{sc} 为负的脉动直流信号。由此可以看出模拟乘法器具有相敏特性。

当 u_{sr} 和 u_{ref} 不同相也不反相时，若 $u_{sr} = U_{sr}\sin(\omega t + \varphi)$，$u_{ref} = U_{ref}\sin\omega t$，且 $0 < \varphi < 180°$，则可将 u_{sr} 分解成与 u_{ref} 同相的分量以及与 u_{ref} 正交的分量之和，则

$$u_{sr} = U_{sr}(\cos\varphi\sin\omega t + \sin\varphi\cos\omega t) \tag{3-5}$$

此时，乘法器的输出电压是

$$\begin{aligned} u_{sc} &= k U_{sr} U_{ref}(\cos\varphi\sin\omega t + \sin\varphi\cos\omega t)\sin\omega t \\ &= U_{sc}\cos\varphi\sin^2\omega t + \frac{1}{2}U_{sc}\sin\varphi\sin2\omega t \end{aligned} \tag{3-6}$$

式(3-6)等式右边第一项与 $\sin^2\omega t$ 成正比，是脉动的直流成分，而第二项是交流成分，经滤波后仅取其直流成分，说明模拟乘法器也具有鉴相的功能，也能抑制与 u_t 正交的信号。

4. 相敏整流集成电路

随着科学技术的进步，现代随动系统中的相敏整流电路也采用专用集成电路来实现。LZX1 单片集成电路是一种全波相敏整流放大器。它是以晶体管作为开关元件的全波相敏整流器，具有同时产生方波电压，把输入交流信号经全波整流后变为直流信号，以及鉴别输入信号相位等功能。该器件可以代替变压器、斩波器和放大器，使相敏整流实现全集成电路化。目前，国内外已有单片集成的调制解调芯片。国产的有 LZX1、LZX1C、HJ001～HJ003、MXT001/MXT002 等芯片，国外的有美国 AD 公司生产的 AD630 芯片和 MOTOROLA 公司生产的 MG1496、MG1596 等。这些芯片既可以作解调器，也可以作调

制器。下面将以国产 LZX1 芯片为例介绍相敏整流集成电路的工作原理及应用。

LZX1 芯片由一个包括方波发生器和三极管在内的相敏解调器和一个运算放大器组成,如图 3-13 所示。当方波发生器的 C 端输出为正电平,三极管 V_1 饱和导通,A 点电位为零,方波发生器 D 端的输出为负电平,三极管 V_2 截止断开,B 点电位与输入端 5 的电位相同。反之,当方波发生器的 C 端输出为负电平,三极管 V_1 截止断开,A 点电位与输入端 5 的电位相同,方波发生器 D 端的输出为正电平,三极管 V_2 饱和导通,B 点电位为零。所以,三极管 V_1 和 V_2 分别构成半波整流,经差分放大器输出得到全波整流电压信号。LZX1 芯片电路各点的信号波形如图 3-14 所示。

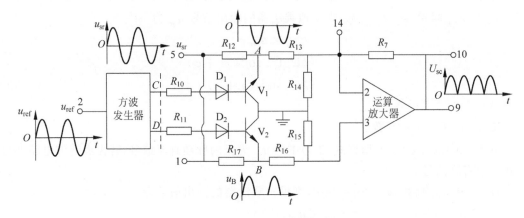

图 3-13　LZX1 芯片原理图

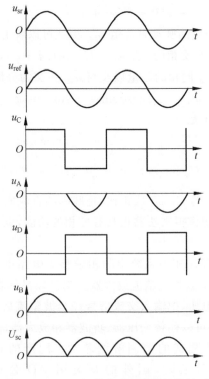

图 3-14　LZX1 芯片电路各点的信号波形

LZX1 单片集成电路是一种全波相敏整流电路,它输出的直流电压不仅与输入交流信号电压的幅值成正比,而且与输入交流信号的相位有关。它们之间的关系可以表示为

$$U_{sc} = kU_{sr}\cos\theta \qquad (3\text{-}7)$$

式中,k——整流系数;

U_{sr}——输入交流信号电压的幅值;

θ——输入信号电压与参考电压之间的相位差。

当输入电压与参考电压同相位,即 $\theta = 0$ 时,$U_{sc} > 0$;当输入电压与参考电压反相位,即 $\theta = 180°$时,$U_{sc} < 0$。

如图 3-15 所示是采用 LZX1 的相敏整流电路的典型接法。图中,R 为调零电位计;C_1 为消振电容,通常其容值为 51pF,耐压值为 63V;C_2 为滤波电容,通常选用电容值为 $0.1\mu F$,耐压 160V;第 2、3 脚为参考电压输入端;第 1、5 引脚为交流信号输入端;第 9、10 脚为直流信号输出端。

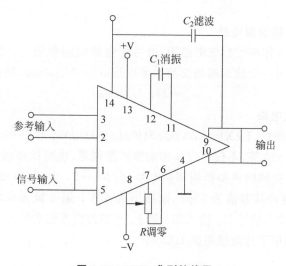

图 3-15 LZX1 典型接线图

3.2.2 振幅调制电路

在有些系统中,为了解决直流放大器的不稳定问题(交流放大器具有的良好稳定性),就需要利用振幅调制电路将直流信号调制成具有固定频率的交流信号,交流信号的幅值正比于直流信号的大小,其相位与直流信号的极性对应。

按振幅调制电路工作原理和构成的元件可分为开关式、模拟乘法器式和集成电路 3 种。

1. 开关式振幅调制电路

图 3-16(a)是一种用二极管组成的开关式调制电路,4 个二极管接成全波整流桥的形式。直流输入 U_{sr} 经电阻 R_1 加在整流桥的 a、b 两端,参考电压 $u_{ref} = U_{ref}\sin\omega t$ 经限流电阻 R_2 加到整流桥的 c、d 端。要求 $U_{ref} > |U_{srmax}|$。这使得整流桥 4 个二极管的通、断状态完全取决于 u_{ref} 的极性。例如,u_{ref} 正半周时,整流桥断开,输入经 R_1、R_f 给 C 充电;u_{ref} 负半周时,整流桥导通,a、b 等电位,如同短接,电容 C 上的电压经整流桥和 R_f 放电,如此循环,在 R_f 两端获得输出交流电压 u_{sc},其波形如图 3-16(b)所示,基波的角频率等于 ω。显然,U_{sr}

的大小将决定 u_{sc} 的振幅值，U_{sr} 的极性决定 u_{sc} 的正、反相。

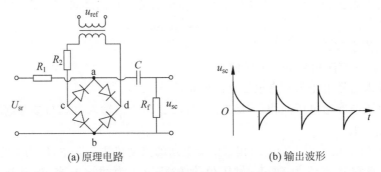

(a) 原理电路   (b) 输出波形

图 3-16   二极管组成的开关式调制电路

由于图 3-16(a) 电路电容充、放电的时间常数不等，在 R_f 两端获得的输出电压 u_{sc} 的波形不对称。

2. 模拟乘法器振幅调制电路

模拟乘法器不仅可作相敏整流电路用，也可作振幅调制器用。只需将它的一个输入端加直流输入信号 U_{sr}，另一个输入端加交流参考电压 $u_{ref}=U_{ref}\sin\omega t$，则在它们的输出端可得

$$u_{sc}=kU_{sr}U_{ref}\sin\omega t \tag{3-8}$$

3. 振幅调制集成电路

前面讲到的国产的 LZX1、LZX1C、HJ001～HJ003、MXT001/MXT002、国外的 AD630MG1496、MG1596 等，不仅可以作相敏整流解调器，也可以作调制器。

图 3-17 是 LZX1 构成的典型振幅调制电路，由 R_1~R_3、R_W、C_1 和 N_1 等元件组成。图中，C_1 为消振电容，通常其容值为 51pF，耐压值为 63V；第 2 脚为参考交流电压 U_{ref} 输入端；第 1、5 脚为直流输入信号 U_{sr} 输入端；第 9、10 脚为交流输出信号 u_{sc} 输出端，R_W 为 N_1 的调零电位器；N_1 选用单片集成电路 LZX1。

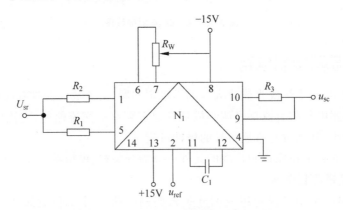

图 3-17   LZX1 构成的典型振幅调制电路

在集成电路 LZX1 上，由于输入回路中串入了阻值较大的 R_1 和 R_2，就降低了反相放大倍数，故在相敏集成块 LZX1 输出的第 9 和 10 两脚之间串入电阻 R_3，来提高反相放大倍数，以保持输出波形的对称性。

调制电路输入、输出波形如图 3-18 所示。

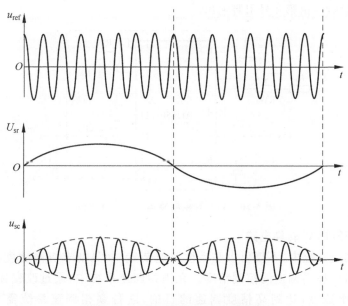

图 3-18　调制电路输出波形示意图

4. 电压-频率转换（V/F）电路

在随动系统中采用变频调速时，需进行电压-频率调制转换，输入电压 U_{sr} 的大小改变，输出电压 u_{sc} 的频率对应改变。图 3-19 是采用模拟定时器 5G555 组成的 V/F 转换电路。它的第一级是差动积分器，第二级是由 5G555 构成的单稳态触发器，因而输出是矩形脉冲。输入信号 U_{sr} 加在第一级的反相输入端，输出的矩形脉冲反馈回来加到第一级的同相输入端。由于 U_{sr} 是直流，差动积分器的输出是三角波，经单稳态触发器输出为矩形脉冲。由于脉冲的幅值一定，输入 U_{sr} 变化，将改变积分器输出三角波的斜率，从而改变输出脉冲的频率。

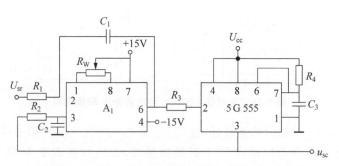

图 3-19　模拟定时器 5G555 组成的 V/F 转换电路

模拟集成定时器国内有 5G555、5G1555、CH7555；国外的型号有 XR555、NE555、SE555、LC555、LM555、MC 1555、RC555、RM555、CA555 等。

国外已有 V/F 转换电路的集成芯片如 AD650，它将积分器、电压比较器和单稳态触发器集成在一个芯片上，它的引脚及外部接线表示如图 3-20 所示，它的功能与上面介绍的电路完全相同。在 AD650 作 V/F 转换线路时，3 号引脚是输入端，第一级放大器接成积分器，积分器输出由 1 号引脚经外部连线接到 9 号引脚，它是电压比较器的一个输入端，再经过单稳态触发器变成脉冲,由第 8 号引脚输出。

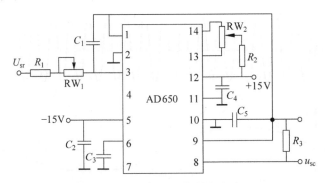

图 3-20　V/F 转换电路集成芯片 AD650

5. 频率-电压(F/V)转换电路

在高精度调速系统中,不仅要求高精度测速装置,而且要求有高精度控制技术,采用锁相调速技术可以提高调速的控制精度。在锁相调速系统中,通过改变输入信号的频率 f_r 控制系统输出速度,达到高精度调速的目的,这种锁相调速系统需要有 F/V 转换电路。

F/V 转换电路是由单稳态触发器和滤波器组成的,不管输入信号脉冲有多宽,利用其上升沿(或下降沿)触发单稳态触发器;单稳态触发器有固定的暂态时间,因而它输出脉冲的幅度与宽度是一定的。输入脉冲的频率低,则单稳态触发器输出的脉冲稀疏;输入脉冲频率高,则触发器输出的脉冲紧密,经滤波后,直流输出电压 U_{sc} 大小不同,完成频率-电压转换。图 3-21 就是采用定时器 CH7555 接成单稳态触发器,图中 R_1、C_2 决定其暂态时间,即脉冲宽度 $t \approx 1.1 R_1 C_2$。

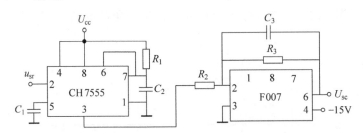

图 3-21　定时器 CH7555 组成的 F/V 转换电路

经运算放大器 F007 组成的滤波器,输出 U_{sc} 是比例于输入脉冲频率的直流电压。

AD650 集成电路,除可以接成 V/F 转换线路外,也可以接成 F/V 转换电路如图 3-22 所示。当 AD650 作 F/V 转换线路时,9 号引脚为输入端,1 号引脚为输出端。脉冲输入信号先经电压比较器,再去触发单稳态触发器。它的外接电容 C_1 取为 $50 \sim 1000 pF$,则单稳态触发器输出的脉冲宽度 $t = 0.1 \mu s \sim 0.1 ms$。这时电路的输出端是第 1 号引脚,将 AD650 输出通过低通滤波器,把单稳态触发器输出的脉冲串进行滤波,得到比例于输入脉冲频率的电压信号 U_{sc}。如图 3-22 所示的电路将频率信号转变成对应的电压信号,只适用于单方向调速,而不适用于可逆调速。

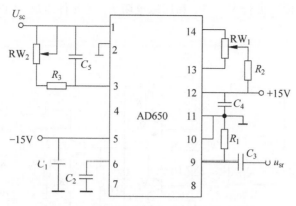

图 3-22　AD650 集成电路组成 F/V 电路

3.3　信号放大电路

信号放大电路的作用是将由测量元件输出的微弱信号进行放大,满足功率放大元件的输入要求。如随动系统的执行元件是由功率模块提供电源来驱动的,而功率模块的输出则与系统控制信号紧密相关,其控制信号必须具有足够的电压才能使功率模块工作,并为执行元件提供足够的电压和电流,使执行元件带着随动系统工作。因此,需要对系统控制信号进行放大。信号放大电路有多种形式,下面给出几种形式的信号放大电路。

3.3.1　运算放大器构成的信号综合放大电路

信号综合放大电路的作用是将前一级的输出信号与送入该级的反馈信号或补偿信号,按一定的比例叠加,放大后形成控制信号。显然,信号综合放大电路是一个比例加法器,如图 3-23 所示的信号综合放大电路,由电阻 $R_1 \sim R_3$ 和集成运算放大器 N_1 等元件组成,R_1、R_2 分别为前一级输出信号电压 U_i 和反馈信号电压 U_f 的输入电阻,R_3 为运算放大器的反馈电阻,U_o 为信号综合放大电路的输出。

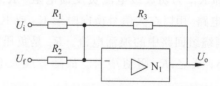

图 3-23　运算放大器构成综合放大电路

信号的传输关系可表示为

$$U_o = k_i U_i + k_f U_f \tag{3-9}$$

式中　$k_i = -\dfrac{R_3}{R_1}, k_f = -\dfrac{R_3}{R_2}$。

3.3.2　集成运算放大器与晶体管构成的两级放大电路

如图 3-24 所示两级放大电路由电阻 $R_1 \sim R_{14}$、运算放大器 N_1、二极管 $D_1 \sim D_4$、稳压二

极管 $DW_1 \sim DW_2$、晶体三极管 $V_1 \sim V_4$ 和压敏电阻 R_v 等元件组成,电路的负载是放大电动机的控制绕组 K_I、K_{II}。

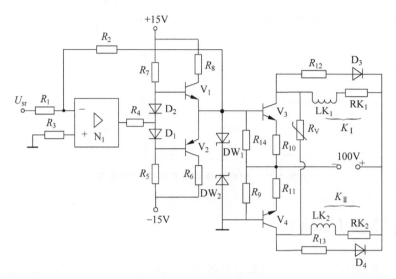

图 3-24   放大电路原理图

两级放大器以 N_1 运算放大器和 V_1、V_2 等元件组成比例放大器,构成前置放大级,其余部分组成功率放大器,构成末级放大级。

V_1、V_2 用来对运算放大器 N_1 进行电流扩展。R_5、R_7、D_1 和 D_2 用来对 V_1、V_2 的基极进行电压分配,形成基极偏置电压,R_6 和 R_8 是 V_1、V_2 的限流电阻,R_1 为 N_1 的输入电阻,R_2 为反馈电阻,R_3 为 N_1 正相输入接地电阻,用来为信号提供参考点。

输入信号 U_{sr} 经由 N_1 组成的比例放大器放大后,由 V_1、V_2 进行电流放大,送入放大电路末级功率三极管 V_3、V_4 进行电压和电流放大,然后驱动放大电动机控制绕组。DW_1、DW_2 用来对放大信号进行限幅,目的是防止放大机控制绕组和功放级反窜电压对前置级的影响。V_3、V_4 的集电极回路分别串入电动机放大机的控制绕组 K_I 和 K_{II}。V_3、V_4 集电极电源为 $+100V$ 电源。R_{10} 和 R_{11} 为功放级电流负反馈电阻。R_{12}、D_3 和 R_{13}、D_4 和控制绕组 K_I 和 K_{II} 分别构成续流电路,用以在大信号换向时给 K_I 或 K_{II} 绕组续流。压敏电阻 R_v 用来吸收电动机放大机控制绕组回路中的浪涌电流。R_v 是负压阻系数电阻,即加在 R_v 上的电压增加时,R_v 阻值减小;反之,R_v 阻值增大。故随着放大电路输出信号的增大,浪涌吸收系数也增大。

3.3.3   晶体管构成的综合放大电路

当需要对前一级送来的输入信号和从后面级反馈来的信号同时进行综合放大,并将不对称的输入信号变成对称的输出信号和减少零漂,可采用差动放大电路构成综合放大电路,其原理电路如图 3-25(a)所示。

在图 3-25 中,晶体管 V_1 和 V_2 参数相同且为高放大系数,集电极电阻 R_1 和 R_2 阻值相同,R_3 为耦合电阻,R_4 为外加正偏压电阻,R_5 为负反馈电压供给电阻。

当输入信号 U_{sr} 为零时,因为晶体管 V_1 和 V_2 组成的两臂完全对称,两管的静态集电极电流相等,流过电阻 R_1 和 R_2 产生的电压也相等,故输出信号 U_{sc} 为零。此时,R_3 上的自取基极电压和 R_4 上的外加正偏压共同构成了晶体管 V_1 和 V_2 正常工作的基极电压。放大电路简化电路如图 3-25(b)所示。

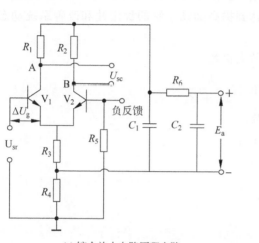

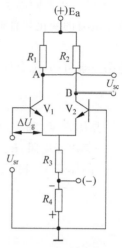

(a) 综合放大电路原理电路　　　　　(b) 放大电路简化电路

图 3-25　综合放大电路

　　当输入信号 U_{sr} 不为零时,若 $U_{sr} > 0$,则晶体管 V_1 基极输入信号为 ΔU_g,V_1 的基极电位提高,使 V_1 的集电极电流增加,随之电阻 R_1 上产生的电压也增加,使 A 点电位降低。同时,耦合电阻 R_3 上的电压也增加使发射极电位提高,这样一方面使 V_1 基极电压由原来 ΔU_g 变为 $\Delta U_g - \Delta U_k$,另一方面使晶体管 V_2 的基极与发射极间电位差由零变为 $-\Delta U_k$,从而使 V_2 的集电极电流减少,随之电阻 R_2 上产生的电压也减少,使 B 点电位升高,故 A 点和 B 点间有电位差,输出信号 U_{sc} 不为零,且 $U_{sc} < 0$。由于在电路中晶体管 V_1 和 V_2 为高放大系数晶体管,同时满足 $R_3(1+\beta)$ 远大于 R_1 或 R_2 就能保证 $\Delta U_k = \Delta U_g/2$,显然晶体管 V_1 集电极电流增加的量正好等于晶体管 V_2 的集电极电流减少的量,因此 U_{sc} 就变为对称的输出信号,且 $U_{sc} < 0$。同理,若 $U_{sr} < 0$,也可得到对称的输出信号 U_{sc},且 $U_{sc} > 0$。

　　耦合电阻 R_3 有两个作用:一是产生晶体管 V_1 基极自给偏压,二是把输入信号耦合到晶体管 V_2 的基极上去,将不对称输入信号变为对称的输出信号。这里要注意的是,为了将不对称输入信号变为对称的输出信号需要增大耦合电阻 R_3 值,但为了满足静态工作点要求,R_3 值又不能太大,因此在电路中还接有一个外加电阻 R_4 以形成外加电压来抵消 R_3 上过大的电压,较好解决了静态工作点问题。

　　R_5 是负反馈电压供给电阻。当随动系统匀速转动时,随动系统执行电动机电枢电流保持不变,使负反馈电阻 R_5 上的电压为零,从而使负反馈不起作用。当随动系统振荡时,随动系统的角加速度急剧变化。若系统的角加速度急剧增大,随动系统执行电动机的电枢电流也急剧增大,则负反馈电阻 R_5 上的电压也增大,使晶体管 V_2 的基极电压增加,V_2 管的集电极电流增加,导致电阻 R_2 上产生的电压增大,则 B 点电位降低,放大电路的输出电压 U_{sc} 减小,从而使随动系统执行电动机电枢电流也急剧减小,使执行电动机电枢电流维持不变,因此随动系统的振荡减小。反之,若随动系统的角加速度急剧减小,随动系统执行电动机的电枢电流也急剧减小,则负反馈电阻 R_5 上的电压反向增大,使晶体管 V_2 的基极电压减小,V_2 管的集电极电流减小,导致电阻 R_2 上产生的电压减小,则 B 点电位升高,放大电路的输出电压 U_{sc} 增加,从而使随动系统执行电动机电枢电流也急剧增加,使执行电动机电枢电流维持不变,因此随动系统的振荡减小。由此可见,负反馈通过综合放大电路对于执行电动机电枢电流的变化起着阻尼作用,达到提高随动系统的稳定性和改善系统动态品质的目的。

由电路原理可知,综合放大电路的放大倍数为

$$K = \frac{\beta R_a}{R_i + R_a} \qquad (3\text{-}10)$$

式中,β——晶体管 V_1 和 V_2 的放大系数;

R_a——集电极电阻,$R_a = R_1 = R_2$;

R_i——晶体管 V_1 和 V_2 的内阻。

第4章

功率放大装置

在随动系统中，测量元件输出的控制信号一般比较微弱，经过信号放大元件对其进行电压（或电流）放大后，还需要经过功率放大才能控制执行元件。随动系统中，功率放大装置的种类比较多，有电子管放大器、晶体管放大器、可控硅放大元件、交磁电动机放大机和 PWM 功率放大器等。第 3 章介绍的放大电路一般用作信号的电压（或电流）放大和小功率放大。本章所涉及的交磁电动机放大机、可控硅放大元件和 PWM 功率放大器主要用来作为中、大功率放大装置。

4.1　交磁电动机放大机

4.1.1　组成与工作原理

交磁电动机放大机的定子上装有相互垂直的两对电刷，其中一对电刷 d-d 装在交磁电动机放大机直轴方向（与控制绕组 K 的轴线一致的方向），称为直轴电刷；另一对电刷 q-q 装在交轴方向（与直轴方向相差 90°方向），称为交轴电刷。交轴电刷短接，直轴电刷与负载相连。交磁电动机放大机的组成如图 4-1 所示。

在交磁电动机放大机的控制绕组加入直流控制电压 U_k 后，控制绕组通过的电流 I_k（一般为几毫安到几十毫安）将在直轴方向产生控制磁通 Φ_k。由于交磁电动机放大机被驱动电动机带动以额定转速 n 顺时针方向旋转，电枢绕组将切割磁通，在电枢绕组中产生感应电势 E_q，表示为

$$E_q = C_e \Phi_k n \tag{4-1}$$

式中，C_e 为交磁电动机放大机电势常数。

因 Φ_k 很小，故感应电势 E_q 强度较弱，根据右手定则，其感应电流的方向是：线圈的下半部为电流流入，上半部为电流流出，分别用图中外圈上的 ⊙ 和 ⊗（⊙ 表示感应电流垂直纸面流出；⊗ 表示感应电流垂直纸面流入）表示。由于电刷 q-q 短接，尽管感应电势 E_q 很小，却可产生很大的交轴电流 I_q，其方向与 E_q 相同，这是电动机放大机的第一级放大。当感应电流 I_q 在电枢绕组中按图中所示方向通过时，在电枢绕组中就产生了感应磁场 Φ_q，该磁场的轴线在交轴方向，所以 Φ_q 称为交轴磁通，它是第二级激磁磁通。同理，电枢绕组切割交

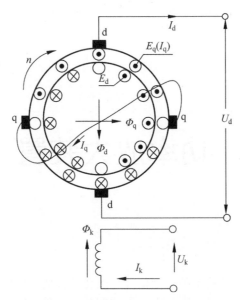

图 4-1　交磁电动机放大机的组成

轴磁通 Φ_q 产生感应电势 E_d,表示为

$$E_q = C_e \Phi_q n \tag{4-2}$$

　　由右手定则可知,感应电势 E_d 的方向。电枢绕组的左半部为电流流入,右半部流出,分别用图中内圈上的⊙和⊗表示(内圈不是表示另一个绕组,而是表示电枢导体中的电势 E_d 的方向,也就是说,电枢绕组的每匝线圈导体中同时存在 E_q、E_d 两种电势。)。如果在电刷 d-d 间接上负载 R_L 之后,电枢绕组就会向负载输出电流 I_d,并在负载上产生电压 U_d。需要注意的是,虽然控制信号很微弱,即 E_q 比较小,但由于电刷 q-q 被短路,电枢回路电阻又很小,所以电流 I_q 比较大,因而 Φ_q 比 Φ_k 大得多;又由于 E_q 产生了更强的 E_d,使电动机放大机有了较大的功率输出。从交轴功率 $E_q I_q$ 变换至输出功率 $U_q I_q$ 的过程称为第二级放大。可以看出,这里起放大作用的主要因素是交轴磁场 Φ_q,所以称为交磁电动机放大机。

4.1.2　优缺点

　　交磁电动机放大机具有以下优点:

　　(1) 功率放大系数大。额定功率在 750W 以下的则功率放大系数可达 0.5×10^4,额定功率在 750W 以上的放大机,功率放大系数高达 10^5。

　　(2) 输入功率小,可以由半导体放大器提供。

　　(3) 可用调节补偿度的办法改变其特性。

　　(4) 可靠性高。

　　交磁电动机放大机也存在缺点,例如它的体积和质量大、有剩磁电压、过补偿时有自激现象等。此外,由于有电刷和换向器的滑动接触,因而有换向火花。目前在一些功率较大的系统中,仍采用电动机放大机作为功率放大元件。

4.1.3　应用

　　选用交磁电动机放大机时,一般应注意以下几个问题:

（1）为了保证交磁电动机放大机运行的可靠性，额定功率、额定电压和额定电流要留有10％～20％的余量。

（2）交磁电动机放大机的瞬时过载功率可达 2 倍，瞬时过载电压可达 1.5 倍，瞬时过载电流可达 3.5 倍。系统所要求的过载能力不应超过电动机放大机的过载能力。

（3）随动系统要求的最低运行电压应高于电动机放大机的剩磁电压，以免产生电动机在剩磁电压作用下低速"爬行"运动。

（4）要正确选用控制绕组，并注意极性。当前级需构成差动放大线路时，要选用参数相同的两个控制绕组；当前级为电子管放大器或控制绕组作为电压反馈绕组时，应选用高电阻的控制绕组；当前级为晶体管放大器或控制绕组作为电流反馈绕组时，应选用低电阻的控制绕组。在交磁电动机放大机接线盒的接线图上标有各个控制绕组的正、负极性，在接线时必须注意极性是否正确。如交磁电动机放大机用于闭环控制系统时，应该接成负反馈。如果极性接错，变成正反馈，会使系统不能正常工作。为了提高放大器的效率，应力求使控制绕组的阻抗和放大器的输出阻抗匹配。

（5）工作电压的线性度要好，剩磁电压要低。

（6）功率放大系数要大，时间常数要小。

4.2　可控硅功率放大装置

可控硅在工业领域获得了广泛的应用，主要用于整流、逆变、调压、开关 4 个方面。目前应用最多的还是可控硅整流。可控硅整流已广泛用于直流电动机调速和同步电动机励磁等方面。

可控硅整流元件通常称为 SCR(Silicon Controlled Rectifier)，是半导体家族中的一个成员。它不同于二极管和晶体管，但兼具两者的某些特性，可以大大改进许多目前使用晶体管和整流二极管的电路性能。同时，可以将许多传统的大功率电路转换成半导体可控硅电路。

4.2.1　基本结构

可控硅具有 3 个 PN 结的四层结构，由最外的 P 层和 N 层引出两个电极，分别为阳极 A 和阴极 K，由中间的 P 层引出控制极 G。可控硅的内部结构及其电路符号如图 4-2 所示。

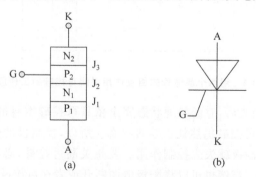

图 4-2　可控硅的内部结构及其电路符号

4.2.2　工作原理

为了说明可控硅的工作原理,把可控硅看成由 PNP 型和 NPN 型两个晶体管连接而成,每个晶体管的基极与另一个晶体管的集电极相连,如图 4-3 所示。阳极 A 相当于 PNP 型晶体管 T_1 的发射极,阴极 K 相当于 NPN 型晶体管 T_2 的发射极,T_2 的基极与 T_1 的集电极相连成为控制极 G,而 T_1 的基极与 T_2 的集电极连接在一起。

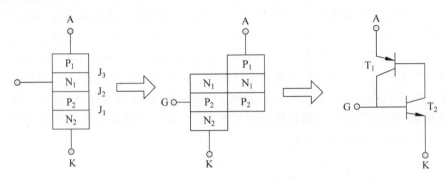

图 4-3　可控硅的等效结构

如图 4-4 所示,如果可控硅阳极加正向电压,控制极也加正向电压,那么晶体管 T_2 处于正向偏置。U_{GK} 产生的控制极电流 I_G 就是 T_2 的基极电流 I_{B2},T_2 的集电极电流 $I_{C2} = \beta_2 I_G$,而 I_{C2} 又是晶体管 T_1 的基极电流,T_1 的集电极电流 $I_{C1} = \beta_1 I_{C2} = \beta_1 \beta_2 I_G$($\beta_1$ 和 β_2 分别为 T_1 和 T_2 的电流放大系数)。此电流又流入 T_2 的基极,再一次放大。这样循环下去,形成强烈的正反馈,使两个晶体管很快达到饱和导通。这就是可控硅的导通过程。可控硅导通后,其电压很小,电源电压 U_{AK} 几乎全部加在负载 R_A 上,此时可控硅相当于串联在此回路中的一个开关。

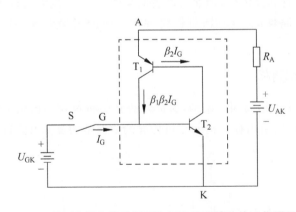

图 4-4　用两个晶体管的相互作用说明可控硅的工作原理

此外,在可控硅导通之后,它的导通状态完全依靠可控硅本身的正反馈作用来维持,即使控制极电流 I_G 消失,可控硅仍然处于导通状态。所以,控制极的作用仅仅是触发可控硅使其导通,导通之后,控制极就失去控制作用。要想关断可控硅,必须将阳极电流减小到使之不能维持正反馈过程。当然也可以将阳极电源断开或者在可控硅的阳极与阴极之间加一个反向电压。

由此可见,可控硅相当于一个可控的单向导通开关。它与具有一个 PN 结的二极管相比,差别在于可控硅正向导通受控制极电流 I_G 的控制。与具有两个 PN 结的晶体管相比,差别在于可控硅对控制极电流没有放大作用。

综上所述,可控硅的导通必须同时具备下面两个条件:

(1) 阳极 A 和阴极 K 之间加适当的正向电压 U_{AK}。

(2) 在控制极 G 和阴极 K 之间加适当的正向触发电压 U_{GK},在实际工作中,U_{GK} 常采用正向触发脉冲信号。

4.2.3　伏安特性

可控硅的导通和截止工作状态是由阳极电压 U_{AK}、阳极电流 I_A 以及控制极电流 I_G 等决定的,而这几个量是相互联系的。在实际应用中,常用实验曲线来表示它们之间的关系,这就是可控硅的伏安特性曲线。图 4-5 所示为 $I_G = 0$ 条件下的伏安特性曲线。

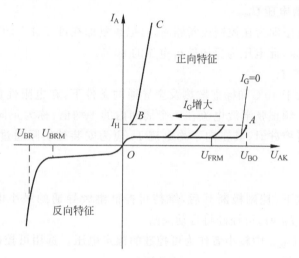

图 4-5　可控硅的伏安特性曲线

1. 正向特性

当 $U_{AK} > 0$、$I_G = 0$ 时,可控硅正向阻断,对应特性曲线的 OA 段。此时可控硅阳极和阴极之间呈现很大的正向电阻,只有很小的正向漏电流。当 U_{AK} 增加到正向转折电压 U_{BO} 时,PN 结 J_2 被击穿,漏电流突然增大,从 A 点迅速经 B 点跳到 C 点,可控硅转入导通状态。可控硅正向导通以后工作在 BC 段,电流很大而管电压只有 1V 左右,此时的伏安特性和普通二极管的正向特性相似。

可控硅导通以后,如果减小阳极电流 I_A,则当 I_A 小于维持电流 I_H 时,可控硅将突然由导通状态变为阻断,其特性曲线由 B 点跳到 A 点。

应该指出,可控硅的这种导通是正向击穿现象,很容易造成可控硅永久性损坏,实际工作中应避免这种现象发生。另外,外加电压超过正向转折电压时,不论控制极是否加正向电压,可控硅均会导通,控制极失去控制作用,这种现象也是不希望出现的。从图 4-5 中可以发现,可控硅的触发电流 I_G 越大,就越容易导通,正向转折电压就越低。不同规格的可控硅所需的触发电流是不同的。一般情况下,可控硅的正向平均电流越大,所需的触发电流也越大。

2. 反向特性

当可控硅承受反向电压,此时,可控硅只有很小的反向漏电流,此段特性与三极管反向特性很相似,可控硅处于反向阻断状态。当反向电压超过反向击穿电压 U_{BR} 时,反向电流剧增,可控硅反向击穿。

4.2.4　主要参数

为了正确地选择和使用可控硅,还必须了解可控硅的主要技术参数的意义。可控硅的主要技术参数有正、反向重复峰值电压,正向平均电流和维持电流。

1. 正向重复峰值电压 U_{FRM}

在控制极断路和可控硅正向阻断的条件下,可以重复加在可控硅两端的正向峰值电压,称为正向重复峰值电压,用符号 U_{FRM} 表示。按规定此电压为正向转折电压的 80%。

2. 反向重复峰值电压 U_{BRM}

反向重复峰值电压即为在控制极断路时,可以重复加在可控硅上的反向峰值电压,用符号 U_{BRM} 表示。按规定,此电压为反向转折电压的 80%。

3. 正向平均电流 I_F

在环境温度不大于 40℃ 和标准散热及全导通的条件下,在电阻性负载的电路中,可控硅可以连续通过的工频正弦半波电流在一个周期内的平均值,称为正向平均电流 I_F,简称正向电流。在选择可控硅时,其正向平均电流 I_F 应为安装处实际通过的最大平均电流的 1.5~2 倍。

4. 维持电流 I_H

在规定环境温度下,控制极断开后,维持可控硅继续导通的最小电流,称为维持电流 I_H,当正向电流小于 I_H 时,可控硅将自动关断。

通常把 U_{FRM} 和 U_{BRM} 中较小者作为可控硅的额定电压。选用可控硅时,额定电压应为正常工作时峰值电压的 2~3 倍。

4.2.5　应用

在随动系统中,执行电动机要根据误差信号的大小来调节速度,就可用误差信号大小的变化改变可控硅触发脉冲的相位,从而改变可控硅整流元件的导通角,以实现执行电动机转速的调节。当要根据误差信号的极性控制执行电动机的旋转方向时可通过可逆整流电路来实现。

图 4-6 为可控硅单相全波可逆整流的原理电路。图中,可控硅 SCR$_1$ 和 SCR$_2$ 组成电动机正转单相全波整流电路;可控硅 SCR$_3$ 和 SCR$_4$ 组成电动机反转单相全波整流电路;L_1 和 L_2 分别为电动机正、反转回路总电感。

当误差信号大于零时,逻辑电路送触发脉冲给 SCR$_1$ 和 SCR$_2$,并使 SCR$_3$ 和 SCR$_4$ 触发脉冲阻断。在电源正半周,加在 SCR$_2$ 两端电压为正,可控硅 SCR$_2$ 触发导通,电流从变压器次级经执行电动机、SCR$_2$,回到变压器次级下半绕组;在电源负半周,加在 SCR$_1$ 两端电压为正,可控硅 SCR$_1$ 触发导通,电流从变压器次级经执行电动机、SCR$_1$,回到变压器次级上半绕组,控制执行电动机正转。

当误差信号小于零时,逻辑电路送触发脉冲给 SCR$_3$ 和 SCR$_4$,并使 SCR$_1$ 和 SCR$_2$ 触发

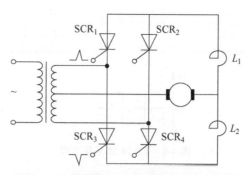

图4-6 可控硅单相全波可逆整流原理电路

脉冲阻断,在电源正半周,加在 SCR₃ 两端电压为正,可控硅 SCR₃ 触发导通,电流从变压器次级经 SCR₃、执行电动机回到变压器次级上半绕组;在电源负半周,加在 SCR₄ 两端电压为正,可控硅 SCR₄ 触发导通,电流从变压器次级经 SCR₄、执行电动机回到变压器次级下半绕组,控制执行电动机反转。

可控硅整流装置是一个可调的直流电源,用它向直流电动机供电,就组成了可控硅直流调速系统,如图4-7所示。图中,电位计 R_g 输出一个控制电压 U_g 使触发器产生触发脉冲去触发可控硅放大器,可控硅放大器输出直流电压 U_a 加到执行电动机电枢两端,执行电动机就以一定的转速转动。若调节 R_g,使控制电压 U_g 减小,触发脉冲后移,控制角 α 增大,使可控硅放大器输出直流电压 U_a 减小,执行电动机转速下降。反之,若调节 R_g,使控制电压 U_g 增大,触发脉冲前移,控制角 α 减小,使可控硅放大器输出直流电压 U_a 增大,执行电动机转速上升。因此,只要均匀改变控制电压的大小,就可均匀地调节执行电动机的转速。

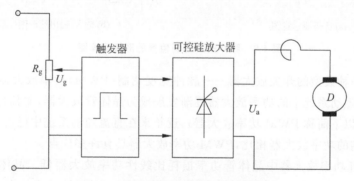

图4-7 可控硅直流调速系统原理框图

4.3 脉冲宽度调制(PWM)功率放大器

脉宽调制功率放大器包括脉冲宽度调制器和开关放大器两部分,如图4-8所示。

脉冲宽度调制器是将控制信号变成对应的频率固定的方波信号,其输入是连续变化的直流电压控制信号 u_i,输出信号为频率固定的方波信号 u_b,即开关放大器的输入信号。常采用如图4-9(a)所示的电压比较器产生脉冲宽度调制信号,其脉冲宽度调制信号的形成原理如图4-9(b)所示。由于脉冲宽度调制器的输出信号 u_b 功率很小,不能直接驱动执行元

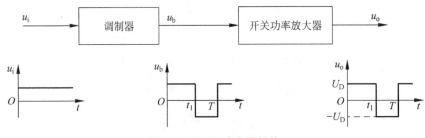

图 4-8   PWM 放大器结构

件,一定要通过开关放大器进行功率放大和电压放大。

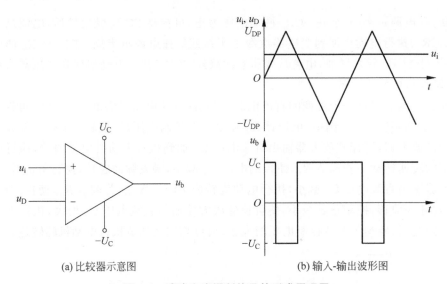

(a) 比较器示意图   (b) 输入-输出波形图

图 4-9   脉冲宽度调制信号的形成原理图

这里介绍一种典型的开关放大器——脉冲宽度调制(PWM)功率放大器。随着大功率晶体管的发展,随动系统中的功率放大器逐渐发展成为晶体管放大器,尤其是 PWM 式晶体管功率放大器(以下简称 PWM 功率放大器),近年来在直流随动系统中已占有主导地位。

同其他类型的功率放大器相比,PWM 功率放大器具有许多优点。

首先,PWM 功率放大器中晶体管功率损耗比线性功率放大器低。晶体管工作时的功率损耗等于流过晶体管的电流同晶体管两端电压的乘积。对线性功率放大器来说,这种损耗是很可观的,有时接近它的输出功率。而 PWM 功率放大器的晶体管工作在开关状态,不是饱和就是截止,因此其损耗低。

其次,PWM 功率放大器的输出是一串宽度可调的矩形脉冲,除包含有用的直流分量控制信号外,还包含交流分量,可以通过设置一个合适频率的交流分量,使电动机时刻处于微振状态下,可以克服电动机轴上的静摩擦,改善随动系统的低速运行特性。

此外,体积小、维护方便、工作可靠、造价低廉也是其优点。

随动系统一般要求执行机构既能正转(或正向移动),又能反转(或反向移动),即要求可逆运行,例如火炮的瞄准射击、雷达天线随动系统、导弹发射架随动系统、精密机床的进刀和退刀等。可逆 PWM 功率放大器有 T 型和 H 型两种结构形式。

根据在一个开关周期内,电枢两端电压极性变化和主电路中大功率晶体管通、断控制组合的不同,可逆 PWM 功率放大器有 3 种工作模式:双极模式、单极模式和受限单极模式。本节将详细介绍双极模式 T 型和 H 型两种结构 PWM 功率放大电路的原理及其工作特性。

4.3.1　T 型双极模式 PWM 功率放大器工作原理

T 型双极模式 PWM 功率放大器的电路如图 4-10 所示,由两只大功率晶体管 V_1、V_2,两只二极管 VD_1、VD_2 及两个电源 $+U_s$、$-U_s$ 组成。

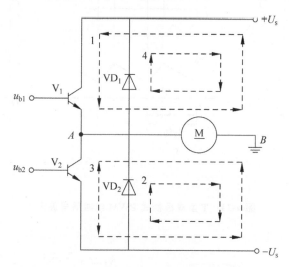

图 4-10　T 型双极模式 PWM 功率放大器

在 $0 \leqslant t < t_1$ 区间,V_1 饱和导通,V_2 截止,电动机的电枢 A、B 两端加上 $+U_s$。在 $t_1 \leqslant t < T$ 区间,V_2 饱和导通,V_1 截止,电动机电枢 A、B 两端加上 $-U_s$。当控制信号 $u_i = 0$ 时,$t_1 = T/2$,V_1 和 V_2 导通时间相等,电枢电压的平均值 $U_a = U_{AB} = 0$,电动机宏观上不转动,此时平均电流为零;当控制信号 $u_i > 0$ 时,则有 $t_1 > T/2$,$U_a > 0$,电动机正转;当控制信号 $u_i < 0$ 时,则 $t_1 < T/2$,$U_a < 0$,电动机反转,其波形如图 4-11 所示。U_a 与控制脉冲宽度成正比,而脉冲宽度受控于脉宽调制器的控制信号电压。

假设电动机处于正转状况,如图 4-11(b)所示,电动机反电势为 E_g。当 $U_a > E_g$,在 $0 \leqslant t < t_1$ 期间,大功率晶体管 V_1 导通,那么电流 i_a 沿回路 1(经 V_1)从 A 流向 B,电动机工作在电动状态。在 $t_1 \leqslant t < T$ 期间。u_{b1} 为负,V_1 截止;虽然 u_{b2} 为正,但由于电枢电感 L_a 感应电动势的作用,V_2 不一定能导通。电枢电感 L_a 维持电流 i_a 沿回路 2(经 VD_2)从 A 流向 B,电动机仍工作在电动状态,等效电路如图 4-12(a)、(b)所示。

在电动机正转时,如控制信号电压突然降低,U_a 立即减小,但由于电动机的惯性,反电动势 E_g 不会立即改变,此时 $E_g > U_a$。在 $0 \leqslant t < t_1$ 期间,V_2 截止,电流 i_a 沿回路 4(经 VD_1)从 B 流向 A,电动机工作在再生制动状态。在 $t_1 \leqslant t < T$ 期间,晶体管 V_1 截止,V_2 导通,电流 i_a 沿回路 3(经 V_2)从 B 流向 A,电动机工作在反接制动状态,其等效电路如图 4-12(c)、(d)所示。

由以上分析不难得出电动机在反转情况下的工作过程。总之,电动机不论处于什么状态,在 $0 \leqslant t < t_1$ 期间,电枢上所加的端电压 u_a 总是等于 $+U_s$;而在 $t_1 \leqslant t < T$ 期间,电枢端

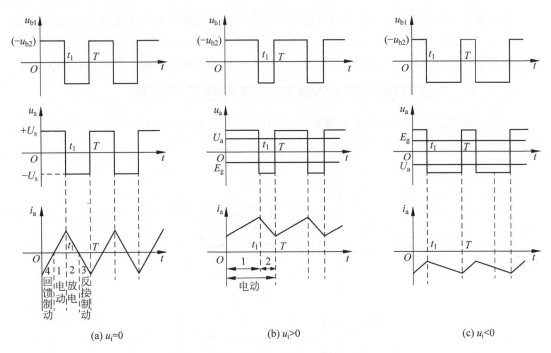

(a) $u_i = 0$　　　　　　　　　(b) $u_i > 0$　　　　　　　　　(c) $u_i < 0$

图 4-11　T 型双极模式 PWM 电路信号波形

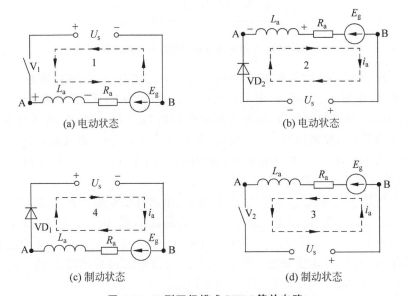

(a) 电动状态　　　　　　　　　　　　　　　(b) 电动状态

(c) 制动状态　　　　　　　　　　　　　　　(d) 制动状态

图 4-12　T 型双极模式 PWM 等效电路

电压 u_a 总是等于 $-U_s$。在一个开关周期之内,电枢回路方程可表示为

$$U_s = L_a \frac{\mathrm{d}i_a}{\mathrm{d}t} + R_a i_a + E_g, \quad 0 \leqslant t < t_1 \tag{4-3}$$

$$-U_s = L_a \frac{\mathrm{d}i_a}{\mathrm{d}t} + R_a i_a + E_g, \quad t_1 \leqslant t < T \tag{4-4}$$

可见,在 $0 \leqslant t < T$ 期间,电枢两端的电压是在 $+U_s$ 到 $-U_s$ 之间变化的脉冲电压,电枢电流

始终是连续的。

T 型电路结构简单,便于实现电能的反馈,但要求双电源供电,且晶体管承受的反向电压较高,为电源电压的两倍。因此,T 型电路只适用于小功率低压随动系统。

4.3.2　H 型双极模式 PWM 功率放大器

H 型双极模式 PWM 功率放大器如图 4-13 所示。它由 4 个大功率晶体管和 4 个续流二极管组成。4 个大功率管分为两组,V_1 和 V_4 为一组,V_2 和 V_3 为另一组。同一组中的两个晶体管同时导通、同时关断,两组晶体管之间是交替地轮流导通和截止的,也即基极驱动信号 $u_{b1}=u_{b4}$,$u_{b2}=u_{b3}$。

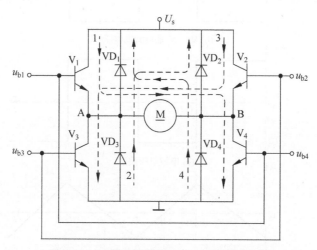

图 4-13　H 型双极模式 PWM 功率放大电路

双极模式工作时的输出电压和电流波形如图 4-14 所示。由于允许电流反向,所以双极模式工作时电枢电流始终是连续的。图 4-14 表示在轻载情况下(信号电压为正时)的波形。

在 $0 \leqslant t < t_1$ 期间,u_{b1}、u_{b4} 为正,晶体管 V_1 和 V_4 导通;u_{b2}、u_{b3} 为负,V_2、V_3 截止。当 $U_a > E_g$ 时,电枢电流沿回路 1(经 V_1 和 V_4),从 A 流向 B,电动机工作在电动状态。

在 $t_1 \leqslant t < T$ 期间,u_{b1}、u_{b4} 为负,V_1、V_4 截止;虽然 u_{b2}、u_{b3} 为正,但在电枢电感 L_a 的作用下,使 V_2、V_3 不能立即导通,电枢电感仍维持电枢电流 i_a 沿回路 2(经 VD_3、VD_2)继续在原方向从 A 流向 B,电动机仍然工作在电动状态。受二极管 VD_3、VD_2 正向导通电压的限制,A 点电位被钳位到地电位,B 点电位被钳位到电源 $+U_s$,晶体管 V_2、V_3 仍不能导通。假若在 $t=t_2$ 时刻正向电流 i_a 衰减到零,则在 $t_2 \leqslant t < T$ 期间,晶体管 V_2 和 V_3 在电源 $+U_s$ 和反电势 E_g 的作用下导通,电枢电流 i_a 反向流通,也即 i_a 沿回路 3(经晶体管 V_2 和 V_3)从 B 流向 A,电动机工作在反接制动状态。在 $T \leqslant t < t_3$ 期间,晶体管基极电压改变极性,V_2、V_3 截止,电枢电感 L_a 维持电流 i_a 沿回路 4(经二极管 VD_4、VD_1)继续从 B 流向 A,电动机仍工作在制动状态,受二极管 VD_4、VD_1 正向导通电压的限制,A 点电位被钳位到 $+U_s$,B 点电位被钳位到地电位,晶体管 V_1、V_4 不能导通。假若在 $t=t_3$ 时刻,反向电流($-i_a$)衰减到零,那么在 $t_3 \leqslant t < t_4$ 期间在电源电压 U_s 作用下,晶体管 V_1、V_4 导通,电枢电流 i_a 又沿回路 1(经 V_1、V_4)从 A 流向 B,电动机又工作在电动状态。由此可见,在轻载情况下,电枢电流仍然是连续的,不会出现电流断续,但其工作状态呈现电动和制动交替出现。若电动机

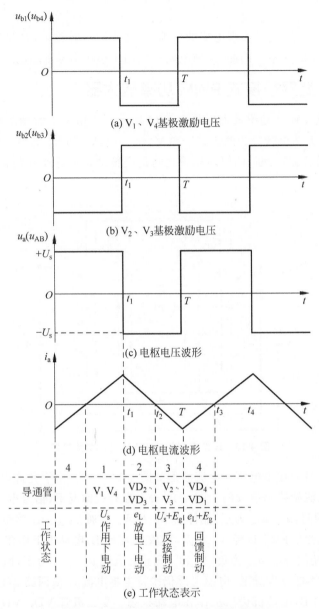

图 4-14　H 型双极模式 PWM 电路信号波形

的负载较重,即 A、B 两端电压的平均值 U_a 大于反电势 E_g,或者最小负载电流大于电流脉动量 Δi_a,则在工作过程中 i_a 不会改变方向,电动机始终都工作在电动状态,电流波形如图 4-11(b) 所示。

　　H 型双极模式 PWM 功率放大器在一个开关周期之内,电枢回路方程仍可表示为式(4-3)和式(4-4)的形式。

　　假定电动机原来处于高速正转状态,当控制指令突然减小,电枢电压 $u_a(u_{AB})$ 立即降低,使 $E_g > U_a$。若在 $0 \leqslant t < t_1$ 期间,由于电流不能突变,$L_a \dfrac{\mathrm{d}i_a}{\mathrm{d}t} + E_g > U_s$,电枢电流 i_a 沿回路 4(经由二极管 VD$_4$、VD$_1$)从 B 流向 A,把能量回馈给电源,电动机工作在回馈制动状态。

若在 $t_1 \leqslant t < T$ 期间,晶体管 V_2、V_3 导通,电流 i_a 沿回路 3(经 V_2、V_3)从 B 流向 A,电动机工作在反接制动状态。

从上面的分析可知,电动机不论处于何种工作状态,在 $0 \leqslant t < t_1$ 期间,电枢电压 u_{AB} 总是等于 $+U_s$,而在 $t_1 \leqslant t < T$ 期间总是等于 $-U_s$,等效电路与图 4-12 所示类似,只不过导通器件不同而已。由轻载情况下的工作过程分析可以说明,双模式 PWM 控制的电枢电流无断续现象。即使电动机不转,电枢电压瞬时值 u_a 不等于零,而是正、负脉冲电压的宽度相等,电枢回路中流过一个交变的电流 i_a。这个电流可使电动机发生高频颤动,有利于减小静摩擦,但同时也增大了电动机的空载损耗。

H 型双极模式 PWM 功率放大电路只需要单一电源供电,晶体管的耐压相对要求较低,高压伺服电动机普遍采用 H 型电路。H 型双极模式缺点是电枢两端电压悬浮,不便于引出反馈,且基极驱动电路数比 T 型电路多。

4.3.3 双极模式 PWM 功率放大器工作特性分析

直流伺服电动机在双极模式 PWM 功率放大器驱动下,在一个开关周期,电枢电压是正、负交替的。因而,在控制信号为零时,电枢回路仍有脉动电流。可见,电流的性质与所使用的 PWM 工作模式有关,它对电动机工作特性有显著影响。为了评价双极模式 PWM 功率放大器的综合性能,便于在实际中正确选择 PWM 的工作模式,分析直流电动机与 PWM 功率放大器之间的一些工作特性是非常必要的。

1. 双极模式工作时信号系数 ρ 与导通时间 t_1 及占空比 α 的关系

信号系数 ρ 定义为控制信号电压 u_i 与控制信号电压最大值 u_{DP} 之比,即

$$\rho = \frac{u_i}{u_{DP}} \tag{4-5}$$

信号系数 ρ 与导通时间 t_1 有一定的关系。由脉宽调制信号生成原理可知,$\rho = 0$,则 $u_i = 0$,此时,$t_1 = T/2$;$\rho = 1$,则 $u_i = u_{DP}$,此时,$t_1 = T$。即

$$t_1 = \frac{T}{2}\left(1 + \frac{u_i}{u_{DP}}\right) = \frac{T}{2}(1 + \rho) \tag{4-6}$$

可见,信号系数 ρ 与正向导通时间 t_1 呈线性关系。

双极模式 PWM 功率放大器输出电压平均值 U_a 又与 t_1 有一定关系,电动机无论工作在什么状态,在 $0 \leqslant t < t_1$ 期间,电枢电压 u_a 总是等于 $+U_s$,而在 $t_1 \leqslant t < T$ 期间,u_a 总是等于 $-U_s$,如图 4-14(c)所示。电枢电压 u_a 的平均值 U_a 可以用正向脉冲电压平均值 U_{a1} 和负向脉冲电压平均值 U_{a2} 之差来表示,即

$$U_a = U_{a1} - U_{a2}$$
$$= \frac{t_1}{T}U_s - \frac{(T - t_1)}{T}U_s$$
$$= \left(2\frac{t_1}{T} - 1\right)U_s = (2\alpha - 1)U_s \tag{4-7}$$

由式(4-6),可得

$$\alpha = \frac{1}{2}(1 + \rho) \tag{4-8}$$
$$\rho = 2\alpha - 1$$

对比式(4-7)和式(4-8),可得

$$\rho = \frac{U_a}{U_s} = \frac{u_i}{u_{DP}} \tag{4-9}$$

由式(4-6)可知,当 $u_i = 0$ 时,$t_1 = T/2$,电枢两端获得等间隔的正负脉冲,$U_a = 0$。由于可逆运行,u_i 可正,也可负,因而输出的平均电压 U_a 也可正可负,信号系数 ρ 在 $+1$ 和 -1 之间变化。

2. 数学模型

根据双极模式 PWM 功率放大器工作原理,在一个开关周期之内的电枢电压表达式可写为

$$u_a = \begin{cases} +U_s, & 0 \leqslant t < t_1 \\ -U_s, & t_1 \leqslant t < T \end{cases} \tag{4-10}$$

将式(4-10)用傅里叶级数展开,得

$$u_a = U_a + \sum_{n=1}^{\infty} U_n \cos(2\pi nft + \phi_n) \tag{4-11}$$

其中,直流分量为

$$U_a = \left(\frac{2t_1 - T}{T}\right) U_s = \rho U_s = \frac{u_i}{u_{DP}} U_s \tag{4-12}$$

交流分量为

$$N(\rho, t) = \sum_{n=1}^{\infty} U_n \cos(2\pi nft + \phi_n) \tag{4-13}$$

式中

$$U_n = \frac{4U_s}{n\pi} \sin \frac{n\pi(1+\rho)}{2} \tag{4-14}$$

根据式(4-11)和式(4-12),可将双极模式 PWM 功率放大器的数学模型用图 4-15 表示。

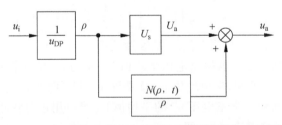

图 4-15　双极性模式 PWM 功率放大器的数学模型结构图

由图 4-15 不难看出,双极模式 PWM 功率放大器是一种典型的非线性控制系统,但当开关频率 f 远大于电动机的频带时,电压 u_a 中交流分量对输出的影响甚微,可以不考虑。实际上起作用的只是直流分量,即可认为

$$u_a = U_a = \frac{U_s}{u_{DP}} u_i \tag{4-15}$$

但是,当 $u_i = u_{DP}$ 时,PWM 功率放大器的输出将饱和,因此,U_a 与 u_i 之间的关系可表示为

$$U_a = \begin{cases} +U_s, & u_i \geqslant u_{DP} \\ \dfrac{U_s}{u_{DP}}u_i, & -u_{DP} < u_i < u_{DP} \\ -U_s, & u_i \leqslant -u_{DP} \end{cases} \quad (4\text{-}16)$$

式(4-16)表明,PWM功率放大器是具有饱和特性的拟线性放大器,如图4-16所示。拟线性放大系数(等效增益)为

$$K_{PWM} = \frac{U_a}{u_i} = \frac{U_s}{u_{DP}} \quad (4\text{-}17)$$

显而易见,PWM功率放大器的增益与电源电压U_s成正比,与控制电压最大值(也即调制三角波的峰值u_{DP})成反比,提高电源电压U_s或减小控制电压最大值u_{DP},均可提高PWM功率放大器的增益。

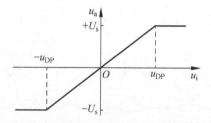

图4-16 双极模式PWM功率放大器的拟线性化特性

4.3.4　H型PWM功率放大器驱动的他励直流电动机电路

由H型PWM功率放大器驱动的他励直流电动机电路如图4-17所示。图中采用了4个线性集成放大器,其中,A_1、A_2组成三角波信号发生器,A_1具有正反馈,它的输出是矩形波,用双向稳压管DW_1限幅;A_2为积分器,它的输出是三角波,调节电位计RP_1可调节三角波的振幅,RP_2用于调节三角波的频率;A_3、A_4是电压比较器,其输入分别为A_1、A_2输出的三角波信号和输入信号u_{sr},其输出为同频率的矩形波,经过稳压管DW_2、DW_3的削波,三极管V_1、V_2均只输出单极性的方波脉冲,从而使工作于开关状态的功率放大器,给电动机电枢加上方波脉冲电压。

由于三角波信号u_t是经过R_8、R_9分别加到A_3的同相输入端和A_4的反相输入端,故A_3、A_4输出的矩形波彼此反相,这使得正半周V_4、V_8导通,负半周V_6、V_{10}导通。当输入信号$u_{sr}=0$,由于正、负半周导通的时间相等,流过电动机电枢的交流,直流分量等于零,故电动机不转。因为三角波的频率通常是几百赫兹到2000Hz,只有当$u_{sr} \neq 0$时,将使其中一组导通时间长,另一组则导通时间缩短(均指一个周期内),电动机转动,转动的方向取决于导通时间长的那一组。输入信号u_{sr}越大,加到电动机电枢的正脉冲与负脉冲的宽度之差越大,故电枢获得的直流电压越大,电动机的转速越高。

为防止同一侧功率放大管直通而损坏,在如图4-17所示的电路中采用了一些防范措施,在电枢回路中串有功率二极管D_5、D_6,将它的两端分别接到V_4、V_6的发射极,只要D_5或

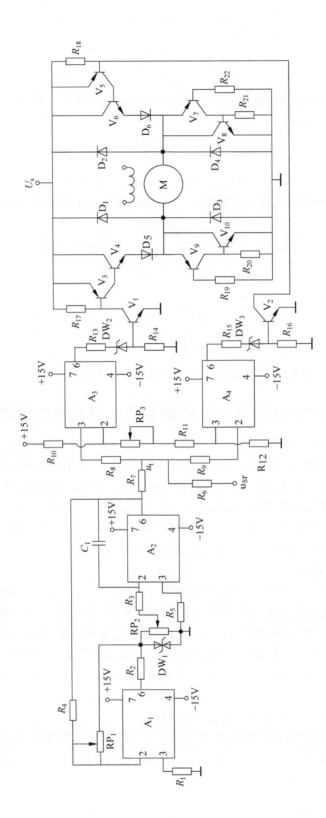

图 4-17 H 型 PWM 功率放大器驱动的他励直流电动机电路

D_6 上有电流存在,其电压分别给 V_9 或 V_7 造成一反相偏置。另外,还设有固定的直流偏置分别给电压比较器 A_3、A_4,适当调节电位计 RP_3,可以使两组出现正脉冲的时间有一小的时间间隔,这有利于大功率管有时间恢复阻断能力。

上述 PWM 功率放大电路就是双极性工作方式,在一个周期内,正相和反相的脉冲均存在,流过电动机电枢的电流含有交变成分。因此,它具有良好的调速性能。

第5章

随动系统执行电动机

5.1 随动系统执行电动机的特征与分类

在自动控制系统中,执行电动机作为执行元件,把输入的电信号转换成电动机轴上的角位移或角速度输出。在随动系统中,执行电动机又称伺服电动机,是随动系统的一个重要组成部分,工作在随动系统的末端,与被控对象相联接,根据输入信号来控制驱动被控对象。

5.1.1 直流伺服电动机的特征及分类

直流伺服电动机是指使用直流电源的伺服电动机。直流伺服电动机有传统式、小惯量、宽调速三大类。按励磁方式分为他励、串励和并励3种基本形式。直流他励电动机按控制方式分电枢控制和磁场控制两大类。其中,电枢控制直流他励电动机易获得较平直的机械特性,如图 5-1 所示,有较宽的调速范围。

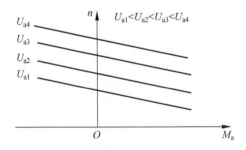

图 5-1 电枢控制直流他励电动机机械特性

直流他励电动机的磁场控制,又分电枢电压保持不变和电枢电流不变两种,但调速范围和调节特性的线性度均远不如电枢控制。

1. 小惯量高速直流伺服电动机

直流他励伺服电动机的应用历史最长,在 20 世纪 60 年代末出现了两种高性能的小惯量高速直流伺服电动机,分别为小惯量无槽电枢直流伺服电动机和空心杯电枢直流伺服电动机。

小惯量无槽电枢直流伺服电动机的优点如下:

(1) 转子转动惯量小,是普通电动机的 1/10,电磁时间常数小,反应快;

(2) 转矩惯量比大,且过载能力强,最大转矩可比额定转矩大 10 倍;

(3) 低速性能好,转矩波动小,线性度好,摩擦小。

作为随动系统的执行元件,高速小惯量电动机还存在一些缺点,如由于其转速高,作为随动系统的执行电动机仍需减速器,故齿轮间隙给系统带来的种种不利因素依然存在,特别对于舰载、机载、车载陀螺稳定随动系统;由于电动机本身转动惯量小,负载转动惯量在系统总转动惯量中占较大比例,当所驱动负载的尺寸与重量改变时,负载转动惯量可能发生变化,从而影响系统的动态性能(这个问题称为惯量匹配问题)。

小惯量无槽电枢直流伺服电动机是一种大功率直流伺服电动机,主要用于需要快速动作、功率较大的随动系统,如雷达天线的驱动、自行火炮、导弹发射架的驱动、计算机外围设备以及数控机床等方面。但由于存在电枢铁心,故在实现快速动作的电子设备中,它的转动惯量太大。

空心杯电枢直流伺服电动机不同于无槽电枢直流伺服电动机,是一种转动惯量更小的直流伺服电动机,被称为超低惯量伺服电动机。其特点如下:

(1) 低转动惯量,起动时间常数小,可达 1ms 以下,角加速度可达 $10^6\,\mathrm{rad/s^2}$;

(2) 灵敏度高,快速性能好,速度调节方便;

(3) 损耗小、效率高;

(4) 由于绕组在气隙中均匀分布,不存在齿槽效应,所以转矩波动小,低速运转平稳,噪声很小;

(5) 绕组的散热条件好,其电流密度可取到 $30\mathrm{A/mm^2}$;

(6) 转子无铁心,电枢电感很小,因此换向性能好,几乎不产生火花,大大提高了使用寿命。

空心杯形电枢直流伺服电动机在国外已系列化生产,输出功率从零点几瓦到几千瓦,多用于高精度的随动系统及测量装置等设备,如电视摄像机、各种录像机、X-Y 函数记录仪、数控机床等机电一体化设备中。目前,国产空心杯电枢直流伺服电动机可为仪表随动系统配套。

2. 低速大扭矩宽调速电动机

低速大扭矩宽调速电动机是相对于前面的小惯量电动机而言的,大扭矩宽调速电动机具有下列特点:

(1) 高的转矩-转动惯量比,能够提供极高的加速度,实现快速响应;

(2) 高的热容量,使电动机在自然冷却全封闭的条件下,仍能长时间过载;

(3) 电动机所具有的高转矩和低速特性使得它与机床丝杠很容易直接耦合。这样不仅解决了齿轮减速器的间隙给系统带来的不利影响,而且从负载端看,电动机惯量折算到负载端的系数为 1,而不是像高速电动机传动比为 i 时折算关系为 i^2 倍,所以总系统的转矩惯量比值不一定降低,系统仍能有较高的动态性能。

（4）由于优选电刷的材料，并采用增大电刷接触面积的方式，使得电动机在大的加速度和过载情况下，仍能有良好的换向。

（5）电动机采用耐高温的 H 级绝缘材料，且具有足够的机械强度，以保证有长的寿命和高的可靠性。

（6）采用能承受重载荷的轴和轴承，使得电动机在加、减速和低速大转矩时能承受最大峰值转矩。

（7）电动机内安装有高精度和高可靠性的反馈元件——脉冲编码器或多极旋转变压器和低纹波测速发电动机。

总之，大扭矩宽调速电动机具有许多优点，近年来在高精度数控机床和工业机器人等数字随动系统中获得了越来越广泛的应用。

5.1.2　交流伺服电动机的特征及分类

在调速性能要求较高的场合，直流电动机的调速系统一直占据主导地位。但直流电动机也存在如下一些固有的缺点：

（1）电刷和换向器易磨损，需要经常维护；

（2）换向器换向时会产生火花，使电动机的最高速度受到限制，也使应用环境受到限制；

（3）结构复杂，制造困难，所用钢铁材料消耗大，制造成本高。

交流伺服电动机特别是笼型感应电动机，没有上述缺点。且其转子惯量较直流电动机小，使得动态响应更好，在同样的体积下，可达到更高的电动机转速。

交流电动机是采用交流电驱动的电动机。按其工作原理的不同，交流电动机主要可以分为同步电动机（SM）和异步电动机两大类。固定的电网频率下，电动机转子的转速随负载大小而改变的电动机称为异步电动机，其转速与电网频率无严格不变的对应关系，通常用它作为一般电动机使用。而同步电动机是指在固定的电网频率下，电动机转子以固定不变的转速旋转，其转速在工作范围内与负载的大小无关。同步电动机的最大特点是恒速运转，其速度不随负载变化而改变，如果负载大于电动机的最大运行转矩，则电动机会立即堵转停止，且不发热。因此它常被用于需要恒速运转的场合。

1. 异步交流伺服电动机

异步交流伺服电动机是交流感应电动机，它有三相和单相之分，也有笼型和线绕式之分，通常多用笼型三相感应电动机。其结构简单，与同容量的直流电动机相比，质量轻 $1/2$，价格仅为直流电动机的 $1/3$。其缺点是不能经济地实现范围很广的平滑调速，必须从电网吸收滞后的励磁电流，因而令电网功率因素变坏。这种鼠笼转子的异步型交流伺服电动机简称为异步交流伺服电动机。

2. 同步交流伺服电动机

同步交流伺服电动机虽较感应电动机复杂，但比直流电动机简单。它的定子与感应电动机一样，都在定子上装有对称的三相绕组；而转子却不同，按不同的转子结构又分电磁式及非电磁式两大类。非电磁式又分为磁滞式、永磁式和反应式多种，其中磁滞式和反应式同步电动机存在效率低、功率因素差、制造容量不大等缺点。

数字随动系统较多采用永磁式同步电动机。与电磁式相比,永磁式的优点是结构简单、运行可靠、效率高;缺点是体积大、启动特性欠佳。但永磁式同步电动机采用稀土类磁铁后,比直流电动机外形尺寸约小 1/2,质量轻 60%,转子惯量减到直流电动机的 1/5。它与异步电动机相比,由于采用了永久磁铁励磁,消除了励磁损耗及有关的杂散损耗,所以效率高;又因为没有电磁式同步电动机所需的集电环和电刷等,其机械可靠性与感应(异步)电动机相同,而功率因数却大大高于异步电动机,从而使永磁同步电动机的体积比异步电动机小。这是因为在低速时,感应(异步)电动机由于功率因素低,输出同样的有功功率时,它的视在功率却要大得多,而电动机主要尺寸是根据视在功率而定的。

总之,交流伺服电动机要比直流伺服电动机好一些,因为它是正弦波控制的,转矩脉动小。但直流随动系统比较简单、便宜。随着永磁材料制造工艺的不断完善,再加上合理的磁极、磁路及电动机结构设计,使新一代的交流伺服电动机的性能大大提高。交流伺服电动机按照容量可以分为超小型、小容量型、中容量型和大容量型。超小容量型的功率范围为 $10\sim20\mathrm{W}$,小容量型的功率范围为 $30\sim750\mathrm{W}$,中容量型的功率范围为 $300\sim15\mathrm{kW}$,大容量型的功率范围为 $22\sim55\mathrm{kW}$。伺服电动机的供电电压范围为 $100\sim400\mathrm{V}$(单相/三相)。

5.1.3　两相异步电动机

两相异步电动机在几十瓦以内的小功率随动系统和调速系统中被广泛应用。控制方式分幅值控制、相位控制和幅相控制 3 种。幅值控制是指控制电压的相位与激磁电压相差 $90°$,以控制电压的幅值作为控制量。相位控制则是保持控制电压的幅值不变,通过调节控制电压相位达到控制的。幅相控制则是同时调节幅值和相位达到控制的目的。幅值控制易于实现而应用广泛,相位控制电路复杂且应用比较少。如图 5-2(a)所示为单相电源供电的两相异步电动机幅值控制时的机械特性;如图 5-2(b)所示为两相电源供电的两相异步电动机幅值控制时的机械特性。

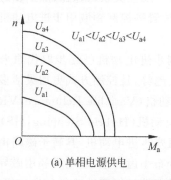
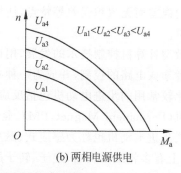

(a) 单相电源供电　　　　　　　　　　　(b) 两相电源供电

图 5-2　两相异步电动机幅值控制机械特性

两相异步电动机具有较宽的调速范围,本身摩擦力矩小,比较灵敏。具有杯形转子的两相异步电动机转动惯量小,因而快速响应特性好,常见于仪表随动系统中。

5.1.4　三相异步电动机

三相异步电动机控制方式有多种,如变频调速、变电压调速、串级调速、脉冲调速等。变频调速可获得比较平直的机械特性,调速范围比较宽,目前已得到广泛应用。但该调速方法控制线路复杂。工业中常利用晶闸管实现变压调速和串级调速,但只适用于线绕式转子的异步电动机。变压调速和串级调速的机械特性分别如图5-3(a)和(b)所示,它们均在单向调速时采用,低速性能差且调速范围不宽。

与同功率的直流相比,三相异步电动机的体积小、重量轻、价格便宜、维护简单。

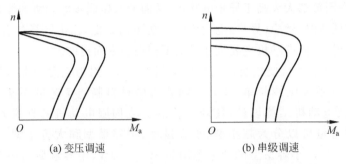

(a) 变压调速　　　　　　　　　　　(b) 串级调速

图 5-3　三相异步电动机变电压调速和串级调速机械特性

5.1.5　步进电动机

步进电动机是将电脉冲信号转变为角位移或线位移的开环控制元件,是机电一体化的关键控制元件之一,广泛应用在各种自动化控制系统中。

步进电动机与普通电动机的不同之处是,步进电动机接受脉冲信号的控制,依靠环形分配器的电子开关器件,通过功率放大器使励磁绕组按照顺序轮流接通直流电源。由于励磁绕组在空间中按一定的规律排列,直流电源轮流接通后,就会在空间形成一种阶跃变化的旋转磁场,使转子步进式转动,随着脉冲频率的增高,转速就会增大。在非超载的情况下,电动机的转速、停止的位置只取决于脉冲信号的频率和脉冲数,而不受负载变化的影响,即给电动机加一个脉冲信号,电动机则转过一个步距角。这一线性关系的存在,加上步进电动机只有周期性的误差而无累积误差等特点,使得在速度、位置等控制领域用步进电动机来控制变得非常简单。

随着微型计算机控制技术的发展,用计算机控制步进电动机已逐步取代原来的采用分立元件或者集成电路的控制,并成为一种必然的发展趋势,且控制方式更加灵活多样。

现在比较常用的步进电动机包括反应式步进电动机(Variable Reluctance,VR)、永磁式步进电动机(Permanent Magnet,PM)、混合式步进电动机(Hybrid Stepping,HS)等。

反应式步进电动机也称为感式、磁滞式或磁阻式步进电动机,其转子磁路由软磁材料制成,定子上有多相励磁绕组,定子、转子周边均匀分布小齿和槽,通电后利用磁导的变化产生转矩,因其结构简单而得到最多的应用。一般步进电动机以相数又可分为二相电动机、三相电动机、四相电动机、五相电动机等,结构简单、成本低、步距角小(最小可到10′),可实现大转矩输出,断电时无定位转矩,启动和运行频率较高。但动态性能差、效率低、发热大,可靠性难保证。

永磁式步进电动机的转子由永磁材料组成,上有多相励磁绕组,转子的极数与定子的极数相同,定子、转子周边均无小齿和槽。通电后利用永磁体与定子电流磁场相互作用产生转矩。一般为二相或四相电动机。其特点是动态性能好、输出力矩小、步距角大(如7.5°、15°、

22.5°等),断电时有定位转矩,启动和运行频率较低,精度差。

混合式步进电动机也称为永磁反应式或永磁感应式步进电动机,综合了反应式和永磁式步进电动机的优点,定子上有多相励磁绕组,转子为永磁材料,定子、转子均有多个小齿和槽以提高精度,其特点是动态性能好,输出力矩大、步距角较永磁式小(一般为1.8°),断电时无定位转矩,启动和运行频率较高。但结构复杂,成本相对较高。

考虑精度和成本,两相混合式步进电动机应用最广,其性价比最高。

步进电动机具有以下特点:

(1) 可以用数字信号直接进行开环控制,整个系统简单、价廉;

(2) 位移与输入脉冲信号数相对应,步距误差不长期积累,可以组成结构较为简单而又具有一定精度的开环控制系统,也可在要求更高精度时组成闭环控制系统;

(3) 无刷,电动机本体部件少,可靠性高;

(4) 易于启动、停止、正反转及变速,响应性也好;

(5) 停止时,可有自锁能力;

(6) 步距角选择范围大,可在几十角分至180°范围内选择。在小步距情况下,通常可以在超低速下高转矩稳定运行,且可以不经减速器直接驱动负载;

(7) 速度可在相当宽范围内平滑调节。同时可以用一台控制器控制几台步进电动机,并可使它们完全同步运行;

(8) 步进电动机带惯性负载的能力较差;

(9) 由于存在失步和共振,步进电动机的加减速方法根据利用状态的不同而变得复杂化;

(10) 不能直接使用普通的交直流电源驱动。

5.1.6 力矩电动机

力矩电动机分直流和交流两种,它在原理上与他励式直流电动机和两相异步电动机一样,只是在结构和性能方面有所不同,比较适合于低速调速系统,甚至可长期工作于堵转状态而只输出力矩,因此它可以直接与控制对象相连而不需减速装置。

5.1.7 无刷直流电动机

无刷直流电动机有别于传统的有刷电动机。传统的有刷电动机是用电刷作为换向器,而无刷直流电动机则改用电子线路方法向三相线圈绕阻分时供电,用脉宽调速式变频调速表控制电动机的转速,用单片机来检测转子的瞬时位置及速度,然后控制电动机的驱动电路,以此来实现电动机的运转。无刷直流电动机实际上是交流电动机,因此在后面将它归为交流伺服电动机进行介绍。

无刷直流电动机的优点是机械特性和调节特性的线性度好、堵转转矩大、控制方法简单,且没有换向器和电刷;其缺点是转矩小,效率低。无刷直流电动机广泛应用于数控机床、线切割机、加工机床、缝纫机、包装机械、印刷机械、封切机、纺织机、焊接机械等民用行业,而且还应用在电子工业、信息产业、国防工业、航空航天等领域。

5.2　直流伺服电动机

在直流随动系统中,直流伺服电动机需满足高精度、宽调速范围、具有足够的负载能力、高运动稳定性和快速的响应速度等要求,且在工业和国防上要求大功率直流电动机组成随动系统。因此,直流伺服电动机不同一般的直流电动机,应具有起动转矩大、调速范围宽、机械特性和调速特性好、控制方便等特点。小惯量直流伺服电动机、大惯量宽调速直流伺服电动机在随动系统中广泛应用。

5.2.1　大惯量宽调速直流伺服电动机

直流伺服电动机的结构主要包括 3 个部分:

(1) 定子——用于产生磁极磁场。根据产生磁场的方式,直流伺服电动机可分为永磁式和他励式。永磁式磁极由永磁材料制成,他励式磁极由冲压硅钢片叠压而成,外绕线圈通以直流电流便产生恒定磁场。

(2) 转子——又称为电枢,由硅钢片叠压而成,表面嵌有线圈,通以直流电时,在定子磁场作用下产生带动负载旋转的电磁转矩。

(3) 电刷与换向片——为使所产生的电磁转矩保持恒定方向,转子能沿固定方向均匀地连续旋转,电刷与外加直流电源相接,换向片与电枢导体相接。

1. 宽调速直流伺服电动机的结构

永磁式大惯量宽调速直流伺服电动机由带齿槽的转子、嵌有永久磁体的定子、电刷和低纹波测速机等构成。增加转子齿槽数和换向片数及使齿槽均匀分布,可减小转矩的波动,使电动机在低速下仍能平稳运行。定子上的永磁体磁性材料主要有铝镍钴、陶瓷铁氧体和稀土钴 3 种,性能最好的是稀土钴,价格最低的是陶瓷铁氧体。采用优质的电刷材料,加大电刷的接触面积,改进轴和轴承的结构,增强其刚度,可较好地解决高速换向问题,以提高电动机的工作转速。这类电动机采用了内装式低纹波(纹波系数一般在 2% 以下)的测速发电动机,测速发电动机的输出电压作为速度环的反馈信号,组成高增益速度环,以使电动机在较宽的速度范围内平稳运转。除测速发电动机外,还可以在电动机内部安装位置检测元件,如旋转变压器、脉冲编码器等。

2. 宽调速直流伺服电动机的工作原理

宽调速直流伺服电动机的工作原理与一般直流电动机的工作原理是完全相同,他励直流电动机转子上的载流导体(即电枢绕组),在定子磁场中受到电磁转矩 M 的作用,使电动机转子旋转。

1) 直流伺服电动机的工作原理

如图 5-4 所示为宽调速直流伺服电动机的工作原理图。由于电刷和换向器的作用,使得转子绕组中的任何一根导体,只要一转过中性线,由定子 S 极下的范围进入定子 N 极下的范围,那么这根导体上的电流一定要反向;反之,导体由定子 N 极下的范围进入定子 S 极下的范围时,导体上的电流也要反向。因此,转子总磁势的方向始终与中性线的方向重合,

也就是与定子磁势正交。转子磁场与定子磁场相互作用产生了电动机的电磁转矩，从而使
电动机转动。

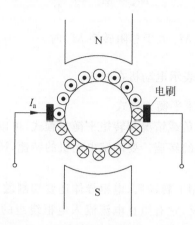

图 5-4　直流伺服电动机的工作原理

2）直流伺服电动机转矩平衡方程式

直流伺服电动机的电磁转矩为

$$M_a = k_M I_a \tag{5-1}$$

式中，k_M——电动机的转矩系数（$k_M = C_M \Phi$）；

$\quad\quad I_a$——电动机的电枢电流。

当电动机带着负载匀速旋转时，它的输出转矩应与负载转矩相等。但是，电动机本身的
机械摩擦（如轴承的摩擦、电刷和换向器的摩擦等）、电枢铁心中的涡流和磁滞损耗都会引起
阻转矩，此阻转矩用 M_0 表示。这样，电动机的输出转矩 M 就等于电磁转矩 M_a 减去电动机
本身的阻转矩 M_0。所以，当电动机克服负载转矩 M_L 匀速旋转时，则有电磁转矩平衡方
程式

$$M = M_a - M_0 = M_L \tag{5-2}$$

若将电动机本身的阻转矩和负载转矩合在一起称为总阻转矩 M_s，即

$$M_s = M_0 + M_L \tag{5-3}$$

则转矩平衡方程式可写成

$$M_a = M_s \tag{5-4}$$

它表示在稳态运行时，电动机的电磁转矩和电动机轴上的总阻转矩相互平衡。

在实际使用中，电动机经常运行在转速变化的情况下，例如，启动、停转或反转。因此，
也必须考虑转速变化时的转矩平衡关系。当电动机的转速改变时，转动部分的转动惯量将
产生惯性转矩 M_J，

$$M_J = J \frac{d\omega}{dt}$$

式中，J——负载和电动机转动部分的转动惯量；

$\quad\quad \omega$——电动机的角速度。

电动机轴上的转矩平衡方程式为

$$M_a - M_s = J \frac{\mathrm{d}\omega}{\mathrm{d}t} \tag{5-5}$$

由上式可知,当电磁转矩 M_a 大于总阻转矩 M_s 时, $\frac{\mathrm{d}\omega}{\mathrm{d}t} > 0$,表示电动机在加速;当电磁

转矩 M_a 小于 M_s 时, $\frac{\mathrm{d}\omega}{\mathrm{d}t} < 0$,表示电动机在减速。

3) 直流伺服电动机的电压平衡方程式

如上所述,根据电动机的负载情况和转矩平衡方程式,可以确定电动机的电磁转矩的大小,但此时还不能确定电动机的转速。要确定电动机的转速,还需了解电动机内部的电磁规律以及电动机与外部的联系。

当电枢在电磁转矩的作用下转动后,电枢导体还要切割磁力线,产生感应电动势。感应电动势的方向与电流方向相反,它有阻止电流流入电枢绕组的作用,因此,是一种反电动势 E,可以用下式表示

$$E = k_e n \tag{5-6}$$

式中, n——电枢的转速,r/min;

$\quad k_e$——电势系数($k_e = C_e \Phi$)。

规定电动机各电量的方向如图 5-5 所示。

外加电压为 U_a 时,电压平衡方程为

$$U_a = E + I_a R_a \tag{5-7}$$

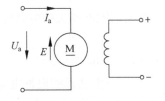

图 5-5 直流伺服电动机等效电路图

式中, U_a——电枢的电压;

$\quad I_a$——电动机电枢的电流;

$\quad R_a$——电枢的电阻。

4) 直流伺服电动机转速与转矩的关系

如果把式(5-6)代入式(5-7),可得到电枢电流 I_a 为

$$I_a = \frac{U_a - k_e n}{R_a} \tag{5-8}$$

由上式可知,直流伺服电动机和一般直流电动机不一样,它的电流不仅取决于外加电压和自身电阻,而且取决于与转速成正比的反电动势。

将式(5-8)代入式(5-1),得

$$n = \frac{U_a}{k_e} - \frac{R_a}{k_e k_M} M_a \tag{5-9}$$

式(5-9)称为电动机的机械特性,它描述了电动机的转速与转矩之间的关系。

当电动机没有负载转矩,且没有空载损耗的理想状态时,应有 $M_a = 0$。因此,电枢电流 $I_a = 0$,端电压 U_a 等于反电动势 E,转速 n 即为理想空载转速, $n_0 = U_a / k_e$。

$\Delta n = \frac{R_a}{k_e k_M} \Delta M_a$ 称为转速降落。

当 $n = 0$ 时,有 $M_a = \frac{U_a k_M}{R_a}$,此时的电磁转矩称为堵转转矩,用 M_d 表示。

如图 5-6 所示是直流伺服电动机的机械特性曲线，$K = \dfrac{\Delta n}{\Delta M_a}$ 是机械特性的斜率。K 大，则对应于某一转矩变化 ΔM_a，转速的变化 Δn 也大，说明电动机的机械特性软；反之 K 小，则机械特性硬。

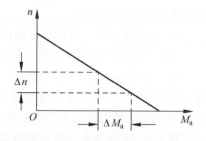

图 5-6 直流伺服电动机的机械特性曲线

5）直流伺服电动机的调速方式

从式（5-9）的直流电动机机械特性可知，有 3 种方法调节电动机的转速：

（1）改变电枢电压 U_a，此方法调速范围较大，直流伺服电动机常用此方法调速。

（2）改变磁通量 Φ（即改变 k_e 的值）。

（3）在电枢回路中串联调节电阻 R_t，此时有

$$n = \frac{U_a - I_a(R_a + R_t)}{k_e} \tag{5-10}$$

由式（5-10）可知，在电枢回路中串联电阻的办法只能调低转速，而电阻上的损耗较大，所以这种办法并不经济，仅用于较少的场合。

对于直流伺服电动机，只能采用改变电枢电压的方式来调速，这种调速方式宜获得较平直的机械特性和较宽的调速范围，如图 5-1 所示。这种调速方式也称为恒转矩调速。在这种调速方式下，电动机的最高工作转速不能超过其额定转速，也就是说，电动机的转速，只能从额定转速往下调。

一般习惯于用调速范围 D 来表示电动机及其速度控制系统的调速能力，调速范围是指

$$D = \frac{n_{\max}}{n_{\min}}$$

式中，$n_{\max}$——电动机及速度控制系统所能提供的最高转速；

$n_{\min}$——电动机及速度控制系统所能提供的最低转速。

3. 直流伺服电动机的主要技术参数

FB 系列直流伺服电动机的主要技术参数如表 5-1 所示。

表 5-1 FB 系列直流伺服电动机的主要技术参数

型号 项目	FB4	FB8	FB11	FB15	FB25
输出功率（kW）	0.4	0.8	1.1	1.4	2.5
额定转矩（N·m）	2.7	5.4	11.8	17.6	34.3
最大转矩（N·m）	23	47	94	154	309
额定转速（r/min）	2000	2000	1500	1500	1000
转动惯量（kg·m²）	0.0026	0.0046	0.015	0.019	0.032
机电时间常数（ms）	20	13	19	15.2	8.5

5.2.2 小惯量直流伺服电动机

宽调速直流伺服电动机是在维持一般直流电动机较大转动惯量的前提下，用尽量提高转矩的方法来改善其动态特性，而小惯量直流伺服电动机是从减小电动机的转动惯量来提

高电动机的快速响应性。

1. 小惯量直流伺服电动机的结构

小惯量直流伺服电动机由一般的直流电动机发展而来,但其结构与一般直流电动机不同。

小惯量直流伺服电动机转子是光滑无槽的铁芯,电枢绕组直接用环氧无绵玻璃丝带包扎,并用绝缘黏合剂直接把线圈粘在铁芯表面,且转子长而直径小,其结构如图 5-7 所示。一般直流电动机由于磁通受到齿截面的限制,其电枢不能很小,而小惯量直流电动机的电枢没有齿和槽,不存在轭部磁密的限制,这样对同样的磁通量来说,磁路截面(即电枢直径与长度乘积)就可缩小。由于电动机转动惯量和转子直径的平方成正比,所以细长的电枢可以得到较小的转动惯量。

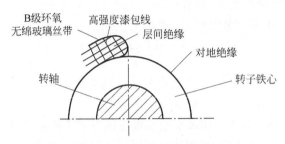

图 5-7　小惯量直流伺服电动机转子

小惯量直流伺服电动机定子的结构采用方形截面,如图 5-8 所示,增大了励磁线圈放置的有效面积。但由于是无槽结构,气隙较大,励磁线圈匝数较大,故损耗大,发热厉害。为此采取的措施是在极间安放船型挡风板以增加风压,使之带走较多的热量,且线圈外不进行包扎而成裸体。

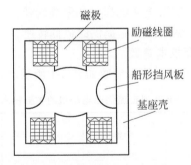

图 5-8　小惯量直流伺服电动机定子

2. 小惯量直流伺服电动机的主要技术参数

GZ 系列小惯量直流伺服电动机的主要技术参数见如表 5-2 所示。

表 5-2　GZ 系列小惯量直流伺服电动机的主要技术参数

项目 \ 型号	GZ13	GZ25	GZ50	GZ100	GZ160	GZ240	GZ320
额定功率(kW)	0.4	0.75	1.5	3	3.5	7.5	10
额定力矩(10N·m)	13	25	50	100	180	240	320

续表

项目 \ 型号		GZ13	GZ25	GZ50	GZ100	GZ160	GZ240	GZ320
额定转速(r/min)		3000	3000	3000	3000	3000	3000	3000
额定电压(V)	电枢	60	160	180	180	220	160	160
	励磁	—	190	180	180	220	190	190
额定电流(A)	电枢	8.2	5.5	9.5	10	28	52	68
	励磁	—	0.53	1.35	2	0.05	1.25	2.5
转动惯量(10kg·cm²)		14	80	70	150	400	1400	1600

5.3　交流伺服电动机

直流伺服电动机由于存在机械换向器和电刷,降低了电动机运行的可靠性,因此维护和保养不便。而交流异步电动机由于结构简单、成本低廉、无电刷磨损、维修方便,被认为是一种理想的伺服电动机,但调速问题一直没有得到经济合理的解决。近十年来,由于调频等调速方法发展很快,使其调速范围和成本与宽调速直流伺服电动机接近,因此,交流伺服电动机以其良好的控制性能和高可靠性在数控机床等工业领域得到了越来越广泛的应用。

5.3.1　交流伺服电动机的基本结构

交流伺服电动机的基本结构如图 5-9 所示。定子上放置三相对称绕组,而转子则是永磁体,一般采用稀土磁钢制成,故称为稀土永磁电动机。

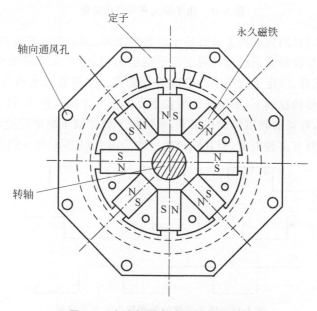

图 5-9　交流伺服电动机的基本结构

根据交流伺服电动机的基本结构,可以这样来理解:交流伺服电动机与直流伺服电动机比较,不过将定子与转子的位置进行互换,即将直流伺服电动机的永磁定子变为交流伺服电动机的永磁转子,而直流伺服电动机的转子绕组变为交流伺服电动机的定子绕组。这样互换的结果是省去了机械换向器和电刷,取而代之的是电子换向器或逆变器。

交流伺服电动机的驱动原理为:伺服电动机内部的转子是永磁铁,驱动器控制的 U/V/W 三相电形成电磁场,转子在此磁场的作用下转动,同时电动机自带的编码器反馈信号给驱动器,驱动器根据反馈值与目标值进行比较,调整转子转动的角度。下面主要介绍无刷直流电动机(BDCM)和正弦永磁同步电动机(YMSM)。

5.3.2　无刷直流电动机

1. 无刷直流电动机的结构

无刷直流电动机通常是由电动机本体、转子位置传感器和电子开关电路 3 部分组成。

电动机本体由定子和转子构成,其电枢放置在定子上,转子为永磁体。它的电枢绕组为多相绕组,一般为三相,可接成星形或三角形。各相绕组分别与电子换向器电路中的晶体管开关连接,如图 5-10 所示。

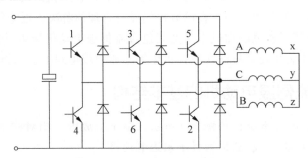

图 5-10　电子换向器与绕组连接

在无刷直流电动机的转子轴上装有转子位置检测器、测速发电动机和光电脉冲编码器。位置传感器的作用是检测转子磁场相对于定子绕组的位置,并在确定的相对位置上发出信号,控制功率放大元件,使定子绕组中的电流进行切换。无刷直流电动机在通电后,电枢绕组在位置传感器信号的控制下,根据转子的位置不断使定子绕组换流,使定子绕组产生一个步进式的旋转磁场,在该旋转磁场的作用下,永磁转子就连续不断地旋转起来。

转子位置检测器有多种类型,但其输出信号均为图 5-11 所示的 3 路方波。

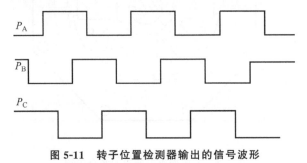

图 5-11　转子位置检测器输出的信号波形

电子换向器正是根据这3路信号对电动机进行换向。也就是说,电子换向器中的晶体管开关的导通与截止是由P_A、P_B、P_C这3路信号决定的。

测速发电动机的输出信号用于速度反馈;而光电脉冲编码器的信号送入计算机控制装置,用于位置反馈。

2. 转子位置检测器

转子位置检测器有多种不同的结构形式,大致可分为如下几种:

1) 光电式

光电式转子位置检测器是利用光束与转子位置角之间的对应关系,按规定的顺序照射光电元件,由此发出电信号使电子换向器中相应的晶体管导通,去控制定子绕组依次换流。如图5-12所示的一种光电位置传感器,它将一个带有小孔的光屏蔽罩和转轴连接在一起,并随转子绕一固定光源旋转。安装在对应于定子绕组确定位置上的硅光电池受到光束的照射时,发出电信号,从而检测出定子绕组需要进行换流的确切位置。

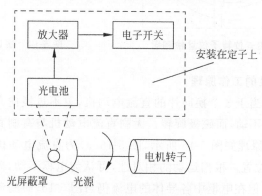

图 5-12　光电位置传感器

2) 电磁式

电磁式位置检测器的原理如图5-13所示。它由定子和转子两部分组成,定子铁心和转子上的扇形部分(即图中的a_r部分)均由高导磁材料制成。在定子铁心上也有与电动机定子绕组相对应的相数,每相的一端均嵌有输入线圈,并在输入线圈中外接高频励磁电压,每相的另一端嵌有输出线圈W_a、W_b、W_c。位置检测器的转子与电动机的转子同轴安装。当位置检测器转子的扇形部分转到使定子某相的输入线圈和输出线圈相耦合的位置时,该相输出线圈有电压信号输出,而其余未耦合相的输出线圈无电压信号输出。利用输出的电压信号,就可检测出电动机定子绕组需要进行换流的确切位置。

3) 接近开关式

接近开关式位置检测器是由一个和电动机同轴旋转的金属扇形盘和一个接近开关的电路组成。如图5-14所示为接近开关的电路原理图。

接近开关电路中的电感线圈L_1、L_2、L_3为耦合线圈,放置在对应于电动机定子绕组的各换流处。当与转子同轴旋转的金属扇形盘离开电感线圈L_2时,振荡电路以一定的频率振荡,L_1线圈两端就有输出电压。反之,当与转子同轴旋转的金属扇形盘接近电感线圈L_2时,因L_2线圈的品质因素值下降,振荡器停振,则L_1线圈输出电压为零,直到金属扇形盘

离开 L_2 线圈时,振荡器便立即恢复工作,相应地使 L_1 两端又有输出电压。因此,随着转子位置角的不断变化,接近开关电路按一定顺序改变它的输出电压。利用输出电压信号可检测出电动机定子绕组需要进行换流的确切位置。

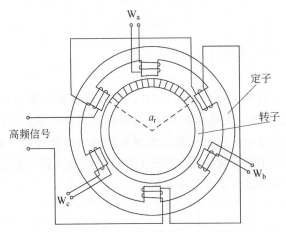

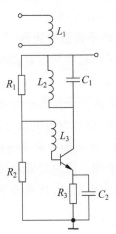

图 5-13   电磁式位转子位置检测器   图 5-14   接近开关式转子位置检测器

3. 无刷直流电动机的工作原理

无刷直流电动机相当于 3 个换向片的直流电动机,只不过换向是由晶体管完成,因此,电枢绕组及变流器静止不动,而磁极旋转。无刷直流电动机与有刷直流电动机的对比电路如图 5-15 所示,其工作原理如图 5-16 所示,图 5-16(a)为直流电动机电枢沿逆时针方向依次转过 60°的 3 个不同位置。根据运动的相对性,可认为电枢不动,磁极和电刷向相反的顺时针方向依次转过 60°,但在电枢中各导体的电流仍与图 5-16(a)的流向相同,如图 5-16(b)所示。现进一步用晶体管"开关"取代机械换向器,如图 5-16(c)所示,只要依次使晶体管按 6、1-1、2-2、3-3、4……的顺序导通,则磁极(转子)也会依次转过 60°。下面从磁场的变化来分析电动机的旋转情况。当晶体管 6 和晶体管 1 导通时,电流从电源的正极晶体管 1→A 相绕组→B 相绕组→晶体管 6→电源负极而形成回路,此时定子磁势 F_a 垂直于 C 相绕组轴线,如图 5-16(c)的左图所示。此时转子磁极的磁势为 F_r,则转子磁场 F_r 与定子磁场 F_a 的夹角为 120°,所以转子沿顺时针方向旋转。当转子转到 F_{r1} 位置时,F_{r1} 与 F_a 的夹角为

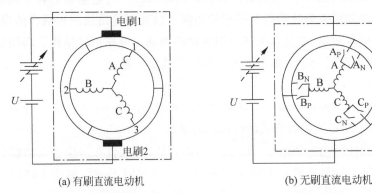

(a) 有刷直流电动机   (b) 无刷直流电动机

图 5-15   无刷直流电动机与有刷直流电动机的对比电路

90°,电动机的电磁转矩最大,转子继续转动。当转子转到 $\boldsymbol{F}_{r2}$ 位置时,$\boldsymbol{F}_{r2}$ 与 $\boldsymbol{F}_a$ 的夹角为60°,这时通过控制电路使晶体管 2 导通,同时晶体管 6 截止,电枢电流转换为从电源正极→晶体管 1→A 相→C 相→晶体管 2→电源负极形成回路,此时 $\boldsymbol{F}_a$ 转过 60°,如图 5-16(c)的中图所示,而 $\boldsymbol{F}_r$ 与 $\boldsymbol{F}_a$ 的夹角又变为120°。如此重复进行,$\boldsymbol{F}_r$ 与 $\boldsymbol{F}$ 的夹角始终在 60°~120°范围内变化,则电动机转子连续转动。

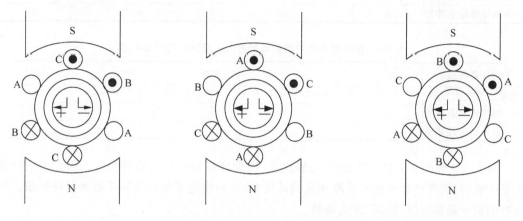

(a) 直流电机电枢沿逆时针方向依次转过60°

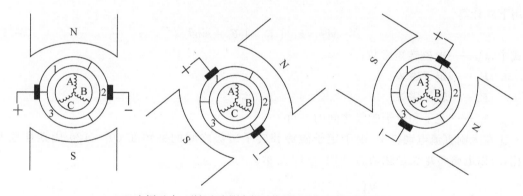

(b) 电枢不动,磁极和电刷向相反的顺时针方向依次转过60°

(c) 用晶体管"开关"取代机械换向器

图 5-16　从直流电动机到无刷直流电动机的转化

电动机正转、反转时，晶体管的导通情况和电枢绕组的电流方向见表 5-3 和表 5-4。

表 5-3　正转时电枢绕组的电流方向和晶体管的导通顺序

时间（电角度）	0°		120°		240°	
电枢绕组电流方向	A→B	A→C	B→C	B→A	C→A	C→B
（＋）侧导通的晶体管	1		3		5	
（－）侧导通的晶体管	6	2		4		6

表 5-4　反转时电枢绕组的电流方向和晶体管的导通顺序

时间（电角度）	0°		120°		240°	
电枢绕组电流方向	A→B	A→C	B→C	B→A	C→A	C→B
（＋）侧导通的晶体管	1		5		3	1
（－）侧导通的晶体管	6		4		2	

从表 5-3 和表 5-4 中可以看出，每转过 60°电角度就有一只晶体管换流。为此要求随着转子的旋转，周期性地导通或关断相应的晶体管，才能使定子磁场和转子磁场保持同步。但这里的定子磁场是以"跳跃"方式旋转。

电动机中电磁转矩是定子、转子磁场相互作用而产生的，若略去铁心磁饱和的影响，可用下式计算

$$M_a = k_M |\boldsymbol{F}_a| |\boldsymbol{F}_r| \sin\theta_{ar} \tag{5-11}$$

式中，k_M——电磁转矩常数；

$\boldsymbol{F}_a$——定子磁势；

$\boldsymbol{F}_r$——转子磁势；

θ_{ar}——定子和转子磁势之间的夹角。

在无刷直流电动机中，由于定子磁势和转子磁势之间的夹角在 60°～120°周期性地变化，所以电磁转矩也是脉动的，如图 5-17 所示。

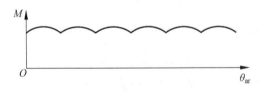

图 5-17　电动机转矩的波动

5.3.3　正弦永磁同步电动机

1. 正弦永磁同步电动机的基本结构

正弦波永磁同步电动机的结构与无刷直流电动机基本相同。其转子也是永磁体（一般用稀土磁钢制成），定子上对称地安装着三相绕组。永磁同步电动机的气隙磁场是按正弦波分布的，因此，在定子绕组中具有正弦波反电动势。

在永磁同步电动机的转子轴上装有测速发电动机，其输出信号可用于速度反馈。

在转子轴上还装有转子位置检测器，它能精确地测出电动机转子的绝对转角位置。因

此,一般采用绝对式脉冲编码器或旋转变压器作为位置检测器。位置检测器输出的检测信号有两种用途:一是向计算机控制装置 CNC 中的位置控制器提供位置反馈信号;二是作为速度控制单元的电流指令信号。

2. 正弦永磁同步电动机的电磁转矩

任何电动机都由定子和转子组成,若设定子磁势为 $\boldsymbol{F}_a$,转子磁势为 $\boldsymbol{F}_r$,则电动机的电磁转矩可按下式计算

$$M_a = k_M \mid \boldsymbol{F}_a \mid \mid \boldsymbol{F}_r \mid \sin\theta_{ar} \tag{5-12}$$

式中,θ_{ar} 为定子磁势 $\boldsymbol{F}_a$ 和转子磁势 $\boldsymbol{F}_r$ 之间的夹角。

在直流伺服电动机中,由于电刷和换向器的作用使得 $\boldsymbol{F}_a$ 与 $\boldsymbol{F}_r$ 始终垂直,故电磁转矩 M_a 是平稳的。在无刷直流电动机中,由于定子磁势 $\boldsymbol{F}_a$ 是脉冲旋转,$\boldsymbol{F}_a$ 与 $\boldsymbol{F}_r$ 的夹角 θ_{ar} 在 $60°\sim$ $120°$ 之间周期性地变化,故电动机的电磁转矩 M_a 是脉动的。这一脉动转矩对无刷直流电动机的性能产生了不利影响。永磁同步电动机的电磁转矩也是靠定子磁场与转子磁场相互作用而产生,由于转子磁场是旋转磁场,所以只有使定子磁场与转子磁场同步旋转,才能产生平稳的电磁转矩。因此,在定子的三相对称的绕组中流过对称的三相电流,将会产生旋转磁场。

设定子绕组中的三相电流 I_A、I_B、I_C 分别是

$$I_A = I_m \sin\theta(t)$$

$$I_B = I_m \sin\left[\theta(t) - \frac{\pi}{3}\right]$$

$$I_C = I_m \sin\left[\theta(t) - \frac{2\pi}{3}\right]$$

式中,I_m——定子电流的幅值;

$\theta(t)$——定子 A 相电流的相位角。

可以证明,定子的合成磁势 $\boldsymbol{F}_a$ 是一个旋转矢量,$\boldsymbol{F}_a$ 的表达式为

$$\boldsymbol{F}_a = WI_m \underline{\left|\left[\theta(t) - \frac{\pi}{2}\right]\right.} \tag{5-13}$$

式中,W——电动机定子绕组的有效匝数;

$\theta(t) - \dfrac{\pi}{2}$——定子磁势旋转矢量的旋转相角。

上式表明,定子磁势旋转矢量的旋转相角 $\theta(t) - \pi/2$ 与定子 A 相电流 I_A 相位角 $\theta(t)$ 在数值上相差 $\pi/2$。因此,若能实时地测出电动机转子(转子磁势 $\boldsymbol{F}_r$)的转角(电角度),并使定子绕组电流的相位角 $\theta(t)$ 在数值上等于转子(转子磁势 $\boldsymbol{F}_r$)的转角,则由定子电流所产生的定子旋转磁势 $\boldsymbol{F}_a$ 与转子磁势 $\boldsymbol{F}_r$ 的夹角 θ_{ar} 始终为 $\pi/2$,因而电动机的电磁转矩是平稳的。

上式还表明,定子磁势 $\boldsymbol{F}_a$ 的幅值与定子绕组电流的幅值 I_m 成正比,而转子磁势 $\boldsymbol{F}_r$ 始终为常值,所以电磁转矩的计算就可以简化为

$$M_a = k_M I_m \tag{5-14}$$

简化后的永磁同步电动机电磁转矩的计算公式与直流伺服电动机电磁转矩的计算公式基本相同,它表明电磁转矩与定子绕组电流的幅值 I_m 成正比。

5.3.4 交流伺服电动机的主要技术参数

美国 A-B 公司、德国 Siemens 公司、日本 FANUC 公司生产的交流伺服电动机的主要

技术参数见表 5-5。

表 5-5　交流伺服电动机

项目＼厂商	A-B公司	Siemens 公司	FANUC 公司
电动机类型	永磁同步电动机	无刷直流电动机	永磁同步电动机
电动机系列名	1326	1FT5	S·L
额定转矩/N·m	1.8～47.4	0.15～105	0.25～55.9
电动机功率/kW	0.3～7.5	0.16～26	0.05～6
驱动器系列名	1391	6SC61	
驱动方式	正弦波	方波	正弦波
调制频率/Hz	2500	11 000	
机电时间常数/ms	20	13	19

5.4　步进电动机

步进电动机（stepping motor）又称步级电动机（step motor）、脉冲电动机（pulse motor）、步级伺服（stepper servo）或步级机（stepper），是一种将电脉冲信号变换成相应的角位移或直线位移的机电执行元件。每当输入一个电脉冲，电动机就转动一个角度前进一步。脉冲一个一个地输入，电动机便一步一步地转动，"步进电动机"即由此得名。它输出的角位移与输入的脉冲数成正比，转速与脉冲频率成正比，控制输入脉冲数量、频率及电动机各相绕组的通电顺序，就可以得到各种需要的运行特性，因而广泛应用于数字控制系统中，在数控开环系统中作为一种伺服驱动元件。从广义上讲，步进电动机是一种受电脉冲信号控制的无刷式直流电动机，也可看作在一定频率范围内转速与控制脉冲频率同步的同步电动机。

步进电动机的外施电压是脉冲电压。步进电动机按照输入的脉冲指令一步步地旋转，脉冲数决定了旋转的角位移大小，脉冲频率决定了旋转速度，并能在很宽的范围内调节转速。由于步进电动机可将输入的数字脉冲信号转换成相应的角位移，易于采用计算机控制，且精度高，所以被广泛用于开环控制系统中。步进电动机传动的开环控制系统由于结构简单、使用维护方便、可靠性高、制造成本低等一系列的优点，特别适合进行简易的经济型数控机床和现有普通机床的数控化技术改造，并且在中小型机床和速度、精度要求不十分高的场合得到了广泛的应用。

5.4.1　步进电动机的结构

从结构上来说，步进电动机主要包括反应式、永磁式和复合式 3 种。

反应式步进电动机依靠变化的磁阻产生磁阻转矩，又称为磁阻式步进电动机，如图 5-18(a) 所示；永磁式步进电动机依靠和定子绕组之间所产生的电磁转矩工作，如图 5-18(b) 所示；复合式步进电动机则是反应式和永磁式的结合。目前应用最多的是反应式步进电动机。

5.4.2　工作原理

本节以如图 5-19 所示的三相反应式步进电动机为例说明其工作原理。

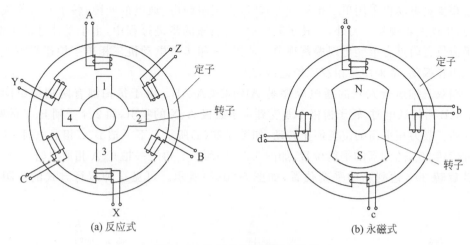

(a) 反应式　　　　　　　　　　　　　(b) 永磁式

图 5-18　步进电动机的基本结构

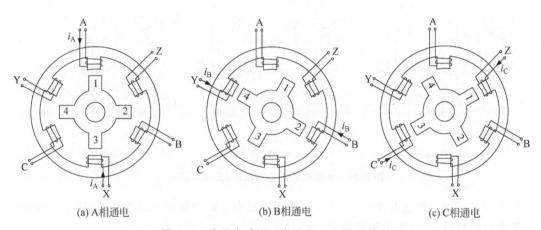

(a) A相通电　　　　　　(b) B相通电　　　　　　(c) C相通电

图 5-19　步进电动机工作原理(三相单三拍)

　　一般来说,若相数为 m,则定子极数为 $2m$,所以定子有 6 个齿极,相对的两个齿极组成一组,每个齿极上都装有集中控制绕组。同一相的控制绕组可以串联也可以并联,只要它们产生的磁场极性相反。下面讨论转子有 4 个齿极的情况。

　　当 A 相绕组通入直流电流 i_A 时,由于磁力线力图通过磁阻最小的路径,转子将受到磁阻转矩的作用而转动。当转子转到其轴线与 A 相绕组轴线相重合的位置时,磁阻转矩为零,转子停留在该位置,如图 5-19(a)所示。如果 A 相绕组不断电,转子将一直停留在这个平衡位置,称为"自锁"。要使转子继续转动,可以将 A 相绕组断电,而使 B 相绕组通电。这样转子就会顺时针旋转 30°,到其轴线与 B 相绕组轴线相重合的位置,如图 5-19(b)所示。继续改变通电状态,即使 B 相绕组断电,C 相绕组通电,转子继续顺时针旋转 30°,如图 5-19(c)所示。如果三相定子绕组按照 A-B-C 顺序通电,则转子将按顺时针方向旋转。上述定子绕组的通电状态每切换一次称为"一拍",其特点是每次只有一相绕组通电。每通入一个脉冲信号,转子转过一个角度,这个角度称为步距角。每经过 3 拍完成一次通电循环,所以称为"三相单三拍"通电方式。

　　三相步进电动机采用单三拍运行方式时,在绕组断电、通电的间隙,转子有可能失去自锁能力,出现失步现象。另外,在转子频繁启动、加速的步进过程中,由于受惯性的影响,转子在平衡位置附近有可能出现振荡现象。所以,三相步进电动机三相单三拍运行方式容易出现失步和振荡,常采用三相双三拍运行方式。

　　三相双三拍运行方式的通电顺序是 AB-BC-CA-AB。由于每拍都有两相绕组同时通电,如 A、B 两相通电时,转子齿极 1、3 受到定子磁极 A、X 的吸引,而 2、4 受到 B、Y 的吸引,转子在两者吸力相平衡的位置停止转动,如图 5-20(a)所示。下一拍 B、C 相通电时,转子将顺时针旋转 30°,达到新的平衡位置,如图 5-20(b)所示。再下一拍 C、A 相通电时,转子将再顺时针旋转 30°,达到新的平衡位置,如图 5-20(c)所示。可见这种运行方式的步距角也是 30°。

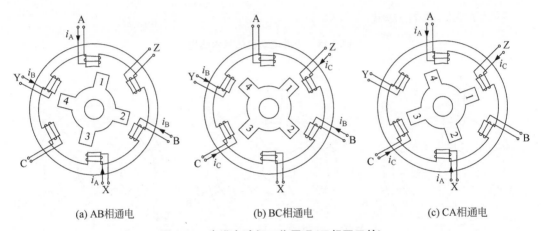

(a) AB相通电　　　　　　　(b) BC相通电　　　　　　　(c) CA相通电

图 5-20　步进电动机工作原理(三相双三拍)

　　采用三相双三拍通电方式时,在切换过程中总有一相绕组处于通电状态,转子齿极受到定子磁场的控制,不易失步和振荡。

　　上述两种通电方式下的步进电动机的转子齿极为 4,且步距角都太大,不能满足控制精度的要求。为了减小步距角,可以将定子、转子加工成多齿结构,如图 5-21 所示。

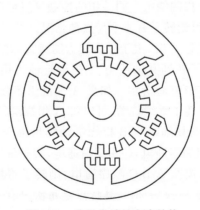

图 5-21　步进电动机多齿结构

5.4.3　步进电动机的主要特性

1. 步距角及步距误差

步距角是指步进电动机的定子绕组每改变一次通电方式，电动机转子所转过的角度。步距角可按下式计算

$$\theta_{\mathrm{b}} = \frac{360^{\circ}}{mzk} \tag{5-15}$$

式中，m——步进电动机定子绕组相数；

　　z——步进电动机转子的齿数；

　　k——定子绕组通电方式系数。

相邻两次通电的相数一样，取 $k=1$，如三相单三拍、三相双三拍工作方式；反之，取 $k=2$，如三相六拍工作方式。

步距误差是指理论步距角与实际步距角之差。步距误差主要由步进电动机齿距制造误差、定子与转子间气隙不均匀、各相电磁转矩不均匀等因素造成。步距误差直接影响执行部件的定位精度及步进电动机的动态特性。国产步进电动机的步距误差一般为 $\pm 10' \sim \pm 15'$，功率步进电动机的步距误差一般为 $\pm 20' \sim \pm 25'$。

2. 静态特性

静态是指步进电动机不改变通电状态、转子不动时的状态。步进电动机的静态特性主要指静态矩角特性、最大静转矩特性和最大启动转矩。

1）静态矩角特性

空载时，步进电动机的某相通以直流电，该相的定子齿与转子齿对齐，这时转子上没有转矩输出。若在电动机轴上加一个负载转矩，则步进电动机转子就要沿着负载力矩的方向转过一个小角度 θ，才能重新稳定下来。这时转子上受到的电磁转矩 M 和负载转矩相等，称此时的电磁转矩 M 为静态转矩，转角 θ 为失调角。描述步进电动机静态时电磁转矩 M 与失调角 θ 之间关系的特性曲线称为矩角特性曲线。静态转矩 M 与失调角 θ 的函数关系为

$$M = 510(IW)^2 \frac{z}{2} \Delta\lambda \sin(2\theta) \tag{5-16}$$

式中，I——通入定子绕组的相电流；

　　W——定子绕组的匝数；

　　z——转子的齿数；

　　$\Delta\lambda$——导磁率；

　　θ——失调角。

由式（5-16）可知，步进电动机的矩角特性曲线近似于正弦曲线，如图 5-22 所示。

步进电动机各相的矩角特性曲线差异不能过大，否则会引起精度下降和低频振荡。可通过调整相电流的方法，使步进电动机各相的矩角特性大致相同。

2）最大静转矩特性

如图 5-22 所示的矩角特性曲线上电磁转矩的最大值称为最大静态转矩，用 $M_{\max}$ 表示。在一定通电状态下，最大静转矩 $M_{\max}$ 与定子绕组中电流的关系，称为最大静转矩特性。

由式（5-16）可知，当绕组中电流很小时，最大静转矩与电流的平方成正比；当电流稍大

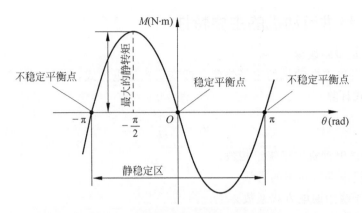

图 5-22　步进电动机的矩角特性曲线

时,受磁路饱和的影响,最大静转矩上升变缓;当电流很大时,曲线趋于饱和。如图 5-23 所示为某三相步进电动机单相通电时的最大静转矩特性曲线。步进电动机的最大静转矩 M_{max} 越大,其自锁力矩越大,静态误差越小,其负载能力也越强。

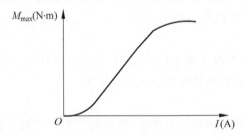

图 5-23　步进电动机最大静转矩特性曲线

3) 最大启动转矩

如图 5-24 所示,A 相与 B 相两静态矩角特性曲线的交点所对应的力矩称为最大启动转矩,用 M_q 表示。若各相的 M_{max} 相同时,相数越多,M_q 越大。步进电动机的最大启动转矩 M_q 越大,其负载能力越大。当负载力矩小于于最大启动转矩时,步进电动机方能正常启动,否则步进电动机不能正常启动。

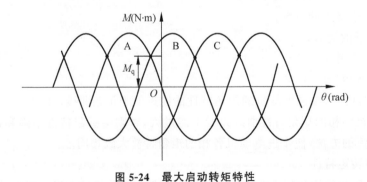

图 5-24　最大启动转矩特性

3. 动态特性

步进电动机的运行是在电气和机械过渡过程中进行的,因此,对它的动态特性有很高的要求。步进电动机的动态特性对系统的快速响应能力和工作可靠性影响很大。它与电动机本身的特性、负载特性和驱动方式等有关。

1）矩频特性

动态转矩是指电动机转子运行的过渡过程尚未达到稳定时电动机所产生的力矩，也就是某一频率下的最大负载转矩。由于步进电动机绕组中存在电感，绕组电流的增长可近似地认为是时间的指数函数，所以步进电动机的动态转矩随脉冲时间的不同（即控制脉冲频率的不同）而改变。脉冲频率增加，动态转矩变小。动态转矩与脉冲频率的关系称为矩频特性，如图 5-25 所示。步进电动机的动态转矩随控制脉冲频率的升高而急剧下降。

2）启动频率和启动时的惯频特性

启动频率是指步进电动机空载时，由静止突然启动，并进入不失步的正常运行状态所允许的最高控制频率。启动频率又叫突跳频率或响应频率。它反映了电动机的响应速度。

启动时的惯频特性是指电动机带动纯惯性负载时，突跳频率与负载转动惯量之间的关系，如图 5-26 所示。随着负载转动惯量的增加，启动频率会下降。若电动机除惯性负载外，还带有转矩负载，启动频率将进一步降低。

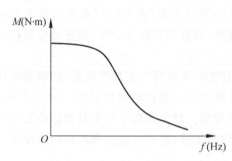

图 5-25　步进电动机的矩频特性

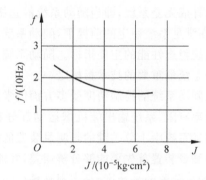

图 5-26　步进电动机的惯频特性

3）连续运行的最高工作频率

连续运行的最高工作频率是指步进电动机连续运行时，保证其不失步运行的极限频率，用 f_{max} 表示。步进电动机连续运行的最高工作频率决定了被控对象的最快运行速度。

第6章

随动系统的误差分析

随动系统要求被控对象(角度、位移、速度)按输入信号的规律变化,这就要求把随动系统设计成无差系统,即当随动系统静止协调时,没有位置误差。对于任何一个实际的随动系统,在满足系统稳定的前提下,随动系统总是存在一定的误差(也称控制精度),其误差是随动系统稳态性能的主要指标。随动系统的精度越高,其静误差越小,所以系统的控制精度是随动系统最重要的技术指标之一。

随动系统的控制精度受多方面因素的影响,且实际系统存在非线性因素,如测角元件的分辨率有限,系统输出端机械运动部分存在干摩擦,等等,都将给系统造成一定的静误差。在随动系统中十分关键的是测量装置的精度和分辨率。如火炮和导弹发射架随动系统中的误差测量装置首先要能够分辨误差,并能输出有效的信号,然后才能谈及对系统的控制。因此,测量装置的高精度,是实现高精度随动系统的前提。

随动系统在运行过程中的误差是多种多样的,但归纳起来,误差主要来源于以下几方面。

1. 元件误差

元件误差是元件因本身制造等原因引起的误差。随动系统由各种控制元件组成,如测量元件、执行元件等,而每种元件都有自身的误差。由于元件在系统结构中所处的位置不同,它们本身的误差对系统误差影响程度也不同。一般只知道误差的极限范围,往往无法知道这些元件的确切误差。

2. 原理误差

原理误差是指在控制机理方面必然产生的误差,它与系统的结构及控制作用的性质有关。例如,随动系统为反馈系统,它能产生控制作用的原因只有偏差信号,而偏差信号本身就是系统误差。另外,系统在外部干扰作用下也会产生误差。

原理误差分为确定型和随机型两类。确定型的原理误差就是在确定型的输入信号和扰动作用下产生的误差;随机型的原理误差是指在随机输入和随机扰动下系统产生的误差。

3. 环境变化引起的误差

环境的变化,例如温度、压力的变化、振动、冲击、腐蚀以及元件的自然老化等,都会引起元件性能参数发生变化,进而影响系统产生误差。

在分析系统误差时,假定系统的结构是已知的。一个确定系统能传递和转化有效的控制信息,也能传递和转化干扰信息。如果把系统内各元件的误差看成干扰信息,那么,它对系统精度的影响也就不难分析了。

在对系统各种误差的定量分析和计算之前,首先讨论系统各环节对输入信号、干扰信号引起的误差传递和归化。设有如图 6-1 所示结构的系统,输入为 $R(s)$,输入干扰噪声为 $N_0(s)$,输出为 $C(s)$,误差为 $E(s)$,各级的等效扰动分别为 $N_1(s)$、$N_2(s)$、$N_3(s)$。对于单位反馈系统而言,总的误差就是 $R(s)$、$N_0(s)$、$N_1(s)$、$N_2(s)$、$N_3(s)$ 所引起的误差归化到 $E(s)$ 点上的总和。

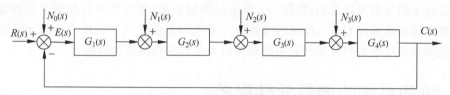

图 6-1　随动系统结构框图

如果各量均为确定函数,那么,可得总误差的拉普拉斯变换和各输入量的误差传递函数为

$$E(s) = \Phi_e(s)R(s) + \sum_{i=0}^{3} \Phi_{eN_i}(s)N_i(s) \tag{6-1}$$

$$\Phi_e(s) = 1 - \Phi(s) = \frac{1}{1 + G_1(s)G_2(s)G_3(s)G_4(s)} \tag{6-2}$$

$$\Phi_{eN_0}(s) = -\frac{G_1(s)G_2(s)G_3(s)G_4(s)}{1 + G_1(s)G_2(s)G_3(s)G_4(s)} \tag{6-3}$$

$$\Phi_{eN_1}(s) = -\frac{G_2(s)G_3(s)G_4(s)}{1 + G_1(s)G_2(s)G_3(s)G_4(s)} \tag{6-4}$$

$$\Phi_{eN_2}(s) = -\frac{G_3(s)G_4(s)}{1 + G_1(s)G_2(s)G_3(s)G_4(s)} \tag{6-5}$$

$$\Phi_{eN_3}(s) = -\frac{G_4(s)}{1 + G_1(s)G_2(s)G_3(s)G_4(s)} \tag{6-6}$$

如果系统中的各变量是随机变量,而各量间相互独立,可以用统计理论来处理。设它们的功率谱分别为 $S_R(\omega)$、$S_{N_0}(\omega)$、$S_{N_1}(\omega)$、$S_{N_2}(\omega)$、$S_{N_3}(\omega)$,则

$$S_e(\omega) = |\Phi_e(j\omega)|^2 S_R(\omega) + \sum_{i=0}^{3} |\Phi_{eN_i}(j\omega)|^2 S_{N_i}(\omega) \tag{6-7}$$

$$\sigma_e^2 = \int_0^\infty S_e(\omega)\,\mathrm{d}\omega \tag{6-8}$$

实际上,系统往往有确定性的输入信号和随机的干扰信号同时施加其上。那么,可以把它们分别进行计算和分析,误差则是某时刻的某个确定值与某个随机变量之和。在工程实际中,因为每个干扰信号甚至输入信号引起的误差很小(可以采取专门的措施来抑制某个比较严重的干扰),同时又可以假定它们各自独立,因此认为误差向量是满足高斯分布的随机过程,这样式(6-7)就更有用处了。计算时,先算出均值,再求出方差 σ_e^2,整个误差的概率分

布函数就确定了,把误差带定为 $3\sigma_e^2$,系统就有 99.73% 的概率达到精度了。需要指出的是,以上的分析和处理方法有普遍的适用性。

对于非单位反馈系统,可以转化为单位反馈系统来处理;对于调节系统,实际上就是输入为常值或阶段性变化的系统,以上的分析也适用。

以上分析的各级干扰信号,没有规定什么样式。实际上,每个环节,包括测量、放大、执行元件的误差,都可以计算到它的输出端,作为系统的干扰进行处理。对于多回路系统,可以先从内环算起,等效变为如图 6-1 所示的单回路系统。每个回路的误差折算到输入(或输出)端作为某一干扰 $N_i(t)$。

通过以上的分析可以看到,如图 6-1 所示的串级系统,本身就具有抑制干扰的能力,而其干扰部位越靠近输出 $C(s)$,抑制能力越强。系统抑制前级的干扰能力一般比后级差,这就是一般随动系统要求测量元件和前级信号放大器精度高的原因所在。

6.1　随动系统的测量元件误差

随动系统在运行过程中,除了必然产生的原理误差外,系统元件特别是测量元件的误差也是导致系统误差的一个重要根源,因此在设计随动系统选择测量元件时,要特别对其误差的来源和机理进行详细分析,了解元件误差对系统误差的影响程度,以便在系统稳态设计时合理地选择测量元件,改善系统的测量精度。

在理想情况下,测量元件的输入与输出关系应为线性关系,但实际工作中测量元件总存在着测量精度问题,第 2 章已经介绍了测量元件的性能指标,影响测量元件精度的主要指标有精度、线性度 e_f、灵敏限(死区) Δr_s、分辨率、重复性 e_x、迟滞、漂移等性能指标。对于实际的测量元件,有的只要给出上面多项指标中的几项。另外,有的测量元件还需给出其他指标,如电源指标和动态指标。电源指标规定了激励电源变化单位值时输出(输入)的变化量;动态指标一般给出它的固有频率和阻尼比。因此必须根据测量元件给出的性能指标计算出它的误差。

在分析计算测量元件的误差时,首先要分析使用测量元件的工况和环境。输入变量的频谱在 1/5～1/10 测量元件通频带内,就可以不考虑其动态误差,而考虑静态误差。其次,根据元件的工况找出产生影响的主要指标,例如对大多数单向位移传感器、温度和压力传感器,它们的灵敏度就不一定很重要,特别是对于调节系统中使用的这类测量元件,它们的测量区域常常不包含零点。在这种情况下,线性度、迟滞回差、重复性、温度误差和电源误差是主要的误差来源。计算总误差时可以认为它们是独立的、对总误差影响又很小的随机变量,因而服从高斯分布。设每个单项误差为 Δ_i,则总的误差为

$$e_{\max} = 3\sigma$$

$$\sigma = \sqrt{\frac{1}{n}\sum_{i=1}^{n}\Delta_i^2}$$

本节重点讨论随动系统测量元件的误差及其对系统误差的影响。

6.1.1　自整角机(旋转变压器)测量元件的误差

随动系统中系统误差角为

$$\Delta\theta(t) = \theta_i(t) - \theta_o(t) \quad \text{或} \quad \Delta\theta(k) = \theta_i(k) - \theta_o(k) \tag{6-9}$$

角误差可能为正值,也可能为负值。在数字随动系统中,计算机运算时,若用补码表示角误差 $\Delta\theta(k)$,在计算和判别等工作中是最方便的。因而在数字随动系统中,角误差一般用补码表示。表示角误差的圆图与表示输出轴转角的圆图相同。

一般随动系统中常用自整角机或旋转变压器作为测量元件,并且成对使用。如图 6-2 所示,图 6-2(a)为一对自整角机的随动系统;图 6-2(b)为一个自整角发送机带两个自整角接收机测角。

一般自整角机都有明确的精度等级,实际上就是一个综合的精度指标。自整角机的静态精度分 3 个等级,如表 6-1 所示。例如,对于精度为 0 级的自整角机,其最大误差≤5′。

表 6-1　静态精度和静误差

精度等级	0 级	1 级	2 级
静误差不大于	±5′	±10′	±20′

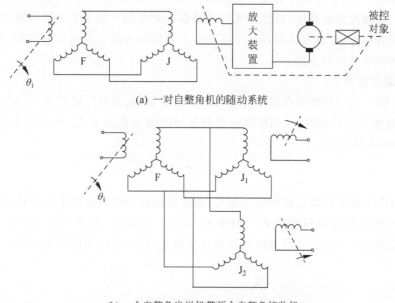

(a) 一对自整角机的随动系统

(b) 一个自整角发送机带两个自整角接收机

图 6-2　自整角机作测角装置的随动系统原理图

在计算自整角机的测量误差时,分静态误差和动态误差两种情况。下面以自整角机为例,来分析自整角机测量误差。

1. 自整角机测量装置的静态误差

若由一个自整角发送机和一个自整角接收机组成误差测量装置,其测量误差由下式计算

$$\Delta = \sqrt{\Delta_F^2 + \Delta_J^2} \tag{6-10}$$

式中,Δ_F——自整角发送机的误差;

Δ_J——自整角接收机的误差;

Δ——测量的误差。

例如,若选一个 1 级自整角机作为发送机,一个 2 级的自整角机作为接收机,组成误差角测量对时,其静态误差为

$$\Delta = \sqrt{10^2 + 20^2} = 22.4'　\tag{6-11}$$

2. 自整角机测量装置的速度误差

有的随动系统需要较高的跟踪速度。对于用双通道测量的情况,若跟踪角速度为 $90°/s$,则当精粗比为 20 时,精测自整角机转速为 300r/min。这样高速旋转的自整角机将产生旋转电势,形成附加误差 Δ_v,称为速度误差。一般 50Hz 的自整角机 300r/min 时产生的 $\Delta_v \approx 0.6 \sim 2°$,500Hz 的自整角机 300r/min 时产生的 $\Delta_v \approx 0.06 \sim 2°$。

在计算自整角机对的测量误差时,除了考虑静态误差,还可根据实际情况增加一个速度误差 Δ_v。

6.1.2 随动系统中提高测量元件测量精度方法

在随动系统中,若测量元件满足不了测量精度要求时,需要从测量方法上寻找提高测量精度的方法。要提高测量精度,需针对元件测量误差来源的不同采取不同措施和方法,有的方法能提高综合精度,有的方法能提高单项精度。常用的方法有双通道测量法、测量相对变化量和稳定环境条件 3 种方法。

1. 双通道测量方法

如图 6-3 所示为一对精粗双通道自整角机测量装置,减速器的速比为 i。如果发送机为 1 级精度,接收机为 2 级精度,仅用粗测通道测量时的静态误差 Δ 是 $22.4'$。若采用精粗双通道测量时,则静误差为

$$\Delta' = \frac{\Delta}{i}　\tag{6-12}$$

式(6-12)中忽略了传动装置的传动误差,这在传递运动的减速器中是允许的,一般可以采取专门的措施消除齿轮间隙误差。根据式(6-12),速比大,则静差小,例如,$i = 15$ 时,$\Delta' = 1.5'$。但速比太大会导致精测通道自整角和转速过高,引起速度误差的增大。

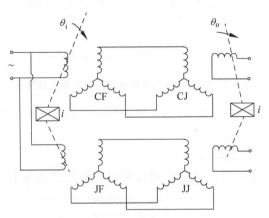

图 6-3　粗精测双读数自整机测角装置

2. 测量相对变化量

这种测量方法在自整角机对的测量方式中已经体现出了优越性。如果自整角发送机输出某个固定角度,要求系统稳定在这个角度上,由于干扰等因素使被控对象偏离了给定角度,则自整角测量装置测量的不是绝对角度,而是相对于给定角度的差值。因此,测量相对变化量,能够减小非线性误差的影响,提高系统精度。

3. 稳定环境条件

有些随动系统要求提高测量元件的测量精度。为了不受环境条件的影响,获得高的测量精度,常常采用稳定环境条件的方法。如把测量元件中的敏感元件放置在恒温腔内,这种提高测量精度的方法在精密的惯性导航中经常被采用。

针对具体元件,可以采取相应的方法,也可以针对元件的确定性误差进行补偿。随着科学技术的进步和发展,上述的一些方法有的已经在测量元件本身中有所体现。例如,旋转变压器已经出现了多极式,只要与负载(被测)轴直接连接就可以实现粗精双通道测量电路。

6.2　数字随动系统的量化误差

数字随动系统是用计算机作为控制器,这样模拟信号经过采样和计算机处理变为二进制编码,但由于计算机有字长的限制,在计算机上进行处理时就会产生误差。

计算机有限字长产生的误差主要有以下几个方面:

(1) 模拟连续信号经 A/D 转换器产生的量化误差;

(2) 乘法运算结果进行截尾或舍入处理产生的误差;

(3) 参数和系数存储产生的误差;

(4) D/A 转换器产生的量化误差;

(5) 求和运算及函数运算产生的溢出;

(6) 舍入或截尾效应产生的非线性极限环振荡。

6.2.1　模拟信号采样过程的量化误差分析

对模拟信号采样值进行精确表示需要无限字长的寄存器,实际上对模拟信号采样总是通过 A/D 转换器实现,A/D 转换器的位数是有限的,b 位 A/D 转换器最小分辨度是 2^{-b}。量化后特性曲线形状同数的表示法有关,也与是采用截尾还是舍入处理有关,如图 6-4 所示。

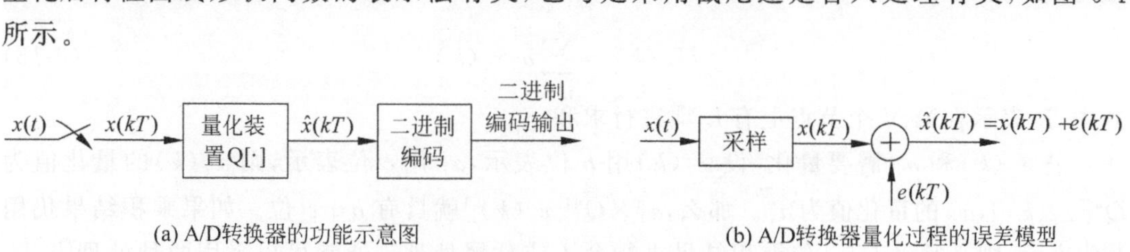

(a) A/D转换器的功能示意图　　　　(b) A/D转换器量化过程的误差模型

图 6-4　A/D 转换器

A/D 转换器实现采样、量化和二进制编码 3 项功能。量化装置的输出为

$$\hat{x}(kT) = Q[x(kT)] \tag{6-13}$$

量化方程式(6-13)是一个非线性方程,由于存在着非线性作用,使系统产生了线性系统

不能产生的一些现象,如极限环振荡等。研究量化作用对系统的影响,可以直接采用非线性模型,也可采用近似的线性模型进行研究。

量化过程可由下式表示,即

$$\hat{x}(kT) = Q[x(kT)] = x(kT) + e(kT) \tag{6-14}$$

式中,$e(kT)$ 称为量化误差。

6.2.2   系统量化误差及其对系统性能的影响

用有限字长的计算机存储数字控制器系数时产生量化误差,数字控制器系数的理论值与计算机实际实现值的偏差会改变零极点的设计值,也使得实际的频率特性与设计的频率特性有所不同,从而影响系统的稳定性。

设一数字随动系统数字控制器的脉冲传递函数为

$$D(z) = \frac{0.3974z - 0.39669}{z - 0.999285}$$

用 8 位字长表示为

$$(0.3974)_{10} \rightarrow (0.011\,001\,01)_2 = 0.394\,531\,25$$

$$(0.396\,69)_{10} \rightarrow (0.011\,001\,01)_2 = 0.394\,531\,25$$

$$(0.999\,285)_{10} \rightarrow (0.111\,111\,11)_2 = 0.996\,093\,75$$

计算机实现的控制器脉冲传递函数为

$$\hat{D}(z) = \frac{0.394\,531\,25(z - 1)}{z - 0.996\,093\,75}$$

从上面的脉冲传递函数来看,实际计算机实现的脉冲传递函数的零极点发生了变化,使设计的和实际的频率特性有所不同,也可能会影响系统稳定性。所以数字控制器系数量化后会给整个闭环系统特性带来影响,通常应当按照量化后的数字控制器检验系统的性能。如果量化后的数字控制器已不再满足原设计要求,那么必须重新进行设计。

6.2.3   乘法运算结果的量化误差分析

在实现数字控制器的计算机算法中,总是存在着一些节点,这些点需要系数与变量相乘后再进行求和运算。假设 $x_i(k)$ 和 a_i 分别表示第 i 个变量和系数,则在第 N 个节点上的变量可表示为

$$U_N(k) = \sum_{i=1}^{L} a_i x_i(k) \tag{6-15}$$

式中,L 表示在第 N 个节点上有 L 项进行求和。

若 $x_i(k)$ 和 a_i 需要量化,设 $x_i(k)$ 用 b 位表示,a_i 用 c 位表示,则 $x_i(k)$ 的量化值为 $Q^q[x_i(k)]$,a_i 的量化值为 a_i^q。那么,$a_i^q \times Q^q[x_i(k)]$ 就具有 $b+c$ 位。如果乘积结果仍用 b 位表示,则必须对 $b+c$ 位乘积结果进行舍入或截尾处理。通常可以采用两种处理方式:一种方法是对每一项 $b+c$ 位的乘积结果先处理成 b 位,然后再进行求和(注意不要产生溢出);另一种方法是对 $b+c$ 位的乘积结果先求和后再处理成 b 位。显然,后者需要较多硬件,但量化噪声低。

可以证明,对系数 a_i 和变量 $x_i(k)$ 量化后相乘的结果进行舍入或截尾处理,其量化噪

声的方差同连续信号进行量化产生的误差方差完全相同。

6.2.4　两种常用量化过程的误差分析

在数字随动系统中，量化误差是一个值得注意的实际问题。研究表明，微处理器的有限字长特性，将导致量化过程出现量化误差，有可能导致数字随动系统出现自激振荡现象。适当地减小量化单位，能保证足够的计算精度；但是量化单位过小，将会导致计算上有限字长的增加。然而，字长 i 总是存在一个最大限度，因而必须允许有一定的量化误差。一般有两种常用的量化过程。

1. "只舍不入"量化过程

在"只舍不入"量化过程中，小于量化单位 q 的部分，一律舍去。其量化误差为

$$e = x^*(t) - \bar{x}^*(t) \tag{6-16}$$

式中，$x^*(t)$——量化前的采样信号；

　　　$\bar{x}^*(t)$——量化后的采样信号。

误差 e 可取 $0 \sim q$ 的任意值，而且机会均等，因而是在 $[0, q)$ 区间均匀分布的随机变量，这种随机变量称为量化噪声。

量化特性曲线 $Q(x)$ 表示量化过程中输出量与输入量之间的关系。当 $x^*(t)$ 在 $0 \sim q$ 时，$\bar{x}^*(t)$ 取为 0，编码器无输出，故 $Q(x)$ 在 $0 \sim q$ 与 x 轴重合；当 $x^*(t)$ 在 $q \sim 2q$ 时，编码器的输出为 q。以此类推，反向过程类似。所以，编码器输出的量化特性曲线为阶梯状，在 $(-q, q)$ 区间存在死区，为非线性特性，如图 6-5 所示。

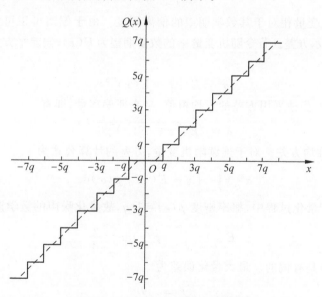

图 6-5　"只舍不入"量化特性曲线

由于量化误差 e 为随机变量，因此需要用概率论的方法进行分析。一个连续随机变量，其可能值充满数的某一区间，这就产生了分布函数的概念。分布函数 F 的数值，表示随机变量落在某一区间的概率，记作 $F(x) = P(x < X)$，其中 P 表示概率，x 表示随机变量的可能值。对量化误差 e 的分布函数 $F(e)$ 而言，由于在区间 $[0, q)$ 概率分布均等，因而 $F(e)$ 在

[0，q]区间中呈线性分布，如图 6-6(a)所示。对于连续随机变量，概率密度也是描述概率分布的重要工具。若以 $p(e)$ 表示概率密度，则概率密度定义为概率分布函数的导数。即

$$p(e) = F'(e) = \frac{P(0 < e < q)}{q} \tag{6-17}$$

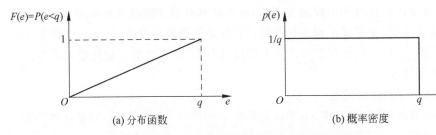

| (a) 分布函数 | (b) 概率密度 |

图 6-6　"只舍不入"量化过程分布函数与概率密度

对于"只舍不入"量化过程，$p(e) = 1/q$ 为常数，如图 6-6(b)所示。分布函数和概率密度，是对随机变量最完整的描述。然而，对一个随机变量，最关心的还是其分布中心和围绕该分布中心的散布程度，分别以数学期望(均值)和方差命名，并称为随机变量的数字特征。

数学期望是从算术平均值中抽象出来的概念，用来描述随机变量散布中心的位置(平均值)。若令随机变量 x 的数学期望为 $E(x)$，可能值为 x_i，概率密度为 $p(x)$，则连续随机变量 x 的数学期望计算公式为

$$E(x) = \int_{-\infty}^{\infty} x_i p(x) \mathrm{d}x \tag{6-18}$$

方差表示随机变量相对于其数学期望的偏离程度。由于偏离可正可负，故采用偏差平方的数学期望来表示方差。若令随机变量 x 的数学期望为 $E(x)$，偏差平方为 $[x - E(x)]^2$，则方差的计算公式为

$$\sigma^2 = E\{[x - E(x)]^2\} \tag{6-19}$$

在实用过程中，往往采用方差的方均根值，来表征偏离量，即有

$$\sigma = \sqrt{E\{[x - E(x)]^2\}} \tag{6-20}$$

σ 称为标准差，或称均方差。对于连续随机变量，方差的计算公式为

$$\sigma^2 = \int_{-\infty}^{\infty} [x - E(x)]^2 p(x) \mathrm{d}x \tag{6-21}$$

在"只舍不入"量化过程中，概率密度 $p(e) = 1/q$，故量化噪声的数学期望为

$$E(e) = \int_{-\infty}^{\infty} e p(e) \mathrm{d}e = \frac{q}{2}$$

说明此时量化噪声是有偏的。最大量化误差为

$$e_{\max} = q$$

而方差及标准差分别为

$$\sigma^2 = \int_{-\infty}^{\infty} [e - E(e)]^2 p(e) \mathrm{d}e = \frac{1}{12} q^2$$

$$\sigma = \frac{q}{2\sqrt{3}} = 0.289q$$

2. "有舍有入"量化过程

"有舍有入"量化过程类似于数学中的四舍五入,即采样信号在量化过程中,其值小于 $q/2$ 时,一律舍去;而大于 $q/2$ 时,则进位。其量化误差有正、有负,它可以在 $-q/2\sim q/2$ 取任意值,且机会均等,因而量化噪声是在 $[-q/2, q/2)$ 区间均匀分布的连续随机变量。

"有舍有入"量化特性曲线如图 6-7(a)所示,概率密度 $p(e)$ 在 $-q/2\sim q/2$ 均匀分布,其值为 $1/q$,如图 6-7(b)所示。量化噪声的数字特征如下:

数学期望

$$E(e) = \int_{-\infty}^{\infty} ep(e)\mathrm{d}e = \int_{-\frac{q}{2}}^{\frac{q}{2}} \frac{1}{q}e\mathrm{d}e = 0$$

最大误差

$$|e_{\max}| = \frac{q}{2}$$

噪声方差

$$\sigma^2 = \int_{-\infty}^{\infty} [e - E(e)]^2 p(e)\mathrm{d}e = \frac{1}{12}q^2$$

标准差

$$\sigma = \frac{q}{2\sqrt{3}} = 0.289q$$

比较两种量化过程可知,它们的标准差相同,但"有舍有入"法最大误差小,且是无偏的,所以大部分 A/D 转换器都采用"有舍有入"量化方法。

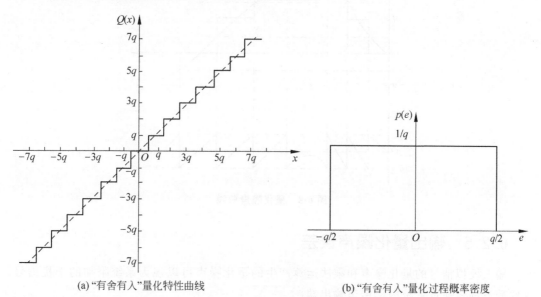

(a) "有舍有入"量化特性曲线 　　　　　 (b) "有舍有入"量化过程概率密度

图 6-7   "有舍有入"量化过程

3. 减少量化误差的方法

为了减少量化误差,应尽量减小量化单位 q,q 的计算方法为

$$q = \frac{x_{\max} - x_{\min}}{2^i} = \frac{x_{\max} - x_{\min}}{m} \tag{6-22}$$

式中,$x_{\max}$——模拟信号最大值;

$\quad x_{\min}$——模拟信号最小值;

$\quad i$——字长;

$\quad m$——级数或为量化过程分层的层数,$m=2^i$。

由式(6-22)可见,$x_{\max}-x_{\min}$ 是一定的,如果二进制字长 i 选得足够长,则量化单位 q 可以足够小。

例如,设模拟信号 $x=0\sim15\mathrm{V}$,每级增量为 $1\mathrm{V}$,则共分级数 $m=16$。由 $m=2^i$,应选字长 $i=\log_2 16=4$,量化单位为 $q=1\mathrm{V}$。对于有舍有入量化方法,量化噪声最大误差 $|e_{\max}|=0.5\mathrm{V}$。

4. 量化噪声对系统动态平滑性的影响

为了说明量化噪声的影响,暂不考虑采样过程。设连续信号 $x(t)$ 经量化后变成跳跃状的数字信号 $\bar{x}(t)$,其误差定义为

$$e=x(t)-\bar{x}(t)$$

当字长 i 短,而量化单位 q 大时,量化噪声曲线如图 6-8 所示。由图可见,量化过程产生低频大幅度量化噪声。

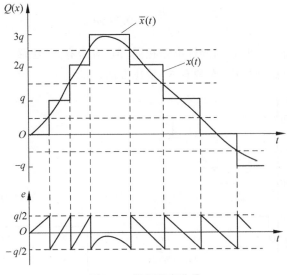

图 6-8   量化噪声曲线

6.2.5   输出量化噪声误差

输入模拟信号的量化噪声和乘法运算产生的量化噪声可以视为系统附加的干扰信号,这些噪声都要通过系统内部传至输出端。

在设计中最关心的是输出端的信噪比,一个好的控制器计算机算法应使输出端的信噪比尽可能高。

$E_0(z)$ 是模拟输入信号量化噪声的 Z 转换,$E_i(z)(i=l,2,\dots,L)$ 是第 i 个乘法量化噪声的 Z 转换,$G_i(z)$ 是第 i 个量化噪声至输出端的脉冲传递函数。若控制器脉冲传递函数为 $D(z)$,输入模拟信号的 z 转换为 $X(z)$,则控制器包含噪声的输出信号 z 转换表达式为

$$U^q(z) = D(z)X(z) + D(z)E_0(z) + \sum_{i=1}^{L} G_i(z)E_i(z) \tag{6-23}$$

其中 $E_i(z) = Z[e_i(k)], i = 0, 1, 2, \cdots, L$。

令

$$E_n(z) = D(z)E_0(z) + \sum_{i=1}^{L} G_i(z)E_i(z) \tag{6-24}$$

式(6-23)可表示为

$$U^q(z) = D(z)X(z) + E_n(z) \tag{6-25}$$

由式(6-25)可以得到：

(1) 舍入或截尾处理产生噪声输出，并不影响系统的稳定性；

(2) 输入端模拟信号的量化噪声对输出的影响，与控制器的结构实现方法无关，仅仅同控制器的脉冲传递函数有关，因为不同的结构实现方法其脉冲传递函数均为 $D(z)$。

(3) 乘法误差的产生及对输出的影响与结构实现方法有关。

6.3　随动系统的动态误差分析

前面给出了随动系统误差的一般分析方法。系统的误差大小，不但与系统本身的结构参数有关，同时也与系统的输入及干扰信号的形式相关。因而，针对特定的系统，必须分析它的输入信号、干扰信号以及由此而引起的控制误差。

6.3.1　输入信号的分析

随动系统输入信号的形式、大小以及一阶导数、二阶导数的大小对于随动系统分析设计的影响是很大的。在设计随动系统时，要根据输入信号和干扰信号的大小来确定执行元件的功率和动态范围。对于设计完成的系统，还要用输入信号来校验误差。

常用的输入信号除了阶跃信号、斜坡信号和加速输入信号外，在实际中，还应根据系统的实际需要选择相应的信号进行设计，如使船摇摆的等效正弦信号、火炮跟踪空中匀速运动目标的输入信号等。

1. 等效的正弦输入信号

设 φ_m 是等效的正弦输入信号的幅值，ω 是等效的正弦输入信号的角频率，则输入信号的形式为

$$\varphi(t) = \varphi_m \sin\omega t \tag{6-26}$$

根据正弦输入信号计算得 $\dot\varphi, \ddot\varphi, \dddot\varphi, \cdots$，这是校验系统跟踪误差的依据。其中，$\dot\varphi, \ddot\varphi, \dddot\varphi, \cdots$，又是确定执行元件功率和动态范围的依据。

诸如火炮、导弹和雷达等随动系统，在这些随动系统技术指标中，要求最大跟踪角速度 Ω_m 和最大跟踪角加速度 ε_m，根据这两个值也可以确定一个等效正弦输入信号。对式(6-26)求导数得

$$\dot\varphi(t) = \varphi_m \omega \cos\omega t \tag{6-27}$$

$$\ddot\varphi(t) = -\varphi_m \omega^2 \sin\omega t \tag{6-28}$$

则有

$$\begin{cases} \varOmega_{\mathrm{m}} = \varphi_{\mathrm{m}}\omega \\ \varepsilon_{\mathrm{m}} = \varphi_{\mathrm{m}}\omega^2 \end{cases} \tag{6-29}$$

由此可以得到

$$\begin{cases} \varphi_{\mathrm{m}} = \dfrac{\varOmega_{\mathrm{m}}^2}{\varepsilon_{\mathrm{m}}} \\ \omega = \dfrac{\varepsilon_{\mathrm{m}}}{\varOmega_{\mathrm{m}}} \end{cases} \tag{6-30}$$

因此,由 $\varOmega_{\mathrm{m}}$ 和 ε_{m} 可以确定等效正弦输入信号。

2. 跟踪直线飞行目标的输入信号

考虑目标以等速、等高、直线飞行通过基点的方位角和高低角,如图 6-9 所示。基点(即火炮或导弹火力单元的位置)为 O,目标速度为 v,高度为 H,目标距基点的水平最小距离为 P(亦称为航路捷径),图中给出方位角为 α,高低角为 β。

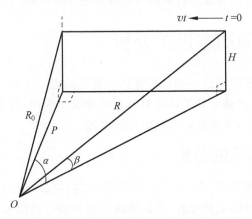

图 6-9   等速、等高、直线飞行目标的角度关系

根据几何关系

$$\alpha = \arctan \frac{vt}{P} = \arctan(at) \tag{6-31}$$

$$\beta = \arctan \frac{H}{\sqrt{P^2 + (vt)^2}} = \arctan \frac{b}{\sqrt{1 + (at)^2}} \tag{6-32}$$

$$a = \frac{v}{P}, \quad b = \frac{H}{P}$$

对式(6-31)求导得

$$\frac{\mathrm{d}\alpha}{\mathrm{d}t} = a\cos^2\alpha = \frac{a}{1 + (at)^2} \tag{6-33}$$

$$\frac{\mathrm{d}^2\alpha}{\mathrm{d}t^2} = -2a^2\sin\alpha\cos^3\alpha = -a^2\sin2\alpha\cos^2\alpha = -\frac{2a^3 t}{[1 + (at)^2]^2} \tag{6-34}$$

以 at 为自变量按式(6-33)和式(6-34)作 $\mathrm{d}\alpha/\mathrm{d}t$ 和 $\mathrm{d}^2\alpha/\mathrm{d}t^2$ 曲线,如图 6-10 所示。由此图看出,在跟踪某一实际目标时,$\mathrm{d}\alpha/\mathrm{d}t$ 方向不变。同样,对高低角 β 有

$$\frac{\mathrm{d}\beta}{\mathrm{d}t} = \frac{a^2 bt}{[1 + (at)^2]^{3/2}}\cos^2\beta = -\frac{v}{R}\sin\alpha\sin\beta \tag{6-35}$$

$$\frac{\mathrm{d}^2\beta}{\mathrm{d}t^2} = -\frac{v^2}{R^2}\tan\beta[1 - \sin^2\alpha \cdot (1 + \cos^2\beta)] \tag{6-36}$$

$$R = \sqrt{H^2 + [P^2 + (vt)^2]}$$

由式(6-33)~式(6-36)可见,即使目标做最简单的等速直线运动,控制系统的输入信号也是很复杂的,跟踪误差也将是变量。

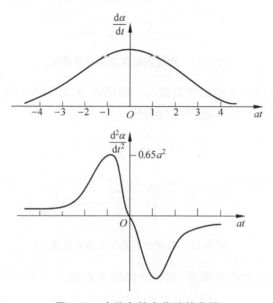

图 6-10 方位角的变化特性曲线

3. 动基座的跟踪目标问题

基点在动基座上(例如在行驶的舰艇、船舶和空中飞行的飞机上)跟踪活动目标的输入信号是更为复杂的函数,既要考虑目标的运动,又要考虑基座本身的摇荡和运动。利用基点的计算机进行快速计算,把动基座运动而导致的方位角和高低角变化的量经坐标转换后,叠加到上面讨论的静基座的情况中,作为极端的情况,高低角速度显然应叠加一个由横摇和纵摇引起的最大倾斜角速度。一般情况下,如果基点布置在动基座中部,则叠加一个最大横摇角速度,方位角要经过运动分析后得到等效的输入信号。

4. 随机噪声输入信号

一般工程设计中,把一些非确定性因素的输入看成随机噪声。例如,前面讨论的目标等速直线飞行,如果目标沿着直线方向进行蛇形机动飞行,那么就可认为在直线等速飞行的基础上叠加了一个随机噪声,最为严重的情况就是输入是白噪声。因此,通常取白噪声作为随机噪声输入信号来分析系统的误差。

6.3.2 随动系统的原理误差

1. 原理误差的两种定义方式

在控制系统中有两种误差的定义方式,对于随动系统也同样适用:一种是在输入端,一种是在输出端。

在系统输入端定义误差是输入希望值与实际值之差,如图 6-11 所示,$E(s)$ 为输入端定义的误差,可以得到

$$E(s) = R(s) - H(s)C(s) \tag{6-37}$$

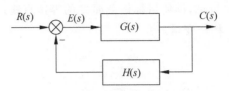

图 6-11 在输入端定义误差示意图

在系统输出端定义误差是输出希望值与实际值之差,如图 6-12 所示,$R'(s)$ 为输出量的希望值,$E'(s)$ 为输出端定义的误差,可以得到

$$E'(s) = \frac{R(s)}{H(s)} - C(s) \tag{6-38}$$

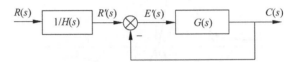

图 6-12 在输出端定义误差示意图

两种误差定义方法有着内在联系,它们之间的关系为

$$E'(s) = \frac{E(s)}{H(s)} \tag{6-39}$$

对于随动系统来说,反馈环节的传递函数是 1,则系统输出量的希望值就是输入量 $R(s)$,因此随动系统两种误差的定义方法是一致的。

2. 原理误差的表示和描述

系统的原理误差 $e(t)$ 是由系统的控制机理引起的误差,是随时间变化而变化,由原理误差瞬态分量 $e_{ts}(t)$ 和原理误差稳态分量 $e_{ss}(t)$ 两部分组成,可用下式表示

$$e(t) = e_{ts}(t) + e_{ss}(t) \tag{6-40}$$

对于稳定系统,在时间趋于无穷时原理误差瞬态分量 $e_{ts}(t)$ 必趋于零。

原理稳态误差为原理误差稳态分量 $e_{ss}(t)$ 在 $t \to \infty$ 时的值 $e_{ss}(\infty)$,也称为稳态误差。

原理动态误差为原理误差稳态分量 $e_{ss}(t)$ 的瞬时值,也是系统跟踪过程中的误差,也称为动态误差。

6.3.3 动态误差系数和动态误差分析

实际随动系统总是连续跟踪输入信号或克服扰动信号。因此,静态误差并不能说明跟踪过程中的误差情况,用稳态误差解决不了系统跟踪非常值信号或过渡状态的动态误差计算问题。因此,需研究动态误差系数和动态误差。

1. 连续随动系统动态误差系数与动态误差

设系统为单位反馈系统,其传递函数如图 6-13 所示。其误差传递函数为

$$\Phi_e(s) = \frac{E(s)}{R(s)} = \frac{1}{1+G(s)} \tag{6-41}$$

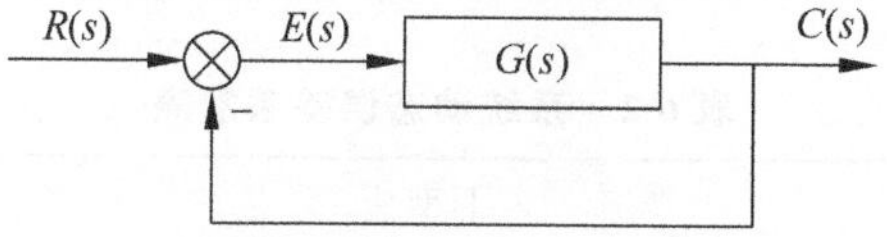

图 6-13　单位反馈系统

将式(6-41)误差传递函数在 $s=0$ 处展开成泰勒级数,则误差传递函数就可表示为

$$\Phi_e(s) = c_0 + c_1 s + \frac{c_2}{2!}s^2 + \frac{c_3}{3!}s^3 + \cdots = \sum_{i=0}^{\infty} \frac{c_i}{i!}s^i \tag{6-42}$$

在任意输入函数作用下,系统的动态误差的拉普拉斯转换式可写成

$$E(s) = c_0 R(s) + c_1 s R(s) + \frac{c_2}{2!}s^2 R(s) + \frac{c_3}{3!}s^3 R(s) + \cdots = \sum_{i=0}^{\infty} \frac{c_i}{i!}s^i R(s) \tag{6-43}$$

式(6-43)在 $s=0$ 的邻域内是收敛的,而 s 趋于 0 对应于时域 $t \rightarrow \infty$,故当所有的初始条件为零时,当 t 很大的时候,有

$$e(t) = c_0 r(t) + c_1 \dot{r}(t) + \frac{c_2}{2!}\ddot{r}(t) + \frac{c_3}{3!}\dddot{r}(t) + \cdots = \sum_{i=0}^{\infty} \frac{c_i}{i!}r^{(i)}(t) \tag{6-44}$$

式中,$e(t)$——系统的动态误差;

$c_0, c_1, \dfrac{c_2}{2!}, \cdots$——相应的动态误差系数。

式(6-44)表明,系统动态误差(也称为误差函数)可由输入量的各阶导数分别乘以它们的误差系数来表示,它包含了系统误差的全部信息。下面介绍计算动态误差系数 c_i 的方法。

1) 由式(6-44)求动态误差系数 c_i

当 $s \rightarrow 0$ 时,$\Phi_e(s) = \sum\limits_{i=0}^{\infty} \dfrac{c_i s^i}{i!}$ 是收敛的,则其系数可用下式求取

$$\Phi_e(s) = \sum_{i=0}^{\infty} \frac{c_i s^i}{i!} \tag{6-45}$$

设

$$G(s) = \frac{K}{s^\nu}\frac{B(s)}{A(s)} = \frac{K(1+b_1 s + b_2 s^2 + \cdots + b_m s^m)}{s^\nu(1+a_1 s + a_2 s^2 + \cdots + a_n s^n)} \tag{6-46}$$

则

$$\frac{E(s)}{R(s)} = \frac{s^\nu(1+a_1 s + a_2 s^2 + \cdots + a_n s^n)}{s^\nu(1+a_1 s + a_2 s^2 + \cdots + a_n s^n) + K(1+b_1 s + b_2 s^2 + \cdots + b_m s^m)} \tag{6-47}$$

由式(6-45)和式(6-47)可求得各项动态误差系数。

当 $\nu=1$ 时,有

$$\frac{E(s)}{R(s)} = \frac{s(1+a_1 s + \cdots + a_n s^n)}{s(1+a_1 s + \cdots + a_n s^n) + K(1+b_1 s + \cdots + b_m s^m)}$$

$$c_0 = \frac{E(s)}{R(s)}\bigg|_{s=0} = 0$$

$$c_1 = \frac{\mathrm{d}(E(s)/R(s))}{\mathrm{d}s}\bigg|_{s=0} = \frac{1}{K}$$

由此可得到表 6-2。

表 6-2　系 统 动 态 误 差 系 数 表

c_i	I 型	II 型
c_0	0	0
c_1	$1/K$	0
$c_2/2!$	$(a_1-b_1)/K-1/K^2$	$1/K$
$c_3/3!$	$1/K^3+2(b_1-a_1)/K^2-(b_1^2-a_1b_1+a_2-b_2)/K$	$(a_1-b_1)/K$

由表 6-2 可以看到,通过求取动态误差系数,就可以将跟踪误差与系统的开环传递函数直接联系起来,这样就可以根据对系统的精度要求来设计传递函数。

例 6.1　如图 6-14 所示为小功率目标跟踪随动系统的开环幅频特性。设该系统跟踪一直线飞行的目标,$v=250\mathrm{m/s}$,$P=550\mathrm{m}$,其输入信号为 $\alpha=\arctan\dfrac{vt}{P}$,计算跟踪误差。

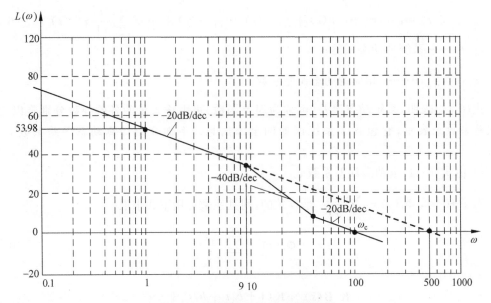

图 6-14　某随动系统开环幅频特性

解　由图 6-14 中的曲线可以得到该系统的开环传递函数如下:

$$G(s) = \frac{K}{s}\frac{Ts+1}{aTs+1}$$

其中,$K=500\mathrm{s}$,$T=0.025\mathrm{s}$,$aT=0.111\mathrm{s}$。

$\mathrm{d}\alpha/\mathrm{d}t$ 和 $\mathrm{d}^2\alpha/\mathrm{d}t^2$ 的变化曲线如图 6-10 所示。可以预见,系统的最大跟踪误差将发生在 $t=0$ 前后。在实际计算时,可以计算 $t=0$ 附近的一些点。

下面用稳态误差的概念来计算误差:

$$\lim_{t\to\infty}e(t) = \lim_{t\to\infty}\left[c_0 r(t)+c_1\dot{r}(t)+\frac{c_2}{2!}\ddot{r}(t)+\frac{c_3}{3!}\dddot{r}(t)+\cdots\right] \tag{6-48}$$

输入信号 $\alpha(t)$ 在 $t=0$ 附近可以近似表示成如下函数

$$\alpha(t) \approx a_0 + a_1 t + a_2 t^2 = r(t)$$

式中 a_0、a_1、a_2 均为常数。

$\alpha(t)$ 对应的各阶导数为

$$\begin{cases} \dot{r}(t) = a_1 + 2a_2 t \\ \ddot{r}(t) = 2a_2 \\ \dddot{r}(t) = 0 \end{cases} \tag{6-49}$$

由式(6-33)和式(6-34)可以求得 $t=-0.1\text{s}$ 时的 $\mathrm{d}\alpha/\mathrm{d}t = 0.4536\text{rad/s}$ 和 $\mathrm{d}^2\alpha/\mathrm{d}t^2 = 0.0187\text{rad/s}^2$，因此，$\dot{r}$、$\ddot{r}$ 的值为

$$\dot{r} = 0.4536\text{rad/s}, \quad \ddot{r} = 0.0187\text{rad/s}^2 \tag{6-50}$$

因为是 I 型系统，$c_0 = 0$，由表 6-2 中的系统误差系数得出

$$\begin{cases} c_1 = \dfrac{1}{K} = \dfrac{1}{500} = 2 \times 10^{-3}\text{s} \\ \dfrac{c_2}{2!} = \dfrac{(a_1 - b_1)}{K} - \dfrac{1}{K^2} = 0.168 \times 10^{-3}\text{s}^2 \end{cases} \tag{6-51}$$

根据式(6-48)和式(6-49)可得跟踪误差的计算式为

$$e(t) = c_0 r(t) + c_1 \dot{r}(t) + \frac{c_2}{2!} \ddot{r}(t) \tag{6-52}$$

将式(6-50)和式(6-51)代入式(6-52)，可以求得 $t=-0.1\text{s}$ 时系统的跟踪误差。

$$e(-0.1) = (2 \times 0.4536 + 0.168 \times 0.0187) \times 10^{-3} = 0.9103 \times 10^{-3}\text{rad}$$

同样，可以根据式(6-49)、式(6-51)和式(6-52)求出其他时刻的误差，列于表 6-3 中。

表 6-3　不同时刻的误差

$t(\text{s})$	-0.5	-0.4	-0.3	-0.2	-0.1	0	0.1
$e(t) \times 10^{-3}(\text{rad})$	0.8786	0.8917	0.9015	0.9078	0.9103	0.909	0.904

由表 6-3 可以看出，该系统跟踪时，在每个时刻都能"跟踪上"输入信号，且在 $t=-0.1\text{s}$ 时动态误差最大。

2) 跟踪误差的简化计算

理论上，只要输入信号的频谱不超过系统的带宽，而且低于开环频率特性的第一个转折点，就可以用一个低频的误差传递函数模型来近似。因此，可以认为

$$\frac{E(s)}{R(s)} = \frac{1}{1 + G(s)} \approx \frac{1}{G(s)} \tag{6-53}$$

对于例 6.1 的系统，就有

$$\frac{E(s)}{R(s)} \approx \frac{s(aTs + 1)}{K(Ts + 1)}$$

$$\frac{E(s)}{sR(s)} \approx \frac{aTs + 1}{K(Ts + 1)} \approx \frac{aTs + 1}{K} \approx \frac{1}{K} + \frac{aT}{K}s \tag{6-54}$$

也可以直接用 $\dfrac{E(s)}{sR(s)}$ 除得的结果，即

$$\frac{E(s)}{sR(s)} \approx c_1 + \frac{c_2}{2!}s \tag{6-55}$$

根据实际情况,可以有几种进一步简化的算法。若能确保输入信号的频谱处于系统的低频段,低于第一个转折频率,则可以只考虑式(6-55)中的第一项系数,即

$$\frac{E(s)}{sR(s)} \approx c_1$$

则

$$e(t) = c_1 \dot{r}(t) \tag{6-56}$$

从式(6-54)和式(6-56)来看,实际上在计算动态误差时只取了第一项,忽略了次要因素,可近似用 I 型系统的速度误差系数来求跟踪误差,式中的 $c_1 = 1/K$。

对于 II 型系统,因 $c_0 = c_1 = 0$,故跟踪误差可以写成

$$e(t) = \frac{c_2}{2!}\ddot{r}(t) = \frac{1}{K_a}\ddot{r}(t) \tag{6-57}$$

与 I 型系统一样,用前 3 项(两项为 0)来近似。在设计的初期,上述近似很有用处。例如,若 $\dot{\alpha}_{max} = 0.24\text{rad/s}, \ddot{\alpha}_{max} = 0.039\text{rad/s}^2$。

如要求跟踪原理误差不大于 $3'$,若选用 II 型系统,则必须满足

$$K_a > \frac{\ddot{\alpha}_{max}}{e_{max}} = \frac{0.039}{3/60/57.3} = 44.6\text{s}^{-2}$$

3) 从 Bode 图上求动态误差系数

动态误差系数也可以从 Bode 图上求得。

(1) I 型系统

如图 6-15 所示为一个 I 型系统低频部分特性图。

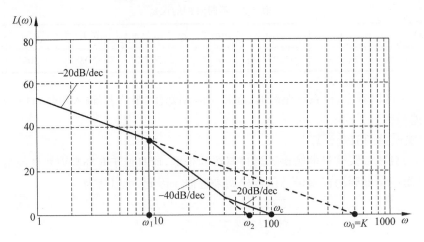

图 6-15　I 型系统 Bode 图

-20dB/dec 倍频的延长线与 0dB 的交点 ω_0 就是系统的放大倍数 K,因此可以求得误差系数 c_1 为

$$c_1 = \frac{1}{K} = \frac{1}{\omega_0} \tag{6-58}$$

该 I 型系统的误差系数 c_2 则可以从 -40dB/dec 的延长线与 0dB 的交点 ω_2 来求得。

式(6-46)中的系数 a_1 可以认为主要与 ω_1 有关,即 $\omega_1 \approx 1/a_1$,因此,根据表 6-2,有

$$\frac{c_2}{2!} \approx \frac{a_1}{K} = \frac{1}{\omega_0 \omega_1} = \left(\frac{1}{\omega_2}\right)^2 \tag{6-59}$$

(2)Ⅱ型系统。

对于Ⅱ型系统,如图 6-16 所示,这时有 $c_0 = 0, c_1 = 0, c_2$ 可以由 $-40\mathrm{dB/dec}$ 的延长线与 $0\mathrm{dB}$ 的交点 ω_2 来确定,由 $\omega_2 = \sqrt{K}$ 得出下式

$$\frac{c_2}{2!} = \frac{1}{K} = \left(\frac{1}{\omega_2}\right)^2 \tag{6-60}$$

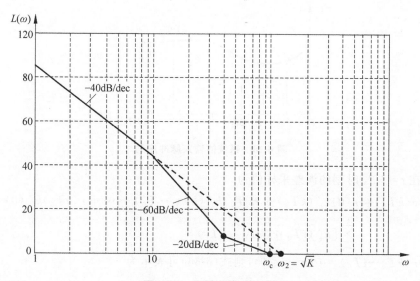

图 6-16 Ⅰ型系统 Bode 图

4)用多项式除法

对误差传递函数进行多项式除法,得到的升幂级数的各项系数即为动态误差系数。

2. 数字随动系统动态误差系数和动态误差

对于如图 6-17 所示的单位反馈数字随动系统,从系统误差脉冲传递函数出发来计算系统的动态误差。其误差脉冲传递函数为

$$\Phi_e(z) = \frac{E(z)}{R(z)} = \frac{1}{1 + G(z)} \tag{6-61}$$

$$E(z) = \Phi_e(z)R(z) = \frac{1}{1 + G(z)}R(z) \tag{6-62}$$

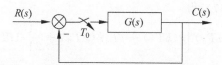

图 6-17 单位反馈的数字随动系统结构图

当 $r(t) = \delta(t)$ 单位脉冲函数时,$R(z) = 1$,则

$$E(z) = \Phi_e(z) = \frac{1}{1 + G(z)} \tag{6-63}$$

此时,系统的误差采样信号为

$$e^*(t) = Z^{-1}[\Phi_e(z)] \triangleq k_e^*(t) \tag{6-64}$$

$k_e^*(t)$ 称作系统的误差脉冲过渡函数,它表示数字随动系统对单位脉冲响应的误差采样信号。若输入脉冲强度为 a,则系统对该脉冲的响应误差采样信号等于 $ak_e^*(t)$。

设该系统的输入为图 6-18 所示的 $r^*(t)$ 脉冲序列,则系统的误差采样信号为

$$e^*(t) = r(0)k_e^*(t) + r(T_0)k_e^*(t-T_0) + r(2T_0)k_e^*(t-2T_0) + \cdots +$$
$$r(kT_0)k_e^*(t-kT_0) + \cdots \tag{6-65}$$

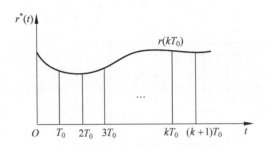

图 6-18　系统的输入脉冲序列

系统在 $t=kT_0$ 时刻的误差采样值为

$$e(kT_0) = r(0)k_e^*(kT_0) + r(T_0)k_e^*(kT_0-T_0) + \cdots + r(kT_0)k_e^*(0)$$
$$= \sum_{i=0}^{k}[k_e^*(iT_0)r(kT_0-iT_0)] \tag{6-66}$$

由于 $r(kT_0-iT_0)=0$ $(k-i<0)$,则式(6-66)可表示为

$$e(kT_0) = \sum_{i=0}^{\infty} k_e^*(iT_0)r(kT_0-iT_0) \tag{6-67}$$

若输入信号 $r(t)$ 对 t 的前 m 阶导数存在,则可将 $r(t-\tau)$ 展成泰勒级数,即

$$r(t-\tau) = r(t) - \tau\dot{r}(t) + \frac{1}{2!}\tau^2\ddot{r}(t) + \cdots + (-1)^m\frac{1}{m!}\tau^m r^{(m)}(t) + \cdots \tag{6-68}$$

式中,$r^{(m)}(t)$ 为 $r(t)$ 对 t 的 m 阶导数。

令 $t=kT_0$,$\tau=iT_0$,则式(6-68)为

$$r[(k-i)T_0] = r(kT_0) - iT_0\dot{r}(kT_0) + \frac{1}{2!}(iT_0)^2\ddot{r}(kT_0) + \cdots +$$
$$(-1)^m\frac{1}{m!}(iT_0)^m r^{(m)}(kT_0) + \cdots \tag{6-69}$$

将式(6-69)代入式(6-67),得

$$e(kT_0) = \sum_{i=0}^{\infty}\left\{k_e^*(iT_0)\left[r(kT_0) - iT_0\dot{r}(kT_0) + \frac{1}{2!}(iT_0)^2\ddot{r}(kT_0) + \cdots +\right.\right.$$
$$\left.\left.(-1)^m\frac{1}{m!}(iT_0)^m r^{(m)}(kT_0) + \cdots\right]\right\}$$
$$= \left[\sum_{i=0}^{\infty}k_e^*(iT_0)\right]r(kT_0) + \left[\sum_{i=0}^{\infty}(-iT_0)k_e^*(iT_0)\right]\dot{r}(kT_0) +$$

$$\left[\sum_{i=0}^{\infty}\frac{1}{2!}(iT_0)^2 k_e^*(iT_0)\right]\ddot{r}(kT_0)+\cdots+$$

$$\left[\sum_{i=0}^{\infty}(-1)^m\frac{1}{m!}(iT_0)^m k_e^*(iT_0)\right]r^{(m)}(kT_0)+\cdots \qquad (6\text{-}70)$$

或写为

$$e(kT_0)=C_0 r(kT_0)+C_1 \dot{r}(kT_0)+C_2 \ddot{r}(kT_0)+\cdots+C_m r^{(m)}(kT_0)+\cdots \quad (6\text{-}71)$$

其中

$$\begin{cases} C_0=\sum_{i=0}^{\infty}k_e^*(iT_0) \\[2mm] C_1=\sum_{i=0}^{\infty}(-iT_0)k_e^*(iT_0) \\[2mm] C_2=\sum_{i=0}^{\infty}\frac{1}{2!}(iT_0)^2 k_e^*(iT_0) \\[2mm] C_m=\sum_{i=0}^{\infty}(-1)^m\frac{1}{m!}(iT_0)^m k_e^*(iT_0) \end{cases} \qquad (6\text{-}72)$$

系数 $C_0,C_1,C_2,\cdots,C_m\cdots$ 定义为数字随动系统的动态误差系数,由式(6-71)表示的误差信号在 kT_0 时刻的采样值称为动态误差。用式(6-72)计算动态误差系数比较困难,可用误差脉冲传递函数求取。

误差脉冲传递函数可以表示为

$$\Phi_e(z)=a_0+a_1 z^{-1}+a_2 z^{-2}+\cdots+a_m z^{-m}+\cdots \qquad (6\text{-}73)$$

于是,可得系统在单位脉冲作用下的误差采样信号为

$$k_e^*(t)=z^{-1}[\Phi_e(z)]=a_0\delta(t)+a_1\delta(t-T_0)+a_2\delta(t-2T_0)+\cdots+a_m\delta(t-mT_0)+\cdots$$

$$(6\text{-}74)$$

且有

$$a_i=k_e^*(iT_0),\quad i=0,1,2,\cdots \qquad (6\text{-}75)$$

将 $z=\mathrm{e}^{T_0 s}$ 代入式(6-73),得

$$\Phi_e^*(s)=\Phi_e(\mathrm{e}^{T_0 s})=a_0+a_1\mathrm{e}^{-T_0 s}+a_2\mathrm{e}^{-2T_0 s}+\cdots+a_m\mathrm{e}^{-mT_0 s}+\cdots$$

$$=k_e^*(0)+k_e^*(T_0)\mathrm{e}^{-T_0 s}+k_e^*(2T_0)\mathrm{e}^{-2T_0 s}+\cdots+k_e^*(mT_0)\mathrm{e}^{-mT_0 s}+\cdots$$

$$(6\text{-}76)$$

对式(6-76)求 s 的各阶导数,令 $s=0$,并与式(6-72)比较可知

$$\Phi_e^*(s)\,|_{s=0}=k_e^*(0)+k_e^*(T_0)+k_e^*(2T_0)+\cdots+k_e^*(mT_0)+\cdots=C_0 \qquad (6\text{-}77)$$

$$\frac{\mathrm{d}\Phi_e^*(s)}{\mathrm{d}s}\bigg|_{s=0}=-T_0[k_e^*(T_0)\mathrm{e}^{-T_0 s}+2k_e^*(T_0)\mathrm{e}^{-2T_0 s}+\cdots+mk_e^*(T_0)\mathrm{e}^{-mT_0 s}]_{s=0}$$

$$=-\sum_{i=0}^{\infty}[iT_0 k_e^*(T_0)]=C_1 \qquad (6\text{-}78)$$

同理可得

$$\begin{cases} \dfrac{\mathrm{d}^2 \varPhi_{\mathrm{e}}^*(s)}{\mathrm{d}s^2}\bigg|_{s=0} = C_2 \\ \ \vdots \\ \dfrac{\mathrm{d}^m \varPhi_{\mathrm{e}}^*(s)}{\mathrm{d}s^m}\bigg|_{s=0} = C_m \end{cases} \qquad (6\text{-}79)$$

$$C_i = \frac{\mathrm{d}^i \varPhi_{\mathrm{e}}^*(s)}{\mathrm{d}s^i}\bigg|_{s=0} \qquad (i=0,1,2\cdots) \qquad (6\text{-}80)$$

这就是说，数字随动系统的动态误差系数可以通过系统的误差脉冲传递函数 $\varPhi_{\mathrm{e}}(z) = \varPhi_{\mathrm{e}}(\mathrm{e}^{T_0 s})$ 在 $s=0$ 处的各阶导数值得到，再由式(6-71)求出系统在 kT_0 采样瞬时的动态误差。

例 6.2　试求如图 6-19 所示系统对输入信号 $r(t)$ 的动态误差系数及动态误差，其中 $T_0 = 0.1\mathrm{s}$。

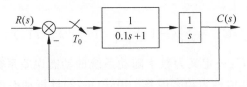

图 6-19　数字随动系统结构图

解　系统相应的开环脉冲传递函数为

$$G(z) = Z\left[\frac{1}{s(0.1s+1)}\right] = \frac{0.632z}{z^2 - 1.368z + 0.368}$$

该系统的误差传递函数为

$$\varPhi_{\mathrm{e}}(z) = \frac{1}{1+G(z)} = \frac{(z-1)(z-0.368)}{z^2 - 0.736z + 0.368}$$

即

$$\varPhi_{\mathrm{e}}^*(s) = \frac{(\mathrm{e}^{T_0 s} - 1)(\mathrm{e}^{T_0 s} - 0.368)}{\mathrm{e}^{2T_0 s} - 0.736\mathrm{e}^{T_0 s} + 0.368}$$

对上式连续求导，并令 $s=0$，可得

$$C_0 = \varPhi_{\mathrm{e}}^*(0) = 0$$

$$C_1 = \frac{\mathrm{d}\varPhi_{\mathrm{e}}^*(s)}{\mathrm{d}s}\bigg|_{s=0} = T_0 = 0.1$$

$$C_2 = \frac{\mathrm{d}^2\varPhi_{\mathrm{e}}^*(s)}{\mathrm{d}s^2}\bigg|_{s=0} = T_0^2 - 0.836T_0^2 = 0.00164$$

$$C_3 = \frac{\mathrm{d}^3\varPhi_{\mathrm{e}}^*(s)}{\mathrm{d}s^3}\bigg|_{s=0} = T_0^3 - 1.254T_0^3 - 5.4T_0^3 = -0.006$$

$$\vdots$$

于是得到动态误差

$$e(kT_0) = 0.1\dot{r}(kT_0) + \frac{0.00164}{2!}\ddot{r}(kT_0) - \frac{0.006}{3!}r^{(3)}(kT_0) + \cdots$$

当 $r(t)=1(t)$ 时,该系统在采样瞬时的稳态误差等于 0;当 $r(t)=t$ 时,该系统在采样瞬时的稳态误差为 0.1。

需要指出,动态误差系数法可以推广到非单位反馈系统以及对干扰作用的动态误差的计算。只要求出系统的误差脉冲传递函数,其动态误差即可按式(6-71)计算。

6.4 随动系统的稳态误差分析

稳态误差是衡量控制系统精度的一个重要指标,也是随动系统的重要性能指标之一,它既与输入信号的形式有关,又与系统本身的结构有关。对于稳定的控制系统,稳态性能一般是根据阶跃、速度或加速度输入所引起的稳态误差来判断的。系统误差是指系统在某一控制信号的作用下,系统输出的期望值与实际值之差。随动系统的稳态误差是原理误差的稳态分量在 $t \to \infty$ 时的误差值,也称为终值误差。6.3 节介绍了随动系统的动态误差,并通过动态误差分析了误差随时间的变化规律。本节将从典型输入信号(如位置信号、速度信号、加速度信号、正弦信号等)下系统的稳态误差来评价随动系统稳态性能的优劣。

6.4.1 连续随动系统的稳态误差

若连续随动系统如图 6-13 所示,设系统的开环传递函数为

$$G(s)=\frac{K}{s^\nu}\frac{B(s)}{A(s)} \tag{6-81}$$

式中,$A(s)$、$B(s)$ 中均不含有 $s=0$ 的因子,$A(s)=1+a_1s+a_2s^2+\cdots+a_ns^n$,$B(s)=1+b_1s+b_2s^2+\cdots+b_ms^m$;$\nu$ 表示开环系统中串联积分环节的个数,又称为系统的无差度。$\nu=0,1,2,\cdots$ 时,分别称为 0 型系统、Ⅰ 型系统、Ⅱ 系统……

系统在输入信号 $r(t)$ 作用下,误差 $e(t)$ 的拉普拉斯变换为

$$E(s)=\frac{1}{1+G(s)}R(s)=\frac{s^\nu A(s)}{s^\nu A(s)+KB(s)}R(s) \tag{6-82}$$

其中,$R(s)$ 为典型输入函数的拉普拉斯变换,包括单位阶跃函数 $1(t)$(位置输入)、单位斜坡函数 t(速度输入)和单位抛物线函数 $\frac{1}{2}t^2$(加速度输入)等。

系统的稳态误差可根据拉普拉斯变换终值定理求得

$$
\begin{aligned}
e(\infty)&=\lim_{t\to\infty}e(t)=\lim_{s\to0}sE(s)=\lim_{s\to0}\frac{s}{1+G(s)}R(s)\\
&=\lim_{s\to0}\frac{s^{\nu+1}A(s)}{s^\nu A(s)+KB(s)}R(s)
\end{aligned} \tag{6-83}
$$

上式表明,连续系统的稳态误差取决于输入信号的形式。下面讨论 3 种典型输入信号的情况。

1. 当 $r(t)=1(t)$ 时,$R(s)=1/s$

$$e(\infty)=\lim_{s\to0}\frac{s^{\nu+1}A(s)}{s^\nu A(s)+KB(s)}R(s)=\lim_{s\to0}\frac{s^{\nu+1}A(s)}{s^\nu A(s)+KB(s)}\frac{1}{s} \tag{6-84}$$

（1）对于 0 型系统，当 $\nu=0$ 时，稳态误差为

$$e(\infty)=\lim_{s\to0}\frac{sA(s)}{A(s)+KB(s)}\frac{1}{s}=\frac{1}{1+K} \tag{6-85}$$

（2）对于 Ⅰ 型系统，当 $\nu=1$ 时，稳态误差为

$$e(\infty)=\lim_{s\to0}\frac{s^2A(s)}{sA(s)+KB(s)}\frac{1}{s}=0 \tag{6-86}$$

（3）对于 Ⅱ 系统，当 $\nu=2$ 时，稳态误差为

$$e(\infty)=\lim_{s\to0}\frac{s^3A(s)}{s^2A(s)+KB(s)}\frac{1}{s}=0 \tag{6-87}$$

常用位置品质系数 K_p 来表示各型系统在阶跃输入信号作用下的位置误差。所以各型系统的位置品质系数为

$$K_p=\begin{cases}K, & \nu=0\\ \infty, & \nu\geqslant1\end{cases}$$

在阶跃信号作用下，说明 0 型、Ⅰ 型和 Ⅱ 型连续系统都能跟踪的阶跃输入信号。但 0 型系统的稳态误差为 $1/(1+K_p)$，而 Ⅰ 型、Ⅱ 型系统稳态跟踪误差都为 0。

2. 当 $r(t)=t$ 时，$R(s)=1/s^2$

$$e(\infty)=\lim_{s\to0}\frac{s^{\nu+1}A(s)}{s^\nu A(s)+KB(s)}\frac{1}{s^2}=\lim_{s\to0}\frac{s^{\nu-1}A(s)}{A(s)+KB(s)} \tag{6-88}$$

（1）对于 0 型系统，当 $\nu=0$ 时，稳态误差为

$$e(\infty)=\infty \tag{6-89}$$

（2）对于 Ⅰ 型系统，当 $\nu=1$ 时，稳态误差为

$$e(\infty)=\lim_{s\to0}\frac{s^2A(s)}{sA(s)+KB(s)}\frac{1}{s^2}=\lim_{s\to0}\frac{A(s)}{sA(s)+KB(s)}=\frac{1}{K} \tag{6-90}$$

（3）对于 Ⅱ 型系统，当 $\nu=2$ 时，稳态误差为

$$e(\infty)=\lim_{s\to0}\frac{s^3A(s)}{s^2A(s)+KB(s)}\frac{1}{s^2}=\lim_{s\to0}\frac{sA(s)}{s^2A(s)+KB(s)}=0 \tag{6-91}$$

常用速度品质系数 K_v 来表示各型系统在速度输入信号作用下的稳态误差。所以各型系统的速度品质系数为

$$K_v=\begin{cases}0, & \nu=0\\ K, & \nu=1\\ \infty, & \nu=2\end{cases} \tag{6-92}$$

从上面的分析可知，在斜坡信号作用下，0 型系统稳态误差为无穷大，说明 0 型系统不能准确地跟踪斜坡输入信号。Ⅰ 型系统的稳态误差为 $1/K_v$，而 Ⅱ 系统稳态跟踪误差为 0。

3. 当 $r(t)=\dfrac{1}{2}t^2$ 时，$R(s)=1/s^3$

$$e(\infty)=\lim_{s\to0}=\lim_{s\to0}\frac{s^{\nu+1}A(s)}{s^\nu A(s)+KB(s)}\frac{1}{s^3}=\lim_{s\to0}\frac{s^{\nu-2}A(s)}{A(s)+KB(s)} \tag{6-93}$$

（1）对于 0 型系统，当 $\nu=0$ 时；对于 Ⅰ 型系统，当 $\nu=1$ 时，稳态误差为

$$e(\infty)=\infty \tag{6-94}$$

（2）对于Ⅱ型系统，当 $\nu=2$ 时，稳态误差为

$$e(\infty)=\lim_{s\to0}=\lim_{s\to0}\frac{s^3A(s)}{s^2A(s)+KB(s)}\frac{1}{s^3}=\lim_{s\to0}\frac{A(s)}{s^2A(s)+KB(s)}=\frac{1}{K} \qquad (6\text{-}95)$$

常用加速度品质系数 K_a 来表示各型系统在加速度输入信号作用下的稳态误差。所以各型系统的加速度品质系数为

$$K_a=\begin{cases}0,&\nu\leqslant1\\K,&\nu=2\end{cases} \qquad (6\text{-}96)$$

从上面的分析可知，在单位抛物线输入信号作用下，0型和Ⅰ型系统的稳态误差为无穷大，说明这两类系统不能准确跟踪等加速度输入信号。

对应不同的 ν 和 $R(s)$ 的稳态误差及稳态品质系数如表6-4所示。

表 6-4　连续随动系统稳态误差及稳态品质系数表

系统类型	ν	低频部分 $G(s)$	稳态品质系数			稳态误差		
			位置	速度	加速度	位置	速度	加速度
0型	0	K_p	K_p	0	0	$1/(1+K_p)$	∞	∞
Ⅰ型	1	K_ν/s	∞	K_ν	0	0	$1/K_\nu$	∞
Ⅱ型	2	K_a/s^2	∞	∞	K_a	0	0	$1/K_a$

应当注意，表6-4是根据拉普拉斯变换的终值定理计算得出的，但是，终值定理的应用条件是 $sE(s)$ 在 $[S]$ 平面的右半部和虚轴上必须解析，即 $sE(s)$ 的全部极点都必须分布在 $[S]$ 平面的左半部（包括坐标原点）。因此对于正弦输入作用下系统的误差不能用终值定理进行求解，必须用动态误差的概念进行求解。

从上面的分析可知：

（1）对于输入为单位函数时，稳态误差实际上就是系统的动态误差系数。

（2）工程上，称0型系统为有差系统，Ⅰ型系统为一阶无差系统，Ⅱ型系统为二阶无差系统，更高阶的无差系统实际很少用。

（3）系统的无差度越高，稳态误差越小。系统的开环增益越大，稳态误差也越小。

（4）提高系统开环放大系数和增加串联积分环节，可以减小系统的稳态误差，但易使系统不稳定。

（5）对于线性系统，在计算由位置、速度、加速度的代数和为输入信号的情况下的稳态误差时，可以直接应用表6-4给出的结论进行计算。

（6）在正弦输入或其他非常值输入作用下，不能用表6-4中的稳态误差或稳态品质系数计算误差。

6.4.2　数字随动系统的稳态误差

若数字随动系统如图6-17所示，设数字随动系统的开环脉冲传递函数为

$$G(z)=\frac{K}{(z-1)^\nu}\frac{B(z)}{A(z)} \qquad (6\text{-}97)$$

式中，$A(z)$、$B(z)$ 均不含有 $z=1$ 的因子，ν 表示开环系统中串联的 $1/(z-1)$ 个数，又称为数字随动系统的无差度。对应 $\nu=0,1,2,\cdots$，分别称为0型系统、Ⅰ型系统、Ⅱ型系

统……

系统在输入信号 $r(t)$ 作用下，数字随动系统的稳态误差 $e(t)$ 的 Z 变换为

$$E(z) = \frac{1}{1+G(z)}R(z) = \frac{(z-1)^{\nu}A(z)}{(z-1)^{\nu}A(z)+KB(z)}R(z) \qquad (6\text{-}98)$$

其中，$R(z)$ 为典型的输入函数的 Z 变换，包括：单位阶跃函数 $1(t)$（位置输入）；单位斜坡函数 t（速度输入）；单位抛物线函数 $\frac{1}{2}t^2$（加速度输入）等。

假设数字随动系统是稳定的，根据 Z 转换的终值定理可以求出数字随动系统的稳态误差为

$$\begin{aligned}
e(\infty) &= \lim_{t\to\infty} e(t) \\
&= \lim_{z\to 1} \frac{(z-1)}{z}E(z) \\
&= \lim_{z\to 1} \frac{(z-1)}{z} \frac{1}{1+G(z)}R(z) \\
&= \lim_{z\to 1} \frac{(z-1)^{\nu+1}A(z)}{z[(z-1)^{\nu}A(z)+KB(z)]}R(z) \qquad (6\text{-}99)
\end{aligned}$$

上式表明，数字随动系统的稳态误差同连续系统的稳态误差一样取决于输入信号的形式。下面讨论 3 种典型输入信号的情况。

1. 当 $r(t)=1(t)$ 时，$R(z)=z/(z-1)$

将 $R(z)$ 代入式(6-99)，可得

$$\begin{aligned}
e(\infty) &= \lim_{z\to 1} \frac{(z-1)^{\nu+1}A(z)}{z[(z-1)^{\nu}A(z)+KB(z)]} \frac{z}{(z-1)} \\
&= \lim_{z\to 1} \frac{(z-1)^{\nu}A(z)}{[(z-1)^{\nu}A(z)+KB(z)]} \qquad (6\text{-}100)
\end{aligned}$$

(1) 对于 0 型系统，当 $\nu=0$ 时，稳态误差为

$$e(\infty) = \lim_{z\to 1} \frac{A(z)}{[A(z)+KB(z)]} = \frac{1}{K_p} \qquad (6\text{-}101)$$

式中，K_p 为数字随动系统的位置品质系数，K_p 无量纲，$K_p = \lim_{z\to 1}[1+G(z)]$。

式(6-101)表明，当输入为阶跃信号时，系统的稳态误差与位置品质系数 K_p 成反比。

(2) 对于 I 型系统，当 $\nu=1$ 时；对于 II 型系统，当 $\nu=2$ 时，稳态误差为

$$e(\infty) = 0 \qquad (6\text{-}102)$$

由式(6-101)和式(6-102)可以看出，在稳定状态下，0 型、I 型和 II 型系统都能跟踪阶跃输入信号；但 0 型系统跟踪阶跃输入信号存在一定误差。

2. 当 $r(t)=t$ 时，$R(z)=Tz/(z-1)^2$

将 $R(z)$ 代入式(6-99)，可得

$$\begin{aligned}
e(\infty) &= \lim_{z\to 1} \frac{(z-1)^{\nu+1}A(z)}{z[(z-1)^{\nu}A(z)+KB(z)]} \frac{Tz}{(z-1)^2} \\
&= \lim_{z\to 1} \frac{T(z-1)^{\nu-1}A(z)}{[(z-1)^{\nu}A(z)+KB(z)]} \qquad (6\text{-}103)
\end{aligned}$$

（1）对于 0 型系统，当 $\nu=0$ 时，稳态误差为

$$e(\infty)=\infty \tag{6-104}$$

（2）对于 Ⅰ 型系统，当 $\nu=1$ 时，稳态误差为

$$e(\infty)=\lim_{z\to 1}\frac{TA(z)}{[(z-1)A(z)+KB(z)]}=\frac{T}{K_v} \tag{6-105}$$

式中，K_v 为数字随动系统的速度品质系数，$K_v=\lim\limits_{z\to 1}(z-1)[1+G(z)]$，单位为 1/s。显然，在斜坡输入信号作用下，系统的稳态误差与速度品质系数 K_v 成反比。

（3）对于 Ⅱ 型系统，当 $\nu=2$ 时，稳态误差为

$$e(\infty)=\lim_{z\to 1}\frac{(z-1)A(z)}{[(z-1)^2A(z)+KB(z)]}=0 \tag{6-106}$$

由式(6-104)~式(6-106)可以看出，在稳定状态下，0 型系统不能跟踪速度输入信号，Ⅰ型和 Ⅱ 型系统都能跟踪速度输入信号，但 Ⅰ 型系统跟踪速度输入存在一定误差。

3. 当 $r(t)=\dfrac{1}{2}t^2$ 时，$R(z)=\dfrac{T^2z(z+1)}{2(z-1)^3}$

将 $R(z)$ 代入式(6-99)，可得

$$
\begin{aligned}
e(\infty)&=\lim_{z\to 1}\frac{(z-1)^{\nu+1}A(z)}{z[(z-1)^\nu A(z)+KB(z)]}\frac{T^2z(z+1)}{2(z-1)^3}\\
&=\lim_{z\to 1}\frac{T^2(z-1)^{\nu-2}(z+1)A(z)}{2[(z-1)^\nu A(z)+KB(z)]}
\end{aligned} \tag{6-107}
$$

（1）对于 0 型系统，当 $\nu=0$ 时；对于 Ⅰ 型系统，当 $\nu=1$ 时，稳态误差为

$$e(\infty)=\infty \tag{6-108}$$

（2）对于 Ⅱ 型系统，当 $\nu=2$ 时，稳态误差为

$$e(\infty)=\lim_{z\to 1}\frac{T^2(z+1)A(z)}{2[(z-1)^2A(z)+KB(z)]}=\frac{T^2}{K_a} \tag{6-109}$$

式中，K_a 为数字随动系统的加速度品质系数，$K_a=\lim\limits_{z\to 1}(z-1)^2[1+G(z)]$，单位为 $1/s^2$。

由式(6-109)可以看出，在加速度输入信号作用下，系统的稳态误差与加速度品质系数 K_a 成反比。

由式(6-108)和式(6-109)可以看出，在稳定状态下，0 型和 Ⅰ 型系统都不能跟踪加速度输入信号；只有 Ⅱ 型系统才能跟踪得上，但存在一定误差。

综合以上分析，对应不同的 ν 和 $R(z)$ 的数字随动系统其稳态误差及稳态品质系数如表 6-5 所示。

表 6-5　数字随动系统稳态误差及稳态品质系数表

系统类型	ν	稳态品质系数			稳态误差		
		位置	速度	加速度	位置	速度	加速度
0 型	0	K_p	0	0	$1/K_p$	∞	∞
Ⅰ 型	1	∞	K_v	0	0	T/K_v	∞
Ⅱ 型	2	∞	∞	K_a	0	0	T^2/K_a

数字随动系统稳态品质系数 K_p、K_v 和 K_a 描述了系统对减小或消除稳态误差的能力，因此，它们也是数字随动系统稳态特性的一种表示方法。为了改善系统的性能，可以减小采样周期或提高系统的类型。但是采样周期的变化还要受到其他条件的约束，提高系统的类型也会给系统的稳定性带来困难，所以常用的系统一般都不超过 II 型。

6.4.3　减小或消除原理稳态误差的措施

为了减小系统在输入信号和扰动作用下的稳态误差，可以采取以下措施。

1. 增大系统开环增益或扰动作用点之前系统的前向通道增益

由表 6-4 和表 6-5 可知，增大系统开环增益后，对于 0 型系统可以减小系统在阶跃输入信号作用下的位置误差；对于 I 型系统可以减小系统在速度输入信号作用下的速度误差；对于 II 型系统可以减小系统在加速度输入信号作用下的加速度误差。

例 6.3　设比例控制系统如图 6-20 所示。图中 $R(s)=r_0/s$ 为阶跃输入信号；$M(s)$ 为比例控制器输出转矩，用来改变被控对象的位置；$N(s)=n_0/s$ 为阶跃扰动转矩，试求系统的稳态误差。

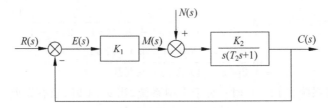

图 6-20　比例控制系统结构图

解　由图 6-20 可知，本系统为 I 型系统。

(1) 令 $N(s)=0$，由表 6-4 可知，系统对阶跃输入信号的稳态误差为零。

(2) 令 $R(s)=0$，则系统在扰动作用下输出的实际值为

$$C_n(s) = \frac{K_2}{s(T_2 s + 1) + K_1 K_2} N(s)$$

而输出量的希望值为零，因此误差信号

$$E_n(s) = \frac{-K_2}{s(T_2 s + 1) + K_1 K_2} N(s)$$

根据终值定理，可得系统在阶跃扰动转矩作用下的稳态误差

$$e_{ssn} = \lim_{s \to 0} s E_n(s) = \lim_{s \to 0} s \frac{-K_2}{s(T_2 s + 1) + K_1 K_2} \frac{n_0}{s} = -\frac{n_0}{K_1}$$

系统在阶跃扰动转矩作用下存在稳态误差的物理意义是：稳态时，比例控制器产生一个与扰动转矩 n_0 大小相等而方向相反的转矩 $-n_0$ 以进行平衡，该转矩折算到比较装置输入端的数值为 $-n_0/K_1$，K_1 也称为伺服刚度。

由分析可知，增大扰动作用点之前的比例控制器增益 K_1，可以减小系统对阶跃扰动转矩的稳态误差。增大扰动点之后系统前向通道增益 K_2，不会改变系统对扰动的稳态误差数值。

2. 在系统的前向通道或主反馈通道设置串联积分环节

1）主反馈通道无 $s=0$ 的零点和极点

如图 6-21 所示为非单位反馈控制系统，设 $G_1(s)=\dfrac{M_1(s)}{s^{v_1}N_1(s)}$，$G_2(s)=\dfrac{M_2(s)}{s^{v_2}N_2(s)}$，$H(s)=\dfrac{H_1(s)}{H_2(s)}$，其中，$N_1(s)$、$M_1(s)$、$N_2(s)$、$M_2(s)$、$H_1(s)$ 及 $H_2(s)$ 均不含 $s=0$ 的因子。ν_1 和 ν_2 为系统前向通道的积分环节数目。

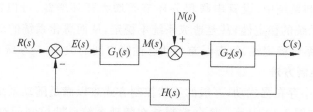

图 6-21 非单位反馈控制系统结构图

系统对输入信号 $R(s)$ 的误差传递函数为

$$\Phi_e(s)=\frac{1}{1+G_1(s)G_2(s)H(s)}=\frac{s^{\nu}N_1(s)N_2(s)H_2(s)}{s^{\nu}N_1(s)N_2(s)H_2(s)+M_1(s)M_2(s)H_1(s)}$$

(6-110)

式中，$\nu=\nu_1+\nu_2$。

从式(6-110)可以得出以下结论：

（1）系统前向通道所含串联积分环节数目 ν，与误差传递函数 $\Phi_e(s)$ 所含 $s=0$ 的零点数目 ν 相同，决定了系统响应输入信号的类型；

（2）由动态误差函数定义可知，当 $\Phi_e(s)$ 含有 ν 个 $s=0$ 的零点时，必有 $c_i=0(i=0,1,\cdots,\nu-1)$。于是，只要 $\Phi_e(s)$ 在系统前向通道中设置 ν 个串联积分环节，必可消除系统在输入信号 $r(t)=\sum\limits_{i=0}^{\nu-1}r_i t^i$ 作用下的稳态误差。

2）如果系统主反馈通道传递函数含有 ν_3 个积分环节

设 $H(s)=\dfrac{H_1(s)}{s^{v_3}H_2(s)}$，系统对扰动作用的误差传递函数为

$$\Phi_{en}(s)=-\frac{G_2(s)}{1+G_1(s)G_2(s)H(s)}$$

$$=-\frac{s^{\nu_1+\nu_3}N_1(s)M_2(s)H_2(s)}{s^{\nu}N_1(s)N_2(s)H_2(s)+M_1(s)M_2(s)H_1(s)}$$

(6-111)

式中 $\nu=\nu_1+\nu_2+\nu_3$。由于 $\Phi_{en}(s)$ 具有 $\nu_1+\nu_3$ 个 $s=0$ 的零点，其中 ν_1 为系统扰动作用点前的前向通道所含的积分环节数，ν_3 为系统主反馈通道所含的积分环节数，根据系统对扰动的动态误差系数 c_{in}，有 $c_{in}=0(i=0,1,\cdots,v_1+v_3-1)$，从而系统响应扰动信号 $n(t)=\sum\limits_{i=0}^{\nu_1+\nu_3-1}n_i t^i$ 时的稳态误差为零。这类系统称为响应扰动信号的 $\nu_1+\nu_3$ 型系统。

由于扰动误差传递函数 $\Phi_{en}(s)$ 所含 $s=0$ 的零点数等价于系统扰动作用点前的前向通

道串联积分环节数 v_1 与反馈通道积分环节数 v_3 之和,可以得到如下结论:

（1）扰动作用点之前的前向通道积分环节数与主反馈通道积分环节数之和决定系统响应扰动作用的类别,该型别与扰动作用点之后前向通道的积分环节数无关;

（2）如果在扰动作用之前的前向通道或主反馈通道中设置 v 个积分环节,必可消除系统在扰动信号 $n(t) = \sum_{i=0}^{v-1} n_i t^i$ 作用下的稳态误差。

总之,由上面分析可以看出:

（1）在反馈控制系统中,设置串联积分环节或增大开环增益,可以消除或减小稳态误差,必然导致降低系统的稳定性,甚至造成系统不稳定,从而恶化系统的动态性能。

（2）综合考虑系统稳定性、稳态误差与动态性能之间的关系,是系统设计的重要内容。

3. 采用复合控制方法

如果随动系统中存在强扰动,一般的反馈控制方式难以满足随动系统高精度要求,则采用复合控制方式,如图 1-10 所示。复合控制是在随动系统反馈控制回路中加入前馈通路,组成一个前馈控制与反馈控制相结合的系统,只要选择合适的参数,就可极大地提高系统的稳态精度,并可抑制系统的振动,保持系统的稳定性。

复合控制方法的有关内容将在后续章节中介绍。

下面通过一个应用来说明如何通过设计来满足系统的精度要求。

在如图 6-22 所示的电动转台随动系统中,除输入装置和反馈装置外,摩擦力矩造成的伺服电动机死区是引起静态误差的主要原因,其次是运算放大器和功率放大器的漂移。功率放大器的性能通过引入电流反馈回路及电流环可以得到改善,则各类放大器造成的静态误差主要取决于运算放大器的漂移。已知运算放大器的时间漂移每 4h 小于 $100\mu V$,位置检测元件的灵敏度为 $K_\theta = 8.1V/rad$,相当于每角分 $2.35mV$,位置检测元件输出通过电位计接到位置环综合放大器,电位计的分压系数为 $B_\theta = 1$。若各个运算放大器的漂移引起的静态误差折算成角位置不会大于 e_3。选择和设计主要元器件时已经保证输入装置引起的误差不大于 e_1,反馈装置引起的静态误差不大于 e_2。可以通过合理的设计,使电动机死区造成的误差不大于 e_4,能够保证随动系统的静态精度指标。

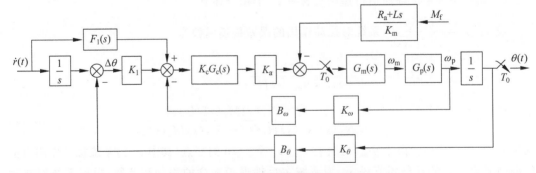

图 6-22　电动转台随动系统结构图

实际测出伺服电动机的死区电压为 $300mV$,已知允许电动机死区造成的静态误差为

$$\Delta\theta = e_4 = 1'$$

如果速度环采用比例校正,即取 $G_c(s) = 1$,则由图 6.22 可得

$$\Delta\theta K_\theta B_\theta K_1 K_c K_a \geqslant 300\text{mV}$$

$$K_\theta B_\theta K_1 K_c K_a \geqslant \frac{300\text{mV}}{1'} = 1031\text{V/rad}$$

已知 $K_\theta = 8.1\text{V/rad}$，取 $B_\theta = 1$，即将反馈电位器输出直接接到位置环综合放大器输入端，则由上式可得

$$K_1 K_c K_a \geqslant \frac{1031}{8.1} = 127$$

这就是说，如果速度环采用比例校正，为了保证电动机死区引起的静态误差不大于 $1'$，K_1、K_c、K_a 的乘积不小于 127。

如果速度环采用比例加积分校正，即令

$$K_c G_c(z) = \frac{K_c(\tau_1 s + 1)}{\tau_0 s}$$

式中，τ_0——控制器的积分时间常数；

$\quad\;\; \tau_1$——控制器的微分时间常数。

摩擦力矩 M_f 通过环节 $\dfrac{R+Ls}{K_m}$ 作用于电动机轴。

若 $G_m(s) = \dfrac{K}{(T_1 s + 1)}$，$G_p(s) = \dfrac{1}{(T_p^2 s^2 + 2\xi_p T_p s + 1)}$，由图 6-22 求出输出转角 θ 同摩擦力矩之间的传递函数为

$$
\begin{aligned}
\frac{\theta(s)}{M_f(s)} &= \frac{\dfrac{R+Ls}{K_m}[G_m(s)\cdot G_p(s)/s]}{1 + G_m(s)G_p(s)K_a K_c G_c(s)[K_1 B_\theta K_\theta + B_\omega K_\omega s]/s} \\
&= \frac{K\tau_0 s(R+Ls)/K_m}{\tau_0 s^2(T_1 s + 1)(T_p^2 s^2 + 2\xi_p T_p s + 1) + K_a K_c K(\tau_1 s + 1)(K_1 B_\theta K_\theta + B_\omega K_\omega s)}
\end{aligned}
$$

$$(6\text{-}112)$$

式(6-112)中摩擦力矩 M_f 可看作常数，并令 $M_f = m$，它的拉普拉斯转换为 $M_f = m/s$。运用终值定理，可求出在 M_f 作用下 θ 的稳态值为

$$\theta(\infty) = \lim_{s\to 0} \frac{smK\tau_0(R+Ls)K_m}{\tau_0 s^2(T_1 s + 1)(T_p^2 s^2 + 2\xi_p T_p s + 1) + K_a K_c K(\tau_1 s + 1)(K_1 B_\theta K_\theta + B_\omega K_\omega s)} = 0$$

通过稳态误差分析，可以得出以下结果：如果速度环采用比例校正，那么为了保证伺服电动机死区造成的静态误差不大于 $1'$，必须满足 K_1、K_c、K_a 的乘积不小于 127；如果速度环采用比例加积分校正，那么在理论上可以消除电动机死区造成的静态误差，从静态精度的角度来看，对 K_1、K_c、K_a 的数值没有要求。

6.5　随动系统的误差分配

在一般随动系统的设计中，除了给定被控对象及其运动规律外，最重要的就是控制精度。

控制精度的高低与测量元件的选择、控制方式、系统电路等都密切相关。影响精度和产生误差原因主要有原理误差、元件误差、干扰及随机噪声误差等。

如何在随动系统设计中考虑这些误差,使其满足系统的精度要求,就要对元件的选择和系统的设计综合考虑,并对误差进行合理分配。不仅要考虑元件的精度、控制精度,还要考虑经济性和可靠性等。所以,只能根据实际情况来进行误差分配。

误差分配原则主要有以下几个方面:

(1) 动态误差为静差的 3~4 倍。静差包括测量元件的误差、放大元件、执行元件、动力传动系统和机械的非线性误差。动态误差包括对信号的跟踪误差和干扰引起的误差。如某随动系统静态误差要求不大于 $7'$,动态误差要求不大于 $14'$。

(2) 在静差分配中,测量元件的静误差占总静差的一半,机械传动和电气部分各占 1/4。

(3) 根据元器件的实际水平合理分配,尽力使各部分都能达到误差要求,而不致于有的部分难以实现,有的部分过于容易。

(4) 能够通过采取一些措施使其误差减小的部分,所分配的误差要小一些;反之所分配的误差应大一些。如可通过双通道测量电路提高测量精度,则对元件的精度要求可低一些。

(5) 分配误差时,要考虑到元件本身可能达到的精度,本身精度较高的元件,所分配的误差要小一些;本身精度不高的元件,所分配的误差要大一些,除此,还要考虑到成本,因为精度高的元件其成本也高,所以不能过于追求高精度而不考虑成本。

(6) 设计要留有一定的余地,便于系统联调时有机动余量并能适应环境变化对元件影响带来的误差,或在进一步设计校核后进行必要的调整。

例 6.4　某小功率随动系统结构图如图 6-23 所示,设计指标要求:位置输入下静态误差 $e_0 \leqslant 1$ 密位(1 密位 $= 0.06°$);速度跟踪误差 $e_v \leqslant 2$ 密位;最大工作速度为 1000 密位/秒;若以系统工作平均温度变化 30℃ 计,放大器温度漂移折合到放大器输入端为 $10\mu V/℃$;若电动机和减速器已经选好,则其传递系数 $K_3 = 27.6$ 密位/伏·秒,电动机因负载和静摩擦等引起的死区电压为 10V。计算系统的开环增益,并考虑放大倍数的分配。

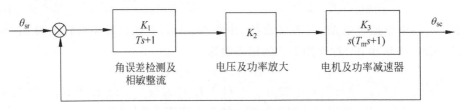

图 6-23　随动系统结构图

解　根据要求,最大的工作速度 $\dot{\theta}_{sr.max} = 1000$ 密位/秒,速度误差 $e_v \leqslant 2$ 密位,根据速度品质系数与速度误差的关系,可得出系统的速度品质系数为

$$K_v \geqslant \frac{\dot{\theta}_{sr\cdot max}}{e_v} = \frac{1000}{2} = 500(1/s)$$

由图 6-23 可知,该系统是 Ⅰ 型系统,所以系统开环增益为

$$K = K_v = 500(1/s)$$

根据系统应满足静态误差要求,进行放大倍数的分配。Ⅰ 型系统对位置输入信号是无静差的,但由于所给系统电动机存在死区和放大器的零点漂移,系统在位置输入信号下仍存在元件引起的静误差,即静误差为

$$e_v = e_1 + e_2 \leqslant 1\ 密位$$

式中，e_1——放大器零点漂移引起的误差；

e_2——电动机死区引起的误差。

由已知条件可知，放大器的零点漂移折合到放大器输入端系数为 $U_0 = 10\mu V/℃$，平均温度变化 30℃时，折合到放大器输入端的漂移电压为

$$U_{10} = 30U_0 = 30 \times 10 = 300(\mu V) = 0.3 mV$$

放大器零点漂移引起的误差为

$$e_1 = \frac{U_{10}}{K_1}$$

已知 $K = K_1 K_2 K_3 = 500\ 1/s$，且 $K_3 = 27.6$ 密位/伏·秒，则

$$K_1 K_2 = \frac{K}{K_3} = \frac{500}{27.6} = 18.12(密位 / 伏)$$

为了克服电动机的静摩擦力矩等引起的死区，电动机两端电压 U_d 必须大于死区电压 U_{d0}，电动机才能正常工作，则电动机死区引起的误差为

$$e_2 = \frac{U_{d0}}{K_1 K_2} = \frac{10}{18.12} = 0.55(密位)$$

为了保证系统的总静差 $e_0 \leqslant 1$ 密位，则放大器零点漂移所引起的误差为

$$e_1 = e_0 - e_2 = 1 - 0.55 = 0.45(密位)$$

所以检测和相敏整流环节的放大倍数为

$$K_1 \geqslant \frac{U_{10}}{e_1} = \frac{0.3 \times 10^{-3}}{0.45} = 0.67 \times 10^{-3}(伏 / 密位)$$

从上面计算可知，当系统开环放大倍数 $K \geqslant 500\ 1/s$ 时，检测和相敏整流环节的放大倍数 $K_1 \geqslant 0.67 \times 10^{-3}$（伏/密位）时，系统能同时满足速度误差和静态误差要求。

这里要注意的是，上述问题未考虑检测元件本身的固有误差。若检测元件存在固有误差，在计算中必须考虑。另外，还要注意的是，对于检测元件的固有误差，即使 Ⅱ 型系统，稳态误差也不能为零，因为系统实际所能达到的精度不可能超过检测元件的固有精度。

第7章

随动系统性能分析

位置随动系统的输出量（或称被控制量）一般是负载（或被控对象）的位移量，当给定的位置输入指令变化时，系统的输出量能准确无误地跟踪位置输入指令量的变化，并能复现位置输入量。随动系统性能的好坏与其性能指标有关，本章主要介绍随动系统的性能指标以及性能指标与系统特性之间的关系。

7.1 随动系统典型环节的数学模型

数学模型就是将系统中各变量之间的相互关系用数学的表示方法加以描述。建立随动系统的数学模型是随动系统设计工作的基础。随动系统设计的好坏，在很大程度上决定于对所研究对象的动态特性了解的程度。研究建立控制对象的模型，对于保证随动系统在最佳可靠条件下运动，改善系统的性能具有很重要的意义。

1. 一阶惯性（非周期）环节

$$W(s) = \frac{K}{Ts+1} \tag{7-1}$$

2. 纯延时加一阶惯性环节

$$W(s) = \frac{K}{Ts+1}e^{-\tau s} \tag{7-2}$$

3. 二阶振荡环节

$$W(s) = \frac{K}{T^2 s^2 + 2\zeta Ts + 1} \tag{7-3}$$

4. 纯延时加二阶振荡环节

$$W(s) = \frac{K}{T^2 s^2 + 2\zeta Ts + 1}e^{-\tau s} \tag{7-4}$$

5. 积分环节

$$W(s) = \frac{K}{Ts} \tag{7-5}$$

6. 积分加惯性环节

$$W(s) = \frac{K}{T_1 s (T_2 s + 1)} \tag{7-6}$$

7. 积分加延时环节

$$W(s) = \frac{K}{Ts} e^{-\tau s} \tag{7-7}$$

8. 积分加惯性延时环节

$$W(s) - \frac{K}{T_1 s (T_2 s + 1)} e^{-\tau s} \tag{7-8}$$

7.2 随动系统性能指标

随动系统的类型很多,被控对象多种多样,如何衡量一个系统品质的优劣,应该从系统的性能指标来分析和检验系统的品质。衡量系统品质的指标大体上可以分为两类:一类是稳态品质指标;另一类为动态品质指标。工程上对实际随动系统的技术指标有很具体的要求,这些要求规定了所要设计的系统的各种性能指标,同时也是随动系统设计的基本依据。对系统的技术要求一般以"设计任务书"等形式给出。由于实际的随动系统有着各种不同的用途和工作环境,因而其技术要求也不尽相同。总的来说,技术指标可归纳为以下几方面:

(1) 系统的基本性能要求,即对系统的稳态性能和动态性能要求;

(2) 系统工作体制、可靠性、使用寿命等方面的要求;

(3) 系统的工作环境要求,如温度、湿度、防潮、防化、防辐射、抗振动、抗冲击等方面的要求;

(4) 系统体积、容量、结构外形、安装特点等方面的要求;

(5) 系统的制造成本、运行的经济性、标准化程度、能源条件等方面的要求。

在实际随动系统的工程设计中,这些问题涉及的范围很广。本书仅对系统的基本性能要求,围绕着机械运动的规律和运动参数的要求,讨论随动系统的稳态性能和动态性能的一般要求。

在工程上为了研究方便,常把随动系统近似简化为一阶和二阶系统,根据 7.1 节给出的模型应用控制系统的分析方法讨论随动系统的性能指标。

7.2.1 随动系统动态性能指标

系统的动态性能指标反映了系统处于过渡过程状态中的性能,是衡量随动系统的重要指标。动态性能指标通常分为 3 类:时域指标、闭环频域指标和开环频域指标。3 类指标从不同角度对随动系统提出了要求。时域指标最直观,易于检验;闭环频域指标能较好地反映系统的快速性和稳定程度;开环频域指标便于设计计算。

1. 时域动态指标

对于一般的控制系统,通常是以单位阶跃信号作用下系统的输出响应来衡量系统的品质,衰减振荡过程如图 7-1 所示。工程上常常以下面几个特征量作为衡量这一过程品质。

(1) 延迟时间 t_d 是指响应曲线第一次达到稳态值的 1/2 所需要的时间。

(2) 上升时间 t_r 是指响应曲线到达稳态值所需的时间。

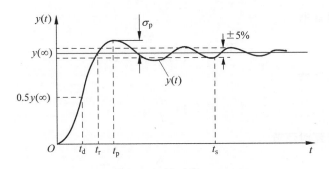

图 7-1　动态响应曲线

（3）峰值时间 t_p 是指响应曲线到达第一个峰值所需时间。

（4）超调量 $\sigma_p\%$ 定义为

$$\sigma_p\% = \frac{y(t_p) - y(\infty)}{y(\infty)} \times 100\% \tag{7-9}$$

式中，$y(t_p)$——t_p 时刻 $y(t)$ 的值；

$y(\infty)$——$t = \infty$ 时 $y(t)$ 的值，即稳态值。

（5）过渡过程时间 t_s 是指响应曲线进入并保持在稳态值的 $\pm 5\%$（或 $\pm 2\%$）的允许误差范围内所需的时间。

（6）振荡次数 N 是指响应曲线在过渡过程中在稳态值上下振荡的次数。

给出以上这些指标，系统的过渡过程也就基本确定了。实际上最常用的是过渡过程时间 t_s 和超调量 $\sigma_p\%$，它们更具典型性和代表性。过渡过程时间 t_s 反映了系统的快速性，超调量 $\sigma_p\%$ 反映了系统的相对稳定性或阻尼程度。在以上指标中，过渡过程时间 t_s 越小，表明系统快速跟随性能越好；超调量 $\sigma_p\%$ 小，表明系统在跟随过程中比较平稳。在实际应用中，快速性和稳定性往往是互相矛盾的，降低了超调量就会延长过渡过程，缩短过渡过程又会增大超调量。因此在随动系统设计中应综合考虑对系统的性能指标的要求，不应过分地追求某一项指标达到最佳。

2. 闭环频域动态性能指标

闭环频域动态性能指标是对闭环幅频特性的几个主要特征提出要求。图 7-2 为典型闭环幅频特性图。这种典型闭环幅频特性曲线随频率 ω 变化的特征可用以下指标进行描述。

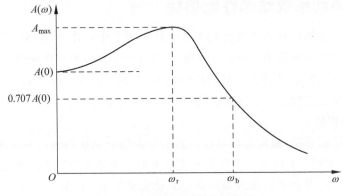

图 7-2　典型闭环幅频特性曲线

（1）闭环幅频特性的零频值 $A(0)$。

（2）闭环幅频特性的最大值为闭环峰值 $M_r = A_{max}$，也称为闭环振荡指标。振荡指标 M_r 小，则系统不容易振荡；M_r 大，则系统振荡剧烈。因此，M_r 反映了系统的稳定性。工程上实用的随动系统其闭环峰值 M_r 一般为 1.2～1.6，最大不超过 2。

（3）谐振频率 ω_r 是指闭环峰值 M_r 对应的频率。

（4）系统的带宽 ω_b 是指系统闭环幅频特性下降到 $0.707A(0)$ 时所对应的频率。ω_b 越大，则系统对输入的反应越快，即过渡过程时间越短。因此，ω_b 反映了系统的快速性。

3. 开环频域动态性能指标

设系统的开环 Bode 图如图 7-3 所示。系统开环频域指标通常是系统的截止频率 ω_c、相角裕度 γ 或幅值裕度 K_g。

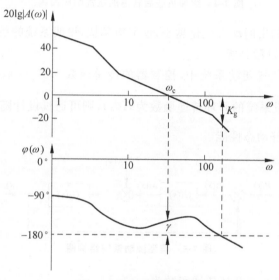

图 7-3　开环系统 Bode 图

ω_c 反映了系统的快速性，与闭环频带宽度 ω_b 有密切的关系。在截止频率 ω_c 处，使系统达到临界稳定所需要附加的相位滞后量称为相角裕度 γ，它在一定程度上反映了系统的相对稳定性，它和闭环的谐振峰值 M_r 关系密切。当相角为 180° 时，对应幅值曲线的负分倍数称为增益裕量 K_g，它在一定程度上也反映了系统的相对稳定性。

4. 对扰动输入的抗扰性能指标

抗扰动性能是指当系统的给定输入不变时，即给定量为定值时，在受到阶跃扰动后输出克服扰动对系统输出稳定的能力的影响。系统抗扰能力的动态指标是最大动态变化（降落或上升）和恢复时间。以调速系统为例，调速系统突加负载时，力矩 $M(t)$ 与转速 $n(t)$ 的动态响应曲线，如图 7-4 所示。

（1）最大动态速降 $\Delta n_m \%$ 表明系统在突加负载后及时作出反应的能力，即

$$\Delta n_m \% = \frac{\Delta n_m}{n(\infty)} \times 100\% \tag{7-10}$$

（2）恢复时间 t_f 是扰动作用进入系统的时刻到输出量恢复到误差带内（一般取稳态值的 $\pm 2\%$ 或 $\pm 5\%$）所经历的时间。

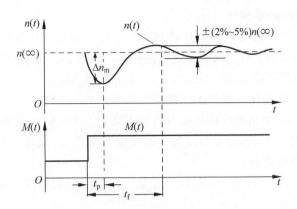

图 7-4　突加负载后转速的抗扰响应曲线

通常阶跃扰动下输出的动态变化越小,恢复得越快,说明系统的抗扰能力越强。

5. 随动系统动态过程分析

在如图 7-5 所示位置随动系统中,控制器的传递函数为 $G_1(s)$,控制对象传递函数为 $G_2(s) = \dfrac{K_2}{s(Ts+1)}$。设系统的开环传递函数为 $G(s)$,则可通过设计随动系统的结构与参数来获得整个系统的良好动态性能。

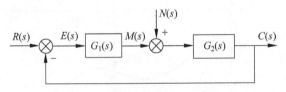

图 7-5　典型随动系统结构图

若 $G_1(s) = K_1$,则系统开环传递函数为

$$G(s) = G_1(s)G_2(s) = \frac{K_1 K_2}{s(Ts+1)} = \frac{K}{s(Ts+1)} \tag{7-11}$$

式中,K——开环放大倍数(开环增益),$K = K_1 K_2$;

　　　T——时间常数。

1)跟随性能分析

讨论跟随性能时,令 $N(s) = 0$,则系统的闭环传递函数为

$$G_b(s) = \frac{K}{Ts^2 + s + K} = \frac{\dfrac{K}{T}}{s^2 + \dfrac{1}{T}s + \dfrac{K}{T}} \tag{7-12}$$

对照二阶系统的标准形式 $G(s) = \dfrac{\omega_n^2}{s^2 + 2\xi\omega_n s + \omega_n^2}$,可得自然频率 $\omega_n = \sqrt{\dfrac{K}{T}}$,阻尼系数 $\xi = \dfrac{1}{2\sqrt{KT}}$。由此可见,表征系统动态性能的参数 ξ、ω_n 与系统的结构参数 K 和 T 有关。

由于时间常数 T 反映系统惯性的大小,决定于构成系统元部件的特性,系统一旦确定,往往

时间常数 T 就确定了,不会随意变动,而开环放大倍数 K 值就有一个正确选择和确定的问题,因此有必要讨论开环放大倍数的选取与系统性能的关系。

工程上一般将系统设计在 $0<\xi<1$ 的欠阻尼状态,表 7-1 给出了二阶典型系统阶跃响应指标与系统参数的关系。

表 7-1 二阶典型系统阶跃响应指标与系统参数的关系

开环放大位数 K	$\dfrac{1}{4T}$	$\dfrac{1}{3.24T}$	$\dfrac{1}{2.56T}$	$\dfrac{1}{2T}$	$\dfrac{1}{1.44T}$	$\dfrac{1}{T}$	$\dfrac{6.25}{T}$
阻尼系数 ξ	1.0	0.9	0.8	0.707	0.6	0.5	0.1
超调量 $\sigma\%$	0	0.15	1.5	4.3	9.5	16.3	73
$t_s(5\%)/T$	9.5	7.2	5.4	4.2	6.3	5.3	6.0

由表 7-1 可见,随着开环放大倍数 K 的增大,ξ 值单调变小,超调量 $\sigma\%$ 逐渐增大,而调节时间 t_s 先是从大到小,后又开始增大,这主要是由于系统在快速调节中产生了较大的超调,甚至出现振荡的倾向,导致进入误差带的时间延长。

在表 7-1 中,当 $K=1/2T$ 时,系统的动态性能指标为 $\sigma\%=4.3\%$,$t_s(5\%)=4.2T$。考虑综合性能指标,系统在该参数情况下,既有较快的响应速度,又没有出现过大的超调,被认为是一种二阶系统的"工程最佳参数",在工程上也常把 $\xi=0.707$ 时的阶跃响应过程称为典型二阶系统的最佳动态过程。

2) 抗扰性能分析

讨论抗扰性能时,设系统输入 $R(s)=0$,系统输出 $C(s)$ 对扰动作用 $N(s)$ 的传递函数为

$$G_n(s)=\frac{C(s)}{N(s)}$$

随动系统的抗扰性能是系统应使各种扰动输入对系统跟踪精度的影响减至最小。

对于二阶典型随动系统,当负载扰动输入后,希望同时做到动态变化与恢复时间两项指标最小,但有时存在矛盾。经分析得出,调节对象(即负载扰动作用点之后的环节)的时间常数愈大,则输出响应的最大动态变化愈小,而恢复时间愈长;反之,时间常数愈小,动态变化愈大,但恢复时间愈短。

另一方面,如果随动系统在给定输入作用下输出响应的超调量较大、过程时间较短,则它的抗扰性能就较好;而超调量较小、过程时间较长的系统,恢复时间就较长(除非调节对象的时间常数很小)。这就是典型随动系统的跟随性能与抗扰性能之间存在的内在制约和矛盾的地方,也是这类闭环控制系统固有的局限性。

7.2.2 随动系统的稳定性

随动系统能正常工作的首要条件就是"稳定",稳定性能是系统非常重要的性能指标。在随动系统的实际运行中,总会受到外界或内部扰动(如负载的变化、电压的波动、参数的变化等),系统偏离原有的平衡工作状态,其输出量也会偏离原稳态值。稳定性就是指系统在扰动消失之后,能够在有限的时间内以足够的精度由扰动产生的偏差状态恢复到原来的平衡状态或达到一个新的平衡状态,则称此系统为稳定系统;反之,如果系统偏离工作状态越来越远,在扰动消失后,也不能恢复平衡状态,则称此系统是不稳定系统。

对于一般线性系统,系统稳定的充分必要条件是该系统特征方程所有根的实部均为负数。通常采用的判别系统稳定性的方法是劳斯代数稳定判据和乃奎斯特频率稳定判据。稳定性是系统能正常工作的必要条件,各种稳定判据提出的是系统稳定与否的临界条件。在工程上,为了确保系统能稳定可靠地工作,还引入了稳定裕度的概念。在系统设计时,都以满足稳定裕度作为系统稳定的条件,也就是使系统有足够的稳定裕度。稳定裕度包括幅值稳定裕度 K_g 和相角稳定裕度 γ。

7.2.3　随动系统的稳态性能指标

对随动系统的基本要求之一就是准确性。准确性反映的就是系统的稳态特性,即系统的精度,其主要指标是稳态误差。稳态误差不仅与系统的结构、参数有关,还与外加信号的作用点、形式及大小有关。随动系统的稳态性能指标主要是定位精度,指的是系统过渡过程终了时实际状态与期望状态之间的偏差程度。

对于系统的稳态误差已在第 6 章介绍过,此处不再赘述。

随动系统通常设计成无静差系统,即当系统静止协调时,没有位置误差。但实际系统存在非线性因素,如测角元件的分辨率有限,系统输出端机械运动部分存在干摩擦,等等,都将给系统造成一定的静误差。

在随动系统中,对系统跟踪状态下的稳态误差也有要求,通常用速度误差 e_v、加速度误差 e_a 和正弦误差 e_m 描述。

速度误差 e_v 是指在匀速跟踪状态下,系统输出轴跟随输入轴等速运动时,两轴之间存在的稳态误差角,常简称为速度误差。

加速度误差 e_a 是指在匀加速跟踪状态下,系统输出轴跟随输入轴等加速运动时,两轴之间存在的稳态误差角,常简称为加速度误差。

正弦误差 e_m,是指系统以最大的角速度 Ω_{max} 和最大角加速度 ε_{max} 正弦跟踪时,即输出轴跟随输入轴作正弦运动时,两轴之间误差角的最大值。

此外,对系统稳态性能指标还有前面介绍的描述方法,如位置品质系数 K_p、速度品质系数 K_v、加速度品质系数 K_a 等。速度品质系数 K_v 和加速度品质系数 K_a 与跟踪误差有一定关系,其表达式为

$$K_v = \frac{\Omega}{e_v}(1/s) \tag{7-13}$$

$$K_a = \frac{\varepsilon}{e_a}(1/s^2) \tag{7-14}$$

式中,Ω——系统等速跟踪运动的角速度;

e_v——与等速跟踪输入对应的速度误差角;

ε——系统等加速跟踪时的角加速度;

e_a——与等加速跟踪输入对应的加速度误差角。

7.2.4　随动系统跟踪性能指标要求

对随动系统跟踪性能主要有以下要求:

(1) 系统最低平稳跟踪角速度 ω_{min}(或最小平稳线速度 v_{min} 或最小转速 n_{min})。这是系

统输出轴平稳跟随输入轴作等速运动时,系统输出轴不出现明显的步进现象所能达到的最低速度。

（2）系统最大跟踪角速度 ω_{max}（或最大平稳线速度 v_{max} 或最大转速 n_{max}）。这是系统输出轴跟随输入轴,且不超过最大跟踪误差 e_v 的前提下,系统所能达到的最高速度。

（3）最大跟踪角加速度 ε_{max}（或最大线加速度 a_{max}）。这是系统输出轴跟随输入轴,在不超过最大跟踪误差 e_a 的前提下,系统所能达到的最高加速度。

（4）极限角速度 Ω_k（或极限线速度 v_k 或极限转速 n_k）、极限角加速度 ε_k（或者极限线加速度 a_k）均指在不考虑跟踪精度的情况下,系统输出轴所能达到的极限速度和极限加速度。

7.3　系统性能指标与系统特性的关系

控制系统的特性通常用它的数学模型来描述和用频率特性来表示,那么,随动系统的性能指标与系统的特性就有必然的关系。由于性能指标是系统设计的基础,所以应分析系统性能指标与系统特性之间的关系。

7.3.1　系统特性与稳态精度的关系

系统的稳态精度是用稳态误差的数值来衡量的。随动系统的稳态误差,不仅与系统的特性有关,而且与输入信号的类型有关。常用来分析随动系统稳态误差的典型输入信号有4种,即阶跃信号、斜坡信号（或称等速信号）、抛物线信号（或称等加速信号）和正弦信号（或称谐波信号）。

设随动系统的开环传递函数为

$$G(s) = \frac{K(1+b_1 s + b_2 s^2 + \cdots + b_m s^m)}{s^\nu(1+a_1 s + a_2 s^2 + \cdots + a_{n-\nu}s^{n-\nu})}, \quad n > m \tag{7-15}$$

设系统具有单位反馈（并不失一般性）,则系统的误差传递函数为

$$\Phi_e(s) = \frac{E(s)}{R(s)} = \frac{1}{1+G(s)}$$

$$= \frac{s^\nu(1+a_1 s + a_2 s^2 + \cdots + a_{n-\nu}s^{n-\nu})}{K(1+b_1 s + b_2 s^2 + \cdots + b_m s^m) + s^\nu(1+a_1 s + a_2 s^2 + \cdots + a_{n-\nu}s^{n-\nu})} \tag{7-16}$$

设系统输入函数的拉普拉斯变换用 $R(s)$ 表示,则系统的稳态误差可用终值定理求得

$$\lim_{t \to \infty} e(t) = \lim_{s \to 0} sE(s) = \lim_{s \to 0} s\Phi_e(s)R(s) \tag{7-17}$$

式中,$e(t)$ 和 $E(s)$ 分别代表系统误差及其拉普拉斯变换相函数。

从以上3式可以看出:系统稳态误差不仅与输入信号的形式及大小有一关,而且与系统开环增益 K 的大小和包含的积分环节数目 ν 有关。以系统开环对数幅频特性 $20\lg|G(j\omega)|$ 来看,系统稳态精度与 $20\lg|G(j\omega)|$ 特性低频段渐近线的斜率以及它（或它的延伸线）在 $\omega = 1$ 处的分贝数有关。

对于正弦输入信号的拉普拉斯相函数相当于一对共轭虚数极点,相应的系统稳态误差不可能趋于零。但从 $20\lg|G(j\omega)|$ 特性看,对应正弦信号角频率 ω 时,$20\lg|G(j\omega)|$ 的分贝数越高,系统的稳态误差（指误差振幅 e_m）将越小,通常稳态时系统 ω 是低频,故主要看 $20\lg|G(j\omega)|$ 低频段距 0dB 线的高度。

以上简单的分析表明：影响系统稳态精度的主要是系统的低频段特性,具体来讲,就看系统的开环增益的大小和串联积分环节的多少。

7.3.2 系统特性与动态性能指标的关系

系统的动态性能指标主要是指系统的单位阶跃响应品质,它与系统开环频率特性 $G(j\omega)$ 和闭环频率特性 $\Phi(j\omega)$ 有关。

1. 二阶系统频域指标与时域指标的关系

对没有零点的二阶系统而言,其闭环传递函数为

$$\Phi(s) = \frac{\omega_n^2}{s^2 + 2\xi\omega_n s + \omega_n^2} \tag{7-18}$$

阶跃响应指标与系统频率特性存在以下关系：

(1) 谐振峰值

$$M_r = \frac{1}{2\xi\sqrt{1-\xi^2}}, \quad \xi \leqslant 0.707 \tag{7-19}$$

(2) 谐振频率

$$\omega_r = \omega_n\sqrt{1-2\xi^2}, \quad \xi \leqslant 0.707 \tag{7-20}$$

(3) 带宽频率

$$\omega_b = \omega_n\sqrt{1-2\xi^2 + \sqrt{2-4\xi^2+4\xi^4}} \tag{7-21}$$

(4) 相角裕量

$$\gamma = \arctan\frac{2\xi}{\sqrt{1+4\xi^4}-2\xi^2} \tag{7-22}$$

(5) 截止频率

$$\omega_c = \omega_n\sqrt{\sqrt{4\xi^4+1^4}-2\xi^2} \tag{7-23}$$

(6) 超调量

$$\sigma_p\% = e^{-\pi(M_r-\sqrt{M_r^2-1})} \times 100\% \tag{7-24}$$

(7) 调节时间

$$t_s = \frac{3.5}{\xi\omega_n} \tag{7-25}$$

2. 高阶系统频域指标与时域指标的关系

对高阶系统而言,阶跃响应与系统闭环幅频特性的关系存在以下关系：

(1) 超调量

$$\sigma_p\% = [0.16 + 0.4(M_r-1)] \times 100\%, \quad 1 \leqslant M_r \leqslant 1.8 \tag{7-26}$$

由式(7-26)可以看出, $\sigma_p\%$ 与 M_r 之间仍有近似的对应关系, M_r 大则 $\sigma_p\%$ 大, M_r 小则 $\sigma_p\%$ 小。

(2) 调节时间

$$t_s = \frac{6\sim10}{\omega_c} \quad \text{或} \quad t_s = \frac{K\pi}{\omega_c}, \quad K = 2 + 1.5(M_r-1) + 2.5(M_r-1)^2 \tag{7-27}$$

3．开环幅频特性与闭环幅频特性的关系

根据系统的频域指标与时域指标之间的关系，由时域指标可确定出闭环频域指标。由于绘制系统开环幅频特性 $20\lg|G(\omega)|$ 比绘制闭环幅频特性 $|\Phi(\mathrm{j}\omega)|$ 容易，因此可利用控制理论介绍的 M 圆图，将开环幅频特性 $|G(\omega)|$ 与 M_r 联系起来，根据 M_r 可确定开环频域指标。

图 7-6 是在奈奎斯特（Nyquist）平面上表示 $G(\mathrm{j}\omega)$ 特性和与其相切的 M 圆，该圆的 M 值就是系统的谐振峰值 M_r。对于 $M>1$ 的圆均包围 $(-1,\mathrm{j}0)$ 点，且圆心均在负实轴上，M 值越大，其轨线距 $(-1,\mathrm{j}0)$ 点越近，$M=\infty$ 的圆即 $(-1,\mathrm{j}0)$ 点。

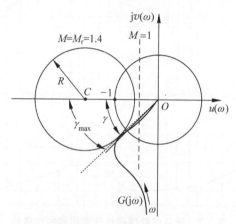

图 7-6 奈奎斯特开环特性 $M(\mathrm{j}\omega)$ 与 M 圆

已知 M 圆圆心到坐标圆点的距离 $C=\dfrac{M^2}{M^2-1}$，M 圆的半径 $R=\dfrac{M}{M^2-1}$，M 圆族即称为尼柯尔斯（Nichols）M 圆族。由图 7-6 可知，谐振峰值 M_r 所对应等 M 圆的最大和最小对数幅值分别为

$$L_M = 20\lg(C+R) = 20\lg\frac{M_r}{M_r-1} \tag{7-28}$$

$$L_m = 20\lg(C-R) = 20\lg\frac{M_r}{M_r+1} \tag{7-29}$$

它们正好对应系统开环对数幅频特性 $L(\omega)=20\lg|G(\omega)|$ 与 0dB 线相交的中频段，如图 7-7 所示。

由图 7-6 和图 7-7 可以看出，要想系统阶跃响应的最大超调量 $\sigma_p\%$ 小，要求谐振峰值 M_r 小，实质上是要求系统的相角裕量 γ 大。每个 M 圆所对应的最大相角裕量 $\gamma_{\max}$（见图 7-7）为

$$\gamma_{\max} = \arcsin\frac{R}{C} = \arcsin\frac{1}{M_r} \tag{7-30}$$

系统的相角裕量 $\gamma\approx\arcsin\dfrac{1}{M_r}$，图 7-8 给出了相角裕量 γ 与系统过渡过程的 $\sigma_p\%$ 之间的近似关系曲线，图中 ω_c 是系统开环对数幅频特性 $L(\omega)$ 穿越 0dB 线的穿越频率，也称开环截止频率（也称剪切频率），它与过渡过程时间 t_s 密切相关，两者近似成反比的关系。

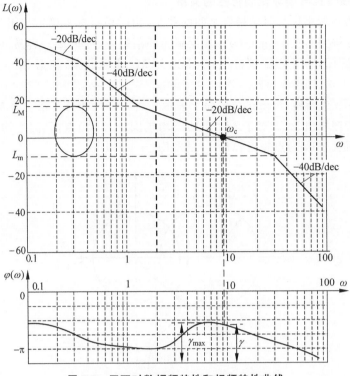

图 7-7　开环对数幅频特性和相频特性曲线

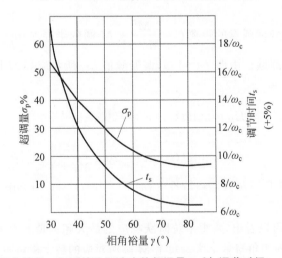

图 7-8　相角裕量 γ 与系统阶跃响应的超调量 $\sigma_p\%$，调节时间 t_s 之间的关系

第8章

随动系统的稳态设计

随动系统稳态设计是选择随动系统控制方案,初步确定和构成随动系统主回路。通常首先从系统应具有的输出能力(特别是快速性)要求,选定执行元件和传动装置;其次从系统精度要求出发,选择和设计检测装置;然后再设计系统信号主通道的其他各部分;最后完善电源线路的设计和其他辅助线路的设计,为随动系统进一步的动态设计奠定基础。本章主要介绍随动系统主回路元件和装置的设计及选择方法。

8.1   常用的随动系统控制方案

系统控制方案的选择要考虑到许多方面的因素,如系统的性能指标要求、元件的资源和经济性;工作的可靠性和使用寿命;可操作性能和可维护性能。通常要经过反复比较,才能最后确定。随动系统控制方案的分类已在第 1 章中介绍过,下面仅给出几种常用的典型控制方案。

1. 纯直流控制方案

纯直流控制系统因在结构上比较简单、容易实现而得到广泛应用。但是直流放大器的漂移较大,这种系统的精度较低,目前只用于精度要求低的场合。

2. 纯交流控制方案

纯交流控制系统如图 8-1 所示。这种控制方案结构简单,使用元件少,系统精度难以提高。通常,应用在精度要求不高的地方。

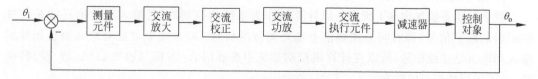

图 8-1   纯交流控制方案

在上述纯交流系统中,测量元件输出的误差信号中含有较大的剩余电压,这部分电压是由正交分量和高次谐波组成的。当系统的增益较大时,剩余电压可使放大器饱和而堵塞控制信号的通道,使系统无法正常工作,因而这种方案限制了增益的提高,也就限制了控制系统精度的提高。另外,交流校正装置的实现比较困难,这给控制系统的调整带来困难。由于上述原因,目前纯交流方案应用也较少。在要求较高的控制系统中,一般都采用交直流混合的控制方案。

3. 交直流混合控制方案

交直流混合控制系统如图 8-2 所示。与图 8-1 纯交流方案相比增加了相敏检波和滤波环节。如图 8-2 所示的控制方案是执行电动机为直流电动机的情况,若采用交流电动机,则在功放前面还应加一级将直流电压变为交流电压的调制器。交直流混合方案采用了相敏检波器,有效地抑制了零位的高次谐波和正交分量,同时采用直流校正装置也容易实现,使得控制系统的精度得到提高,因而得到广泛采用。在设计和调整中,要注意在交直流变换过程中,应尽量少引进新的干扰成分和附加时间常数,在解调器中应注意滤波器参数的选择。

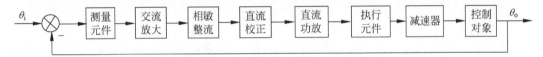

图 8-2　交直流混合控制方案

4. 采用调相控制方案

调相工作的角度随动系统如图 8-3 所示。系统的输入角由数字装置给出,它以输入方波对基准方波的相位表示。系统的输出角经测量元件(精密移相器)变成方波电压的变化。这样输入和反馈的方波在比相器中进相位比较,将相位差转换成直流电压,经校正后控制执行电动机转动。

调相系统具有很强的抗干扰能力,和计算机连接很方便,采用计算机参与控制,可以使控制更灵活和具有更强的功能。控制系统可由单回路、双回路和多回路构成。

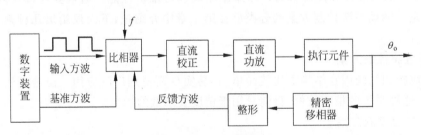

图 8-3　数字相位系统

5. 数字随动系统方案

数字随动系统如图 8-4 所示。以计算机作为系统的控制器,其输入和输出只能是二进制编码的数字信号,即时间上和幅值上都是离散的信号;而系统中被控对象和测量元件的输入和输出是连续信号,所以在计算机控制系统中需要用 A/D(模/数)和 D/A(数/模)转换器,以实现两种信号的转换。

6. 单回路的控制方案

单回路的控制系统如图 8-5 所示。图中 $G_0(s)$ 为固有特性,$G_c(s)$ 是串联校正装置。这类系统结构简单,容易实现。一般只能施加串联校正。这种结构在性能上存在下列缺陷。

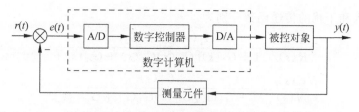

图 8-4　数字随动系统方案

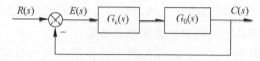

图 8-5　单回路控制系统

（1）对系统参数变化比较敏感。如图 8-5 所示，系统开环特性 $G(s)=G_c(s)G_0(s)$ 都在前向通道内，因此 $G_c(s)$ 和 $G_0(s)$ 的参数变化将全部反映在闭环传递函数的变化中。

（2）抑制干扰能力差。在存在干扰作用时，系统的方框图如图 8-6 所示。系统输出对干扰作用 $N_1(s)$ 和 $N_2(s)$ 的传递函数分别为

$$\frac{C(s)}{N_1(s)}=\frac{G_2(s)}{1+G_1(s)G_2(s)}=G_2(s)[1-\Phi(s)] \tag{8-1}$$

$$\frac{C(s)}{N_2(s)}=\frac{1}{1+G_1(s)G_2(s)}=1-\Phi(s) \tag{8-2}$$

对于二阶系统，在一定频率范围内，$1-\Phi(s)>1$，由上式可见，系统对扰动 $N_2(s)$ 比没有反馈时要差。因此，单回路控制系统难以抑制干扰作用的影响。另外，在单回路系统中，如果系统的指标要求较高，系统的增益应当较大，则系统通过串联校正很可能难以实现，必须改变系统结构。由于上述原因，单回路控制系统只适用于被控对象比较简单、性能指示要求不很高的情况。

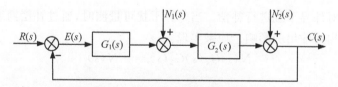

图 8-6　系统干扰作用下方框图

7. 双回路或多回路控制方案

在要求较高的控制系统中，一般采用双回路和多回路的结构。图 8-7 是双回路控制系统的方框图。

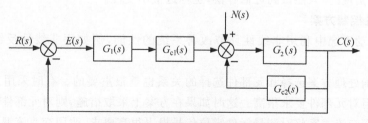

图 8-7　双回路随动系统的方框图

系统对输入和干扰的传递函数分别为

$$\frac{C(s)}{R(s)} = \frac{G_1(s)G_{c1}(s)G_2(s)}{1 + G_2(s)[C_{c1}(s)G_1(s) + G_{c2}(s)]} \qquad (8\text{-}3)$$

$$\frac{C(s)}{N(s)} = \frac{G_2(s)}{1 + G_2(s)[C_{c1}(s)G_1(s) + G_{c2}(s)]} \qquad (8\text{-}4)$$

由上式看出,可以选择串联校正装置 $G_{c1}(s)$ 和并联校正装置 $G_{c2}(s)$ 来满足对 $R(s)$ 和 $N(s)$ 的指标要求。由于有了局部反馈,可以充分抑制 $N(s)$ 的干扰作用,而且当部件 $G_2(s)$ 的参数变化很大时,局部闭环可以削弱它的影响。一般局部闭环是引入速度反馈。控制系统引入速度反馈还可改善系统的低速性能和动态品质。

选择局部闭环的原则如下:一方面要包围干扰作用点及参数变化较大的环节,同时又不要使局部闭环的阶次过高(一般不高于三阶)。

8. 按干扰控制的多回路控制方案

按干扰控制的多回路控制方案也称复合控制方案。反馈控制是按照被控参数的偏差进行控制的,只有当被控参数发生变化时,才能形成偏差,从而才有控制作用。复合控制则是在偏差出现以前,就产生控制作用,它属于开环控制方式。其方框图如图 8-8 所示。

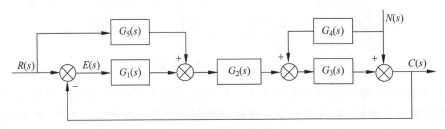

图 8-8　复合控制方框图

有时前馈控制又叫顺馈控制或开环补偿。引入前馈控制的目的之一是补偿系统在跟踪过程中产生的速度误差、加速度误差等。

补偿控制是对外界干扰进行补偿。当外界干扰可量测时,通过补偿网络,引入补偿信号可以抵消干扰作用对输出的影响。如果实现

$$N(s)G_4(s)G_3(s) = -N(s) \qquad (8\text{-}5)$$

即

$$G_4(s) = -\frac{1}{G_3(s)} \qquad (8\text{-}6)$$

则干扰 $N(s)$ 对系统的作用可得到完全补偿,也称控制系统对干扰实现了完全的不变性。在实际系统中,由于干扰源较多,而且测量往往不易准确,网络的构成也存在困难,因此完全补偿是不可能实现的,只能做到近似补偿,也称近似不变性。

9. 非线性控制方案

常常在随动系统中利用非线性环节改善系统的性能,例如用非线性反馈实现快速控制等。

此外,正确处理方案选择和元部件选择的关系也是很重要的。有时采用某一方案看起来显得简单,但对元部件要求很高。这时如果在方案上采取措施,则对元部件的要求可以降低。例如,采用交流方案将对测量元件零位信号提出很高要求,改用交直流混合方案就很容

易解决了。在选择方案时,要综合考虑到各方面因素,使控制的设计精度和成本都满足要求。

选择方案时还应注意事项以下因素:

(1) 选择方案最基本的依据就是系统的主要技术要求。但是,针对不同的使用环境,选择方案的出发点就不同。例如,对军用随动系统应多注意工作品质、可靠性和灵活性;而对民用工业的随动系统,还需考虑长期运行的经济性;系统在室内还是在室外工作,温度变化范围,电气元件是否要密封;采用模拟控制有利还是数字控制有利。所以系统方案应依据系统设计指标来选择和确定。

(2) 当系统运行速度很高,且经常处于加速度状态,并对精度的要求又较高时,可以考虑设计二阶无差度的随动系统或者采用复合控制系统。当然二阶无差系统稳定性较差,当机械传动的间隙稍大时易产生自激振荡。负载需要调速范围很宽时,一般对执行电动机的选择应十分慎重。对负载需要高速旋转,且低速要求又很严时,一般选无槽电动机为宜。但通常电动机与负载之间需齿轮耦合,为了提高刚性,在高性能系统中,一般拟选大惯量宽调速伺服电动机,采用直接耦合传动方案。对于敏感元件,一般以采用无触点敏感元件为好。

(3) 考虑电磁兼容性要求。

总之,选择方案时应首先根据系统的主要要求,初步拟定一个方案,进行可行性分析和论证,在必要情况下做一些试验和分析,进一步证明方案的可行性。有时往往需要设计几个方案进行对比、优化。待方案确定后便可按照设计步骤逐项进行,也可能在试验中做局部修改。

8.2　随动系统典型负载分析与折算

位置随动系统是带动被控对象作机械运动,并使输出完全复现输入,实现对输入信号的跟随。在设计随动系统时,在明确了系统技术指标后,就要研究被控对象的运动学、动力学特性,根据对象的具体特点和负载情况选择执行元件。

在系统中,被控对象是系统输出端的机械负载,它与系统执行元件的机械传动联系有多种形式,并与机械传动装置组成系统的主要机械运动部分,这部分的动力学特性对整个系统的性能影响极大。被控对象(以下简称负载)运动形式有直线运动和旋转运动两种,具体负载往往比较复杂,为便于分析,常将它分解成几种典型负载,根据系统的运动规律再将它们组合起来,以便在系统设计中进行定量计算和分析。要定量计算就要涉及量纲,本书采用国际单位制 SI,考虑到有些指标使用工程单位制,所以在实际应用时要进行单位换算。

8.2.1　典型负载分析

被控对象能否达到预期的运动状况,完全取决于系统的稳态和动态性能。执行电动机的控制特性与相联的被控对象的动力学特性关系极大。实际系统的负载情况往往是很复杂的,分析负载的目的一方面是因为随动系统在控制被控对象运动过程中,要克服多种负载;另一方面,为了便于定量计算,将负载划分成典型负载,建立系统动力学方程以及选择执行元件。常见的负载类型有摩擦负载、惯性负载、阻尼负载、重力负载、弹性负载以及流体动力负载等。

1. 摩擦负载

在任何机械传动系统中,每一对相对运动物体的接触表面之间都存在着摩擦。

摩擦负载类型可从接触表面的相对运动形式和润滑条件来划分。

(1) 按相对运动形式分滑动摩擦、滚动摩擦。其特点是滚动摩擦比滑动摩擦小。

(2) 按润滑条件分干摩擦、黏性摩擦和介于两者之间的边界摩擦(俗称半干摩擦)。其特点是黏性摩擦力小,干摩擦力最大。

直线运动的干摩擦负载为

$$F_c = | F_c | \, \text{sign} v \tag{8-7}$$

旋转运动干摩擦力矩为

$$M_c = | M_c | \, \text{sign} \Omega \tag{8-8}$$

式中,v——负载线速度;

Ω——负载角速度。

直线运动黏性摩擦负载为

$$F_b = b_1 v \tag{8-9}$$

旋转运动黏性摩擦负载为

$$M_b = b_2 \Omega \tag{8-10}$$

式中,b_1、b_2 为黏性摩擦系数。

对具体系统负载而言,干摩擦力 F_c(或力矩 M_c)的大小可能是变化的,但只要它的变化量较小,可近似看成 F_c(或 M_c)为常值,其符号由运动方向(即 v 和 Ω)决定。

古典的库仑摩擦定律认为:摩擦力 $F_c = f \times N$。这里 N 为法向压力,f 为摩擦系数,并认为 f 是常值。近代对摩擦的研究发现,摩擦系数与法向压力、接触表面特性、粗糙度、温度、滑动速度、接触时间等均有关,不能简单用常数表示。

对于一个具体的反馈系统而言,其输出轴上承受的摩擦力矩是由系统整个机械传动各部分的摩擦作用综合的结果。各部分摩擦条件通常也并不一样。

以旋转运动为例,多数系统的摩擦负载力矩具有图 8-9(a)所示的特性,即静摩擦力矩最大,随着输出角速度的增加(在 $0 < |\Omega| < \Omega_1$ 内),摩擦力矩减小,当 Ω 继续增加($|\Omega| > |\Omega_1|$)时,摩擦力矩又略有增加或保持不变。工程上常将摩擦负载特性近似为如图 8-9(b)所示的形式,即取为常值,但始终与运动方向相反。

在动态计算时,用线性理论分析和计算,常将摩擦负载特性近似用线性关系表示如图 8-9(c)所示。

摩擦负载影响着系统的控制精度。当要求低速跟踪时,由于摩擦负载在低速区有 $\mathrm{d}M_c / \mathrm{d}\Omega < 0$,如图 8-9(a)所示,系统将出现所谓的低速爬行现象。

通常减小摩擦负载的措施有:改善润滑条件,尽量避免干摩擦;采用滚动接触,避免滑动摩擦。在要求高的场合,例如船用导航系统采用静压轴承技术,可以使摩擦系数减小到 $f = (1.0 \sim 4.0) \times 10^{-4}$。

2. 惯性负载

根据牛顿运动定律可知,物体作变速运动时便有惯性负载产生。

当执行元件带动被控对象沿直线作变速运动时,被控对象存在有惯性力 F_z

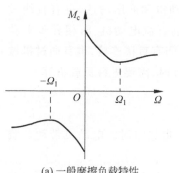
(a) 一般摩擦负载特性

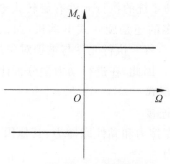
(b) 工程上摩擦负载特性的近似

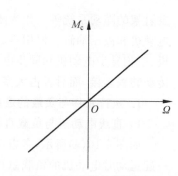
(c) 理论分析用摩擦负载特性的近似

图 8-9 摩擦负载的特性

$$F_z = m_z \frac{\mathrm{d}v}{\mathrm{d}t} \tag{8-11}$$

式中，m_z——被控对象质量；

v——运动速度。

当系统所带的被控对象作旋转运动时，被控对象形成的惯性负载转矩为

$$M_z = J_z \frac{\mathrm{d}\Omega_z}{\mathrm{d}t} \tag{8-12}$$

式中，M_z——惯性负载转矩；

J_z——被控对象绕其转轴的转动惯量；

Ω_z——负载角速度。

3. 位能负载

位能负载主要是重力引起的负载。直线运动时用重力表示；转动时用不平衡力矩表示。在简单情况下其特点是大小和方向不变。

4. 弹性负载

直线运动时用弹力表示为

$$F_k = K_1 l \tag{8-13}$$

转动时用弹性力矩表示为

$$M_k = K_2 \varphi \tag{8-14}$$

式中，K_1(N/m)、K_2(N·m/rad)分别为弹性系数。

5. 风阻负载

通常直线运动时简化成风阻力 F_f 与负载线速度的平方 v^2 成正比；旋转运动时风阻力矩 M_f 与负载角速度的平方 Ω^2 成正比，即为

$$F_f = f_1 v^2 \tag{8-15}$$

$$M_f = f_2 \Omega^2 \tag{8-16}$$

式中，f_1、f_2 为风阻系数。

8.2.2 负载的折算

被控对象有作直线运动的，如电梯、机床刀架、磁盘驱动器的磁头等；有作旋转运动的，如机床的主轴传动、机器人手臂的关节运动、雷达天线、舰船上的防摇稳定平台、火炮和导弹

发射架的随动系统等。作为随动系统的执行元件有旋转式电动机和液压马达,也有直线式电动机和液压油缸。但用得较多的还是旋转式电动机,如他励直流电动机、两相异步电动机、三相异步电动机和同步电动机等。执行元件与被控对象之间有直接连接,也有通过机械传动装置连接,而后者占大多数。因此,在进行动力学分析计算时,需要进行负载折算。

1. 执行元件与负载的连接形式

1)直线电动机与负载直接连接

如图 8-10(a)所示,考虑干摩擦力和黏性摩擦力,其他因素可忽略时。电动机带动负载一起运动时电动机的负载总和为

$$F_{\Sigma} = F_c + F_b + (m_d + m_z)a \tag{8-17}$$

式中,a——运动加速度;

$\quad m_d$、m_z——电动机转子质量、负载的质量;

$\quad F_c$、F_b——运动时干摩擦力和黏性摩擦力。

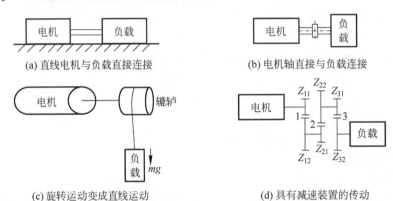

(a) 直线电机与负载直接连接   (b) 电机轴直接与负载连接

(c) 旋转运动变成直线运动   (d) 具有减速装置的传动

图 8-10   执行元件与负载的传动形式示意图

2)旋转电动机与负载直接连接

如图 8-10(b)所示,即所谓单轴传动。考虑负载干摩擦力矩,其余因素可忽略不计时,电动机的负载总和为

$$M_{\Sigma} = M_c + (J_d + J_z)\varepsilon \tag{8-18}$$

式中,ε——负载转动的角加速度;

$\quad J_d$、J_z——电动机转子的转动惯量和负载的转动惯量;

$\quad M_c$——负载干摩擦力矩。

3)旋转运动到直线运动

负载是位能负载,图 8-10(c)表示执行电动机带动一辘轳转动,用绳索将负载提升或下放。忽略摩擦力矩,电动机的负载就根据向下或向上运动来确定。

当向上运动时,绳索将负载提升,电动机轴上的负载总和为

$$M_{up} = mgR + (J_d + J_p + mR^2)\varepsilon_1 \tag{8-19}$$

当向下运动时,绳索将负载下放,电动机轴上的负载总和为

$$M_{down} = -mgR + (J_d + J_p + mR^2)\varepsilon_2 \tag{8-20}$$

式中,m、g——负载质量和重力加速度;

$\quad J_d$、J_p——电动机转子转动惯量和辘轮转动惯量;

R——辘轳的半径；

ε_1、ε_2——提升和放下时电动机的角加速度；

mgR——位能负载；

mR^2——负载转动惯量。

4）具有齿轮减速装置的传动

如图 8-10（d）所示，因执行电动机的转速高而转矩小，而负载需要的是转速低、转矩较大，所以应加减速器。图中给出的是三级齿轮减速器。对于通过减速器连接执行元件和负载的系统，负载通过减速器进行传递和转化，所以必须进行负载折算才能计算电动机轴上的总负载。

2．负载的传递和转化（负载的折算）

由于高速转动的元件通过减速器带动低速的被控对象转动，选择执行元件时，需要把对象所受到的或由于外界原因而作用于对象上的负载换算到执行元件输出轴上。

如图 8-10（d）所示电动机经过三级齿轮减速而带动负载为例说明。

1）减速比

电动机至负载的总减速比 i 为

$$i = \frac{\Omega_\mathrm{d}}{\Omega_\mathrm{z}} = \frac{Z_{12}}{Z_{11}} \frac{Z_{22}}{Z_{21}} \frac{Z_{32}}{Z_{31}} = i_1 i_2 i_3 \tag{8-21}$$

$$i_1 = \frac{Z_{12}}{Z_{11}}, \quad i_2 = \frac{Z_{22}}{Z_{21}}, \quad i_3 = \frac{Z_{32}}{Z_{31}}$$

式中，Z_{11}、Z_{12}——第一级齿轮齿数；

$\quad Z_{21}$、Z_{22}——第二级齿轮齿数；

$\quad Z_{31}$、Z_{32}——第三级齿轮齿数；

$\quad \Omega_\mathrm{z}$、Ω_d——负载轴角速度和电动机轴角速度。

2）功率传递

从负载轴测得的阻力矩为 M_z，电动机输出力矩为 M_d，忽略传动装置所消耗的能量，由传递功率不变性可知

$$M_\mathrm{d} \Omega_\mathrm{d} = M_\mathrm{z} \Omega_\mathrm{z} \tag{8-22}$$

考虑减速器的损耗，一般用传动效率来表示这部分消耗掉的能量在总能量中所占的比例。传动效率 η 为

$$\eta = \left(1 - \frac{\text{减速器消耗的能量}}{\text{传递的总能量}}\right) \tag{8-23}$$

一般 η 是小于 1 的数，愈接近 1，传动效率愈高。实际的力矩传递应满足

$$\eta M_\mathrm{d} \Omega_\mathrm{d} = M_\mathrm{z} \Omega_\mathrm{z} \tag{8-24}$$

式中，η——三级传动效率，$\eta = \eta_1 \eta_2 \eta_3$；

$\quad \eta_1$、η_2、η_3——表示各级齿轮对的效率。

3）力矩传递（负载转矩的折算）

考虑到传递效率后，由式（8-21）和式（8-24）可得力矩传递为

$$M_\mathrm{dz} = \frac{M_\mathrm{z}}{i\eta} \tag{8-25}$$

式(8-25)即是负载转矩折算到电动机轴上的等效负载转矩 M_{dz}，这里的传动效率 η 已将减速器的摩擦考虑在内。各种负载力矩均可由式(8-25)折算到电动机轴上，这就把多轴传动问题简化成单轴传动问题。

从式(8-25)可以看出，合理选择减速器的形式，对于提高效率，特别是对减小整个系统的摩擦负载(尤其是对于小功率系统)影响很大。

4) 角度和角加速度的传递

$$\varphi_d = i\varphi_z \tag{8-26}$$

$$\varepsilon_d = i\varepsilon_z \tag{8-27}$$

式(8-26)即是负载转动的角度折算到电动机轴上的等效负载转动的角度；式(8-27)即是负载转动的角加速度折算到电动机轴上的等效负载转动的角加速度。

5) 惯性负载动能的传递与折算

$$\frac{1}{2}J_d\Omega_d^2 = \frac{1}{2\eta}J_z\Omega_z^2 \tag{8-28}$$

式(8-28)表明了惯性负载的动能折算到电动机轴上的等效负载动能。

6) 负载参数的折算

除负载转矩外，常需将负载轴上的黏性摩擦系数 b、弹性系数 K、转动惯量 J 和风阻系数 f 等参数，等效折算到执行电动机的轴上。若忽略减速器和齿轮轴的转动惯量，由式(8-10)、式(8-12)、式(8-14)、式(8-16)、式(8-28)可得下列表达式

$$J_z' = \frac{J_z}{i^2\eta} \tag{8-29}$$

$$b' = \frac{b}{i^2\eta} \tag{8-30}$$

$$K' = \frac{K}{i^2\eta} \tag{8-31}$$

$$f' = \frac{f}{i^3\eta} \tag{8-32}$$

从上面的式子可以看出，要提高系统的动态性能，应尽量选择合理的传动比以及减速器的形式和速比的分配。

由于执行元件与被控对象之间传动的形式多种多样，但都可用上述原理进行负载折算，将复杂的多轴传动简化成单轴传动问题来处理。

如图 8-10(c)所示，如果电动机轴与辘轮轴之间还存在有减速装置，其减速比为 i，传动效率为 η，则式(8-19)和式(8-20)中的参数需相应地变成 $\dfrac{J_p}{i^2\eta}$、$\dfrac{mR^2}{i^2\eta}$、$\dfrac{mgR}{i\eta}$。

3. 负载的综合特性分析

实际的控制系统包含有多种负载成分，应根据负载的运动规律和工作特点做具体分析，下面用实例来说明。

例 8.1 龙门刨床工作台控制系统负载分析与综合如图 8-11。执行电动机带动工作台往复运动，其速度 V 的变化规律如图 8-12(a)所示，其中 $V>0$ 为工作行程，执行电动机正转。$V<0$ 为返回行程，电动机反转。工作行程包含起动段($0\sim t_1$)，切削加工段($t_1\sim t_2$)和

制动段($t_2 \sim t_3$)；回程也有起动段($t_3 \sim t_4$)、等速度段($t_4 \sim t_5$)和制动段($t_5 \sim t_6$)。图 8-12(a)表示了正反行程的速度变化；图 8-12(b)表示折算到电动机轴上的摩擦力矩的变化,摩擦力矩近似为常值 M_c；图 8-12(c)表示惯性力矩 M_j,它包含执行电动机转动惯量 J_d 和往复运动部分总质量 m 所形成的惯性力矩,这里,把起动段与制动段看成等加速运动,所以 M_j 为常量；图 8-12(d)表示了切削加工段的切削力矩 M_p。计算总的负载力矩。

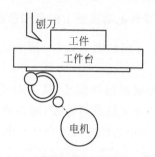

图 8-11　龙门刨床工作台控制系统

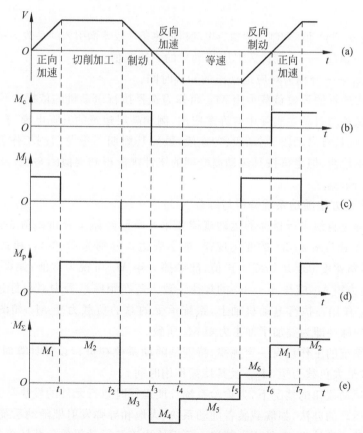

图 8-12　龙门刨床工作台控制系统曲线示意图

　　解　设 R 为与工作台齿条相啮合的齿轮的圆半径,i 为电动机与该齿轮之间传动链的总速比,η 为总效率,忽略齿轮的转动惯量。

　　首先把负载折算到电动机轴上,干摩擦力矩 M_c 和切削力矩 M_p 分别折算的结果是

$$M_\mathrm{c} = \frac{F_\mathrm{c}R}{i\eta}, \quad M_\mathrm{p} = \frac{F_\mathrm{p}R}{i\eta}$$

电动机轴上总的惯性转矩 M_j 为

$$M_\mathrm{j} = \left(J_\mathrm{d} + \frac{mR^2}{i^2\eta}\right)\frac{i}{R}\frac{\mathrm{d}V}{\mathrm{d}t}$$

式中，$\dfrac{i}{R}\dfrac{\mathrm{d}V}{\mathrm{d}t}$ 为负载的线加速度折算到电动机轴上的角加速度。

将 M_c、M_j、M_p 进行叠加，便得到如图 8-12(e)所示的电动机轴上所受的综合负载力矩 M_Σ。

总的负载曲线图 8-12(e)具有明显的周期性，从 t 为零到 t_6 是一个周期。在选择电动机时，一般要用等效力矩。等效的含义是发热等效，而发热与电流关系密切，电流又和力矩成比例。故可用一个周期内负载力矩的均方根值来计算电动机轴上的等效负载力矩 M_dx。

$$M_\mathrm{dx} = \sqrt{\frac{M_1^2 t_1 + M_2^2(t_2 - t_1) + M_3^2(t_3 - t_2) + M_4^2(t_4 - t_3) + M_5^2(t_5 - t_4) + M_6^2(t_6 - t_5)}{at_1 + (t_2 - t_1) + \alpha(t_4 - t_2) + (t_5 - t_4) + \alpha(t_6 - t_5)}}$$

$$(8\text{-}33)$$

式中，a——是考虑到起动段和制动段执行电动机散热条件较差而引入的系数，一般取 $a = 0.75$；

$M_1, M_2, \cdots, M_6$——分别代表对应运动段的力矩幅值；

$t_1, t_2, \cdots, t_6$——分别为对应运动段的转换时间。

按上面公式计算的等效负载力矩 M_dx 可作为选择执行电动机的依据。

这种周期运动的对象在实际中有许多应用，例如高层建筑的升降电梯，它频繁地在楼层之间时升时降，也具有启动段、制动段、匀速段，虽然其周期不像龙门刨工作台那样有规律，每次载重量也不均衡，但也可按其运动高峰期的统计规律得到类似图 8-12(a)的曲线作为选择执行电动机的依据之一。

例 8.2 火炮方位随动系统分析与综合。

火炮跟踪等速直线飞行目标的运动规律在第 6 章已经做了分析。图 6-12 给出了其角速度 $\mathrm{d}\alpha/\mathrm{d}t$，角加速度 $\mathrm{d}^2\alpha/\mathrm{d}t^2$ 的变化规律，数学表达式分别为式(6-33)和式(6-34)。当系统跟踪目标时，角速度 $\mathrm{d}\alpha/\mathrm{d}t$ 始终为正值，故摩擦力矩 M_c 可视为常值，如设运动部分转动惯量不变，惯性力矩 M_j 应与 $\mathrm{d}^2\alpha/\mathrm{d}t^2$ 的规律一致。若在跟踪过程中对目标进行射击，则会有冲击力矩 M_s 作用在执行电动机轴上，系统承受的总的负载力矩 M_Σ 如图 8-13 所示，t_1 时刻 M_Σ 出现的脉冲即为叠加了冲击力矩 M_s 所致。

不少随动系统的工作没有一定规律，特别是随动系统在进行设计计算时常选取运行最恶劣的情况，求最大负载力矩 M_max 及其持续作用时间 t。

在无固定运动规律的情况下，为检验系统长期运行时执行元件的发热与温升，工程上有采取等效正弦运动的办法，如舰载装备随动系统、火炮和导弹发射架随动系统等。对于等效正弦信号已在第 6 章给出，此处不再赘述。下面给出正弦运动等效负载转矩的求解方法。

例 8.3 某随动系统的最大跟踪角速度为 Ω_m，最大跟踪角加速度为 ε_m，电动机转子转动惯量为 J_d，传动速比为 i，传动效率为 η，被控对象的干摩擦力矩为 M_c、转动惯量是 J_z，现求等效正弦运动时的等效转矩 M_dx。

解 由式(6-30)可得，等效正弦运动的周期为

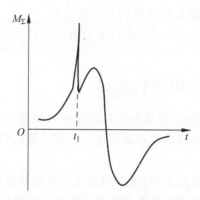

图 8-13　方位随动系统负载力矩特性

$$T = \frac{2\pi\Omega_m}{\varepsilon_m} \qquad (8\text{-}34)$$

由式(8-25),有干摩擦力矩为 M_c 折算到电动机轴上为

$$M'_c = \frac{M_c}{i\eta}$$

由式(8-29)有,折算到电动机轴上总的转动惯量为

$$J'_d = J_d + \frac{J_z}{i^2\eta}$$

则折算到电动机轴上的等效转矩为

$$M_{dx} = \sqrt{\frac{1}{T}\int_0^T \left(\frac{M_c}{i\eta}\right)^2 dt + \frac{1}{T}\int_0^T \left(J_d + \frac{J_z}{i^2\eta}\right)^2 (i\varepsilon_m)^2 \sin^2\frac{2\pi}{T}t\, dt}$$

$$= \sqrt{\left(\frac{M_c}{i\eta}\right)^2 + \frac{1}{2}\left(J_d + \frac{J_z}{i^2\eta}\right)^2 (i\varepsilon_m)^2} \qquad (8\text{-}35)$$

在系统设计时,必须针对具体对象具体地计算等效负载转矩,这就要求设计时先了解被控对象。

8.3　随动系统执行电动机的选择和传动装置的确定

在随动系统中,使用执行电动机作为执行元件来驱动被控对象,其作用是将控制作用转换成被控负载的位移信号。为了提高随动系统的精度和快速性,执行电动机是系统组成中一个非常重要的环节和关键的组成部件,要求电动机具有尽可能大的加速度,转子惯量小,过载转矩大。随动系统的静态特性、动态特性和运动精度均与系统的伺服电动机性能有着直接的关系,通常根据控制对象进行执行电动机的选择,要求执行电动机应能连续、平滑、快速、准确地控制被控对象跟随输入规律运动。所以伺服电动机应满足下列基本要求:

(1) 具有宽广而平滑的调速范围;

(2) 具有较硬的机械特性和良好的调节特性;

(3) 具有快速响应特性;

(4) 空载启动电压和转动惯量小;

（5）满足负载运动要求，即提供足够的力矩和功率。

下面分别以单轴传动和多轴传动的执行电动机的选择为例，介绍选择随动系统执行元件的方法。

8.3.1　单轴传动的电动机选择

被控对象与电动机直接相连，要求电动机的转速和转矩与被控对象的需要相适应。只有低速的力矩电动机才能直接与被控对象相连。下面举例说明单轴传动的电动机选择应考虑的问题。

以雷达天线方位角跟踪系统为例，并选用直流力矩电动机作为执行元件来说明单轴传动电动机的选择问题。选用直流力矩电动机作为执行元件时，应考虑以下情况。

1. 被控对象技术指标要求

雷达天线的技术要求如下：

（1）最大航速为 $v(\text{m/s})$，目标以 v 作匀速直线水平飞行；

（2）雷达能跟踪的最小航路捷径为 $P_{\min}(\text{m})$；

（3）天线方位轴的摩擦力矩为 $M_c(\text{N} \cdot \text{m})$；

（4）天线方位轴的转动惯量为 $J_z(\text{kg} \cdot \text{m}^2)$。

2. 计算总的负载力矩

（1）由 $\Omega_\alpha = \dot{\alpha} = a\cos^2\alpha$，得到最大方位角速度为

$$\Omega_{\alpha\max} = a = v/P_{\min} \tag{8-36}$$

当 $\Omega_\alpha = \Omega_{\alpha\max}$ 时，方位角角加速度 $\varepsilon_\alpha = 0$，此时电动机轴只承受摩擦负载 M_c。

（2）求方位角角加速度最大时所对应的方位角 α。

由 $\varepsilon_\alpha = -a^2\sin2\alpha\cos^2\alpha$ 两边对 α 求导，并令

$$\frac{\mathrm{d}\varepsilon_\alpha}{\mathrm{d}\alpha} = \frac{\mathrm{d}a^2\sin2\alpha\cos^2\alpha}{\mathrm{d}\alpha}$$

$$= -a^2\cos^2\alpha(\cos^2\alpha - 3\sin^2\alpha)$$

$$= 0$$

由上式可得在 $\alpha = 30°$ 时，角加速度达到最大 $\varepsilon_{\alpha\max}$

$$\varepsilon_{\alpha\max} \approx -0.65a^2 = -0.65\frac{v^2}{P_{\min}^2} \quad (\text{rad/s}^2)$$

将 $\alpha = 30°$ 代入 Ω_α，可得出现 $\varepsilon_{\alpha\max}$ 时的角速度为

$$\Omega_{\alpha=30°} = \frac{3}{4}\Omega_{\alpha\max} = 0.75\frac{v}{P_{\min}} \quad (\text{rad/s})$$

电动机轴上承受的总负载力矩为

$$M_\Sigma = M_c + 0.65(J_d + J_z)\frac{v^2}{P_{\min}^2} \quad (\text{N} \cdot \text{m})$$

式中，J_d 为待选力矩电动机的转动惯量。

3. 电动机参数及选择

下面以国产 Ly 系列直流力矩电动机为例说明电动机的选择。

电动机产品参数主要有：最大空载转速 $n_0(\text{r/min})$、峰值堵转力矩 $M_{fd}(\text{N} \cdot \text{m})$、连续堵

转力矩 $M_{Ld}(\mathrm{N \cdot m})$、峰值堵转时的电枢电压 U_m、连续堵转时的电枢压 U 等,其他参数可查阅有关产品资料。

电动机选择方法如下:

（1）将 n_0 换算成 Ω_0,$\Omega_0 = \dfrac{\pi}{30} n_0$ （rad/s）;

（2）由 Ω_0 和 M_{fd} 画一条对应峰值堵转的机械特性,如图 8-14 所示曲线 1;

（3）由连续堵转力矩 M_{Ld} 和对应的连续空载角速度 $\Omega_{Lo} = \Omega_0 \times U/U_m$,画出对应电压 U 的连续堵转机械特性,如图 8-14 所示曲线 2;

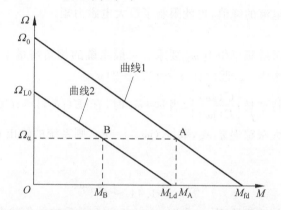

图 8-14　通过力矩电动机机械特性来检验承受负载能力

（4）根据 $\alpha = 30°$ 时计算出的 Ω_α 值,在机械特性上画一条水平直线,与峰值堵转的机械特性和连续堵转机械特性有交点,检验交点横坐标所对应的电磁力矩 M,是否大于或等于 M_Σ。

由于天线跟踪目标时不会长时间出现最大力矩 M_Σ,故只需所选力矩电动机电压为 U_m 时的机械特性。与水平线交点 A 点所对应的电磁力矩 $M_A \geqslant M_\Sigma$,就表示所选力矩电动机能带动天线完成跟踪需要。否则重选和验证,直到满足要求为止。

选用直流力矩电动机,就是用这两条具有代表性的机械特性。对长时间运行状况,应该对应连续堵转的那条机械特性,对于短时偶尔出现的情况,则用对应峰值堵转的那条特性。两条特性之间有一个区域,通常所运行的状态处于这个区域内都是容许的,只要注意峰值堵转状态时间不大于 3s。

4. 校核

随动系统跟踪时,经常要快速调转方向,电动机将有一个反接制动状态。电动机电枢电流很大,设计时需要检验最大电枢电流和最大制动力矩不能超过峰值堵转电流和峰值堵转力矩 M_{fd},否则会烧坏电动机。为此,设计时常要采取必要的限制电枢电流的技术措施。其检验方法如下:

1）先求力矩电动机的电势系数 K_e

$$K_e = \frac{U_m}{\Omega_0} \quad (\mathrm{V \cdot s/rad}) \tag{8-37}$$

2）检验最大电流和最大力矩

根据天线快速搜索的最大角速度 Ω_{max},可得电动机电枢产生的反电势 $K_e \Omega_{max}(\mathrm{V})$,叠

加上快速反转所加的电枢最大电压 U_{max}(V),可按下式检验

$$\begin{cases} (U_{max} + K_e\Omega_{max})\dfrac{1}{R_\Sigma} \leqslant I_{fd} \\[2mm] (U_{max} + K_e\Omega_{max})\dfrac{K_m}{R_\Sigma} \leqslant M_{fd} \end{cases} \tag{8-38}$$

式中,R_Σ——电枢回路的总电阻;

K_m——电动机转矩系数(N·m/A)。

若不满足式(8-38),就要采取有效保护措施。通常是在系统中加电动机电枢电流的截止负反馈来限制电枢电流的峰值,也就限制了最大电磁力矩。

3) 系统带宽校核

随动系统有闭环系统频率带宽 ω_b 要求。一般系统的相角裕量 $\gamma \approx 30° \sim 60°$,若系统开环幅频特性的截止频率为 ω_c,近似有 $\omega_b \approx (1.2 \sim 2)\omega_c$。

系统的开环幅频特性是 $\left|\dfrac{C(j\omega)}{E(j\omega)}\right|$,当 $\omega = \omega_c$ 时,有 $|E(j\omega_c)| = |C(j\omega_c)|$。

在设计中给出最大跟踪误差 e_m,取 $|E(j\omega_c)| = e_m$,则系统的输出 $C(t) = e_m\sin\omega_c t$,输出的最大角加速度为

$$e_m\omega_c^2 \approx \frac{1}{1.44 \sim 4}\varepsilon_m\omega_b^2 \tag{8-39}$$

当系统输出轴角加速度达到 $e_m\omega_c^2$ 时,电动机轴上承受的总负载力矩应满足为

$$M_c + (J_z + J_d)e_m\varepsilon_c^2 \leqslant M_{fd} \tag{8-40}$$

4) 当阶跃信号响应的过渡过程时间 t_s 有限制时,近似估计 ω_c

$$\omega_c \approx \frac{6 \sim 10}{t_s} \quad 或 \quad \omega_c \approx \frac{K\pi}{t_s}, \quad K = 2 + 1.5(M_p - 1) + 2.5(M_p - 1)^2 \tag{8-41}$$

由式(8-41)确定 ω_c,再将 ω_c 代入总负载力矩式(8-40)进行检验。

总之,当所有稳态、瞬时过载和动态检验均满足时,则所选力矩电动机可认为能满足雷达天线自动跟踪系统的要求,其中任一项不能满足,都需要考虑重选电动机。当然也不能仅凭以上校核指标来决定,还应考虑所选电动机是否能满足雷达天线系统的工作环境条件,例如环境温度 $-40℃ \sim +50℃$,还有振动、冲击,以及防潮、防腐蚀、防辐射等多方面的要求。此外,直流力矩电动机的电刷整流换向状况应在一定的等级范围内,即将它对无线电的干扰电平限制在容许的界限内。

8.3.2　一般高速执行电动机的选择

一般高速电动机作随动系统执行元件时,需要机械减速装置使执行电动机与被控对象相匹配,这样需要确定的因素较多,没有单轴传动电动机选择那么简单,为此工程上有不少方法,这里仅介绍一种先进行初选,然后进行验算校核的方法。

设被控对象只含有摩擦力矩 M_c 和转动惯量 J_z,而执行电动机转子转动惯量为 J_d,减速器的速比为 i,假设传动效率为 η。当执行电动机经减速器带动负载作等加速 ε_m(最大的)运动时,电动机轴上承受的总负载力矩为

$$M_\Sigma = \frac{M_c}{i\eta} + \left(J_d + \frac{J_z}{i^2\eta}\right)i\varepsilon_m \tag{8-42}$$

1. 按总力矩达到最小的最佳速比计算总力矩

如果选最佳速比 i_{01} 使系统总的负载力矩达到最小，则由式(8-42)对 i 求导可得

$$\frac{\mathrm{d}M_{\Sigma}}{\mathrm{d}i} = J_{\mathrm{d}}\varepsilon_{\mathrm{m}} - \frac{J_z}{i^2\eta}\varepsilon_{\mathrm{m}} - \frac{M_{\mathrm{c}}}{i^2\eta} = 0 \tag{8-43}$$

则最佳传动比为

$$i_{01} = \sqrt{\frac{M_{\mathrm{c}} + J_z\varepsilon_{\mathrm{m}}}{\eta J_{\mathrm{d}}\varepsilon_{\mathrm{m}}}} \tag{8-44}$$

若反过来将合成力矩 M_{Σ} 由电动机轴折算到负载轴上，则有

$$M'_{\Sigma} = i_{01}M_{\Sigma} \tag{8-45}$$

将式(8-42)和式(8-44)代入式(8-45)，可得折算到负载轴上的总力矩为

$$M'_{\Sigma} = 2(M_{\mathrm{c}} + J_z\varepsilon_{\mathrm{m}}) \tag{8-46}$$

式(8-46)表明：用最佳速比关系，执行电动机转子的惯性转矩 $J_{\mathrm{d}}\varepsilon_{\mathrm{m}}i_{01}$ 折算到负载轴上时，正好等于负载本身的力矩 $J_z\varepsilon_{\mathrm{m}} + M_{\mathrm{c}}$，而式(8-46)中并不显现 J_{d} 和传动比 i，只需将负载力矩 $J_z\varepsilon_{\mathrm{m}} + M_{\mathrm{c}}$ 乘以 2，就将电动机的惯性转矩和负载转矩都考虑到了，这使得初选电动机大为简化。

2. 电动机参数和选择

1) 电动机参数

一般高速电动机产品技术条件中包括输入和输出参数两类参数。

额定输入参数：额定电压 $U_{\mathrm{e}}(\mathrm{V})$ 和额定电流 $I_{\mathrm{e}}(\mathrm{A})$。对于直流电动机指的是电枢参数，对于三相异步电动机指的是一相的参数，对于两相异步电动机则是控制绕组的参数。

额定输出参数：额定功率 $P_{\mathrm{e}}(\mathrm{W})$、额定转速 $n_{\mathrm{e}}(\mathrm{r/min})$ 和额定转矩 $(\mathrm{N \cdot m})$。

$$P_{\mathrm{e}} = \frac{M_{\mathrm{e}}n_{\mathrm{e}}}{9.55} = M_{\mathrm{e}}\Omega_{\mathrm{e}} \tag{8-47}$$

式中额定角速度 $\Omega_{\mathrm{e}} = n_{\mathrm{e}}/9.55(\mathrm{rad/s})$，因此产品技术条件中 P_{e}、n_{e}、M_{e} 一般只列出其中两个，则第三个参数可用式(8-47)计算出来。

2) 执行电动机选择

一般高速电动机 n_{e} 比被控对象转速高很多，故初选电动机都从输入功率入手，用负载最大角速度 $\Omega_{\max}$ 和负载轴上的总力矩 M'_{Σ} 为依据选择执行电动机的额定功率 P_{e}。

根据式(8-46)，P_{e} 应满足下式

$$P_{\mathrm{e}} \geqslant (0.8 \sim 1.1)M'_{\Sigma} = (0.8 \sim 1.1) \times 2(M_{\mathrm{c}} + J_z\varepsilon_{\mathrm{m}})\Omega_{\mathrm{m}} \tag{8-48}$$

根据式(8-48)选择电动机后，电动机参数 U_{e}、I_{e}、P_{e}、n_{e}、M_{e} 及 $J_{\mathrm{d}}(\mathrm{kg \cdot m^2})$[或飞轮转矩 $\mathrm{GD}^2(\mathrm{N \cdot m^2})$]均为已知。飞轮转矩 GD^2 与转动惯量 J_{d} 之间的换算公式

$$J_{\mathrm{d}} = \frac{\mathrm{GD}^2}{4g} \tag{8-49}$$

式中，$g = 9.8(\mathrm{m/s^2})$，重力加速度。

3) 减速比 i 的选择方法

(1) 利用速比关系式。

选择执行电动机后，还应确定减速装置的速比 i，通常用以下关系式确定：

$$i = \frac{a \pi n_e}{30 \Omega_{max}} \tag{8-50}$$

其中,$0.8 < a < 1.3$。$a = 1$,即电动机达到 n_e 时,负载轴达到 Ω_{max};$a < 1$,则负载达到 Ω_{max} 时,电动机尚未达到 n_e;而取 $a > 1$ 时,即负载达到 Ω_{max},执行电动机已超过 n_e。若选直流伺服电动机,则它允许的最高转速不超过 $1.5 n_e$;若选三相异步电动机,它的最高转速通常在同步转速 $n_0 = 60 f / p$[这里 f(Hz)为电源频率、p 为电动机磁极对数]附近;两相异步电动机的最高转速,也可能是 $(1.5 \sim 2) n_e$ 以下。正因为如此,一般用式(8-50)选传动比时,常取 $a = 1$。

在初选电动机所用的式(8-48)中,已运用了最佳速比 i_{01} 的概念。

(2) 按角加速度达到最大时,选择最佳速比。

如果选最佳速比 i_{02} 使系统输出角加速度达到最大,并使执行电动机输出达到额定转矩 M_e 时,由力矩方程得

$$M_e - \frac{M_c}{i \eta} = \left(J_d + \frac{J_z}{i^2 \eta} \right) i \varepsilon \tag{8-51}$$

则加速度表达式为

$$\varepsilon = \frac{i \eta M_e - M_c}{i^2 \eta J_d + J_z} \tag{8-52}$$

上式对 i 求导,得

$$\frac{d\varepsilon}{di} = \frac{\eta M_e (i^2 \eta J_d + J_z) - 2 i \eta J_d (i \eta M_e - M_c)}{(i^2 \eta J_d + J_z)^2} = 0 \tag{8-53}$$

则

$$i_{02} = \frac{M_c}{\eta M_e} + \sqrt{\frac{M_c^2}{\eta^2 M_e^2} + \frac{J_z}{\eta J_d}} \tag{8-54}$$

以上仅给出了两种传动比的计算方法,还可以由其他不同条件来确定最佳速比,在此不一一列举。

3. 电动机的校核

经过电动机选择,虽然执行电动机参数已初步确定,但还需要对初选执行电动机进行多方校核检验,检验是否能满足随动系统的动、静态要求。通常需要进行以下 3 个方面的检验。

1) 校核执行电动机的发热与温升

在随动系统设计中,常利用等效转矩来检验执行电动机的额定功率。求等效转矩 M_{dx} 可结合被控对象的工况要求,参照上节介绍的均方根转矩求等效转矩 M_{dx},即利用式(8-33)和式(8-35)。若式中电动机轴上的转矩应包含传动装置转动惯量 J_p 的因素,则式(8-35)可写成

$$M_{dx} = \sqrt{\frac{M_c^2}{i^2 \eta^2} + \frac{1}{2} \left(J_d + J_p + \frac{J_z}{i^2 \eta} \right)^2 i^2 \varepsilon_m^2} \tag{8-55}$$

同理,在式(8-33)中计算 M_1、M_2、$\cdots$、M_6 时,也应将 J_p 包含在内。要求所选执行电动机的额定功率 P_e 满足下式,则

$$P_e \geqslant (0.8 \sim 1.1) i M_{dx} \Omega_{max} \tag{8-56}$$

或用电动机的额定转矩 M_e 来检验

$$M_e \geqslant (0.8 \sim 1.1) M_{dx} \tag{8-57}$$

2）校核执行电动机的瞬时过载能力

不同用途的随动系统，工况条件有很大区别，以雷达跟踪随动系统为例，常有大失调角时快速协调的要求，系统所能达到的极限角速度 Ω_k 和极限角加速度 ε_k 越大，对系统实现大失调角快速协调越有利。但 Ω_k 和 ε_k 均受执行电动机容许条件的限制，而 ε_k 将根据各类执行电动机的短时过载能力来决定。

执行电动机瞬时过载能力通常用 λM_e 表示，λ 为过载系数，一般直流电动机过载系数 λ 为 2.5～3；绝缘等级高的（如用 F 或 H 级）电动机 λ 为 4～5（以环境温度是 20℃，在过载持续时间 3s 条件下），若过载持续时间不大于 1s，则过载系数还可以更大一些。三相异步电动机的最大转矩与临界转差率对应，因此 $\lambda = M_{max}/M_e$ 为 1.6～2.2；起重用和冶金用的三相异步电动机 λ 为 2.2～2.8；两相异步电动机鼠笼转子的 λ 为 1.8～2；空心杯转子 λ 为 1.2～1.4；力矩电动机则不能超过峰值堵转力矩 M_{fd}。

当系统只有干摩擦和惯性负载时，可用下式检验瞬时过载能力

$$\lambda M_e \geqslant \frac{M_c}{i\eta} + \left(J_d + J_p + \frac{J_z}{i^2\eta}\right)i\varepsilon_k \tag{8-58}$$

式中，ε_k 为系统所需最大调转角加速度，即要求系统以 $\varepsilon_k(rad/s^2)$ 角加速度作等加速运动时，负载折算到电动机轴上的总力矩应不超过 λM_e（电动机短时过载力矩），否则也需重选电动机。

3）检验执行电动机能否满足系统的通频带要求

根据对系统阶跃输入响应的过渡过程时间 t_s 的要求，可求得开环幅频特性的截止频率 ω_c，根据等效正弦信号和正弦跟踪误差，将执行电动机瞬时过载所能达到的极限角加速度 ε_k 折算为

$$\varepsilon_k = e_m \omega_k^2 \tag{8-59}$$

式中，e_m——系统的最大跟踪误差角，单位 rad；

ω_k——执行电动机瞬时过载时所能达到的极限角频率。

$$\omega_k = \sqrt{\frac{\varepsilon_k}{e_m}} = \sqrt{\frac{\lambda M_e - M_c i\eta}{e_m i(J_d + J_p + J_z i^2\eta)}} \geqslant 1.4\omega_c \tag{8-60}$$

用上式检验 $\omega_k \geqslant 1.4\omega_c$，即

$$\omega_k = \sqrt{\frac{\lambda M_e - M_c i\eta}{e_m i(J_d + J_p + J_z i^2\eta)}} \geqslant \frac{9 \sim 14}{t_s} \tag{8-61}$$

总之，初选出的执行电动机，只有经以上几方面检验都满足条件，即需要同时满足式(8-56)～式(8-61)时，所选电动机才算符合要求，其中之一不能满足时，都需要考虑重选电动机，直至以上条件全部满足。

综合以上述分析，选择电动机一般按以下步骤进行：

（1）计算执行电动机的负载；

（2）根据设计要求选择执行电动机类型；

（3）根据负载力矩、转动惯量、速度和加速度初步选择执行电动机的型号和齿轮传动减速比；

（4）根据电动机的技术参数校验能否满足设计的技术指标要求（包括力矩、速度、加速度）；

（5）校验减速比是否接近最佳值；

（6）校验执行电动机功率是否满足要求（发热和温升校核）；

（7）校验执行电动机的过载能力是否满足要求；

（8）校验执行电动机是否满足带宽要求。

例 8.4　考虑两个具有不同参数的电动机如表 8-1 所示，需要电动机在 3000r/min 速度下运行，并产生峰值力矩 $M_{max}=0.2\text{N}\cdot\text{m}$。此时需要什么样的电动机？

表 8-1　电动机的参数

参数	电动机 A	电动机 B
$K_m(\text{N}\cdot\text{m/A})$	0.1	0.2
$K_e(\text{V/(rad/s)})$	0.1	0.2
$R(\Omega)$	0.5	2.0

解　设峰值力矩 M_{max} 对应于电流 I_{max}，则

$$I_{max}=\frac{M_{max}}{K_m}$$

由上式可得，电动机 A 和电动机 B 的电流分别为

$$I_{Amax}=\frac{0.2}{0.1}=2(\text{A})$$

$$I_{Bmax}=\frac{0.2}{0.2}=1(\text{A})$$

在 3000r/min 速度下，对于电动机 A、B 所需的电压分别为

$$U_{Am}=R\times I_{Am}+K_e\times\Omega_A$$
$$=0.5\times2+0.1\times3000\times2\times3.14/60=32.4(\text{V})$$
$$U_{Bm}=R\times I_{Bm}+K_e\times\Omega_B$$
$$=2\times1+0.2\times3000\times2\times3.14/60=64.8(\text{V})$$

可见，电动机 B 所需要的电压是电动机 A 所需要电压的两倍，而电流是电动机 A 的一半。可根据负载情况选择电动机。

例 8.5　某角度随动系统，其负载按正弦规律变化，技术指标为：最大角速度 $\Omega_{max}=4\text{rad/s}$，最小角速度 $\Omega_{min}=0.5\text{rad/s}$，最大角加速度 $\varepsilon_{max}=0.4\text{rad/s}^2$，负载转动惯量 $J_z=4\text{kg}\cdot\text{m}^2$，负载摩擦力矩 $M_c=1\text{N}\cdot\text{m}$，瞬时负载干扰力矩 $M_g=5\text{N}\cdot\text{m}$。试选择电动机。

解　（1）计算总的负载力矩。

按总力矩达最小选择速比，计算总负载。利用式（8-46）估算负载力矩，可得总的负载力矩为

$$M'_\Sigma=2(M_c+M_g+J_z\varepsilon_m)=2(1+5+4\times0.4)=15.2(\text{N}\cdot\text{m})$$

计算所需电动机的功率。利用式（8-48）可得所需电动机的功率为

$$P_e\geqslant(0.8\sim1.1)\times2(M_c+M_g+J_z\varepsilon_m)\Omega_{zmax}$$
$$=(0.8\sim1.1)\times15.2\times4$$
$$=48.64\sim66.88(\text{W})$$

（2）初选电动机和计算电动机相关参数。

由上面预估的电动机功率可初选电动机，由于负载功率较小且负载速度变化范围小，所

以选择两相交流伺服电动机可以满足要求。

初步选用 90SL001 型鼠笼转子两相交流伺服电动机,其主要参数如下:

激磁电压为 115V,堵转输入功率 P(励磁/控制)108/110W,控制电压为 115V,频率为 400Hz,堵转转矩 M_d 为 0.1372N·m,空载转速 n_o 为 9000r/min,堵转输入电流 I_d 为 1.5A,输出功率 P_o 为 50W,时间常数 T_M 为 14.5×10^{-3} s。

$$48.64W < P_o < 66.88W$$

电动机的输出功率 P_o 在估算的功率范围内,所选电动机功率可满足负载功率要求。

计算电动机相关参数。电动机的转动惯量可利用电动机的空载角速度、时间常数和堵转力矩计算为

$$
\begin{aligned}
J_d &= \frac{M_d}{\varepsilon_0} \\
&= \frac{M_d \times T_M}{\Omega_0} \\
&= \frac{60 \times M_d \times T_M}{2 \times \pi \times n_0} \\
&= \frac{60 \times 0.1372 \times 14.5 \times 10^{-3}}{2 \times \pi \times 9000} \\
&= 2.1118 \times 10^{-6} (\text{kg} \cdot \text{m}^2)
\end{aligned}
$$

(3) 计算减速比。

为了使执行电动机工作速度留有一定余量和提高执行电动机的工作效率,利用式(8-50),$a < 1$,取 $a = 2/3$,则减速比 i 为

$$i = \frac{a\pi n_0}{30\Omega_{\max}} = \frac{2}{3} \times \frac{3.14 \times 9000}{30 \times 4} = 157$$

取 $i = 157$。

(4) 负载折算到电动机轴上的负载力矩。

考虑正齿减速器的传动效率 $\eta = 0.95$,最大负载力矩为

$$
\begin{aligned}
M_{\Sigma\max} &= \frac{M_c + M_g}{i\eta} + \left(J_d + \frac{J_z}{i^2\eta}\right) i\varepsilon_{z\max} \\
&= \frac{1+5}{157 \times 0.95} + \left(3.9598 \times 10^{-6} + \frac{4}{157^2 \times 0.95}\right) \times 157 \times 0.4 \\
&\approx 0.040\,228 + 0.000\,172\,9 \times 157 \times 0.4 \\
&\approx 0.0511 (\text{N} \cdot \text{m})
\end{aligned}
$$

利用式(8-35)计算等效力矩,将负载力矩看成一个恒值力矩与一个具有正弦变化的力矩之和,其等效力矩为

$$
\begin{aligned}
M_{dx} &= \sqrt{\left(\frac{M_c + M_g}{i\eta}\right)^2 + \frac{1}{2}\left(J_d + \frac{J_z}{i^2\eta}\right)^2 (i\varepsilon_m)^2} \\
&= \sqrt{\left(\frac{1+5}{157 \times 0.95}\right)^2 + \frac{1}{2}\left(2.1118 \times 10^{-6} + \frac{4}{157^2 \times 0.95}\right)^2 \times (157 \times 0.4)^2} \\
&\approx 0.041 (\text{N} \cdot \text{m})
\end{aligned}
$$

由于 $M_d = 0.1372\mathrm{N \cdot m}$，所以

$$M_d > M_{\Sigma max} > M_{dx}$$

计算得到最大负载 $M_{\Sigma max}$ 和等效负载 M_{dx} 都小于电动机的堵转力矩，所以符合要求。

（5）校核。

根据式(8-56)和式(8-57)进行发热与温升校核检验，得

$$(0.8 \sim 1.1)iM_{dx}\Omega_{zmax} = (0.8 \sim 1.1) \times 157 \times 0.041 \times 4 \approx 20.6 \sim 28.3(\mathrm{W})$$

$$(0.8 \sim 1.1)M_{dx} = (0.8 \sim 1.1) \times 0.041 = 0.0328 \sim 0.0451(\mathrm{N \cdot m})$$

由电动机输出功率，知

$$P_o > 28.3(\mathrm{W})$$

由电动机堵转力矩，知

$$M_d > 0.0451(\mathrm{N \cdot m})$$

由式(8-47)，可得

$$M_o = \frac{9.55P_o}{n_o} = \frac{9.55 \times 50}{9000} = 0.0531(\mathrm{N \cdot m})$$

由于两相鼠笼转子交流电动机的过载系数 λ 为 $1.8 \sim 2$，取 $\lambda = 1.8$，则

$$\lambda M_o = 1.8 \times 0.0531 = 0.095\,58(\mathrm{N \cdot m})$$

比较 λM_o 和 $M_{\Sigma max}$，有

$$\lambda M_o > M_{\Sigma max}$$

经过发热校核和过载校核，所选电动机功率满足要求。

8.3.3　减速器的形式和传动比的分配

在传动比确定后，就需考虑选用减速器的形式和传动速比的分配。在随动系统中用得最多的减速装置是齿轮传动，它的传动效率较高，精度也较高。但受到齿轮副的结构尺寸及转动惯量的限制，i 较大时应选多级减速装置。那么如何确定传动级数？每一级的速比如何确定？这不仅仅是一个机械设计问题，也关系到整个随动系统的特性。下面从工程应用角度来说明传动级数的确定和传动比的分配。

1. 传动级数的确定

考虑减速装置的转动惯量 J_p，J_p 为每级齿轮的转动惯量都折算到减速器的输入轴（即电动机轴上）叠加在一起。J_p 的大小与每对齿轮副的尺寸、材料和减速比都有关系。它将与执行元件的 J_d 直接相加，从而影响整个系统的特性。下面用一种简化条件，说明 J_p 与传动级数 N 的关系，以及每级速比的分配。

设整个减速装置都用同一模数的齿轮减速传动，每一级小齿轮一样大。转动惯量均为 J_1，其余齿轮与小齿轮一样厚，材料一样，均为实心，传动轴的转动惯量忽略不计，有 J_p/J_1 与 N、总传动比 i 之间的关系如图 8-15 所示。根据 J_p/J_1 和总的传动比 i 和图 8-15 就可选择传动装置的级数 N。

2. 传动比的分配

传动级数 N 选定后，每级速比与总传动比的关系如图 8-16 所示，图中带 $\times$ 标出的数即传动级数，根据图 8-16 的最佳速比确定和分配每一级的传动比。具体的用法如下：

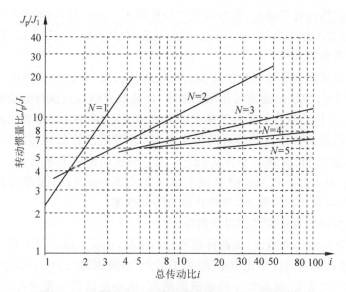

图 8-15　总传动比 i、传动级数 N 与 J_p/J_1 之间的关系

（1）先根据总速比 i 的数值在图 8-16 右侧坐标轴上找到对应于 i 的值，根据传动级数 N 找到对应的×点，由 i 至×点连一条直线并延长交于左侧坐标轴上，在左侧坐标轴上交点对应的数值即为第一级齿轮传动比 i_1。

（2）用 i/i_1 作为总速比，以 $N-1$ 为总传动级数，在图 8-16 右侧坐标轴上找到对应于 i/i_1 的值，根据传动级数 $N-1$ 找到对应的×点，由 i/i_1 至×点连一条直线并延长交于左侧坐标轴上，在左侧坐标轴上交点对应的数值即为第二级齿轮传动比 i_2。

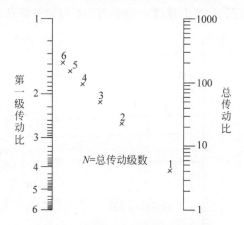

图 8-16　各级速比的最佳分配关系

（3）继续以 $i/(i_1 i_2)$ 作为总速比，以 $N-2$ 为总传动级数找到对应的×点，由 $i/(i_1 i_2)$ 至×点连一条直线并延长交于左侧坐标轴上，在左侧坐标轴上交点对应的数值即为第三级齿轮传动比 i_3。

（4）以此类推，就可以确定每一级的速比，最终就可将 N 级齿轮的速比一一确定。

以上确定传动级数 N 和各级速比的方法，是在简化条件下得到的，但在实际系统中传动装置不都是采用齿轮传动装置。例如采用蜗杆蜗轮机构，传动比可以比较大，但传动效率相应减小。即使全用齿轮副减速,各级齿轮副的模数不一定一样,齿轮所用材料也不一定完全一样,大齿轮通常不用实心的……总之,常与简化条件不同,故图 8-15 和图 8-16 只能作为选择传动装置参数的参考。

传动装置的设计需要进行大量的工作。在选择执行电动机时,不可能等传动装置设计后再进行;在选择电动机时,通常可作粗略估算,传动装置折算到执行电动机轴上的转动惯量 $J_p=(0.1\sim0.3)J_d$。执行电动机功率大的取较小的值,功率小的取较大的值。

可根据经验数据来估计传动装置的传动效率,每对正齿轮副的传动效率 η 为 $0.94\sim0.96$;每对锥齿轮副的传动效率 η 为 $0.92\sim0.96$;蜗杆蜗轮为单螺线 $z=1$ 时,η 为 $0.7\sim0.75$;$z=2$ 时,η 为 $0.75\sim0.82$;$z=3$ 或 4 时,η 为 $0.82\sim0.9$;如果形成自锁传动,则 $\eta<0.7$。根据所选传动形式和级数 N,可估计出总传动效率。

要正确选择传动装置还应考虑以下情况:

(1) 无论是要提高传动精度、提高传动装置的刚度,还是从减小整个传动装置的转动惯量的角度考虑,减速装置的传动比应遵循"先小后大"的原则,即 $i_1<i_2<i_3<\cdots\cdots$

(2) 从提高传动精度、提高整个传动链的刚度、减小空回的角度考虑,应尽量增大单级传动比的值,以减少级数。相反,从减小传动装置转动惯量的角度考虑,各级齿轮传动比不能太大,因而级数应取多些。

例 8.6 已知减速器的总的传动比 $i=80$,试确定传动级数,并确定各级的传动比。

解 在图 8-15 中,在 i 轴上过 $i=80$ 画一条垂直于 i 轴的直线与级数 $N=5$、$N=4$ 和 $N=3$ 的线相交。若试取级数 $N=5$,由图 8-15 查得 $J_p/J_1=6.2$;$N=4$,$J_p/J_1=7$;$N=3$,$J_p/J_1=10.50$;从 J_p/J_1 最小的角度出发,取 5 级合适。但取 $N=4$,J_p/J_1 的值与 $N=5$ 时差不多,却少了一级,结构简单些,所以取 $N=4$ 为宜。

根据 $i=80$,$N=4$,在图 8-17 上连接 $i=80$,$N=4$ 与第一级传动比交于 $i_1=1.7$。

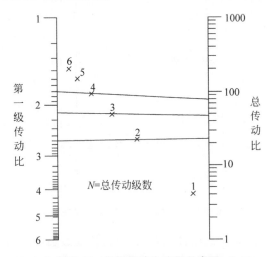

图 8-17 各级传动比分配示意图

$i/i_1=47.059$,$N=3$,在图 8-17 上连接 $i/i_1=47.059$,$N=3$ 与第一级传动比交于 $i_2=2.1$。

$i/(i_1 i_2)=22.409, N=2$，在图 8-17 上连接 $i/(i_1 i_2)=22.409, N=2$ 与第一级传动比交于 $i_3=2.5$。

$i/(i_1 i_2 i_3)=8.9635, N=1, i_4=8.9635$。

8.4 随动系统测量元件的选择

控制精度是随动系统的重要指标之一，影响随动系统的控制精度的因素有多方面，但测量元件是影响随动系统精度的主要元件之一。因此可根据随动系统的控制精度要求和系统误差分配原则，选择和设计检测装置。下面介绍测量元件的选择技术要求，并分别以测速发电动机的选择和自整角机的选择介绍检测元件的选择方法。

8.4.1 对测量元件的技术要求和选择

随动系统的测量元件，同其他测量元件一样，应满足整个系统的性能要求。一般对测量元件有以下要求：

(1) 精度高，不灵敏区小，即分辨率要高，误差应比整个随动系统允许误差要小得多；

(2) 测量元件输入量与输出量间在给定的工作范围内应具有固定的单值对应关系，一般要求具有线性比例关系；

(3) 测量元件输出信号应不受温度、老化、大气变化、电网电压波动及电磁干扰等因素短时或长时间扰动影响，即要求输出信号所含扰动成分少；

(4) 测量元件输出信号应能在所要求的频带内准确、快速、及时地反映被测量，尽量避免储能元件造成动态滞后；

(5) 测量元件自身的转动惯量要小，摩擦力或力矩要小；

(6) 测量元件输出的功率应足够大，以便不失真地传递信号和做进一步的信号处理；

(7) 测量元件性能应稳定，并具备可靠性、经济性、使用寿命、环保条件、体积、质量等方面要求。

选择检测元件主要从以下两方面进行：

(1) 选择元件类型。

要根据具体系统选择检测元件。一般数字随动系统多采用数字检测元件，模拟随动系统多采用模拟检测元件。在前面已经介绍了常用的典型速度检测元件和位置检测元件。

(2) 选择检测元件的型号和规格。

检测元件的型号和规格应参考相关检测元件的手册或有关传感器检测技术方面的资料，根据具体的系统需求进行型号和规格的选择。此处不再赘述。

8.4.2 速度测量元件的选择

以调速系统为例，讨论速度测量元件选择的原则。

图 8-18(a)表示一个直流调速系统，执行电动机 ZD 由可控整流 KZ 控制，单结晶体管 BT 发出触发脉冲，触发脉冲的相位取决于 W_1 给出的输入信号电压 u_r 与测速发电动机 ZCF 反馈电压 u_f 之差，为使该系统能实现正向与反向运动，可通过正向启动按钮 ZQA 或

反向启动按钮 FQA,分别控制接触器 1J 或 2J 线圈通电,通过它们的触点 $1J_1$、$1J_2$ 或 $2J_1$、$2J_2$,完成执行电动机 ZD 电枢的正接或反接,使电动机正转或反转,$1J_3$ 和 $2J_3$ 常闭触头构成能耗制动回路。

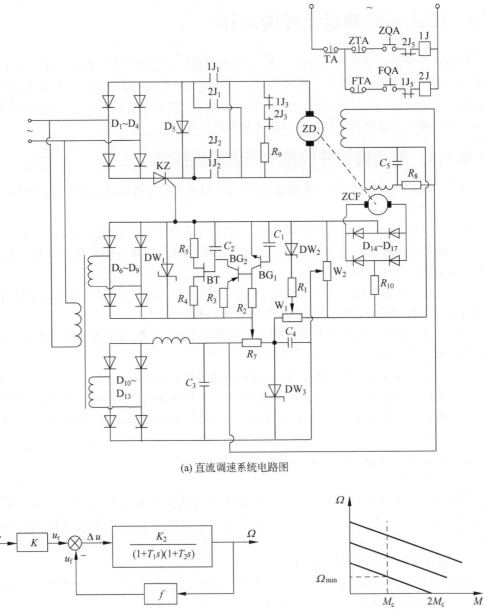

(a) 直流调速系统电路图

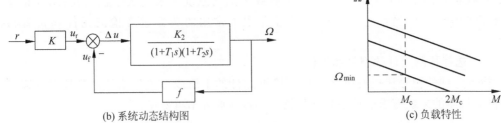

(b) 系统动态结构图   (c) 负载特性

图 8-18　调速系统原理图及特性

由 W_1 送出的 u_r 大小可变而极性不变,ZD 可正、反转,故 ZCF 的电压极性会有改变,为保持测速反馈始终是负反馈,在 ZCF 输出端串接一个整流电桥,使由 W_2 取出的反馈电压 u_f 的极性不变,保证加到晶体管 BG_1 基极的信号为

$$\Delta u = u_r - u_f$$

该系统的动态结构图如图 8-18(b)所示,其中 K_2 为整个系统前向通道的增益,T_1 与 T_2 分别代表系统的机电时间常数和电磁时间常数,反馈系数 $f = u_f/\Omega$(V·s/rad),即测速发电动机 ZCF 的比电势以及整流桥、电位计的衰减系数所组成。

调速系统的一项重要技术指标,就是系统的调速范围 $D = \Omega_{max}/\Omega_{min}$。当 KZ 完全导通时,整流电压全加到电动机电枢两端,电动机转速达到最大 Ω_{max},它受所选执行电动机最大容许转速的限制。而最低角速度 Ω_{min} 则与系统的构成状况有关。Ω_{min} 的数值可通过系统的机械特性和承受的全部稳态负载力矩 M_c 来估计。常用方法如图 8-18(c)所示,由 $2M_c$ 处作系统机械特性,并画出 M_c 负载特性,两线的交点所对应的转速即为 Ω_{min}。显然,Ω_{min} 的值与系统机械特性的斜率有关。以他励直流电动机为例,系统开环时的机械特性的斜率 $R_a/(K_eK_m)$[其中 R_a 为电动机电枢回路的总电阻,K_e 为电动机的电势系数(V·s),K_m 为电动机的力矩系数(N·m/A)],闭环系统机械特性的斜率为 $R_a/[K_eK_m(1+K_2f)]$。只要 K_2f 足够大,就可使机械特性斜率大大减小,其特性变硬,则按图 8-18(c)所得最小角速度 Ω_{min} 将比系统开环时低许多。

但是闭环系统(见图 8-18)是用测速发电动机作为反馈测量装置,而测速发电动机的分辨率是有限的,当系统输出速度 Ω 很低,测速发电动机无法分辨时,系统就如开环一样,故系统实际的最低角速度 Ω_{min} 将由速度测量元件的分辨率决定。根据系统要求的调速范围 D,选择合适的速度测量元件,否则难以用其他方法来弥补。

例如直流测速发电动机 ZCF221,它的技术参数如下:励磁电流 $I_j = 0.3A$,转速 $n = 2400$r/min,电枢电压 $U = 51$V,负载电阻 $R_z \geqslant 2k\Omega$,输出电压线性误差 $\sigma \leqslant 1\%$。根据技术要求,可求出比电势 K_e 为

$$K_e = \frac{30U}{\pi n} = 0.2\text{V·s/rad}$$

ZCF221 电刷与换向器之间接触电压约 1V 左右,由此可估计出它的不灵敏区为

$$\Delta\Omega = \frac{\Delta U}{K_e} = \frac{1}{0.2} = 5\text{rad/s 或 } \Delta n \approx 48\text{r/min}$$

因此,采用 ZCF221 作主反馈的调速系统,系统最低转速是 48r/min 左右(考虑执行电动机、测速发电动机与负载是单轴传动的情况)。

若选用 28CK01 异步测速发电动机作系统主反馈,已知它的比电势 $K_e = 4.775 \times 10^{-3}$V·s,剩余电压 $\Delta U = 15$mV,因此也可计算出它的不灵敏区为

$$\Delta\Omega = \frac{\Delta U}{K_e} = \frac{15}{4.775} = 3.14\text{rad/s 或 } \Delta n \approx 30\text{r/min}$$

如果 28CK01 与系统输出轴同轴,则系统最低转速可达 30r/min,如果系统输出转速低于它,则测速反馈不起作用,整个系统如同开环,在干摩擦负载的影响下,系统低速会出现不均匀的步进现象。

图 8-19(a)、(b)所示为采用光电脉冲测速器的调速系统功能框图和动态结构图。参考频率为 ω_{ref} 送到频率/电压(F/V)变换器,光电脉冲测速器的输出频率 ω_{tach} 送到另一个频

率/电压(F/V)变换器。由此产生与$(\omega_{ref}-\omega_{tach})$成比例的误差电压,此误差电压送至误差放大器,经过 PWM 功率放大器进行功率放大控制执行电动机进行转速调节。光电脉冲测速器产生反馈信号的角频率为ω_{tach},反馈信号是离散信号,其频率为$f_{tach}=2\pi/\omega_{tach}$,而每次信息须经过$1/f_{tach}$后才能到达。因此考虑到速度反馈信号的离散性,应引入一个等效的时间延迟$1/f_{tach}$,而光电测速器波形的各上升沿包含有用的变化信息,因此两边沿间的时间$1/f_{tach}$是"死滞时间",它等效于一段延时。为了使这种延时最小,f_{tach}应较系统的频带高10 倍。这时,采样数据处理引起的延时可以忽略。

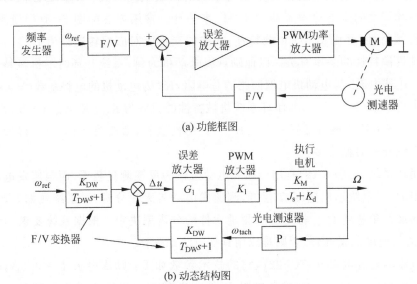

(a) 功能框图

(b) 动态结构图

图 8-19　光电脉冲测速器的调速系统

在选择光电测速器作为负反馈测量装置时,应从采样延迟的角度考虑,允许忽略由采样引起的相位移的条件是

$$\omega_{tach\text{-}min} \geqslant 10 \times \text{系统带宽}$$

式中,$\omega_{tach\text{-}min}$为采样数据相位移所允许的测速器角频率。

在已知系统阶跃输入信号作用下的响应时间t_s情况下,系统的开环截止频率ω_c可由式(7-25)近似求得,即$\omega_c=(6\sim10)/t_s$,若把ω_c作为系统的带宽,则有

$$\omega_{tach\text{-}min} \geqslant 10 \times \omega_c \tag{8-62}$$

光电测速器输出信号的频率f_{tach}为

$$f_{tach} = \frac{Pn}{60} = \frac{P \cdot \Omega}{2\pi} \tag{8-63}$$

式中,P——光电测速器圆盘密度;

n、Ω——分别是执行电动机转速(r/min)和角速度(rad/s)。

若忽略采样延迟,允许执行电动机的最小转速为n_{min},根据式(8-63),有

$$\omega_{tach\text{-}min} = \frac{\pi P n_{min}}{30} \tag{8-64}$$

由式(8-62)和式(8-63),可得

$$P \geqslant \frac{300\omega_c}{\pi n_{\min}} \tag{8-65}$$

式(8-65)表示了开环截止频率 ω_c、执行元件最低转速 $n_{\min}$ 和光电测速圆盘密度 P 三者的关系,这也是选择光电测速器的基本依据。

在实际应用中,也应对 P 进行限制,即 P 必须小于某个最大值 $P_{\max}$。一般来说,随着圆盘刻线密度 P 的增大,不仅其成本增高,而且对于给定圆盘直径,由于两条刻线间的距离不能小于光线波长,也对 P 有限制。在应用中 P 值限制在 5000 或更小的数值内(对于约 6.5cm 直径的圆盘而言)。一般 P 应满足下式

$$P \leqslant P_{\max} \tag{8-66}$$

根据式(8-65)和式(8-66)可以确定 P。

当 P 确定后,可根据系统设计要求的调速范围 $D = \Omega_{\max}/\Omega_{\min}$ 确定参考频率 f_{ref} 的范围为

$$\frac{P\Omega_{\min}}{2\pi} \leqslant f_{ref} \leqslant \frac{P\Omega_{\max}}{2\pi} \tag{8-67}$$

或

$$\frac{Pn_{\min}}{60} \leqslant f_{ref} \leqslant \frac{Pn_{\max}}{60} \tag{8-68}$$

8.4.3 测角元件的选择

前面介绍了许多不同类型的测角装置,它们都直接影响系统的精度。针对位置随动系统测角装置的选择与设计问题,确定测角装置的精度是选择测量装置应考虑的首要问题。现以粗、精测双通道自整角机测角线路为例,介绍测角装置的选择方法。自整角机的种类不少,能作为随动系统测角用的自整角机的精度如表 6-1 所示。

如果随动系统的静误差 $e_c \not> 1\text{mrad}$,只有 $3.44'$,比一台 0 级精度的自整角机还小,故必须采用粗、精双通道测角路线。

若选粗、精双通道自整角发送机为 28ZKF01 型,接收机为 28ZKB01,都选 2 级精度,即误差 $\Delta_F = \Delta_J = \pm 20'$,根据式(6-10)可计算出发送机与接收机组成测角线路的误差为

$$\Delta = \sqrt{\Delta_F^2 + \Delta_J^2} \approx 28.28'$$

取粗、精通道之间传动比 $i = 20$,则根据式(6-12),精通道测量装置的误差折算为粗通道的等效误差 Δ' 应满足下式

$$\Delta' = \frac{\Delta}{i} = \frac{28.28'}{20} = 1.414' < e_c \tag{8-69}$$

随动系统的静误差 e_c,主要由测角装置造成的误差 Δ' 和系统输出轴上承受的静阻力矩造成的误差所构成。故要求 Δ' 满足式(8-69),根据 6.6 节介绍的误差分配原则,通常分配给测量装置的误差为系统误差的一半,则设计测量装置的误差应为

$$\Delta' \leqslant \frac{e_c}{2} \tag{8-70}$$

利用式(8-70)选择自整角机,这也能为静阻力矩 M_c、放大器的死区等造成的静误差留有余地。若要求的 e_c 小,则需改选精度等级高一些的元件,或适当增加 i,但 i 不宜过大,正如6.1节介绍的,若 i 选取较大,因转子与定子相对运动产生旋转电势 E 而形成速度误差反而增大了自整角机测角装置的误差。还有一个原因是在大信号下总是粗测通道工作,精测通道只能工作在一个有限的范围,即

$$-\frac{180°}{i} < \theta_j < \frac{180°}{i} \tag{8-71}$$

超出这个范围,就会导致正反馈。通常粗精转换点设计在以下范围内

$$\theta_z = \frac{90°}{i} \sim \frac{150°}{i} \tag{8-72}$$

而且要求 $\theta_z > 3°$,并要求转换误差电压大于粗测通道的静误差。基于上述考虑,故粗、精双通道之间的速比 i 不宜选得过大,一般取 $i < 30 \sim 50$,通常 i 的最高取值为30,常见的速比有 10、15、20、25、30。

下面将所选出的 28ZKF01 和 28ZKB01 的技术参数列于表 8-2 中,其中最大输出电压 U_{max} 是有效值。

表 8-2   28ZKF01 和 28ZKB01 的技术参数

型号	频率 (Hz)	励磁电压 (V)	最大输出 (V)	空载电流 (A)	开路输入 (Ω)	短路输出 (Ω)	空载功率 (W)
28ZKF01	400	115	90	42	2740	500	1
28ZKB01	400	90	58	11	3090	1700	0.3

8.5   选择级的设计

对于双通道测量电路,在精、粗自整角机和速比 i 确定后,就需要设计信号选择电路。信号选择电路可设计成各式各样的形式,但必须满足前面所阐述的粗测通道的工作范围和粗精双通道测量电路工作的转换角设计原则。由前面章节的介绍可知:当 i 为奇数时,粗、精测通道的稳定零点重合,且粗测通道与精测通道的不稳定零点亦重合;当 i 为偶数时,粗测通道与精测通道的稳定零点重合,但粗测通道与精测通道的不稳定零点不重合,出现假零点现象。下面对两种选择级电路设计进行介绍。

8.5.1 i 为奇数时选择级的电路设计

当 i 为奇数时,系统误差角 $\theta = 180°$ 时,系统不会静止,而将向 $\theta = 0°$ 稳定零点协调,这样仅需选择级具有信号选择的功能就够了。下面图 3-2 为例说明 i 为奇数时选择电路的设计方法。

图 3-2 采用双向稳压管使测角装置在小误差角时,以精测通道输出起控制作用;大误差角时,粗、精双通道输出相叠加,但以粗测通道输出占主导地位起控制作用。

设粗、精双通道工作转换点为误差角 θ_z,当 $-30° < \theta < 30°$,可认为粗、精双通道输入-输出特性是线性区,由于误差角 θ_z 很小,则转换电压 U_z 为

$$U_z = U_m \sin\theta_z \approx U_m\theta_z \qquad (8-73)$$

式中，U_m 为粗测通道输出的最大误差电压。

在图 3-2 中，当误差角 $\theta > \theta_z$ 时，粗测通道输出 $U_\theta > U_z$，此时，粗测通道输出电压经稳压管输出加在输出电阻两端，由于精测通道的输出经分压后仍加在输出电阻上，所以当粗测通道通过选择级时，精测通道也通过选择级，但精测通道输出电压已被降低许多，只有粗测通道起控制作用，控制被控对象向协调方向运动。当误差角 $\theta < \theta_z$ 时，粗测通道输出 $U_\theta < U_z$，此时，粗测通道的输出电压被双向稳压管截止，精测通道的输出经分压后加在输出电阻上，所以只有精测通道输出电压通过选择级。所以，对于图 3-2 选择级的设计主要是对双向稳压管的稳压值和 R_1、R_2 的选择；对双向稳压管的稳压值的选择即对 U_z 的选择。

通过上述分析，只要根据式(8-72)、式(8-73)合理选择 i 和转换角 θ_z，并保证转换电压大于粗测通道的静误差，选择相应的稳压管和精测通道的分压电阻。在选择电阻 R_1、R_2 时还应考虑与自整角机的输出阻抗匹配，同时也要考虑下一级放大器的输入阻抗的匹配符合要求，最终通过试验调试确定，使式(8-71)和式(8-73)均成立。

精测通道控制时，选择级的传递函数为

$$G(s) = \frac{R_2}{R_1 + R_2} \qquad (8-74)$$

例 8.7 若选 $i = 15$，$U_m = 115\text{V}$，根据式(8-72)转换角 θ_z 应在 $6° < \theta_z < 10°$ 范围内，则根据式(8-73)，转换电压 U_z 应在 $12.037\text{V} < U_z < 20.06\text{V}$ 范围内。若取稳压管的稳压值为 15V，则计算得转换角 $\theta_z \approx 7.477°$。此时精测经分压后的误差电压应为 $U_J = 15\text{V}$，则精测误差角为

$$\theta_J = i \times 7.477° = 15 \times 7.477° = 112.155°$$

那么实际的精测误差电压应为

$$U_J = U_m \sin\theta_J = 115\sin112.155° \approx 106.509(\text{V})$$

则

$$\frac{R_2}{R_1 + R_2} = \frac{15}{106.509} \approx 0.141$$

所以，通过合理选择 R_1 和 R_2，就可完成选择级设计。

8.5.2 i 为偶数时选择级的电路设计

当 i 为数偶时，系统误差角在 $\theta = 180°$ 附近时，系统在精测通道的输出电压控制下，使系统停在精测的稳定零点，即稳定地停在 $\theta = 180°$（即假零点处），而使系统不能向 $\theta = 0°$ 稳定零点协调，这样选择不仅需要选择级具有信号选择的功能，而且需要选择级具有消除假零点的作用。要消除假零点，就必须使精测的不稳定零点与粗测的不稳定零点在 $\theta = 180°$ 处重合就可以了。这样选择级就应有移零作用。下面以如图 8-20 所示电路为例，说明 i 为偶数时信号选择电路的设计方法。

图 8-20(a)是 i 为偶数时的一种选择级电路，电路采用一对反并联二极管串在粗测通道的输出端，在利用二极管特性的零点几伏小死区，阻断粗测通道的输出电压；利用双向稳压管给精测通道输出电压限幅，使测角装置在小误差角时，以精测通道输出为主起控制作用；大误差角时，精、粗双同道输出相叠加，但以粗测通道输出占主导地位起控制作用。消除假

零点的方法是在粗测通道输出端串加移零电压 $u_0 = U_0 \sin\omega t$，使粗测通道输出特性的假零点向左平移 $90°/i$，如图 8-20(b)所示；再将粗测接收机 CJ 定子转 $90°/i$；仍使粗、精输出特性的稳定零点重合，同时使粗、精输出特性的不稳定零点亦重合，经信号选择的合成输出特性如图 8-20(c)所示，系统不再稳定在 $\theta = 180°$ 处。

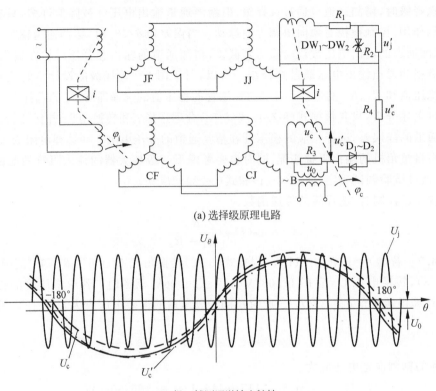

(a) 选择级原理电路

(b) 粗、精测通道输出特性

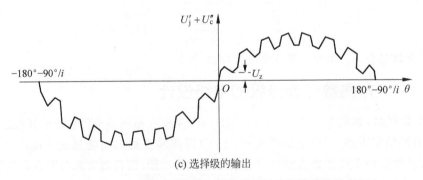

(c) 选择级的输出

图 8-20　i 为偶数时粗、精测双通道信号选择电路及输出

现在若已知自整角机输入-输出特性是正弦函数，当 $\theta = 90°$ 时，输出达到最大有效值 U_m。通常取 $-30° < \theta < 30°$，特性线性化的斜率为

$$K = \frac{U_m \sin 30°}{30} \approx 0.016\,67 U_m = 0.955 U_m (\text{V/rad}) \tag{8-75}$$

若取图 8-20(a)移零电压 u_0，且移零电压亦应取与发送机励磁同频率 400Hz 和同相位，u_0 的有效值应为

$$U_0 = \frac{90°}{i} K \tag{8-76}$$

设粗测通道中所用二极管 D_1、D_2 均为 ZCP 型硅管,死区电压 $\Delta U \approx 0.7\text{V}$。精测通道中稳压管 DW 的限幅电压为 U_{DW},它必须大于系统应有的线性范围。在跟踪系统中常有最大跟踪误差 e_m 的要求,系统线性范围应大于或等于 e_m,而不能比 e_m 小。为简化计算,将自整角机的短路输出阻抗看成纯电阻 R_B,在最大跟踪误差角 e_m 时,精测通道的输出电压有效值为

$$U_j = Kie_m \tag{8-77}$$

若按图 8-20(a)精测通道输出电压分压后的输出电压有效值为 U'_j,应满足以下不等式

$$\sqrt{2} U'_j = \frac{\sqrt{2} R_2}{R_B + R_1 + R_2} U_j \leqslant U_{DW} \tag{8-78}$$

但是 U_{DW} 值又不能太大,因为精、粗通道输出信号分别分压后,以 R_2、R_4 上的电压叠加(即 $U'_j + U''_c$)作为输出控制信号,参看图 8-20(a)输出合成特性如图 8-20(c)所示,其中第一个下凹点对应的电压为粗、精双通道测量电路的转换电压 U_z,转换电压 U_z 与 U_{DW} 的取值关系密切,如果 U_{DW} 值过大,则 U_z 可能为负,即合成特性又多出几个稳定零点和几个不稳定零点。系统正常工作需要 U_z 不仅大于零,而且要大于系统线性范围所对应的电压值,在这里与转换电压 U_z 对应的误差角为粗精测转换角 θ_z。

一般 U_{DW} 只取几伏,故 U_{DW} 与 U_z 对应的失调角 θ_z 有以下关系

$$U_{DW} = \frac{\sqrt{2} R_2}{R_B + R_1 + R_2} U_m \sin(i\theta_z - 180°)$$

则

$$\theta_z = \frac{1}{i} \left[180° - \arcsin \frac{U_{DW}(R_B + R_1 + R_2)}{\sqrt{2} U_m R_2} \right] \tag{8-79}$$

由于 i 为偶数,且 $i < 30 \sim 50$,一般取 10、15、20、25、30。故 θ_z 只有十几度。U_z 是粗通道输出 $\sqrt{2} U''_c$ 减去精通道输出 $\sqrt{2} U'_j$,因此时两者相位相反,而且 U'_j 刚好等于 U_{DW},故 U_z 可用下式表示

$$\sqrt{2} U_z = \sqrt{2} U''_c - \sqrt{2} U'_j = \sqrt{2} U''_c - U_{DW}$$

$$= (\sqrt{2} U'_c - 0.7) \frac{R_4}{R_B + R_4} - U_{DW}$$

$$\approx (\sqrt{2} K \theta_z - 0.7) \frac{R_4}{R_B + R_4} - U_{DW} \tag{8-80}$$

并要求

$$U_z \geqslant \frac{R_2}{R_B + R_1 + R_2} Kie_m \tag{8-81}$$

由式(8-80)和式(8-81)可得出

$$U_{DW} \leqslant \frac{R_4(\sqrt{2} K \theta_z - 0.7)}{R_B + R_4} - \frac{\sqrt{2} R_2 Kie_m}{R_B + R_1 + R_2} \tag{8-82}$$

由式(8-78)和式(8-82)得出

$$\frac{\sqrt{2}R_2Kie_{\mathrm{m}}}{R_{\mathrm{B}}+R_1+R_2} \leqslant U_{\mathrm{DW}} \leqslant \frac{R_4(\sqrt{2}K\theta_z-0.7)}{R_{\mathrm{B}}+R_4} - \frac{\sqrt{2}R_2Kie_{\mathrm{m}}}{R_{\mathrm{B}}+R_1+R_2} \qquad (8\text{-}83)$$

根据式(8-83)来设计信号选择电路,主要是确定 R_1、R_2、R_4 的阻值和稳压管的限幅值 U_{DW},选电阻要考虑与自整角机的输出阻抗匹配,同时也要考虑放大器的输入阻抗符合要求,最终结果要使式(8-83)成立。对于这种非线性电路只能按试凑法选择参数,再通过试验调试确定。

例 8.8 粗、精测通道之间传动比为 $i=20$,最大跟踪误差为 $0.006\mathrm{rad/s}$,选择 28ZKB01 自整角机,其最大电压 $U_{\mathrm{m}}=58\mathrm{V}$,试对图 8-20(a)选择级进行设计。

解 根据式(8-75)得自整角机输入-输出特性线性化斜率为

$$K=0.955U_{\mathrm{m}}(\mathrm{V/rad})=55.4(\mathrm{V/rad})=0.97(\mathrm{V/(^{\circ})})$$

由式(8-76),得移零电压 u_0 的幅值为

$$U_0=\frac{90^{\circ}}{i}K=\frac{90^{\circ}}{20}\times0.97(\mathrm{V/(^{\circ})})=4.365(\mathrm{V})$$

由式(8-77),得最大跟踪误差时精测通道误差电压的有效值为

$$U_{\mathrm{j}}=Kie_{\mathrm{m}}=\frac{0.97\times20\times0.006\times180}{3.14}=6.673(\mathrm{V})$$

由式(8-78),经过 R_1 和 R_2 分压后得

$$U_{\mathrm{j}}'=\frac{6.673\times R_2}{R_{\mathrm{B}}+R_1+R_2}(\mathrm{V})$$

合理选择 U_{DW}、R_1、R_2、R_4,由式(8-79)得粗、精测双通道转换角为

$$\theta_z=\frac{1}{20}\left[180^{\circ}-\arcsin\frac{U_{\mathrm{DW}}(R_{\mathrm{B}}+R_1+R_2)}{\sqrt{2}U_{\mathrm{max}}R_2}\right]$$

$$=9^{\circ}-\frac{1}{20}\arcsin\frac{U_{\mathrm{DW}}(R_{\mathrm{B}}+R_1+R_2)}{\sqrt{2}\times58\times R_2}$$

并使 U_{DW} 满足式(8-83),即满足下式

$$\frac{\sqrt{2}\times6.673\times R_2}{R_{\mathrm{B}}+R_1+R_2} \leqslant U_{\mathrm{DW}} \leqslant \frac{R_4(\sqrt{2}\times0.97\theta_z-0.7)}{R_{\mathrm{B}}+R_4} - \frac{\sqrt{2}\times6.673\times R_2}{R_{\mathrm{B}}+R_1+R_2}$$

若给定转换电压或转换角 θ_z,通过选择 R_1、R_2、R_4,即可完成选择级电路设计。

8.6 随动系统放大装置的选择

在测量元件和执行元件选择基础上,还需要合理选择在测量元件和执行元件之间的放大装置,其中包括信号的前置放大装置和功率放大装置。随动系统放大装置的种类繁多,目前已有很多系列化的产品,促进了随动系统的发展与应用,下面就对随动系统放大装置应具备的性能要求和选择进行介绍。

8.6.1 放大装置性能要求

一般系统放大装置应具备以下的性能要求:

(1) 放大装置的功率输出级必须与所用执行元件相匹配,它输出的电压、电流应能满足

执行元件输入的容量要求,不仅要满足执行元件额定值的需要,还应能保证执行元件短时过载的要求,总之应能使执行元件的能力充分发挥出来。通常要求输出级的输出阻抗要小,效率要高,时间常数要小。

（2）很多随动系统都要求可逆转,放大装置应能为执行电动机各种运行状态提供适宜的条件。例如,为大功率执行电动机提供发电制动的条件,对力矩电动机或永磁式直流电动机的电枢电流有保护限制措施等。

（3）放大装置的输入级应能与检测装置相匹配,放大装置输入阻抗要大,以减轻检测装置的负荷;放大装置的不灵敏区要小。

（4）放大装置应有足够的线性范围,以保证执行元件的容量得以正常发挥,多种信号的叠加要保证信号不被堵塞,在可逆运行系统中,通常要求放大器的特性要对称。

（5）放大装置本身的通频带应是系统通频带的 5 倍以上,特别是交流载频放大器,其特性有上、下截止频率,ω_s、ω_x、ω_0 如图 8-21 所示。其中,ω_0 表示载波频率(即电源角频率),如系统带宽用系统开环幅频特性的截止频率 ω_c 表示,则应满足以下条件

$$
\begin{cases}
\omega_s < \omega_0 - 5\omega_c \\
\omega_x < \omega_0 + 5\omega_c
\end{cases}
\tag{8-84}
$$

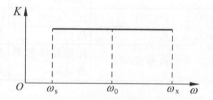

图 8-21　交流放大器的幅频特性

（6）放大装置应保证足够的放大倍数,放大特性要稳定可靠,放大器的特性参数要便于调整。根据不同对象、不同工作条件,对放大装置还会有其他要求,如适应环境的能力方面、结构尺寸、质量、价格、寿命、互换性、标准化等多方面的要求。

8.6.2　放大装置的选择

对于放大装置的选择包括类型和放大装置的参数的确定两方面内容。

1. 放大装置类型的选择

放大装置的作用是将由比较元件输出的偏差信号放大,达到足够的功率来驱动执行元件。

放大装置的形式很多,如电气放大装置、液压放大装置、气动放大装置、电液放大装置等。一般来说,放大装置的形式应与执行元件的形式相同。例如,测量元件给出电信号,而执行元件是电动机,那么放大装置应为电气放大装置,若测量元件给出电信号是交流信号,而执行元件是直流电动机,这时系统中应引入交-直流转换放大装置。放大元件是液压或气动的,这时系统中应引入电-液或电-气转换元件。

对于电气放大装置,一般分为前置放大器和功率放大器两部分。对于小功率控制系统,有时二者合并。表 8-3 给出了一些电气放大器的类型和特性,可供参考。

表 8-3　电气放大器的类型和特性

类　　型		电子管放大器	晶体管放大器	磁放大器	晶闸管放大器	电动机放大机
特性	输入信号	直流或交流	直流或交流	直流,同时可输入多个相互隔离信号	直流或交流	直流
	输出信号	直流或交流(由电路定)	直流或交流	交流	直流或交流	直流
	供电电源	高压直流	低压直流	交流（内阻要小）	交流	恒速拖动
	门限值到饱和范围	甲类放大器为 $10^3 \sim 10^5$	稍低于电子管放大器	$1 \sim 50$	低于电子管放大器	最大 $1 \sim 500$
	输入阻抗(Ω)	$10^8 \sim 10^9$	$10^3 \sim 10^5$	最大可达 10^3	$10^3 \sim 10^5$	$10 \sim 1000$
	输出阻抗(Ω)	电源和管内阻	约为 10^4	最大可达 10^3	电源内阻	$10 \sim 500$
	放大系数	电压放大系数为 $10^3 \sim 10^5$	电压放大系数为 $10^3 \sim 10^5$	功率放大系数为 $10^3 \sim 10^4$	功率放大系数为 10^{-6}	功率放大系数最大可达 500
	平均时间常数	μs 级	μs 级	快速磁放大器不小于供电电压周期	μs 级	$10 \sim 50$ms
	功率范围(W)	$10^{-3} \sim 200$	$1 \sim 200$	$10^{-2} \sim 10^4$	$10 \sim 5 \times 10^6$	$10 \sim 25\,000$
	效率	$20\% \sim 80\%$	高	高	高	高
	寿命(h)	约为 1000	约为 50\,000	使用晶体管寿命同左	使用晶体管寿命同左	取决于换向器

2. 放大装置放大系数的确定

放大装置的规格由其放大系数确定。放大装置的放大系数应根据系统总的静态系数要求确定,而系统总的静态放大系数是根据系统的精度要求确定的。下面举例说明放大参数的确定方法。

例 8.9　如图 8-22 所示的系统,在控制对象、执行元件和测量元件选定后,其各自的静态放大系数便已确定。这时,系统的总静态放大系数主要由放大器的放大系数确定。

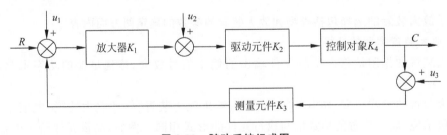

图 8-22　随动系统组成图

解　由于执行元件中只含一个积分环节,此系统为Ⅰ型系统,在恒速信号输入作用时的稳态速度误差为常数,且等于

$$e_v = \frac{v}{K_v} \tag{8-85}$$

式中,v——恒速信号的系数;

K_v——整个系统的静态放大系数。

当已知系统的速度误差 e_v 时,可按下式确定系统的总静态放大系数

$$K_v = \frac{v}{e_v} \tag{8-86}$$

而 $K_v = K_1 K_2 K_3 K_4$,所以放大装置的放大系数为

$$K_1 = \frac{v}{K_2 K_3 K_4 e_v} \tag{8-87}$$

如果系统引入校正装置,将会降低系统的增益。考虑到这点,通常要将计算的放大装置的数值适当增大,即取

$$K_1' = \lambda K_1 \tag{8-88}$$

式中,λ 为补偿系数,可取 $\lambda = 2 \sim 3$。

8.6.3　PWM 功率放大器的设计

在第 4 章介绍了作为随动系统驱动装置的 PWM 功率放大器的原理,已经了解到随动系统的发展是以驱动装置的发展为标志的。这充分说明了驱动装置的性能对随动系统的影响。PWM 功率放大器作为一种现代随动系统驱动装置,也必须依据随动系统对其要求进行设计;否则,难以发挥 PWM 功率放大器的控制优势。

随动系统对 PWM 功率放大器的要求与一般放大器的要求一样,下面仅就确定 PWM 功率放大器电路形式的原则以及功率放大器电路关键元件的选择等问题进行介绍。

1. PWM 功率放大器电路形式的选择

功率放大器电路结构形式的选取,直接与执行电动机的功率等级、电压等级、负载性质(连续、间歇)、工作制等有关。在第 4 章中分别介绍了 T 型和 H 型 PWM 放大器的基本工作原理和特性,而如何根据所选定的执行电动机来选择功率放大器结构形式是工程设计中很重要的问题。

功率放大器可逆与否,这通常由设计任务书来确定。对不可逆 PWM 功率放大器的选择是比较容易的,在此不再介绍。对于要求可逆运行的 PWM 系统,应该从功率等级的大小来考虑。T 型电路一般适用于功率小于 50W 的场合,但 T 型电路需双电源供电,对 GTR 耐压要求高,故应用不广泛。H 型电路适用于各种使用场合,并得到广泛应用。

在工业控制领域,例如数控机床的轮廓(连续轨迹)和定位随动系统、工业机器人随动系统、机床主轴拖动系统等,一般采用高压永磁式直流伺服电动机(电枢额定电压>100V),其功率范围均为数十千瓦以上。大多数情况下,使用单相交流 220V 或三相交流 380V 整流供电。在此种情况下,一般应采取桥臂各管独立驱动,即如图 8-23 所示的电路形式。

2. PWM 功率放大器电路主要器件的选取原则

功率放大器电路的主要器件就是 GTR 和续流二极管。在选取器件时,必须首先限定它们在电路中的工作条件,诸如输入电压、输出电流、工作频率、驱动电路、工作环境等。

1) GTR 的选择

(1) 电压额定值。在 PWM 电路中,GTR 的维持电压 $U_{ceo(sus)}$ 是允许电压范围的极限值。所以,要求所选 GTR 必须在执行电动机运行负载所决定的集电极最大电流条件下,其 $U_{ceo(sus)}$ 应高于最大的直流电源电压。如果此条件不满足,可采用电压箝位或其他技术措施

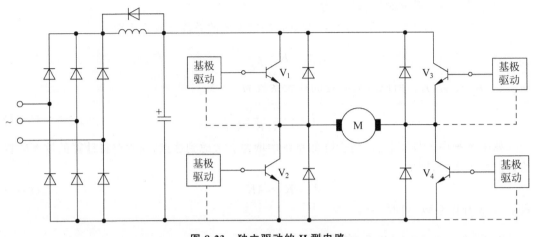

图 8-23   独立驱动的 H 型电路

解决。

（2）电流额定值。通常要求负载最大连续电流额定值必须小于或等于 GTR 的峰值电流额定值，所以选 GTR 的峰值电流额定值大于负载峰值电流额定值的 20%。

（3）饱和电压。为了减小存储时间，GTR 应工作在准饱和状态，并提供最佳关断驱动。

（4）开关时间。由于执行电动机电感的作用，GTR 的延迟时间 t_d 和上升时间 t_r 并不重要，但 GTR 存储时间 t_s 和下降时间 t_f 是极其重要的。在故障条件下，为了避免产生结过热点，GTR 应在几微秒之内由导通变为关断。而 t_s 和 t_f 则是影响快速关断的主要因素。

（5）散热考虑。H 型电路的功耗与 GTR 的工作状态有关。在功率放大器的工作模式和 GTR 的开关方法确定后，应计算 GTR 的总功率损耗 P_v，同时，也需要考虑 GTR 内续流二极管的功耗 P_{VD}，整个 GTR 模块总的功率损耗 P_Σ 为

$$P_\Sigma = P_v + P_{VD}$$

由 P_Σ 即可确定散热器的容量。

总之，为了充分发挥功率器件的效能，一定要使用适当的散热器。从可靠性观点来看，散热器尺寸的选择应使结温尽可能降低（因为随着管壳温度增加，集电极电流可用率成比例下降），必要时可采用风机冷却以及半导体制冷，以最大限度地发挥 GTR 的潜力。另外，安装 GTR 与散热器时，接触面之间应涂一层均匀分布的硅脂，以改进接触热阻。需要注意的是，太厚或太薄的硅脂可能引起相反的效果。

2）续流二极管的选择

目前，大部分 GTR 模块内集成有续流二极管，当选定 GTR 后，续流二极管随之而定。当需要选择续流管时，对续流二极管有以下几点要求：

（1）正向电压和电流。在 PWM 系统中，续流二极管的占空比大约是 GTR 占空比的 30%（当二极管时间均分时为 30%，否则为 60%）。然而，流过二极管的峰值电流与晶体管的峰值电流是相等的。选择二极管的基本原则应当基于：在峰值电流条件下，使其正向电压小于 2V，以防止桥路同侧晶体管转换时发生短路现象。

（2）反向阻断电压。反向阻断电压的额定值应该大于二极管两端可能承受最高电压的 25%。

（3）正向和反向恢复时间。正向恢复时间必须很小，一般要求在峰值电流和在 1.5V 测试条件下的 $dI_F/dt = 100A/\mu s$ 时，其正向恢复时间小于 500ns。反向恢复时间也应尽可能小，其原因在于：要把二极管的开关损耗减到极小，避免桥路同侧对管直通短路。通常，在峰值电流和 $200A/\mu s$ 条件下，二极管最大反向恢复时间必须小于 $1\mu s$。为了把感应电压（$L\,di/dt$）减到极小，反向恢复特性应呈软特性。

3. 开关频率的选择

PWM 开关频率对随动系统性能具有重要的影响，合理选择开关频率不仅能改善随动系统低速平稳性，而且也能提高系统效率。但是，开关频率受多种因素的影响，因此开关频率的选择至关重要。选择开关频率时应主要考虑以下因素：

（1）开关频率 f 应足够高，以使系统响应不受影响，通常选取

$$f > 10f_c \tag{8-89}$$

式中，f_c 为系统开环截止频率；

（2）开关频率 f 必须大于系统所有回路的谐振频率；

（3）开关频率 f 必须大于系统回路的所有信号的响应频率；

（4）开关频率 f 的提高受大功率晶体管 GTR 开关损耗和开关时间的影响；

（5）开关频率 f 的上限还受工作周期内负载最大值和 GTR 峰值结温的限制，结温愈高，GTR 的受命愈短，反之亦然。

以上因素是选择开关频率的重要依据，应综合考虑。一般 H 型电路 PWM 开关频率的典型值范围为 $1 \sim 5000kHz$。

第9章

随动系统的动态设计

前面介绍了随动系统稳态设计,初步确定了随动系统主回路测量元件、放大装置和执行元件等,这些初步确定的元件和装置,除了放大装置的增益可调外,都有自身的静态与动态特性。因此,这些元件(包括被控对象)通常统称为随动系统的不可变部分,也有称为原始系统。通过建立原始系统的数学模型,可以对原始系统进行分析。但是经过稳态设计的系统通常是不能满足系统的指标要求的,有时甚至是不稳定的,需要在已确定的原始系统(即系统的不可变部分)的基础上,再增加必要的元件或装置,使重新组合起来的随动系统能够满足系统的性能指标要求,这就是随动系统动态设计问题。那些能使随动系统的控制性能满足设计要求,而有目的地增加的元件或装置,称为随动系统的校正装置。

随动系统的动态设计包括:选择系统的校正形式、设计校正装置、将校正装置有效地连接到原始系统中去,使校正后的系统满足各项设计指标要求。常用的动态设计方法有基于相角裕量的方法、基于希望特性的设计方法、基于极点配置的状态反馈方法、基于积分指标的最优控制器设计、数字控制器设计等。本章重点介绍常用的基于相角裕量的方法、基于希望特性的设计和数字控制器设计方法,其中前两种设计方法主要适用于连续线性定常最小相位系统,且系统以单位反馈构成闭环,若主反馈系数是不等于1的常数,则需等效成单位反馈的形式来处理;后一种主要适用于数字随动系统。当系统含有非线性特性且可用简单的描述函数法表达时,也可借助 Bode 图进行近似设计。

9.1 基于相角裕量的设计方法

按照校正装置在系统中的连接方式,校正方式可分为串联校正、并联校正和复合校正。串联校正装置是校正装置与系统不可变部分串接起来,如图 9-1(a)所示。并联校正是从系统的前向通道某点引出反馈信号与校正装置构成反馈通道,再从某点引入到前向通道构成反馈回路,如图 9-1(b)所示。串-并联校正是系统中既有串联校正又有并联校正。一般来说,随动系统的动态设计问题在控制方式确定后就归结为合理地设计串联校正装置和并联校正装置问题上。下面介绍根据截止频率 ω_c 和相角裕量 γ 指标进行串联校正装置设计的方法。

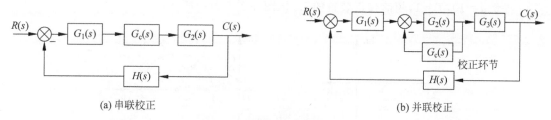

(a) 串联校正　　　　　　　　　　(b) 并联校正

图 9-1　串联和并联校正方式

9.1.1　串联超前校正装置的设计

超前校正装置是指,在一定频率范围内,输出信号相角比输入信号相角具有超前特性的一类频域校正装置。

1. 超前校正装置的数学模型

超前校正装置的数学模型为

$$K_c G_c(s) = \frac{\alpha Ts + 1}{Ts + 1} \tag{9-1}$$

式中,$\alpha > 1$——常数;

　　T——时间常数;

　　$K_c > 1$——用于补偿超前校正装置引起的开环增益的衰减。

超前校正装置的零极点的分布如图 9-2(a)所示。

由式(9-1)得校正装置的频率特性为

$$K_c G_c(j\omega) = \frac{1 + j\alpha\omega T}{1 + j\omega T} \tag{9-2}$$

与式(9-2)相对应的幅频特性和相频特性分别为

$$A_c(\omega) = |G_c(j\omega)| = \frac{\sqrt{1 + (\alpha\omega T)^2}}{\sqrt{1 + (\omega T)^2}} \tag{9-3}$$

$$\varphi_c(\omega) = \arctan(\alpha\omega T) - \arctan(\omega T) \tag{9-4}$$

超前校正装置的极坐标图如图 9-2(b)所示。由图 9-2(b)可见,超前校正装置的极坐标图是一个在第一象限的半圆,圆心坐标$[(\alpha+1)/2, j0]$,半径为$(\alpha-1)/2$,从坐标原点到半圆作切线,它与正实轴的夹角为超前校正装置的最大超前相角 φ_m,且有

$$\varphi_m = \arcsin\frac{\alpha - 1}{\alpha + 1} \tag{9-5}$$

最大超前相角处对应的频率可由式(9-4)得到,令 $\mathrm{d}\varphi_c/\mathrm{d}\omega = 0$,则有

$$\omega_m = \frac{1}{\sqrt{\alpha}T} = \sqrt{\left(\frac{1}{T}\right)\left(\frac{1}{\alpha T}\right)} \tag{9-6}$$

由图 9-2(b)可知,对应 ω_m 处超前校正装置的幅值为

$$A_c(\omega_m) = \sqrt{\alpha} \tag{9-7}$$

对应于式(9-3)的对数幅频率特性为

$$L_c(\omega) = 20\lg|G_c(j\omega)| = 20\lg\sqrt{1 + (\alpha\omega T)^2} - 20\lg\sqrt{1 + (\omega T)^2} \tag{9-8}$$

若令 $\alpha=10$，$T=1$，超前校正装置的 Bode 图如图 9-2(c)所示。

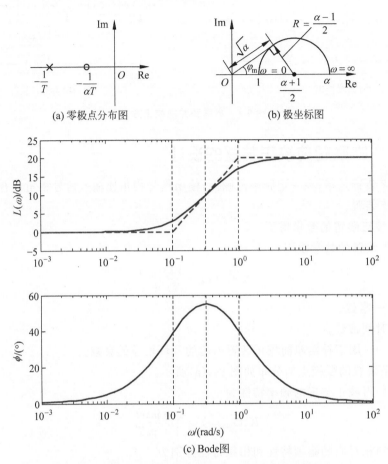

(a) 零极点分布图　　　　　　(b) 极坐标图

(c) Bode图

图 9-2　超前校正装置零极点分布、极坐标图和 Bode 图

绘制 Bode 图的 Matlab 程序如下：

```
clear all
alpha = 10; T = 1;                                    % 参数
Gc = tf([alpha * T,1],[ T,1]);                        % 传递函数
[L,phi,w] = bode(Gc);
for i = 1:size(w,1)                                   % 对数频率渐进线,w表示频率
    if w(i)< 1/(alpha * T)
        La(i) = 0;
    elseif w(i)> = 1/(alpha * T) && w(i)< 1/T
        La(i) = 20 * log10(alpha * w(i) * T);
    else
        La(i) = 20 * log10(alpha * w(i) * T) - 20 * log10(w(i) * T);
    end
end
subplot(2,1,1),semilogx(w,20 * log10(L(:)),w,La)      % 绘制对数频率特性曲线
subplot(2,1,2),semilogx(w,phi(:))                     % 绘制相频特性曲线
% end
```

绘制渐近线也可用 Matlab 函数 bodeasym( )。从 Bode 图可以看出,超前校正装置是具有正相位的校正装置,说明输出信号在相位上总是超前于输入信号一个角度。所以,超前校正装置能增大前向通道的相位,使其系统相位超前于原系统的相位。同时,当 $\omega \to 0$ 时,$L_c(\omega) \to 0$;当 $\omega \to \infty$ 时,$L_c(\omega) \to$ 最大值 $20\lg(\alpha)$,所以超前校正装置又是一个高通滤波器。比较图 9-2(a)和图 9-2(b),由式(9-6)可知,ω_m 是 $G_c(s)$ 零极点的几何平均值。在理论上,最大超前相角 φ_m 不超过 $90°$,但实际上,一般超前校正装置的最大相位角 φ_m 不大于 $65°$。如果要得到大于 $65°$ 的超前相角,可用两个超前校正装置串联起来实现,并在两个超前校正装置之间加隔离放大器以消除它们之间的负载效应。

总之,合理地设计超前校正装置,可以增加开环系统的截止频率和相角裕量,使校正后系统的阶跃响应速度加快,且超调量将减小。

2. 超前校正装置的设计方法

若校正装置的模型为式(9-1),控制对象的模型为 $G_0(s)$,则校正装置后系统的开环传递函数为

$$G(s) = K_c G_c(s) G_0(s) \tag{9-9}$$

假设期望校正后系统的相角裕量为 γ,截止频率为 ω_c。当 ω_c 未知时,超前校正装置的最大超前相角 φ_m 为

$$\varphi_m = \varphi_c = \gamma - \gamma_0 + \delta \tag{9-10}$$

式中,δ——系统在校正前后截止频率的移动引起的原系统频率特性相角的滞后量,一般取 $\delta = 5°$;

γ_0——未校正系统的相角裕量。

当 ω_c 已知时,超前校正装置的最大超前相角 φ_m 为

$$\varphi_m = \varphi_c(\omega_c) = \gamma - \gamma_0(\omega_c) \tag{9-11}$$

式中,ω_c——校正后系统的截止频率;

$\gamma_0(\omega_c)$——未校正系统在校正后系统截止频率 ω_c 处的相角裕量。

若 $\varphi_m > 0$ 时,需引入超前校正装置的 α 为

$$\alpha = \frac{1 + \sin\varphi_m}{1 - \sin\varphi_m} \tag{9-12}$$

若期望校正后系统的截止频率 ω_c 未知,由式(9-7)可知,在与 φ_m 相应的 ω_c 处,未校正系统的开环对数幅频特性的值应为

$$-20\lg\sqrt{\alpha} = 20\lg|G_0(j\omega_m)| \tag{9-13}$$

由式(9-13)计算出 ω_m 即为校正后系统的截止频率 ω_c。进一步由式(9-6)可得

$$T = \frac{1}{\sqrt{\alpha}\,\omega_c} \tag{9-14}$$

$$K_c = \alpha$$

若已知期望校正后系统的截止频率 ω_c,在 ω_c 处校正后系统的幅值必为 1,即

$$K_c|G_c(j\omega_c)||G_0(j\omega_c)| = 1$$

则

$$K_c = \frac{1}{|G_c(j\omega_c)||G_0(j\omega_c)|} \tag{9-15}$$

超前校正装置的设计步骤如下：

(1) 根据给定的性能指标稳态误差 e_{ss} 的要求,确定系统的开环增益 K；

(2) 绘制未校正系统的对数幅频特性曲线,求出未校正系统的相角裕量 γ_0；

(3) 根据给定的相角裕量 γ,计算校正装置的最大相角超前量 φ_m；

(4) 根据最大相角超前量 φ_m,求出相应的 α；

(5) 若未给出期望校正系统的 ω_c,计算与 φ_m 相对应的 ω_m（即 ω_c）；否则转到步骤(6)；

(6) 计算超前校正装置 T,给出超前校正装置 $G_c(s)$；

(7) 验算校正后系统的性能指标是否满足要求,若不满足,则返回步骤(3),重新考虑超前校正装置引起系统截止频率增大导致的相角滞后,重新进行设计。

例 9.1 某随动系统开环传递函数为 $G_0(s)=\dfrac{4K}{s(s+2)}$,设计超前校正装置,使校正后系统静态速度误差系数 $K_v=20s^{-1}$,相位裕量 $\gamma \geqslant 45°$,幅值裕量 h 不小于 10dB。

解 (1) 根据给定的静态误差系数的要求,确定开环增益

$$K_v = \lim_{s \to 0} s\frac{4K}{s(s+2)} = 2K = 20, \quad K = 10$$

未校正系统的开环频率特性为

$$G_0(j\omega) = \frac{40}{j\omega(j\omega+2)} = \frac{20}{\omega\sqrt{\left(1+\left(\frac{\omega}{2}\right)^2\right)}} \angle \left(-90° - \arctan\frac{\omega}{2}\right)$$

未校正系统在 ω_{c0} 处幅值为 1,则

$$\frac{20}{\omega_{c0}\sqrt{\left(1+\left(\frac{\omega_{c0}}{2}\right)^2\right)}} = 1, \quad \omega_{c0} = 6.17$$

计算未校正系统的相角裕量为

$$\gamma_0 = 180° + \left(-90° - \operatorname{arctg}\frac{\omega_{c0}}{2}\right) \approx 17.96°$$

(2) 计算校正装置的最大相角超前量 φ_m,取 $\gamma = 50° > 45°$,则

$$\varphi_m = \gamma - \gamma_0 + \delta = 50° - 17.96° + 5° \approx 37.04°$$

(3) 计算超前校正装置相应的 α

$$\alpha = \frac{1+\sin\varphi_m}{1-\sin\varphi_m} = \frac{1+\sin37.04}{1-\sin37.04} \approx 4.03$$

(4) 计算与 φ_m 相对应的 ω_m

$$-20\lg\sqrt{\alpha} \approx -6.053$$

$$20\lg\frac{20}{\omega_m\sqrt{1+\left(\frac{\omega_m}{2}\right)^2}} = 20\lg20 - 20\lg\left(\omega_m\sqrt{1+\left(\frac{\omega_m}{2}\right)^2}\right) = -6.053$$

$$\omega_m \approx 8.853(\text{rad/s})$$

(5) 计算超前校正装置 T

$$T = \frac{1}{\sqrt{\alpha}\omega_m} = \frac{1}{\sqrt{4.03 \times 8.853}} \approx 0.0563(\text{s})$$

$$\alpha T = 4.03 \times 0.0563 = 0.2267(\text{s})$$

（6）超前校正装置为

$$K_c G_c(s) = \frac{\alpha Ts + 1}{Ts + 1} = \frac{0.2267s + 1}{0.0563s + 1}$$

$$K_c = \alpha = 4.03$$

（7）检验校正后系统性能。

校正后系统的开环传递函数为

$$G(s) = K_c G_c(s) G_0(s) = \frac{20(0.2267s + 1)}{s(0.0563s + 1)(0.5s + 1)}$$

绘制未校正系统和校正后系统的开环对数频率特性，如图 9-3(a)和(b)所示。未校正系统和校正后系统的单位阶跃响应分别如图 9-4(a)和(b)所示。

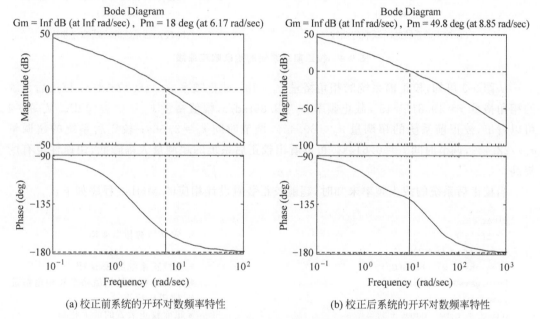

(a) 校正前系统的开环对数频率特性　　　　(b) 校正后系统的开环对数频率特性

图 9-3　校正前后系统的开环对数频率特性曲线

Matlab 程序如下：

```
clear all
K0 = 4 * 10;
num0 = 1;den0 = [1 2 0];
G0 = tf(K0 * num0,den0);                    % 未校正系统传递函数
K = 20;
num = [0.2267 1];den = conv(conv([1 0],[0.0563 1]),[0.5 1]);
G = tf(K * num,den);                         % 校正后系统传递函数
figure(1)                                    % 开环对数频率特性
subplot(1,2,1); margin(G0)
subplot(1,2,2); margin(G)
figure(2)                                    % 单位阶跃响应
subplot(1,2,1);step(feedback(G0,1))
subplot(1,2,2);step(feedback(G,1))
% end
```

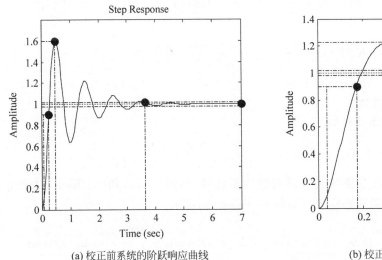

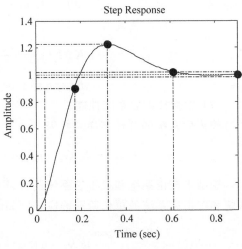

(a) 校正前系统的阶跃响应曲线　　　　　　　　(b) 校正后系统的阶跃响应曲线

图 9-4　校正前后系统的阶跃响应曲线

从图 9-3 可知,校正前系统的相角裕量 $\gamma_0 = 18°$,截止频率 $\omega_{c0} = 6.17\mathrm{rad/s}$;校正后系统的相角裕量 $\gamma = 49.81° > 45°$,截止频率 $\omega_c = 8.85\mathrm{rad/s}$,幅值裕量 $k_m = \infty > 10\mathrm{dB}$。从图 9-4 可以看出,校正前系统的超调量 $\sigma_p = 60.4\%$,调节时间 $t_s = 3.66\mathrm{s}$;校正后系统的超调量 $\sigma_p = 22.4\%$,调节时间 $t_s = 0.614\mathrm{s}$。可以看出校正后系统的超调量大幅降低,快速性也有所提高。

当校正后系统的截止频率未知时,超前校正装置设计相应的 Matlab 程序如下:

```
clear all
s = tf('s');                                        % 定义拉普拉斯变换
G0 = 40/(s * (s + 2));
[mag, phase, w] = bode(G0);                         % 未校正系统的 Bode 图
[gm0, gama0] = margin(G0);                           % 未校正系统的幅值裕量和相角裕量
gama = 50;                                           % 期望相角裕量
phi_gc = gama − gama0 + 5;                           % 超前校正装置的最大相角
alfa = (1 + sin(phi_gc * pi/180))/(1 − sin(phi_gc * pi/180));    % 计算超前校正装置的参数
sqralfa = − 10 * log10(alfa);                        % 计算 10lgα
mag1 = reshape(mag, 1, 39)';                         % 三维转二维
wc = spline(20 * log10(mag1), w, sqralfa);           % 用插值计算期望的截止频率
T = 1/(wc * sqrt(alfa));
alfaT = alfa * T;
Gc = tf([alfaT 1], [T 1]);
G = Gc * G0;
figure(1)
subplot(1, 2, 1), margin(G0)
subplot(1, 2, 2), margin(G)
figure(2)
subplot(1, 2, 1), step(feedback(G0, 1))
subplot(1, 2, 2), step(feedback(G, 1))
% end
```

注:程序中,wc 为期望校正后系统的截止频率;gama 为期望校正后系统的相角裕量;

phi_gc 为超前校正装置的相角。在求取校正后系统的截止频率时,采用了 Matlab 中的插值函数 spline( )来计算,插值函数 spline( )的用法是:在 $y_i =$ spline(x,y,x_i) 中,y 是 x 的函数,即 $y=f(x)$,x 和 y 是一一对应的行向量。若 $x=(x_1,x_2,\cdots,x_n)$,$y=(y_1,y_2,\cdots,y_n)$,已知 x_i 在闭区间 $[x_1,x_n]$ 中,可采用 $y_i =$ spline(x,y,x_i) 函数求取与 x_i 对应的 y_i。

例 9.2　某随动系统开环传递函数为

$$G_0(s) = \frac{10(s+1)(s+0.5)}{s(s+0.1)(s+2)(s+10)(s+20)}$$

设计超前校正装置,使校正后系统截止频率 $\omega_c = 20\text{rad/s}$,相角裕量 $\gamma \geqslant 50°$。

解　(1)未校正系统的频率特性为

$$G_0(j\omega) = \frac{10(j\omega+1)(j\omega+0.5)}{j\omega(j\omega+0.1)(j\omega+2)(j\omega+10)(j\omega+20)}$$

(2)校正后系统期望截止频率 $\omega_c = 20\text{rad/s}$ 下,超前校正装置的相角应为

$$\varphi_m = \varphi_c(\omega_c)$$
$$= \gamma - \left[180° + \left(\arctan\omega_c + \arctan\frac{\omega_c}{0.5} - 90° - \arctan\frac{\omega_c}{0.1} - \arctan\frac{\omega_c}{2} - \arctan\frac{\omega_c}{10} - \arctan\frac{\omega_c}{20}\right)\right]$$
$$= 50° - [180° - 196.732°] = 66.732°$$

(3)计算超前校正装置相应的 α 和 T

$$\alpha = \frac{1+\sin\varphi_m}{1-\sin\varphi_m} = \frac{1+\sin66.732°}{1-\sin66.732°} \approx 23.6$$

$$T = \frac{1}{\sqrt{\alpha}\,\omega_c} = \frac{1}{\sqrt{23.6}\times20} \approx 0.0103\text{s}$$

(4)超前校正装置

$$G_c(s) = \frac{\alpha Ts+1}{Ts+1} = \frac{0.243s+1}{0.0103s+1}$$

由于在 $\omega_c = 20\text{rad/s}$ 处,$K_c|G_c(j\omega_c)||G_0(j\omega_c)| = 1$,则

$$K_c = \frac{1}{|G_c(j\omega_c)||G_0(j\omega_c)|} \approx \frac{1}{4.861\times0.00079} \approx 260.4$$

(5)检验校正后系统性能。

校正后系统的开环传递函数为

$$G(s) = K_cG_c(s)G_0(s) = \frac{2604(0.243s+1)(s+1)(s+0.5)}{s(0.0103s+1)(s+0.1)(s+2)(s+10)(s+20)}$$

绘制开环对数频率特性的 Matlab 程序如下:

```
clear all
K = 10;
num0 = conv([1 1],[1 0.5]);
den0 = conv(conv(conv([1 0],[1 0.1]),conv([1 2],[1 10])),[1 20]);
G0 = tf(K * num0,den0);
Kc = 260.4;
num = conv([0.243 1],num0);
den = conv([0.0103 1],den0);
G = tf(Kc * K * num, den);
figure(1)
```

```
subplot(1,2,1),margin(G0)
subplot(1,2,2),margin(G)
figure(2)
subplot(1,2,1),step(feedback (G0,1))
subplot(1,2,2),step(feedback (G,1))
% end
```

未校正系统和校正后系统的开环对数频率特性如图 9-5 所示,单位阶跃响应分别如图 9-6 所示。

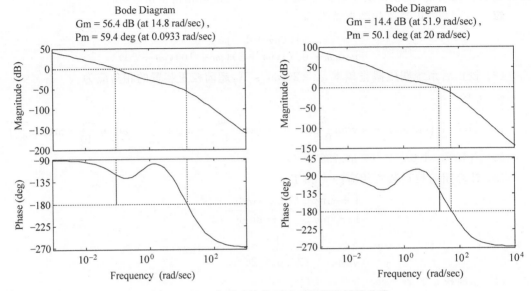

图 9-5　校正前后系统的开环对数频率特性曲线

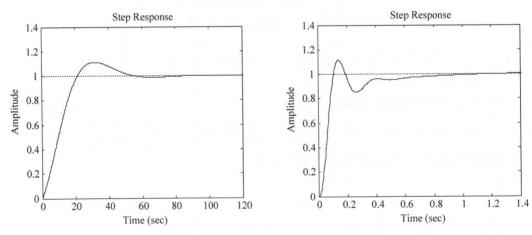

图 9-6　校正前后系统的单位阶跃响应曲线

从图 9-5 可知,校正前系统的相角裕量 $\gamma_0 = 59.4°$,截止频率 $\omega_{c0} = 0.0933 \text{rad/s}$;校正后系统的相角裕量 $\gamma = 50.1° > 50°$,截止频率 $\omega_c = 20 \text{rad/s}$。从图 9-6 可以看出,校正前系统的调节时间 $t_s = 50.4 \text{s}$,校正后系统的调节时间 $t_s = 0.759 \text{s}$。可以看出,校正后系统的调节时间大幅降低,快速性大大提高。

下面是已知校正后系统相角裕量 γ 和截止频率 ω_c，进行系统超前校正网络设计的 Matlab 程序：

```
clear all
wc = 20;
gama = 50;
s = tf('s');
G0 = 10 * (s + 1) * (s + 0.5)/(s * (s + 0.1) * (s + 2) * (s + 10) * (s + 20));
Gc = leadgc(G0,wc,gama);                              % 调用 leadgc 函数
fiqure(1)
step(feedback(G0 * Gc,1),1)
figure(2)
bode(G0 * Gc)
function Gc = leadgc(G0,wc,gama);                     % leadgc 函数
[gai0_wc,phi0_wc] = bode(G0,wc);
phi_gc = gama - phi0_wc - 180;
alfa = (1 + sin(phi_gc * pi/180))/ (1 - sin(phi_gc * pi/180));
alfa_sqr = sqrt(alfa);
T = 1/(alfa_sqr *  wc);
Kc = sqrt((T * wc)^2 + 1)/ sqrt((alfa * T * wc)^2 + 1)/gai0_wc;
Gc = tf(Kc * [alfa * T,1],[T,1]);
% end
```

3. 串联超前校正的特点

从前面分析和例子可以看出，串联超前校正具有以下特点：

（1）串联超前校正主要是对未校正系统中频段进行校正，使校正后中频段幅频特性的斜率为 20dB/dec，且有足够大的相角裕量；

（2）串联超前校正能增大系统的截止频率，使系统的频带变宽，从而使系统瞬态响应速度变快，但使系统的抗干扰能力降低，在设计时应注意；

（3）超前校正一般虽能有效地改善系统动态性能，但当未校正系统的相频特性在截止频率附近急剧下降时，因校正后系统的截止频率向高频段移动难以获得较大的相角裕量，所以仅用超前校正装置难以达到良好的校正效果。

9.1.2　滞后校正装置设计

滞后校正装置是指，在一定频率范围内，输出信号相角比输入信号相角呈滞后特性的一类频域校正装置。

1. 滞后校正装置的数学模型

滞后校正装置的数学模型为

$$G_c(s) = \frac{Ts + 1}{\beta Ts + 1} \qquad (9\text{-}16)$$

式中，$\beta > 1$——常数；

　　T——时间常数。

滞后校正装置的零极点的分布如图 9-7(a)所示。

由式(9-16)得到滞后校正装置的频率特性为

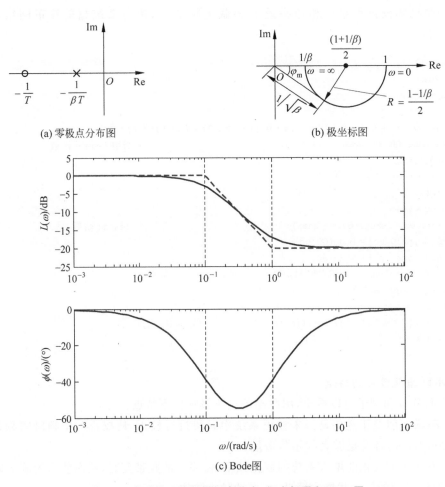

(a) 零极点分布图　　　　　　　　　(b) 极坐标图

(c) Bode图

图 9-7　滞后校正装置零极点分布、极坐标图和 Bode 图

$$G_c(j\omega) = \frac{1 + j\omega T}{1 + j\beta\omega T} \tag{9-17}$$

与式(9-17)相对应的幅频特性为

$$A_c(\omega) = |G_c(j\omega)| = \frac{\sqrt{1 + (\omega T)^2}}{\sqrt{1 + (\beta\omega T)^2}} \tag{9-18}$$

与式(9-17)相对应的相频特性为

$$\varphi_c(\omega) = \arctan(\omega T) - \arctan(\beta\omega T) \tag{9-19}$$

相应的极坐标图如图 9-7(b)。由图可见,滞后校正装置的极坐标图是一个在第四象限的半圆,圆心坐标$[(1+1/\beta)/2, j0]$,半径为$(1-1/\beta)/2$,从坐标原点到半圆作切线,它与正实轴的夹角为滞后校正装置的最大滞后相角 φ_m,且有

$$\varphi_m = -\arcsin\frac{\beta - 1}{\beta + 1} \tag{9-20}$$

最大滞后相角对应的频率可由式(9-19)得到,令 $d\varphi_c/d\omega = 0$,则有

$$\omega_{m} = \frac{1}{\sqrt{\beta} \, T} = \sqrt{\left(\frac{1}{T}\right)\left(\frac{1}{\beta T}\right)} \tag{9-21}$$

由图 9-7(b)可知,对应 ω_{m} 处滞后校正装置的幅值为

$$A_{c}(\omega_{m}) = 1/\sqrt{\beta} \tag{9-22}$$

对应式(9-18)的对数幅频率特性为

$$L_{c}(\omega) = 20\lg|G_{c}(j\omega)| = 20\lg\sqrt{1+(\omega T)^{2}} - 20\lg\sqrt{1+(\beta\omega T)^{2}} \tag{9-23}$$

若令 $\beta = 10, T = 1$,则滞后校正装置的 Bode 图如图 9-7(c)所示。

绘制 Bode 图的 Matlab 程序如下:

```
bata = 10; T = 1;
Gc = tf([T,1],[bata * T,1]);
[L,phi,w] = bode(Gc);
for i = 1:size(w,1)
    if w(i) < 1/(bata * T)
        La(i) = 0;
    elseif w(i) >= 1/(bata * T) && w(i) < 1/T
        La(i) = -20 * log10(bata * w(i) * T);
    else
        La(i) = -20 * log10(bata * w(i) * T) + 20 * log10(w(i) * T);
    end
end
subplot(2,1,1),semilogx(w,20 * log10(L(:)),w,La)
subplot(2,1,2),semilogx(w,phi(:))
% end
```

从 Bode 图中可以看出,滞后校正装置是具有负相位的校正装置,说明输出信号在相位上总是滞后于输入信号一个角度。同时,当 $\omega \to 0$ 时,$L_{c}(\omega) \to 0$;当 $\omega \to \infty$ 时,$L_{c}(\omega) \to$ 最小值 $-20\lg(\beta)$,对信号有衰减作用;在 $1/(\beta T) < \omega < 1/T$ 时,对信号有积分作用,呈滞后特性。所以滞后校正装置是一个低通滤波器。比较图 9-7(a)和图 9-7(b),由式(9-21)可知,ω_{m} 是 $G_{c}(s)$ 零极点的几何平均值。在理论上,最大滞后相角 φ_{m} 不超过 $90°$。总之,滞后校正装置主要应用于系统响应速度要求不高、对噪声抑制要求较高的场合,另外也用在系统动态性能满足要求而稳态不能满足要求的场合。因此,在系统校正时,合理的设计滞后校正装置,利用其高频幅值衰减的特性,以降低系统的开环截止频率,提高系统的相角裕量和稳态精度。

2. 滞后校正装置的设计方法

滞后校正是利用其高频幅值衰减的特性,降低系统的开环截止频率,以提高系统的相角裕量和稳态精度。因此,与超前校正装置设计不同,在滞后校正装置设计过程中,应从滞后校正装置的高频幅值衰减的特点出发,使其校正后的系统达到期望的性能指标。

若校正装置的模型为式(9-16),控制对象的模型为 $G_{0}(s)$,则校正后系统的开环传递函数为

$$G(s) = G_{c}(s)G_{0}(s) \tag{9-24}$$

假设未校正系统的相角裕量为 γ_{0},对应的截止频率为 ω_{c0},期望校正后系统的相角裕量为 γ。若期望校正后系统的截止频率 ω_{c} 未知,计算未校正系统在校正后系统的截止频率 ω_{c}

处的相角 $\varphi_0(\omega_c)$ 为

$$\varphi_0(\omega_c) = \angle G_0(j\omega_c) = \gamma + \delta \qquad (9\text{-}25)$$

式中,δ 为补偿滞后校正装置在校正后系统截止频率 ω_c 处的相角滞后,通常 δ 为 $5°\sim15°$。

由式(9-25)可以计算出校正后系统的截止频率 ω_c。若 $\omega_c < \omega_{c0}$,才能采用滞后校正装置。

若期望校正后系统的截止频率 ω_c 已知,为了保证在 ω_c 处,校正后的系统保持具有相角裕量 γ 而不受滞后校正装置的影响,并利用滞后校正装置的高频幅值衰减作用,而使滞后校正装置的相角对校正后系统的相角在 ω_c 处影响最小。因此,从图 9-7 中可以看出,滞后校正装置在 ω_c 处的幅值应为

$$A_c(\omega_c) = 1/\beta \qquad (9\text{-}26)$$

校正后的系统在 ω_c 处的幅频特性应为

$$20\lg |G_c(j\omega_c)G_0(j\omega_c)| = 0 \qquad (9\text{-}27)$$

则有下式

$$20\lg \frac{1}{\beta} = -20\lg |G_0(j\omega_c)| = -L_0(\omega_c) \qquad (9\text{-}28)$$

由式(9-28)可得

$$\beta = 10^{\frac{L_0(\omega_c)}{20}} \qquad (9\text{-}29)$$

滞后校正装置的 T 值,一般选择为

$$\frac{1}{T} = \left(\frac{1}{10} \sim \frac{1}{2}\right)\omega_c \qquad (9\text{-}30)$$

滞后校正装置的设计步骤如下:

(1) 根据给定的性能指标稳态误差 e_{ss} 的要求,确定系统的开环增益 K;

(2) 绘制未校正系统的对数幅频特性曲线,求出未校正系统的相角裕量 γ_0 和 ω_{c0},检验指标是否符合要求,如果不符合要求则转到步骤(3)进行校正装置设计;

(3) 根据期望校正后系统的相角裕量 γ,计算未校正系统在滞后校正装置后系统截止频率 ω_c 处的相角 $\varphi_0(\omega_c)$;

(4) 根据未校正系统在滞后校正后系统的截止频率 ω_c 处的相角 $\varphi_0(\omega_c)$,计算 ω_c;

(5) 计算滞后校正装置最大的衰减幅值,计算滞后校正装置的 β 值;

(6) 计算滞后校正装置 T,给出滞后校正装置 $G_c(s)$;

(7) 验算校正后系统的性能指标是否满足要求,若不满足,返回步骤(3),重新考虑滞后校正装置引起系统的相角滞后,重新进行设计。

例 9.3 某随动系统结构图如图 9-8 所示。若要求校正后的稳态速度误差系数大于等于 100rad/s,相角裕度不小于 $45°$,设计串联校正装置 $G_c(s)$。

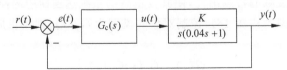

图 9-8　随动系统结构图

解　(1) 根据稳态误差系数确定开环增益 K

$$K_v = \lim_{s \to 0} s G_0(s) = K = 100$$

(2) 计算未校正系统的截止频率 ω_{c0} 和未校正系统相角裕量 γ_0。

未校正系统的开环传递函数为

$$G_0(s) = \frac{100}{s(0.04s+1)}$$

其开环频率特性为

$$G_0(j\omega) = \frac{100}{j\omega(0.04j\omega+1)}$$

计算出未校正系统的截止频率 ω_{c0}

$$20\lg |G_0(j\omega_{c0})| = 20\lg \frac{100}{\omega_{c0}\sqrt{(0.04\omega_{c0})^2+1}} = 0$$

则

$$\omega_{c0} \approx 46.98 \text{rad/s}$$

未校正系统相角裕量 γ_0 为

$$\gamma_0 = 180° + \angle G_0(j\omega_{c0}) = 180° - 90° - \arctan(0.04\omega_{c0}) \approx 28°$$

可以看出，未校正系统的性能不满足系统的性能要求。

也可利用 Matlab 绘制原系统的 Bode 图，由图 9-9 可知，系统的相角裕量 $\gamma_0 = 28°$，$\omega_{c0} = 47 \text{rad/s}$。

(3) 计算校正后系统期望相角裕量处对应的截止频率 ω_c。

未校正系统在 ω_c 的处相角裕量应为

$$\gamma_0(\omega_c) = \gamma + \delta = 45° + 5° = 50°$$

则

$$\gamma_0(\omega_c) = 180° + \angle G_0(j\omega_c) = 180° - 90° - \arctan(0.04\omega_c) \approx 50°$$

得到

$$\omega_c = 20.98(\text{rad/s})$$

可以看出，$\omega_c < \omega_{c0} = 46.98(\text{rad/s})$，所以用滞后校正装置进行校正。

(4) 计算滞后校正装置的 β。

由

$$20\lg\beta = 20\lg \frac{100}{\omega_c\sqrt{(0.04\omega_c)^2+1}}$$

得

$$\beta = \frac{100}{\omega_c\sqrt{(0.04\omega_c)^2+1}} \approx 3.65$$

(5) 计算滞后校正装置的 T

取

$$\frac{1}{T} = \frac{\omega_c}{10}$$

得

$$T = \frac{10}{\omega_c} \approx 0.476(\text{s}), \quad \beta T = 1.737(\text{s})$$

滞后校正装置为

$$G_c(s) = \frac{0.476s + 1}{1.737s + 1}$$

（6）检验校正后系统的性能。

校正后系统的开环传递函数为

$$G(s) = \frac{100(0.476s + 1)}{s(1.737s + 1)(0.04s + 1)}$$

对上面设计的随动系统利用 Matlab 绘制 Bode 图和单位阶跃响应，其程序如下：

```
s = tf('s');
G0 = 100/(s * (0.04 * s + 1));
Gc = (0.4766 * s + 1)/(1.737 * s + 1)
G = Gc * G0;
figure(1)
subplot(1,2,1),margin(G0)
subplot(1,2,2),margin(G)
grid
figure(2)
subplot(1,2,1),step(feedback(G0,1))
subplot(1,2,2),step(feedback(G,1))
% end
```

校正前系统和校正后系统的开环对数频率特性如图 9-9 所示，单位阶跃响应分别如图 9-10 所示。

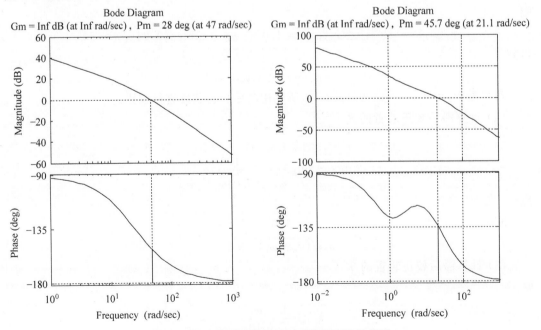

图 9-9　校正前后系统的开环对数频率特性曲线

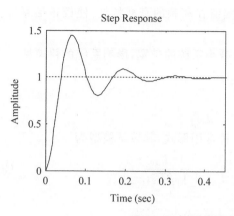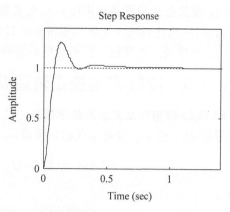

图 9-10　校正前后系统的单位阶跃响应曲线

从图 9-9 可知,校正前系统的相角裕量 $\gamma = 28° < 45°$;校正后系统的相角裕量 $\gamma = 45.7° > 45°$,截止频率 $\omega_c = 21.1\text{rad/s}$。校正后的系统满足性能要求。

滞后校正装置设计相应的 Matlab 程序如下:

```
s = tf('s');                             % 定义拉普拉斯变换
G0 = 100/(s * (0.04 * s + 1));
[mag, phase, w] = bode(G0);              % 未校正系统的 Bode 图
[gm0, gama0] = margin(G0);               % 未校正系统的幅值裕量和相角裕量
gama = 45;                               % 期望相角裕量
gama_gwc0 = gama + 5;                    % 未校正系统在期望截止频率处的相角裕量
phi_gwc0 = - 180 + gama_gwc0;            % 未校正系统在期望截止频率处的相角
wc = spline(phase, w, phi_gwc0);         % 用插值计算期望的截止频率
mag_gwc0 = spline(w, mag , wc);          % 用插值计算未校正系统在期望截止频率处的幅值
bata = 10^(mag_gwc0/20);                 % 计算滞后校正装置 β 值
T = 10/wc;                               % 计算滞后校正装置 T 值
bataT = bata * T;
Gc = tf([T 1], [bataT 1]);
G = Gc * G0;
figure(1)
subplot(1,2,1), margin(G0)
subplot(1,2,2), margin(G)
figure(2)
subplot(1,2,1), step(feedback (G0,1))
subplot(1,2,2), step(feedback(G,1))
% end
```

从本例可以看出,在保持稳态精度不变的情况下,滞后校正装置减小了未校正系统在开环截止频率上的幅值,从而增大了系统的相角裕量,减小了系统阶跃响应的超调。但应指出,由于截止频率减小了,系统的频带宽度降低,系统对输入信号的响应速度也降低了。

3. 滞后校正装置特点

(1) 滞后校正装置输出相位总滞后输入相位,这是校正必须要避免的;

(2) 滞后校正装置是一个低通滤波器,具有高频衰减作用;

(3) 滞后校正装置能增大系统的放大倍数,提高系统的稳态精度;

（4）滞后校正装置是利用滞后校正装置的幅值在高频的衰减特性，使校正后系统截止频率前移，从而达到增大系统相角裕量的目的；

（5）滞后校正装置能降低系统的截止频率，减小系统的带宽，影响系统的快速性。

9.1.3 滞后-超前校正装置设计

1. 滞后-超前校正装置的数学模型

滞后-超前校正装置是串联校正装置的又一种常用形式，其数学模型为

$$G_c(s) = G_{c1}(s)G_{c2}(s)\frac{\alpha T_1 s + 1}{T_1 s + 1}\frac{T_2 s + 1}{\beta T_2 s + 1} \tag{9-31}$$

式中，$\alpha > 1, \beta > 1, T_2 > T_1$。

滞后-超前校正装置的零极点的分布如图 9-11(a)所示。

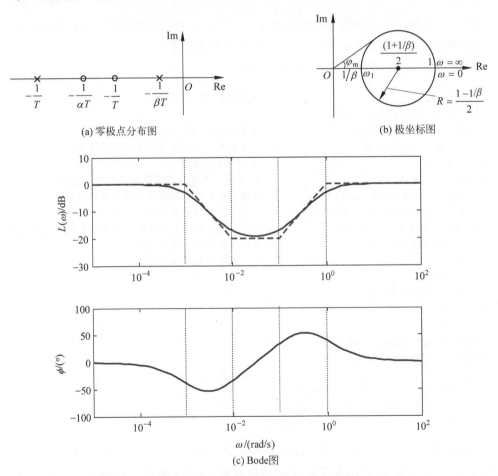

(a) 零极点分布图   (b) 极坐标图

(c) Bode图

图 9-11 滞后-超前校正装置零极点分布、极坐标图和 Bode 图

由式（9-31）可知，滞后-超前校正装置的频率特性为

$$G_c(j\omega) = \frac{1 + j\alpha\omega T_1}{1 + j\omega T_1}\frac{1 + j\omega T_2}{1 + j\beta\omega T_2} \tag{9-32}$$

与式（9-32）相对应的幅频特性为

$$A_c(\omega) = \mid G_c(\mathrm{j}\omega) \mid = \frac{\sqrt{1+(\alpha\omega T_1)^2}}{\sqrt{1+(\omega T_1)^2}} \frac{\sqrt{1+(\omega T_2)^2}}{\sqrt{1+(\beta\omega T_2)^2}} \qquad (9\text{-}33)$$

与式(9-32)相对应的相频特性为

$$\varphi_c(\omega) = \arctan(\alpha\omega T_1) - \arctan(\omega T_1) + \arctan(\omega T_2) - \arctan(\beta\omega T_2) \qquad (9\text{-}34)$$

当 $\alpha = \beta$ 时,相应的极坐标图如图 9-11(b)所示。由图可见,滞后-超前校正装置的极坐标图是一个在第一象限和第四象限的圆,圆心坐标 $[(1+1/\beta)/2,\mathrm{j}0]$,半径为 $(1-1/\beta)/2$。

若令 $\alpha = 10, \beta = 10, T_1 = 1, T_2 = 100$,则滞后校正装置的 Bode 图如图 9-11(c)所示。

由图 9-11 可以看出,滞后-超前校正的超前部分(包含 T_1 的部分)由于增加了相位超前角而改变了频率响应的曲线,并且在增益交界频率上增大了相位裕量。滞后-超前校正的滞后部分(包含 T_2 的部分)在增益交接频率附近引起响应的衰减。因此,它允许在低频范围内增大增益,从而改善随动系统的稳态特性。

绘制 Bode 图的 Matlab 程序如下:

```
clear all
alfa = 10;beta = 10;                          % alfa > 1;beta > 1
T1 = 1;T2 = 100;                              % T1 < T2
num = conv([T2 1],[alfa * T1 1]);
den = conv([beta * T2 1],[T1 1]);
Gc = tf(num,den);
[L,phi,w] = bode(Gc);
if alfa * T1 > T2  % alfa * T1 > T2
    for i = 1:size(w,1)
        if w(i)< 1/(beta * T2)
            La(i) = 0;
        elseif w(i)>= 1/(beta * T2) && w(i)< 1/(alfa * T1)
            La(i) = - 20 * log10(beta * w(i) * T2);
        elseif w(i)>= 1/(alfa * T1) && w(i)< 1/T2
            La(i) = - 20 * log10(beta * w(i) * T2) + 20 * log10(alfa * w(i) * T1);
        elseif w(i)>= 1/T2 && w(i)< 1/T1
            La(i) = - 20 * log10(beta * w(i) * T2) + 20 * log10(alfa * w(i) * T1) + ...
                + 20 * log10(w(i) * T2);
        else
            La(i) = - 20 * log10(beta * w(i) * T2) + 20 * log10(alfa * w(i) * T1) + ...
                + 20 * log10(w(i) * T2) - 20 * log10(w(i) * T1);
        end
    end
else                                          % alfa * T1 <= T2
    for i = 1:size(w,1)
        if w(i)< 1/(beta * T2)
            La(i) = 0;
        elseif w(i)>= 1/(beta * T2) && w(i)< 1/T2
            La(i) = - 20 * log10(beta * w(i) * T2);
        elseif w(i)>= 1/T2 && w(i)< 1/(alfa * T1)
            La(i) = - 20 * log10(beta * w(i) * T2) + 20 * log10(w(i) * T2);
        elseif w(i)>= 1/(alfa * T1) && w(i)< 1/T1
            La(i) = - 20 * log10(beta * w(i) * T2) + 20 * log10(w(i) * T2) + ...
                20 * log10(alfa * w(i) * T1);
```

```
        else
            La(i) = -20 * log10(beta * w(i) * T2) + 20 * log10(w(i) * T2) + ...
                20 * log10(alfa * w(i) * T1) - 20 * log10(w(i) * T1);
        end
    end
end
subplot(2,1,1),semilogx(w,20 * log10(L(:)),w,La)
subplot(2,1,2),semilogx(w, phi(:))
% end
```

2. 滞后-超前校正装置的设计方法

串联滞后-超前校正装置既有滞后校正装置的优点又有超前校正装置的优点。校正后随动系统的响应速度较快,超调量较小,同时抑制高频噪声和干扰的性能较好。当被校正的随动系统不稳定,且要求校正后随动系统的响应速度、相角裕量和稳态精度都较高时,应采用串联滞后-超前校正装置进行系统校正。

若校正装置的模型为式(9-31),控制对象的模型为 $G_0(s)$,则校正装置后系统的开环传递函数为

$$G(s) = K_c G_c(s) G_0(s) \tag{9-35}$$

假设校正前系统的相角裕量为 γ_0,对应的截止频率为 ω_{c0}。若期望校正后系统的相角裕量为 γ,则期望校正后系统的截止频率为 ω_c。

在工程上,一般选择滞后校正部分的 $1/T_2$ 应远小于滞后校正后系统的截止频率 ω_{c1},即满足

$$\frac{1}{T_2} = 0.1\omega_{c1} \tag{9-36}$$

$$\beta = 8 \sim 10 \tag{9-37}$$

若串联滞后校正后随动系统的传递函数为 $G'(s)$,串联滞后校正后随动系统截止频率 ω_{c1} 处的相角裕量为 $\gamma'(\omega_{c1})$,那么,所需超前校正装置产生的最大超前相角 φ_m 为

$$\varphi_m = \varphi_c(\omega_c) = \gamma - \gamma'(\omega_{c1}) + \delta \tag{9-38}$$

式中,δ 为系统在校正前后截止频率的移动引起的串联滞后校正后系统频率特性相角的滞后量,一般取 $\delta = 5°$。

若期望校正后系统的截止频率 ω_c 未知,则在 $\varphi_m > 0$ 时,利用式(9-12)可得到超前校正装置的参数 α。串联滞后校正后随动系统在期望校正后系统截止频率 ω_c 处的对数幅值为 $L'(\omega_c)$。经过串联滞后-超前校正后随动系统在截止频率 ω_c 处的对数幅值应为 0,即满足

$$20\lg\sqrt{\alpha} + L'(\omega_c) = 0(\text{dB}) \tag{9-39}$$

由式(9-39)可计算出校正后系统的截止频率 ω_c。进一步地,由式(9-6)可确定

$$T_1 = \frac{1}{\omega_c\sqrt{\alpha}} \tag{9-40}$$

若期望校正后系统的截止频率 ω_c 已知,则经过串联滞后-超前校正后随动系统在截止频率 ω_c 处的对数幅值应为 0,可直接利用式(9-39)计算超前校正装置的参数 α,并利用式(9-40)确定 T_1。

串联滞后-超前校正装置的设计步骤如下:

（1）根据给定的性能指标稳态误差 e_{ss} 的要求，确定系统的开环增益 K。

（2）根据求得的开环增益 K，绘制校正前系统的对数幅频特性曲线，并计算出校正前系统的相角裕量 γ_0、幅值裕量 K_{g0} 和截止频率 ω_{c0}，检验指标是否符合要求，如果不符合要求则转到步骤（3）进行校正装置设计。

（3）利用式（9-36）和式（9-37）确定滞后校正部分的参数 T_2 和 β。

（4）若期望校正后系统的截止频率 ω_c 未知，则可根据式（9-38）计算超前校正装置产生的最大超前相角 φ_m，根据式（9-12）计算出超前校正参数 α，再根据式（9-39）计算出串联滞后-超前校正后随动系统的截止频率 ω_c。若期望校正后系统的截止频率 ω_c 已知，则可根据式（9-39）计算超前校正装置参数 α。

（5）根据式（9-40）计算超前校正装置的参数 T_1，给出串联滞后-超前校正装置 $G_c(s)$。

（6）验算校正后系统的性能指标是否满足要求，若不满足，则返回步骤（3），重新考虑滞后校正装置引起系统的相角滞后，重新进行设计。

例 9.4 某随动系统结构图如图 9-12 所示。若要求校正后的稳态速度误差系数不小于 10(1/s)，截止频率不小于 1.5(1/s)，相角裕度不小于 $40°$，系统时域性能指标超调量不大于 30%，调节时间不大于 6(s)，试设计串联滞后-超前校正装置 $G_c(s)$。

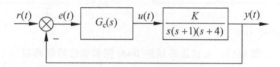

图 9-12　随动系统结构图

解　（1）根据稳态误差系数确定开环增益 K，即

$$K_v = \lim_{s \to 0} s G_0(s) = \lim_{s \to 0} s \frac{K}{s(s+1)(s+4)} = 10$$

可得

$$K = 40$$

（2）计算未校正系统的截止频率 ω_{c0} 和未校正系统相角裕量 γ_0。

未校正系统的开环传递函数为

$$G_0(s) = \frac{40}{s(s+1)(s+4)}$$

其开环频率特性为

$$G_0(j\omega) = \frac{40}{j\omega(j\omega+1)(j\omega+4)}$$

计算出未校正系统的截止频率 ω_{c0}

$$20\lg |G_0(j\omega_{c0})| = 20\lg \frac{40}{\omega_{c0}\sqrt{(\omega_{c0})^2+1}\sqrt{(\omega_{c0})^2+16}} = 0$$

则

$$\omega_{c0} \approx 2.78 \text{rad/s}$$

未校正系统相角裕量 γ_0 为

$$\gamma_0 = 180° + \angle G_0(j\omega_{c0}) = 180° - 90° - \arctan\omega_{c0} - \arctan(\omega_{c0}/4) \approx -15°$$

　　可以看出,未校正系统不稳定,其性能不满足系统的性能要求。也可利用 Matlab 绘制原系统的 Bode 图和阶跃响应,由图 9-13 可知系统的相角裕量 $\gamma_0 = -15°$,$\omega_{c0} = 2.78\mathrm{rad/s}$,阶跃响应发散。

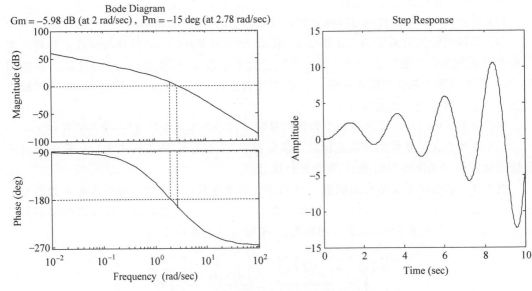

图 9-13　未校正系统的 Bode 图和单位阶跃响应

绘制原系统的 Bode 图和阶跃响应曲线的程序如下:

```
% 绘制未校正系统的 Bode 图和单位阶跃响应
s = tf('s');                          % 定义拉普拉斯变换
k = 40;
G0 = k/(s * (s + 1) * (s + 4));       % 未校正系统开环传递函数
Gb = feedback(G0,1);                  % 未校正系统闭环传递函数
figure(1);
[mag,phase,w] = bode(G0);             % 未校正系统的 Bode 图
margin(mag,phase,w);                  % 显示未校正系统幅值和相角裕量
hold on
figure(2);
step(Gb);                             % 未校正系统单位阶跃响应
% end
```

　　(3) 计算滞后校正装置的传递函数。

　　要求系统截止频率不小于 $1.5(1/\mathrm{s})$,若取滞后校正后系统截止频率 $\omega_{c1} = 1.5(\mathrm{rad/s})$,滞后校正 $\beta = 9.5$,$\dfrac{1}{T_2} = 0.1\omega_{c1}$,得

$$T_2 = \frac{1}{0.1\omega_{c1}} \approx 6.667(\mathrm{s})$$

则滞后校正装置为

$$G_{c2}(s) = \frac{6.667s + 1}{63.33s + 1}$$

　　计算滞后校正装置传递函数程序如下:

```
% 计算串联滞后校正装置
s = tf('s');                                % 定义拉普拉斯变换
k = 40;
wc1 = 1.5;
G0 = k/(s * (s + 1) * (s + 4));             % 未校正系统开环传递函数
beta = 9.5;                                 % 滞后校正参数 β = 9.5
T2 = 1/(0.1 * wc1);
betaT2 = beta * T2;
Gc2 = tf([T2 1],[ betaT2 1]);
 % end
```

串联滞后校正的系统传递函数为

$$G'(s) = G_{c2}(s)G_0(s) = \frac{(6.667s + 1)}{(63.33s + 1)} \cdot \frac{40}{s(s+1)(s+4)}$$

（4）计算超前校正装置传递函数。

已知校正后系统的截止频率 $\omega_c = 1.5$，串联滞后校正的系统在 ω_c 处的对数幅值 $L'(\omega_c)$ $= -8.7229$dB，则利用式（9-39）计算超前校正装置参数 α 为

$$\alpha = 10^{\left(\frac{L'(\omega_c)}{10}\right)} = 7.4524$$

则由式（9-40），可得

$$T_1 = \frac{1}{\omega_c \sqrt{\alpha}} = \frac{1}{1.5\sqrt{7.4524}} \approx 0.2442(\text{s})$$

则串联超前校正装置传递函数为

$$G_{c1}(s) = \frac{(\alpha T_1 s + 1)}{(T_1 s + 1)} = \frac{(1.8199s + 1)}{(0.2442s + 1)}$$

则串联滞后-超前校正装置传递函数为

$$G_c(s) = G_{c2}(s)G_{c1}(s) = \frac{(6.667s + 1)}{(63.33s + 1)}\frac{(1.8199s + 1)}{(0.2442s + 1)}$$

计算超前校正装置传递函数程序如下：

```
% 计算超前校正装置
s = tf('s');                                % 定义拉普拉斯变换
k = 40;
wc = 1.5;
G0 = k/(s * (s + 1) * (s + 4));             % 未校正系统开环传递函数
Gc2 = (6.667 * s + 1)/(63.33 * s + 1);      % 滞后校正环节传递函数
G1 = G0 * Gc2;                              % 滞后校正后系统开环传递函数
[mG1_wc,pG1_wc] = bode(G1,wc);             % 滞后校正后系统在 wc 处的幅值
gaiG1_wc = 20 * log10(mG1_wc);             % 滞后校正后系统在 wc 处的对数幅值
alfa = 10^( - gaiG1_wc/10);                % 计算超前校正装置的参数 α
alfa_sqr = sqrt(alfa);                      % 计算 √α
T1 = 1/(alfa_sqr * wc);                     % 计算超前校正装置的参数 T₁
Gc1 = tf([alfa * T1,1],[T1 1]);            % 给出超前校正装置的传递函数
G = Gc1 * G1;                               % 给出滞后 - 超前校正后系统的开环传递函数
 % end
```

（5）检验校正后系统的性能。

串联滞后-超前校正后系统的传递函数为

$$G(s)=G_{c1}(s)G_{c2}(s)G_0(s)=\frac{(1.8199s+1)}{(0.2442s+1)}\frac{(6.667s+1)}{(63.33s+1)}\cdot\frac{40}{s(s+1)(s+4)}$$

利用 Matlab 绘制串联滞后-超前校正后系统的 Bode 图和阶跃响应如图 9-14 所示。

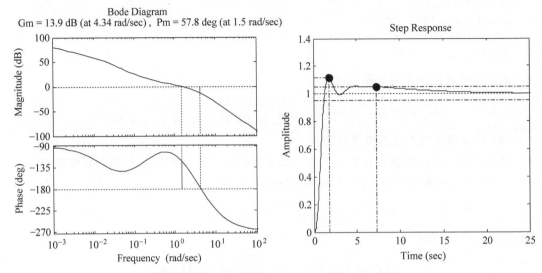

图 9-14　校正后系统的 Bode 图和单位阶跃响应

绘制串联滞后-超前校正后系统的 Bode 图和阶跃响应曲线的程序如下：

```
% 绘制串联滞后 - 超前校正后系统的 Bode 图和阶跃响应
s = tf('s');                              % 定义拉普拉斯变换
k = 40;
G0 = k/(s * (s + 1) * (s + 4));           % 未校正系统开环传递函数
Gc2 = (6.667 * s + 1)/(63.33 * s + 1);    % 滞后校正环节传递函数
Gc1 = (1.8199 * s + 1)/(0.2442 * s + 1);  % 超前校正环节传递函数
G = Gc1 * Gc2 * G0;                       % 串联滞后 - 超前校正后系统的开环传递函数
figure(1);
margin(G);
Gb = feedback(G,1);                       % 串联滞后 - 超前校正后系统的闭环传递函数
figure(2)
step(Gb);
% end
```

由图 9-14 可知，系统的相角裕量 $\gamma=57.8°>40°$，截止频率 $\omega_c=1.5(\text{rad/s})$，超调量为 11.6%<30%，峰值时间为 1.76s，在单位阶跃响应时间衰减到±5%误差带内，调节时间为 7.29s>6s，调节时间不满足要求。所以校正后系统不能完全满足指标要求。

由于校正后系统的调节时间不满足要求，所以需重新进行设计。若调节校正后系统的截止频率 ω_c，则重新按照上述步骤（4）对超前校正装置进行设计。

设 $\omega_c=1.6\text{rad/s}$，串联滞后校正后的系统在 $\omega_c=1.6\text{rad/s}$ 处的对数幅值 $L'(\omega_c)=-9.7575\text{dB}$，则利用式（9-39）计算超前校正装置参数 α 为

$$\alpha = 10^{\left(-\frac{L'(\omega_c)}{10}\right)} = 9.4569$$

由式(9-40)，可得

$$T_1 = \frac{1}{\omega_c\sqrt{\alpha}} = \frac{1}{1.6\sqrt{9.4569}} = 0.2032$$

串联超前校正装置传递函数为

$$G_{c1} = \frac{(\alpha T_1 s + 1)}{(T_1 s + 1)} = \frac{(1.922s + 1)}{(0.2032 + 1)}$$

串联滞后-超前校正装置传递函数为

$$G_c(s) = G_{c1}(s)G_{c2}(s) = \frac{(1.922s + 1)}{(0.2032s + 1)}\frac{(6.667s + 1)}{(63.33s + 1)}$$

串联滞后-超前校正后系统的传递函数为

$$G(s) = G_{c1}(s)G_{c2}(s)G_0(s) = \frac{(1.922s + 1)}{(0.2032s + 1)}\frac{(6.667s + 1)}{(63.33s + 1)}\frac{40}{s(s + 1)(s + 4)}$$

依照前面程序可绘制串联滞后-超前校正后系统的Bode图和阶跃响应如图9-15所示。

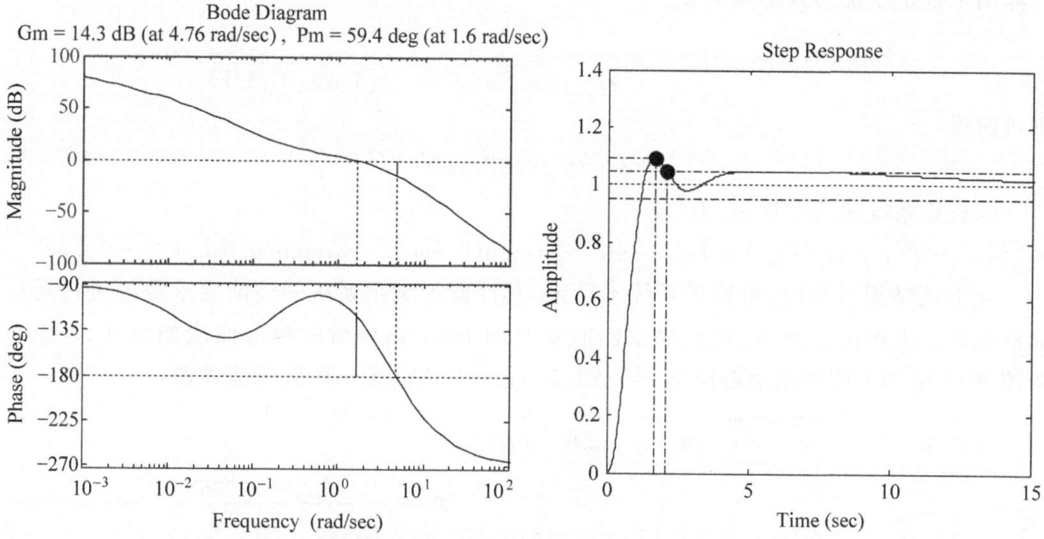

图 9-15　重新设计的校正后系统的 Bode 图和单位阶跃响应

由图9-15可知，重新设计的系统的相角裕量 $\gamma = 59.4° > 40°$，截止频率 $\omega_c = 1.6$(rad/s)，超调量为9.3%，峰值时间为1.64s，在单位阶跃响应时间衰减到±5%误差带内，调节时间为2.04s，所以重新设计的系统完全满足系统的性能指标要求。从上面的设计可以看出，在设计超前校正装置时可通过调整期望的截止频率 ω_c 进行。

例 9.5　某一随动系统结构图如图9-16所示。若要求校正后的稳态速度误差系数不小于 $10s^{-1}$，截止频率不小于 1^{-1}，相角裕度范围为40°～60°，试设计串联滞后-超前校正装置 $G_c(s)$。

解　(1) 根据稳态误差系数确定开环增益 K，即

$$K_v = \lim_{s\to 0} sG_0(s) = \lim_{s\to 0} s\frac{K}{s(0.8s + 1)(0.6s + 1)} = 10$$

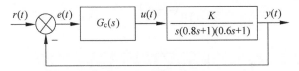

图 9-16　随动系统结构图

可得

$$K = 10$$

（2）计算未校正系统的截止频率 ω_{c0} 和未校正系统相角裕量 γ_0。

未校正系统的开环传递函数为

$$G_0(s) = \frac{10}{s(0.8s+1)(0.6s+1)}$$

其开环频率特性为

$$G_0(j\omega) = \frac{10}{j\omega(j0.8\omega+1)(j0.6\omega+1)}$$

计算出未校正系统的截止频率 ω_{c0}

$$20\lg|G_0(j\omega_{c0})| = 20\lg\frac{10}{\omega_{c0}\sqrt{(0.8\omega_{c0})^2+}\sqrt{(0.6\omega_{c0})^2+16}} = 0$$

则可解得

$$\omega_{c0} \approx 2.492\text{rad/s}$$

未校正系统相角裕量 γ_0 为

$$\gamma_0 = 180° + \angle G_0(j\omega_{c0}) = 180° - 90° - \arctan(0.8\omega_{c0}) - \arctan(0.6\omega_{c0}) \approx -29.59°$$

从上面结果可看出，未校正系统不稳定，其性能不满足系统的性能要求需要进行滞后-超前校正。也可仿照例 9-4 的程序绘制原系统的 Bode 图和阶跃响应曲线如图 9-17 所示。由图 9-17 可知系统的相角裕量 $\gamma_0 = -29.5°$，$\omega_{c0} = 2.49\text{rad/s}$，阶跃响应发散。

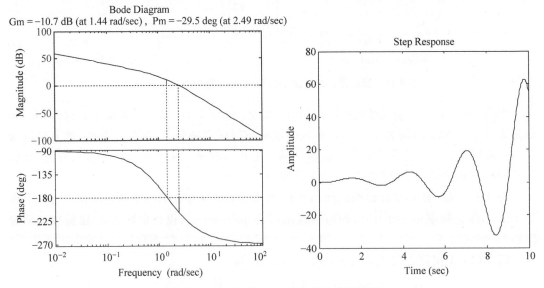

图 9-17　原系统的 Bode 图和单位阶跃响应

（3）计算滞后校正装置的传递函数。

要求系统截止频率 $\omega_c \geqslant 1\mathrm{rad/s}$，若滞后校正 $\beta=9,\dfrac{1}{T_2}=0.1\omega_{c1},\omega_{c1}=1.5\mathrm{rad/s}$，则

$$T_2 = \frac{1}{0.1\omega_{c1}} = 6.6667\mathrm{s}$$

则滞后校正装置为

$$G_{c2}(s) = \frac{(6.6667s+1)}{(60s+1)}$$

串联滞后校正的系统传递函数为

$$G'(s) = G_{c2}(s)G_0(s) = \frac{(6.6667s+1)}{(60s+1)} \frac{10}{s(0.8s+1)(0.6s+1)}$$

（4）计算超前校正装置传递函数。

已知串联滞后-超前校正后系统的截止频率 $\omega_c = 1.5\mathrm{rad/s}$，串联滞后校正的系统在 ω_c 处的对数幅值 $L'(\omega_c) = -9.014\mathrm{dB}$，则利用式（9-39）计算超前校正装置参数 α 为

$$\alpha = 10^{\left(\frac{L'(\omega_c)}{10}\right)} = 7.9701$$

由式（9-40）可得

$$T_1 = \frac{1}{\omega_c\sqrt{\alpha}} = \frac{1}{1.5\sqrt{7.9701}} \approx 0.2361\mathrm{s}$$

串联超前校正装置传递函数为

$$G_{c1}(s) = \frac{(\alpha T_1 s + 1)}{(T_1 s + 1)} = \frac{(1.8817s+1)}{(0.2361s+1)}$$

仿照例 9.4 程序绘制串联滞后-超前校正后系统的 Bode 图和阶跃响应曲线如图 9-18 所示。

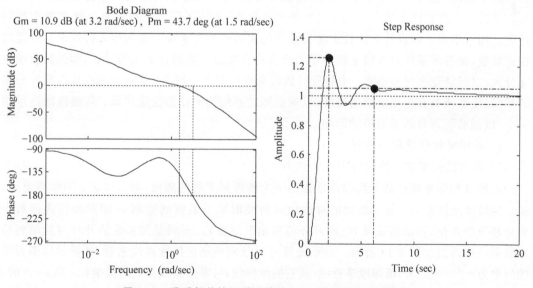

图 9-18 滞后超前校正后系统的 Bode 图和单位阶跃响应

由图 9-18 可知,串联滞后-超前校正设计的系统的相角裕量 $\gamma=43.7°>40°$,截止频率 $\omega_{c2}=1.5(\mathrm{rad/s})$,超调量 26%,峰值时间 1.96s,在单位阶跃响应时间衰减到 ±5% 误差带内,调节时间为 6.2s。由于系统仅给出了频率性能指标要求,所以串联滞后-超前校正后系统完全满足性能指标要求。

通过上面两个例子可以看出,在设计串联滞后-超前校正装置时,通过调整 ω_c 可以满足系统的性能指标要求。

9.2 基于希望特性的设计方法

本节将介绍根据希望特性,进行随动系统的动态设计。这种方法只适用于最小相位系统,因为最小相位系统的对数幅频特性与相频特性之间有确定的关系,所以按希望特性就能确定系统的瞬态响应性能。

9.2.1 希望特性的绘制

希望特性是希望对数幅频特性的简称,就是按性能指标要求绘制的系统开环对数幅频特性。这里为什么要绘制系统的开环对数数幅频特性呢? 这是因为,一个系统的闭环性能与开环特性密切相关,系统是否存在稳态误差取决于其开环传递函数描述的系统结构,系统的稳定性判定也就是根据开环频率特性曲线判定闭环的稳定性。

按交接频率大小,可将系统的开环对数频率特性划分为低频段、中频段和高频段,这 3 部分对系统在典型输入信号作用下时间响应过程的影响是不同的。开环对数频率特性的低频段主要影响动态过程的最后阶段和时间趋于无穷时的稳态过程,表征了闭环系统的稳态性能,因此常用低频段估计系统的稳态性能。对动态过程最重要的影响在于开环对数频率特性的中频段,表征了闭环系统的动态性能,因此常用中频段估计系统的动态性能。开环对数频率特性的高频段主要影响动态过程的起始阶段,表征了闭环系统的复杂性和噪声抑制性能。用希望特性的设计方法校正随动系统的实质就是在系统中加入频率特性形状合适的校正装置,使开环系统对数频率特性形状变为符合系统性能指标要求的形状,即低频段增益充分大,以保证稳态误差要求;中频段对数幅频特性斜率一般为 $-20\mathrm{dB/dec}$,并占据充分宽的频带,使系统具有适当的相角裕度,以保证随动系统达到动态性能要求;高频段增益尽快减小,以削弱噪声对随动系统的影响。

1. 希望特性低频段的绘制

1) 低频段斜率和位置的确定

开环对数频率特性的低频段通常指第一个转折频率前的频段,即 $\omega<\omega_{\min}$ 的频率范围, $\omega_{\min}$ 为最小交接频率。这一频段的对数幅频特性取决于系统的型别 ν(即开环传递函数中积分环节的数量)和品质系数 K(即开环传递函数增益)。不同型别系统的开环对数幅频特性低频段渐近线如图 9-19 所示。从系统开环对数幅频渐进特性曲线来看,其低频段渐近线的斜率为 $-20\nu \ \mathrm{dB/dec}$,低频段渐近线(或它的延伸线)与零分贝线交点的横坐标:当 $\nu=0$ 时, $\omega=K^{\frac{1}{0}}=\infty$;当 $\nu\neq 0$ 时, $\omega=K^{\frac{1}{\nu}}$。因此,根据系统的型别 ν,可以确定开环对数频率特性低频段渐近线的斜率;根据型别 ν 和品质系数 K,可以确定开环对数频率特性低频段位置和斜率。

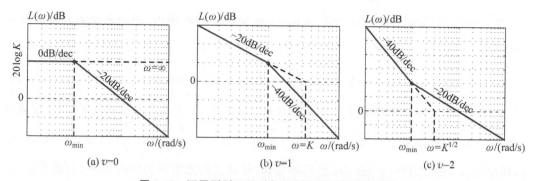

图 9-19 不同型别开环对数幅频特性低频段渐近线

2) 系统精度点和精度界限的确定

有的随动系统输入信号是正弦信号,有的随动系统输入信号无规律。为了检验随动系统的跟踪性能,一般随动系统用正弦输入信号,但并不限定只有正弦函数的输入信号,也可用等效正弦的办法来计算。通常对系统有最大跟踪角速度 Ω_m、最大跟踪角加速度 ε_m 和最大跟踪误差 e_m 的要求。这些指标对应于系统跟踪幅值为 $A_i = \dfrac{\Omega_m^2}{\varepsilon_m}$、频率为 $\omega_i = \dfrac{\varepsilon_m}{\Omega_m}$ 的等效正弦信号 $\varphi_i = A_i \sin\omega_i t$ 时,最大的跟踪误差为 e_m。随动系统在 $\varphi_i = A_i \sin\omega_i t$ 等效正弦信号作用下,正弦跟踪误差角可表示为 $e_m \sin(\omega_i t + \delta)$。

若系统的开环传递函数为 $G(s)$,根据位置随动系统误差传递函数的概念,则系统的最大跟踪误差为

$$e_m = \frac{1}{|1 + G(j\omega)|} A_i$$

由于 ω_i 处于低频段一般很小,且 $|G(j\omega)| \gg 1$,所以上式可近似为

$$e_m \approx \frac{A_i}{|G(j\omega)|}$$

式中,$|G(j\omega)|$ 为开环幅频特性,它与系统的跟踪误差成反比。因此,只要系统的开环幅频特性满足

$$|G(j\omega)| \geqslant \frac{A_i}{e_m}$$

系统就满足正弦跟踪的精度要求。因此,系统在 $\omega = \omega_i$ 处的开环幅值 $L(\omega_i)$ 应满足

$$L(\omega_i) \geqslant 20\lg \frac{A_i}{e_m} = 20\lg \frac{\Omega_m^2}{\varepsilon_m e_m} \tag{9-41}$$

如果定义精度点 A 为 $\left(\omega_i, 20\lg \dfrac{\Omega_m^2}{\varepsilon_m e_m}\right)$,则系统在 $\omega = \omega_i$ 处要达到精度要求,其开环对数幅频特性必须在精度点之上。

精度点仅反映了在最大角速度和最大角加速度的特定状态下的精度要求,在精度点左、右,即当 $\omega < \omega_i$ 和 $\omega > \omega_i$ 时,如何保证随动系统特性满足跟踪精度要求呢?下面分两种情况分析:

(1) 如果最大跟踪角速度 Ω_m 和正弦误差角 e_m 保持不变,跟踪角加速度 ε 可以变化,$0 \leqslant \varepsilon \leqslant \varepsilon_m$。

令 $\varepsilon=\alpha\varepsilon_m$，$0\leqslant\alpha\leqslant1$，此时，$\omega=\dfrac{\varepsilon}{\Omega_m}=\alpha\omega_i$。在 $\omega\leqslant\omega_i$ 的范围内，随动系统的开环对数幅频特性为

$$L(\omega)\geqslant20\lg\frac{\Omega_m}{\varepsilon e_m}=20\lg\frac{\Omega_m}{\varepsilon_m e_m}-20\lg\alpha \tag{9-42}$$

式(9-42)右边第一项即精度点 A 的纵坐标。也就是说，当跟踪角加速度 ε 从 ε_m 逐渐减小时，ω 将从 ω_i 逐渐减小。当 ε_m 减小到 $\dfrac{1}{10}$ 时，ω 也减小到 $\dfrac{1}{10}$，即 $\alpha=0.1$。因此，当 $\omega\leqslant\omega_i$ 时，精度点 A 将向左按 -20dB/dec 的斜率移动，移动点的连线称为精度界限，也就是说，从任意的频率 $\omega=\alpha\omega_i$ 向 ω_i 变化过程中，在对数幅频特性上精度界限是以 -20dB/dec 斜率下降。因此，系统开环对数幅频特性 $L(\omega)$ 在 $\omega\leqslant\omega_i$ 的范围内，应处在 $20\log\dfrac{\Omega_m^2}{\varepsilon_m e_m}-20\log\alpha$ 的精度界限之上，才能满足跟踪精度要求。

（2）如果最大跟踪角加速度 ε_m 和正弦误差角 e_m 保持不变，跟踪角速度 Ω 可以变化，$0\leqslant\Omega\leqslant\Omega_m$。

令 $\Omega=\beta\Omega_m$，$0\leqslant\beta\leqslant1$，此时，$\omega=\dfrac{\varepsilon_m}{\Omega}=\dfrac{\omega_i}{\beta}$，在 $\omega\geqslant\omega_i$ 的范围内，随动系统的开环对数幅频特性为

$$L(\omega)\geqslant20\lg\frac{\Omega^2}{\varepsilon_m e_m}=20\lg\frac{\Omega_m^2}{\varepsilon_m e_m}+40\lg\beta \tag{9-43}$$

式(9-43)右边第一项即精度点 A 的纵坐标。也就是说，当跟踪角速度 Ω 从 Ω_m 逐渐减小时，ω 将从 ω_i 逐渐增大。当 Ω_m 减小到 $\dfrac{1}{10}$ 时，ω 增大 10 倍，即 $\beta=0.1$。因此，在 $\omega\geqslant\omega_i$ 时，精度点 A 将向右沿 -40dB/dec 斜率的精度界限移动，也就是说，从 ω_i 向任意的频率 $\omega=\dfrac{\omega_i}{\beta}$ 变化过程中，在对数幅频特性上精度界限以 -40dB/dec 的斜率下降。因此，系统开环对数幅频特性 $L(\omega)$ 在 $\omega>\omega_i$ 的范围内，应处在 $20\lg\dfrac{\Omega_m^2}{\varepsilon_m e_m}+40\lg\beta$ 的精度界限之上，才能满足跟踪精度要求。

通过以上分析，等效正弦运动的精度界限是 A 点左边斜率为 -20dB/dec 直线段和 A 点右边斜率为 -40dB/dec 直线段。随动系统希望特性 $L_x(\omega)$ 的低频段需满足的精度界限如图 9-20 所示。随动系统希望特性 $L_x(\omega)$ 应处在精度界限之上，并且系统必须具有一阶或二阶无差度，才能满足跟踪精度要求。

从上面可以看出，可根据系统的稳态性能要求设计系统的低频段的形状。

3）希望特性低频段的绘制方法

（1）根据随动系统正弦跟踪时最大跟踪角速度 Ω_m、最大跟踪角加速度 ε_m 和跟踪误差 e_m，计算系统的精度点 $\left(\omega_i,20\lg\dfrac{\Omega_m^2}{\varepsilon_m e_m}\right)$，并在对数幅频特性上绘出精度点和精度界限。

（2）根据系统在确定输入信号下的误差要求，计算品质系数 K，按照系统型别 ν 和品质系数 K，确定希望特性低频段的斜率和位置，并应使希望特性低频段在精度点和精度界限之上。

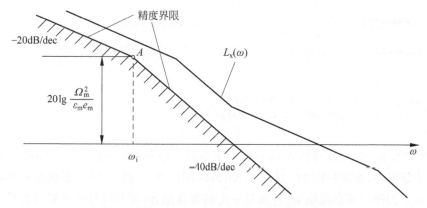

图 9-20　随动系统稳态精度点与精度界限、饱和限制

2. 希望特性中频段的绘制

1) 中频段特性与动态品质指标之间的关系

开环对数频率特性的中频段是指截止频率附近的频段。设 $A(\omega)$ 和 $\varphi(\omega)$ 分别为系统的开环幅频特性和开环相频特性，当 $\omega = \omega_c$ 时，有 $A(\omega_c) = 1$，$L(\omega_c) = 20\lg A(\omega_c) = 0$，称 ω_c 为截止频率，并称 $\gamma = 180° + \varphi(\omega_c)$ 为相角裕量。相角裕量 γ 和截止频率 ω_c 是系统的开环频域指标，γ 和 ω_c 的大小在很大程度上决定了系统的动态性能。由第 7 章的内容已经知道了中频段特性与动态品质指标之间有如下关系：

(1) 相角裕量 γ 与振荡指标 M_r（即闭环谐振峰值）之间的近似关系为 $M_r \approx \dfrac{1}{\sin\gamma}$。

(2) 截止频率 ω_c 与阶跃响应的调节时间 t_s 之间的近似关系为 $\omega_c \approx \dfrac{6\sim10}{t_s}$，当 M_r 为 1.1～1.8 时，有 $\omega_c \approx \dfrac{K\pi}{t_s}$，其中，$K = 2 + 1.5(M_r - 1) + 2.5(M_r - 1)^2$。

(3) 振荡指标 M_r 与阶跃响应的超调量 $\sigma\%$ 之间具有一定的对应关系。在时域内通常用超调量 $\sigma\%$ 评价系统的阻尼程度，而在频域内则用开环对数幅频特性的中频区宽度 H 或闭环谐振峰值 M_r 来描述系统阻尼程度，中频区宽度 H 即中频区相邻两交接频率的比值。

式(7-24)和式(7-26)分别给出了无零点的二阶系统阶跃响应的最大超调量 $\sigma\%$ 与其频域的振荡指标 M_r 之间的关系和高阶系统 $\sigma\%$ 与 M_r 之间的近似关系，将式(7-24)和式(7-26)用曲线表示，如图 9-21 所示。绘制超调量 $\sigma\%$ 与 M_r 之间的关系曲线的 Matlab 程序如下：

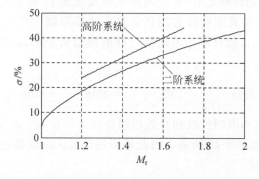

图 9-21　二阶系统和高阶系统中 $\sigma\%$ 与 M_r 之间的关系

```
Mr1 = linspace(1.0,2.0,100);
sgm1 = exp( − pi * (Mr1 − sqrt(Mr1.^2 − 1)));
plot(Mr1,sgm1 * 100,'b');hold on
Mr2 = linspace(1.2,1.7,100);
sgm2 = (0.16 + 0.4 * (Mr2 − 1));
plot(Mr2,sgm2 * 100,'r');grid on,hold off
xlabel('{\it{M_r}}');ylabel('{\it{\sigma}}/ % ')
% end
```

（4）振荡指标 M_r 与中频段在 0dB 线上下沿纵坐标和横坐标的跨度之间的关系。

由第 7 章可知，振荡指标 M_r 对应于 Nichols 图的等 M 圆，它对应系统开环对数幅频特性的中频段。为使闭环系统稳定，且满足一定的振荡指标，对开环特性中频段渐进线的斜率为 −20dB/dec 的长度有要求，在 0dB 线上下沿纵坐标的跨度不小于 $L_M - L_m$，如图 9-22 所示。而它沿横坐标的跨度 H 不小于 H_m，如图 9-22 所示。

$$H_m = \frac{M_r + 1}{M_r - 1} \tag{9-44}$$

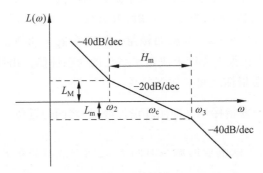

图 9-22　中频段希望对数幅频特性曲线的范围

2）系统的饱和限制

受精度限制区的限制，希望特性应在精度点及精度界限之上，但并不是越远离精度限制区越好。实际上希望特性还受以下因素限制：

（1）受执行电动机功率的限制。执行电动机的功率限制了电动机的角加速度，由式(8-60)可知，在系统的最大跟踪误差 e_m 下，系统的极限角频率为 $\omega_k = \sqrt{\dfrac{\varepsilon_k}{e_m}} \geqslant 1.4\omega_c$，则要求 $\varepsilon_k \geqslant 1.96\omega_c^2 e_m$。当执行电动机确定后，相应地极限角加速度 ε_k 就确定。因此，电动机功率不允许系统截止频率太大，将此限制称为饱和限制或功率限制。在 ε_k 一定的情况下，系统跟踪误差 e_m 与 ω_k^2 成反比，可以计算出电动机允许的极限角频率 ω_k，这个角频率对应的系统幅频特值为

$$20\lg \frac{\Omega_m^2}{\varepsilon_k e_m} = 20\lg \frac{\Omega_m^2}{e_m^2 \omega_k^2} = 20\lg \frac{\Omega_m^2}{e_m^2} - 40\lg\omega_k$$

由上式可以看出，饱和限制反映到对数幅频特性上是在 $\omega = \omega_k$ 处与 0dB 线相交的斜率为 −40dB/dec 的直线，如图 9-23 所示。因此希望特性 $L_x(\omega)$ 应在饱和限制线之下或左边。

（2）系统带宽的限制。

为了抑制系统的高频噪声干扰，对系统的带宽也必须限制，这样也要求系统的希望特性

不能进入该限制区。

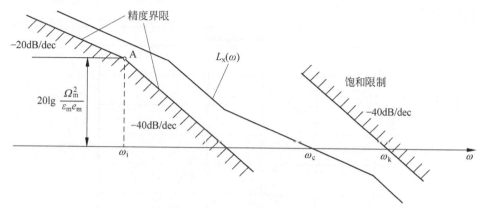

图 9-23　随动系统的饱和限制界限

3）希望特性中频段的绘制方法

（1）由超调量 $\sigma\%$ 求出振荡指标 M_r；

（2）由振荡指标 M_r 求出中频段的最小宽度 L_M 和 L_m；

（3）由调节时间 t_s 求出截止频率 ω_c；

（4）过 ω_c 画一条斜率为 -20dB/dec 直线，中频段频率跨度应不小于 H_m 或幅值跨度不小于 $L_M - L_m$，并使希望特性在饱和界限之下或左边。

3. 希望特性其他部分的绘制

（1）希望特性高频段一般与原系统重合；

（2）低频段到中频段和中频段到高频段过渡部分特性的斜率一般为 -40dB/dec 或 -60dB/dec，若低频段到中频段和中频段到高频段过渡部分特性的斜率为 -60dB/dec，则中频段的跨度应适当加长。

4. 系统性能指标的校核

根据系统的转折频率和型别，估算相角裕量 γ，再进一步根据关系式 $M_r \approx 1/\sin\gamma$，估算系统振荡指标 M_r。M_r 估算值若与由 $\sigma\%$ 选定的 M_r 值基本一致，则希望特性是适合的；否则应重新修改希望特性，通常是适当延长中频段 -20dB/dec 线段的长度。

例 9.6　某一随动系统的原始开环传递函数为

$$G_0(s) = \frac{K}{s(0.005s+1)(0.02s+1)(0.2s+1)}$$

其中，放大系数 K 可根据需要调整。该随动系统的设计指标要求是：最大跟踪角速度 $\Omega_m = 1\text{rad/s}$，最大跟踪角加速度 $\varepsilon_m = 0.7\text{rad/s}^2$，系统的等速跟踪误差 $e_v \leqslant 0.0025\text{rad}$。按 Ω_m 和 ε_m 的等效正弦跟踪时，最大误差 $e_m \leqslant 0.006\text{rad}$。零初始条件下系统对单位阶跃信号响应的超调量 $\sigma\% \leqslant 32\%$，调节时间 $t_s \leqslant 0.5\text{s}$。

解　（1）确定希望特性的低频段。

该随动系统有等速跟踪误差，所以该系统是 Ⅰ 型系统 $\nu = 1$。根据速度品质系数定义可知

$$K = K_v = \frac{\Omega_m}{e_v} = \frac{1}{0.0025} = 400\text{s}^{-1}$$

通过绘制单位阶跃响应曲线(见图 9-24)可以看出,原系统不稳定,其动态性能不能满足设计指标要求。

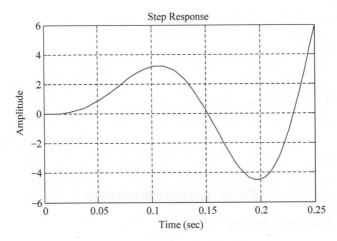

图 9-24　原系统阶跃响应曲线

由系统正弦最大跟踪角速度和最大跟踪角加速度可知,系统的精度点坐标为

$$\omega_i = \frac{\varepsilon_m}{\Omega_m} = \frac{0.7}{1} = 0.7 \text{rad/s}$$

$$20 \lg \frac{\Omega_m^2}{\varepsilon_m e_m} = 20 \lg \frac{1}{0.7 \times 0.006} = 47.5 \text{dB}$$

按系统的速度误差要求,即按 $K = 400$ 绘制原系统的对数幅频特性,如图 9-25 所示,在对数幅频特性曲线上给出精度点(0.7,47.5),并画出精度界限,如图 9-25 所示。

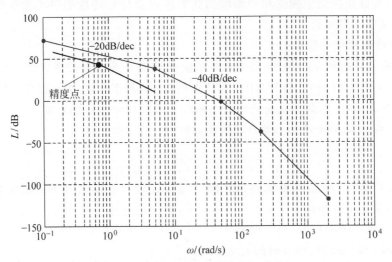

图 9-25　原始系统开环对数幅频渐进线

原系统的幅频特性的低频段,在 $\omega = 1 \text{rad/s}$,幅值为 $20 \lg K = 52.04 \text{dB}$ 处,斜率为 -20dB/dec。由于原系统幅频特性的幅值 $20 \lg K = 52.04 \text{dB} > 47.54 \text{dB}$,所以低频特性在精度界线之上,且满足精度要求。因此,取希望特性的低频段与原系统幅频特性的低频段

重合。

（2）绘制希望特性的中频段。

原始系统为四阶系统，按照 $\sigma\% = 32\%$ 的要求，根据 $\sigma\% = [0.16 + 0.4(M_r - 1)] \times 100\%$ 或图 9-21 可确定 M_r，得 $M_r = 1.4$。

进一步根据谐振峰值 M_r 的取值，可得希望特性中频段的零分贝线上下界分别为

$$L_M = 20\lg\frac{1.4}{1.4 - 1} \approx 10.88\text{dB}$$

$$L_m = 20\lg\frac{1.4}{1.4 + 1} \approx -4.68\text{dB}$$

它们代表希望特性中频段 -20dB/dec 线段沿纵坐标的最小界限。

按照 $t_s \leqslant 0.5\text{s}$ 的要求，根据 $\omega_c \approx \frac{K\pi}{t_s}$，$K = 2 + 1.5(M_r - 1) + 2.5(M_r - 1)^2 = 3$，得 $\omega_c = 18.84\text{rad/s}$。可取希望特性的截止频率 $\omega_c = 19\text{rad/s}$。

过 $\omega_c = 19\text{rad/s}$ 绘制斜率为 -20dB/dec 的直线，与 L_M、L_m 相交频率 ω_M 和 ω_m 通过以下方程求解为

$$\begin{cases} \dfrac{L_M - 0}{\lg\omega_M - \lg\omega_c} = -20 \\ \dfrac{L_m - 0}{\lg\omega_m - \lg\omega_c} = -20 \end{cases}$$

解得 $\omega_M \approx 5.43\text{rad/s}$，$\omega_m \approx 32.57\text{rad/s}$。中频段上、下界转折频率 ω_2 和 ω_3 需满足 $\omega_2 \leqslant \omega_M$，$\omega_3 \geqslant \omega_m$，取 $\omega_2 = 2\text{rad/s}$，此时根据中频段斜线横纵坐标之间的关系，可得 $L(\omega_2) = -20(\lg\omega_2 - \lg\omega_c) \approx 19.55\text{dB}$。为了使设计的校正装置简单，中频段下界转折频率 ω_3 取为原系统的转折频率 50rad/s，即 $\omega_3 = 50\text{rad/s}$，此时 $L(\omega_3) = -20(\lg\omega_3 - \lg\omega_c) \approx -8.4\text{dB}$。

（3）低频段与中频段连接。

从中频起始点 $(\omega_2, L(\omega_2))$ 处，绘制斜率为 -40dB/dec 直线，与原系统低频段相交，即为希望特性渐近线的第一个转折点 $(\omega_1, L(\omega_1))$，通过联立方程

$$\begin{cases} \dfrac{L(\omega_1) - 20\lg K_v}{\lg\omega_1 - 0} = -20 \\ \dfrac{L(\omega_2) - L(\omega_1)}{\lg\omega_2 - \lg\omega_1} = -40 \end{cases}$$

解得 $\omega_1 \approx 0.095\text{rad/s}$。

（4）中频段与高频段的连接。

从中频终止点 $(\omega_3, L(\omega_3))$ 处，绘制斜率为 -40dB/dec 直线，与原系统高频段相交，即为希望特性渐近线的第四个转折点 $(\omega_4, L(\omega_4))$，联立方程为

$$\begin{cases} \dfrac{L(\omega_4) - L(\omega_3)}{\lg\omega_4 - \lg\omega_3} = -40 \\ \dfrac{L(\omega_4) - L_0(\omega_3)}{\lg\omega_4 - \lg\omega_3} = -60 \end{cases}$$

式中，L_0 表示原系统对数幅值。可以计算得到在 ω_3 处，$L_0(\omega_3) = -1.94\text{dB}$，解上述方程组得 $\omega_4 \approx 104.71\text{rad/s}$。

（5）高频段。

从点$(\omega_4,L(\omega_4))$处开始，与原系统高频段一致。

（6）仿真验证。

经以上设计过程，可得希望特性曲线所对应的开环传递函数为

$$G_x = \frac{400(s/2+1)}{s(s/0.095+1)(s/50+1)(s/104.71+1)(s/200+1)}$$

设计后希望系统的对数幅频渐近线如图9-26所示，Bode图如图9-27所示，单位阶跃响应结果如图9-28所示。通过图9-28可知，设计后的系统性能指标为$\sigma\%=22.7\%$，调节时间为0.449s（5％的误差带），全部满足指标要求。若要求在2％误差带内，仿真得到调节时间为0.841s，则不满足调节时间要求，可通过增大截止频率ω_c重新进行设计。

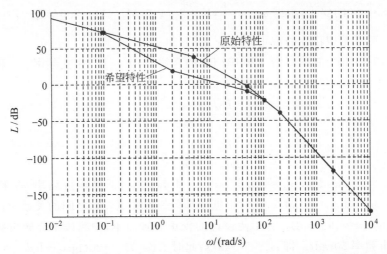

图 9-26　原始系统开环对数幅频渐近线和设计后系统的希望特性的幅频渐近线

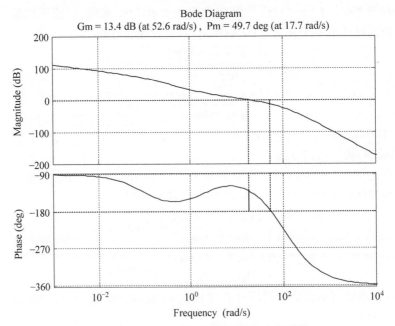

图 9-27　设计后系统的幅频特性和相频特性

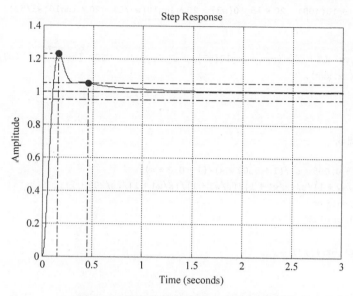

图 9-28　设计后系统单位阶跃响应曲线

Matlab 程序如下：

```
clear all
clc
% 原始系统特性
s = tf('s');
G = 400/s/(1 + 0.01 * s)/(1 + 0.02 * s)/(1 + 0.2 * s);
step(feedback(G,1))
Mr = 1.4;
LM = 20 * log10(Mr/(Mr - 1));
Lm = 20 * log10(Mr/(Mr + 1));
ts = 0.5;wc = (2 + 1.5 * (Mr - 1) + 2.5 * (Mr - 1)^2) * pi/ts;
wc = 19;                        % 截止频率
% 中频段上下界
syms x y
x = solve('LM + 20 * (x - log10(wc)) = 0',x);
y = solve('Lm + 20 * (y - log10(wc)) = 0',y);
wM = 10^eval(x);wm = 10^eval(y);
% 中频段
w2 = 2;                         % 中频段起始交接频率
L2 = -20 * (log10(w2) - log10(wc));
w3 = 50;                        % 中频段终止交接频率
L3 = -20 * (log10(w3) - log10(wc));
% 低频与中频之间过渡段交接频率
syms xx yy
z = solve('yy - 20 * log10(400) + 20 * xx = 0', 'yy - L2 + 40 * (xx - log10(w2)) = 0');
w1 = 10^eval(z.xx);
% 高频与中频之间过渡段交接频率
if w3 < = 50
    L0 = 20 * log10(400) - 20 * log10(w3) - 20 * log10(w3/5);
elseif w3 > 50
```

```
    L0 = 20 * log10(400) − 20 * log10(w3) − 20 * log10(w3/5) − 20 * log10(w3/50);
end
syms xxx yyy
zz = solve('yyy − L3 + 40 * (xxx − log10(w3)) = 0', 'yyy − L0 + 60 * (xxx − log10(w3)) = 0');
w4 = 10^eval(zz.xxx);
if w4 > 100
    break
end
% 绘制特性曲线
s = tf('s');
G = 400/s/(1 + 0.005 * s)/(1 + 0.02 * s)/(1 + 0.2 * s);
Gx = 400 * (s/w2 + 1)/s/(s/w1 + 1)/(s/w3 + 1)/(s/w4 + 1)/(s/200 + 1);
bodeasym(G), hold on
bodeasym(Gx), grid on
margin(Gx)
step(feedback(Gx, 1), 3)
% end
```

9.2.2　校正装置设计

本节将介绍目前工程实践中常用的 3 种补偿方法,即串联补偿、负反馈补偿和前馈补偿方法。

1. 串联校正装置设计

串联校正是在原系统的前向通道中串接入适当的校正环节,如图 9-29 所示,其中校正环节的传递函数为 $G_c(s)$。

图 9-29　串联校正结构图

原系统的开环传递函数

$$G_0(s) = G_1(s)G_2(s) \tag{9-45}$$

设系统的开环希望传递函数为 $G_x(s)$,如果串联校正后系统特性与希望特性一致,则校正后系统的开环传递函数

$$G_x(s) = G_c(s)G_0(s) \tag{9-46}$$

已知原系统开环对数幅频特性 $L_0(\omega) = 20\lg|G_0(j\omega)|$,希望对数幅频特性为 $L_x(\omega) = 20\lg|G_x(j\omega)|$,则

$$20\lg|G_c(j\omega)| = 20\lg|G_x(j\omega)| − 20\lg|G_0(j\omega)|$$

可得串联校正环节的对数幅频特性

$$L_c(\omega) = 20\lg|G_c(j\omega)| = L_x(\omega) − L_0(\omega) \tag{9-47}$$

由 $L_c(\omega)$ 可获得校正环节的传递函数 $G_c(s)$。

若串联校正装置传递函数具有如下形式

$$G_c(s) = \frac{(1 + T_2 s)(1 + T_3 s)}{(1 + T_1 s)(1 + T_4 s)} \tag{9-48}$$

串联校正装置的电路实现形式如图9-30所示,其中,图9-30(a)为无源电路网络;图9-30(b)为有源电路网络。

在图9-30(a)中,

$$G_c(s) = \frac{(1+T_a s)(1+T_b s)}{T_a T_b s^2 + \left[T_a\left(1+\dfrac{R_2}{R_1}\right)+T_b\right]s + 1} \tag{9-49}$$

式中,$T_a = R_1 C_1 = T_2$,$T_b = R_2 C_2 = T_3$,$T_a T_b = T_1 T_4$,$T_1 + T_4 = T_a\left(1+\dfrac{R_2}{R_1}\right)+T_b$。适当选取电路参数 R_1、R_2、C_1、C_2 便可使式(9-49)与式(9-48)完全一致。

在图9-30(b)中,

$$G_c(s) = \frac{r_1 + r_2 + \dfrac{r_1 r_2}{r_3}}{R_1 + R_2 + \dfrac{R_1 R_2}{R_3}} \times \frac{(1+\tau_i s)(1+\tau_j s)}{(1+T_i s)(1+T_j s)} \tag{9-50}$$

式中,$\tau_i = R_1 C_1$,$T_i = C_1 r_1$,$T_j = \dfrac{R_1 R_2 R_3 C_1}{R_1 R_2 + R_2 R_3 + R_1 R_3}$,$\tau_j = \dfrac{r_1 r_2 r_3 C_2}{r_1 r_2 + r_2 r_3 + r_1 r_3}$,$T_i > \tau_i > \tau_j > T_j$。适当选取电路参数,使 $T_i = T_1$,$\tau_i = T_2$,$\tau_j = T_3$,$T_j = T_4$,则可使式(9-50)与式(9-48)完全一致。

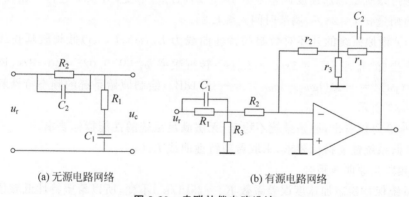

(a) 无源电路网络   (b) 有源电路网络

图9-30 串联补偿电路设计

例9.7 设随动系统原始传递函数为例9.6,按例9.6的性能指标要求,设计串联校正装置。

解 根据例9.6绘制的希望特性和原始系统的对数幅频渐近特性,利用式(9-47)可得到图9-31中的串联校正装置的对数幅频渐近线 $L_c(\omega)$,由 $L_c(\omega)$ 可得到串联校正装置的传递函数为

$$G_c(s) = \frac{(1+s/2)(1+s/5)}{(1+s/0.095)(1+s/104.71)}$$

由图9-28可知,经过串联校正装置的引入,校正后系统的性能指标完全满足系统的性能指标要求。串联校正装置可利用图9-30的串联校正电路通过适当的选取电阻、电容的值来实现。

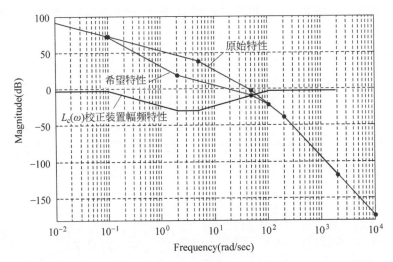

图 9-31　原始系统开环对数幅频渐近线、希望特性和串联校正装置的幅频渐近线

例 9.8　设某 Ⅱ 型随动系统的开环传递函数为

$$G_0(s) = \frac{25}{s^2(1+0.025s)}$$

要求保持系统稳态加速度误差系数 $K_a = 25(1/s^2)$ 不变,对系统进行串联校正,使得校正后系统超调量 $\sigma\% \leqslant 28\%$,调节时间 $t_s \leqslant 1.2s$。

解　(1) 设原系统的开环对数幅频特性曲线为 $L_0(\omega)$,$L_0(\omega)$ 低频段延长线与零分贝线交点的横坐标 $\omega_0 = \sqrt{K_a} = 5\text{rad/s}$,$L_0(\omega)$ 转折频率 $\omega_z = 1/0.025 = 40\text{rad/s}$,该点的纵坐标 $20\lg|G_0(j\omega)| = -40(\lg\omega_z - \lg\omega_0) = -36.1\text{dB}$。绘制原始系统的频率特性和单位阶跃响应如图 9-32 所示。

从图 9-32 可以看出,原始系统不稳定,无法满足系统的性能指标要求。

(2) 根据系统性能指标要求,求取希望特性曲线 $L_x(\omega)$。

① 低频段与原曲线重合。

要求系统保持稳态加速度误差系数 $K_a = 25(1/s^2)$ 不变,所以希望特性低频段应与原始系统重合。

② 中频段和低频段直接连接,连接位置取决于第一个转折频率 ω_1,下面给出计算 ω_1 的步骤。

原系统为三阶系统,根据超调量 $\sigma\%$ 和谐振峰值 M_r 之间的关系(见图 9-21),取谐振峰值 $M_r = 1.3$,则希望特性中频段零分贝线以上的纵坐标跨度

$$L_M = 20\lg\frac{M_r}{M_r - 1} \approx 12.736\text{dB}$$

令 $20\lg|G(j\omega_1)| = L_M$,则根据低频段的几何关系式

$$\frac{20\lg|G_0(j\omega_1)|}{\lg\omega_1 - \lg\omega_{c0}} = -40\text{dB}$$

可得 $\omega_1 \approx 2.4\text{rad/s}$。

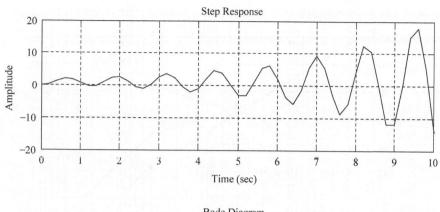

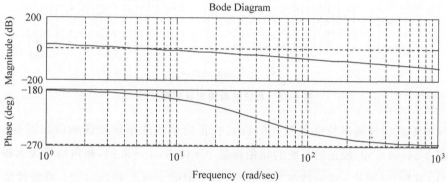

图 9-32　原始系统的频率特性和单位阶跃响应

希望特性的中频段跨度

$$H \geqslant \frac{M_r + 1}{M_r - 1} = 7.667$$

设希望特性中频段的下限转折频率为 ω_2，则根据 $H = \omega_2 / \omega_1$，可得 $\omega_2 \geqslant 18.4 \mathrm{rad/s}$。为了简化校正环节传递函数的形式，选取希望特性中频区下限转折频率 ω_2 等于原系统的转折频率 ω_z，即取 $\omega_2 = \omega_z = 40 \mathrm{rad/s}$。

在开环对数频率特性图上，通过 $(\omega_1, 20\lg|G_0(j\omega_1)|) = (2.4, 12.736)$，画一条斜率为 $-20\mathrm{dB/dec}$ 的线段，止于 $\omega_2 = 40 \mathrm{rad/s}$ 处，该线为希望特性的中频段，该点的纵坐标为

$$20\lg|G_x(j\omega_2)| = 20(\lg\omega_1 - \lg\omega_2) + 20\lg|G_0(j\omega_1)| = -11.7\mathrm{dB}$$

③ 高频段与原系统在 $\omega \geqslant 40 \mathrm{rad/s}$ 后的幅频特性斜率一致。

绘制的系统希望特性 $L_x(j\omega)$ 如图 9-33 所示。

由图 9-33 可知，校正后系统的希望传递函数为

$$G_x(s) = \frac{25(1 + 0.41s)}{s^2(1 + 0.025s)^2}$$

（3）计算 $L_x(j\omega) - L_0(j\omega)$，得到串联补偿环节的传递函数

$$G_c(s) = \frac{1 + 0.41s}{1 + 0.025s}$$

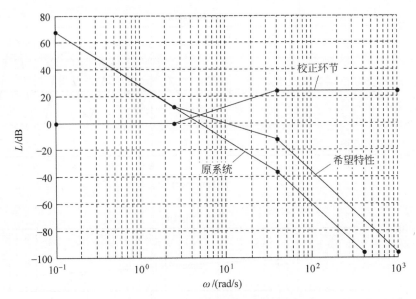

图 9-33　系统的希望对数幅频特性

系统校正前后的频率特性如图 9-34(a)，校正后系统的单位阶跃响应如图 9-34(b)所示。由图 9-34(a)可知，校正后系统的相角裕量 $\gamma=48.3$，$\omega_c=9.94$，相角裕量大大提高。由图 9-34(b)可知，超调量 $\sigma\%=27.6\%\leqslant28\%$，调节时间 $t_s=0.987\leqslant1.2s$，系统性能指标完全满足性能要求。

2. 顺馈校正装置设计

顺馈校正是在原系统的局部通道中并行接入适当的校正环节，如图 9-35 所示，其中校正环节的传递函数为 $G_b(s)$。

原系统的开环传递函数为

$$G_0(s)=G_1(s)\cdot G_2(s)\cdot G_3(s) \tag{9-51}$$

设校正后系统开环传递函数为 $G_x(s)$，如果顺馈校正后系统特性与希望特性一致，则校正后系统的开环传递函数

$$
\begin{aligned}
G_x(s) &= G_1(s)\cdot G_3(s)\cdot[G_2(s)+G_b(s)] \\
&= G_0(s)+\frac{G_0(s)G_b(s)}{G_2(s)}
\end{aligned}
\tag{9-52}
$$

因此，顺馈校正环节的传递函数

$$
\begin{aligned}
G_b(s) &= \frac{G_x(s)G_2(s)-G_0(s)G_2(s)}{G_0(s)} \\
&= \left[\frac{G_x(s)}{G_0(s)}-1\right]G_2(s)
\end{aligned}
\tag{9-53}
$$

如果求出开环希望对数幅频特性 $20\log|G_x(j\omega)|$ 的传递函数 $G_x(s)$，则可通过式(9-53)计算顺馈校正环节的传递函数 $G_b(s)$。

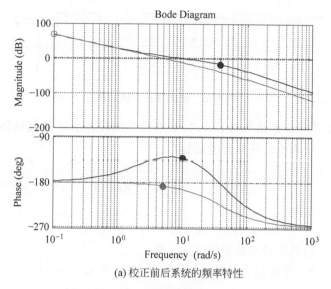

(a) 校正前后系统的频率特性

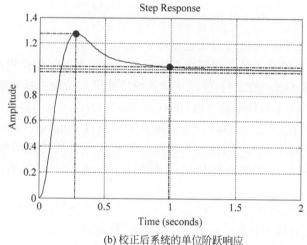

(b) 校正后系统的单位阶跃响应

图 9-34 校正前后系统的频率特性和校正后系统的单位阶跃响应

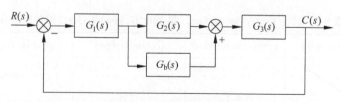

图 9-35 顺馈校正结构图

3. 负反馈校正装置设计

负反馈校正是在原系统的局部通道中接入反馈校正环节,如图 9-36 所示,其中 $G_f(s)$ 为负反馈校正环节的传递函数。

根据图 9-36 可知,原系统的开环传递函数

$$G_0(s) = G_1(s) \cdot G_2(s) \cdot G_3(s) \tag{9-54}$$

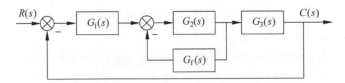

图 9-36　负反馈补偿结构图

设系统的希望开环传递函数为 $G_x(s)$，如果负反馈校正后系统幅频特性与希望特性一致，则经负反馈校正后系统的开环传递函数

$$G_x(s) = \frac{G_0(s)}{1 + G_2(s)G_f(s)} \tag{9-55}$$

如果 $G_2(s)G_f(s) \ll 1$，则

$$G_x(s) \approx G_1(s) \cdot G_2(s) \cdot G_3(s) \tag{9-56}$$

此时，经负反馈校正后的系统与原系统特性一致。

如果在对系统动态性能起主要影响的频率范围内，有 $G_2(s)G_f(s) \gg 1$，则

$$G_x(s) \approx \frac{G_0(s)}{G_2(s)G_f(s)} = \frac{G_1(s)G_3(s)}{G_f(s)} \tag{9-57}$$

此时，经负反馈校正后的系统特性与被包围环节 $G_2(s)$ 无关。

因此，可通过负反馈校正环节包围对系统动态性能改善有削弱作用的环节 $G_2(s)$，并选择校正环节传递函数 $G_f(s)$ 的参数，使校正后系统性能满足给定指标要求。

在 $|G_2(s)G_f(s)| \gg 1$ 的频率范围内，由 $G_2(s)G_f(s) \approx G_0(s)/G_x(s)$ 可知，通过画出原系统的开环对数幅频特性 $20\lg|G_0(j\omega)|$，然后减去希望特性 $20\lg|G_x(j\omega)|$，可以获得近似的 $G_2(s)G_f(s)$。由于 $G_2(s)$ 已知，因此可求得负反馈校正环节的传递函数 $G_f(s)$。需要指出的是，在 $|G_2(s)G_f(s)| \gg 1$ 的频率范围内，应有 $20\lg|G_2(j\omega)| > 20\lg|G_x(j\omega)|$，且局部反馈回路必须稳定。

在系统初步设计时，往往把条件 $|G_2(s)G_f(s)| \gg 1$ 简化为 $|G_2(s)G_f(s)| > 1$，即 $20\lg|1 + G_2(s)G_f(s)| > 20\text{dB}$，这样假设往往产生一定的误差，特别是在 $|G_2(s)G_f(s)| = 1$ 的附近，误差不超过 3dB。如果误差超过 3dB，则需要根据表 9-1 所列对应关系，由 $20\lg|1 + G_2(j\omega)G_f(j\omega)|$ 求 $20\lg|G_2(j\omega)G_f(j\omega)|$。

表 9-1　$20\lg|1 + G_2(j\omega)G_f(j\omega)|$ 和 $20\lg|G_2(j\omega)G_f(j\omega)|$ 的对应关系

$20\lg\lvert1+G_2(j\omega)G_f(j\omega)\rvert$	$1+G_2(j\omega)G_f(j\omega)$	$G_2(j\omega)G_f(j\omega)$	$20\lg\lvert G_2(j\omega)G_f(j\omega)\rvert$
+20 dB/dec，$\frac{1}{T}$	$1+Ts$	Ts	+20 dB/dec，$\frac{1}{T}$
+40 dB/dec，$\frac{1}{T}$	$(1+Ts)^2$	$2Ts\left(1+\dfrac{T}{2}s\right)$	+40 dB/dec，+20 dB/dec，$\frac{2}{T}$

续表

$20\lg\lvert 1+G_2(j\omega)G_f(j\omega)\rvert$	$1+G_2(j\omega)G_f(j\omega)$	$G_2(j\omega)G_f(j\omega)$	$20\lg\lvert G_2(j\omega)G_f(j\omega)\rvert$
(图：$+20$ dB/dec；G；$\dfrac{1}{T}$；ω)	$K(1+Ts)$	$(K-1)\left(1+\dfrac{KT}{K-1}s\right)$	(图：$G=20\lg(K-1)$；$+20$ dB/dec；$\dfrac{K-1}{KT}$；ω)
(图：$20\lg K<20\mathrm{dB}$；$+20$ dB/dec；1；ω)	$\dfrac{1+T_1 s}{1+T_2 s}$	$\dfrac{(T_1-T_2)s}{1+T_2 s}$	(图：$+20$ dB/dec；$G=20\lg(K-1)$；$\dfrac{1}{T_1-T_2}$；$\dfrac{1}{T_2}$；ω)
(图：-20 dB/dec；$\dfrac{1}{T}$；ω)	$\dfrac{1+Ts}{Ts}$	$\dfrac{1}{Ts}$	(图：-20 dB/dec；$\dfrac{1}{T}$；ω)
(图：-40 dB/dec；$\dfrac{1}{T}$；ω)	$\dfrac{(1+Ts)^2}{T^2 s^2}$	$\dfrac{1+2Ts}{T^2 s^2}$	(图：-40 dB/dec；-20 dB/dec；$\dfrac{1}{2T}$；ω)
(图：$G=20\lg K$；-20 dB/dec；$\dfrac{1}{T_1}$；$\dfrac{1}{T_2}$；ω)	$\dfrac{K(1+T_2 s)}{1+T_1 s}$ $KT_2=T_1$	$\dfrac{K-1}{1+T_1 s}$	(图：$G=20\lg(K-1)$；-20 dB/dec；$\dfrac{1}{T_1}$；ω)
(图：-20 dB/dec；$G=20\lg K<20\mathrm{dB}$；$\dfrac{1}{T}$；ω)	$\dfrac{K(1+Ts)}{Ts}$	$\dfrac{T\left(1+\dfrac{K-1}{K}Ts\right)}{Ts}$	(图：-20 dB/dec；$G=20\lg(K-1)$；$\dfrac{K}{K-1}T$；ω)

负反馈校正设计的步骤如下：

（1）绘制原系统的开环对数幅频特性，即

$$L_0(\omega)=20\lg\lvert G_0(j\omega)\rvert$$

（2）根据性能指标要求，绘制希望特性，即

$$L_x(\omega)=20\lg\lvert G_x(j\omega)\rvert$$

（3）根据

$$20\lg\lvert G_2(j\omega)G_f(j\omega)\rvert=L_0(\omega)-L_x(\omega),\quad L_0(\omega)-L_x(\omega)>0$$

求传递函数 $G_2(j\omega)G_f(j\omega)$。

（4）检验局部反馈回路的稳定性，并检查希望特性截止频率 ω_c 附近 $20\lg\lvert G_2(j\omega)G_f(j\omega)\rvert\mathrm{dB}>0$ 的程度。

（5）由 $L_0(\omega)-L_x(\omega)$ 得出 $20\lg\lvert G_2(j\omega)G_f(j\omega)\rvert$，并求出 $G_f(s)$。

（6）检验校正后系统的性能指标是否满足要求。

例 9.9 某一随动系统结构如图 9-36 所示，其原系统的开环传递函数为

$$G_0(s) = \frac{400}{s(0.01s+1)(0.02s+1)(0.2s+1)}$$

其中

$$G_2(s) = \frac{300}{(0.02s+1)(0.2s+1)}$$

该随动系统的设计指标对应的希望特性如图 9-37 所示，求负反馈补偿环节的传递函数。

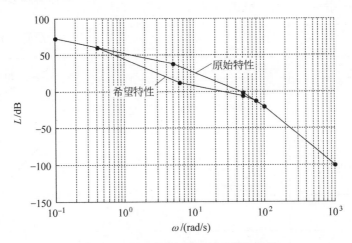

图 9-37 随动系统原始特性和希望特性

解 根据图 9-37 可知，此随动系统希望特性所对应的开环传递函数为

$$G_x(s) = \frac{400(s/6.25+1)}{s(s/0.41+1)(s/50+1)(s/76.47+1)(s/100+1)}$$

根据负反馈环节与原始特性和希望特性之间的关系，通过对原始特性和希望特性求差，获得 $1+G_2(s)G_f(s)$ 环节的渐进线，如图 9-38(a) 所示。再根据表 9-1 给出的 $1+G_2(s)G_f(s)$ 与 $G_2(s)G_f(s)$ 之间的对应关系，由 $1+G_2(s)G_f(s)$ 的渐进线可得 $G_2(s)G_f(s)$ 环节的渐进线，如图 9-38(b) 所示，其中 0dB 处一阶微分环节转换为了纯微分环节，0dB 以上其他部分保持不变且在 $\omega=1$ 处，$G_2(s)G_f(s)$ 环节的渐进线的纵坐标约为 8dB，根据 $G_2(s)$ 环节传递函数，可绘制 $G_2(s)$ 环节的对数幅频特性曲线，并且对数幅频特性曲线在 $\omega=1$ 处纵坐标约为 49.54dB，如图 9-38(c) 所示，经与 $G_2(s)G_f(s)$ 环节曲线求差，可得负反馈校正环节的对数幅频特性，其渐进线如图 9-38(d) 所示，且在 $\omega=1$ 处对数幅频特性的纵坐标约为 -41.54dB。按照负反馈校正环节的特性，不难写出其传递函数

$$G_f(s) = \frac{0.0084s(0.02s+1)}{(0.16s+1)}$$

下面讨论负反馈校正环节的实现问题。这里的输出是执行电动机轴输出角速度 Ω_d，$G_f(s)$ 中有微分环节，必包含速度测量元件，将 Ω_d 转换成电信号。若用 40CY-3 永磁式直流测速发电动机，$G_2(s)$ 所包含的线路如图 9-39 主通道所示。

第一级放大系数是 $K_1=R_f/R_i$，负反馈校正由测速发电动机和 $Z(s)$ 阻抗组成，反馈通道的传递函数为

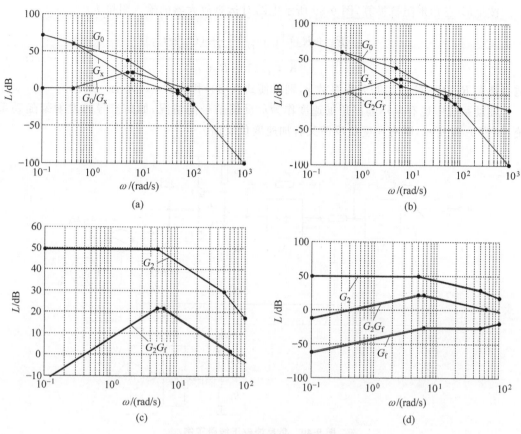

图 9-38 负反馈补偿特性的求取过程

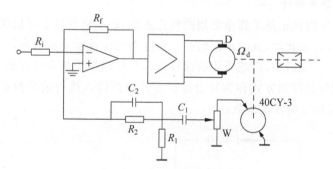

图 9-39 负反馈补偿回路实例

$$G_{f1}(s) = \frac{\eta K_e R_f}{Z(s)} \tag{9-58}$$

由于 $G_2(s)$ 已将 $K_1 = R_f / R_i$ 包含在内,故反馈通道等效函数为

$$G_{fz}(s) = \frac{\eta K_e R_i}{Z(s)} \tag{9-59}$$

若 $G_{fz}(s) = G_f(s)$,则

$$Z(s) = \frac{\eta K_e R_i (1 + 0.16s)}{0.0084s(1 + 0.02s)} \tag{9-60}$$

按星形-三角形阻抗换算,图 9-39 所示电路对运算放大器的输入阻抗为

$$Z(s) = \frac{(R_1 + R_2)\left[1 + \frac{R_1 R_2}{R_1 + R_2}(C_1 + C_2)s\right]}{R_1 C_1 s(1 + R_2 C_2 s)} \tag{9-61}$$

适当选取 R_1、R_2、C_1、C_2 和分压系数 η,则可使式(9-60)和式(9-61)完全一致。

随动系统中也有采用输出角加速度作为负反馈信号的情况,如防空导弹发射架随动系统,如图 9-40 所示,既有速度负反馈又有加速度负反馈。

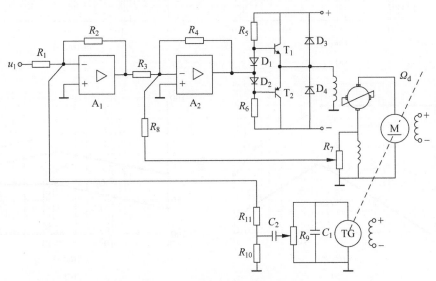

图 9-40 负反馈校正线路实例

4. 前馈校正装置设计

串联校正、负反馈校正是工程中常用的校正方法,在一定程度上可以满足给定的指标要求。如果系统中存在强扰动,或者系统的稳态精度和响应速度要求很高,则反馈校正方法难以满足要求。在工程实践中,广泛采用前馈校正和负反馈校正结合的方法,这样的系统称为复合控制系统,相应的控制方式称为复合控制方式。按输入进行前馈校正如图 9-41 所示,其中 $G_q(s)$ 为补偿环节的传递函数。

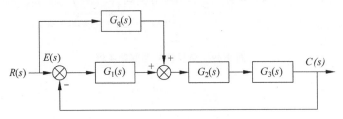

图 9-41 前馈补偿结构图

若系统误差传递函数为

$$\Phi_e(s) = \frac{E(s)}{R(s)} = \frac{1 - G_q(s)G_2(s)G_3(s)}{1 + G_1(s)G_2(s)G_3(s)} \tag{9-62}$$

上式表明,当 $1 - G_q(s)G_2(s)G_3(s) = 0$,即

$$G_q(s) = \frac{1}{G_2(s)G_3(s)} \tag{9-63}$$

成立时,恒有 $E(s)=0$。将此条件代入系统的传递函数

$$\Phi(s) = \frac{C(s)}{R(s)} = \frac{[G_1(s)+G_q(s)]G_2(s)G_3(s)}{1+G_1(s)G_2(s)G_3(s)} \tag{9-64}$$

可得 $\Phi(s)=1$,此时,系统的输出完全复现输入,系统的误差始终为零。因此,式(9-63)也被称为输入信号的误差全补偿条件,也称为不变性条件。

前馈校正环节的传递函数是低阶的,对系统的动态品质影响较小。可分两步设计,首先按动态品质要求设计系统闭环部分,再根据精度要求设计前馈校正通道。

例 9.10 设某一随动系统如图 9-36 所示,此为 I 型系统。其中

$$G_1(s) = \frac{166.7}{1+0.01s}, \quad G_2(s) = \frac{300}{(1+0.02s)(1+0.2s)}$$

$$G_3(s) = \frac{0.008}{s}, \quad G_f(s) = \frac{0.007s(1+0.2s)}{1+0.16s}$$

试设计前馈补偿环节。

(1) 使系统误差完全补偿;

(2) 使系统达到 II 型;

(3) 使系统达到 III 型。

解 (1) 在进行前馈校正时,首先确定前馈校正装置加入系统主通道的位置。本题选择负反馈点作为叠加点,如图 9-42 所示,此时误差全补偿条件为

$$G_q(s) = \frac{1}{\dfrac{G_2(s)}{1+G_2(s)G_f(s)} \cdot G_3(s)} = \frac{0.032s^3 + 2.36s^2 + s}{2.4(1+0.16s)}$$

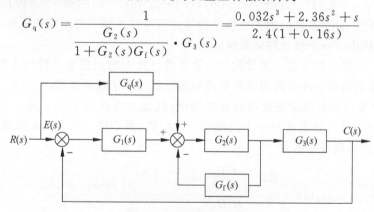

图 9-42 前馈校正结构图

可以看出 $G_q(s)$ 具有比较复杂的形式,全补偿条件物理实现起来非常困难。实际系统的功率和线性范围是有限的,系统的通频带也是有限的,另外,$G_2(s)$ 和 $G_3(s)$ 通常含有积分环节、惯性环节,此时 $G_q(s)$ 将对输入信号具有高阶微分作用,微分阶次越高,对输入信号中噪声越敏感,影响系统的正常工作。

在工程实践中,通常采用满足跟踪精度要求的部分补偿条件,或者对系统性能起主要影响的频段内实现近似全补偿,以使 $G_q(s)$ 的形式简单并易于物理实现。

(2) 在部分补偿情况下,如果引入具有 $G_q(s)=\lambda s$ 传递函数形式的前馈校正环节,则系统误差传递函数为

$$\Phi_e(s) = \frac{E(s)}{R(s)} = \frac{1 - G_q(s) \cdot \dfrac{G_2(s)}{1 + G_2(s)G_f(s) \cdot G_3(s)}}{1 + G_1(s) \cdot \dfrac{G_2(s)}{1 + G_2(s)G_f(s)} \cdot G_3(s)}$$

$$= \frac{(1 + 0.01s)(0.032s^3 + 2.36s^2 + s) - 2.4(1 + 0.16s)(1 + 0.01s) \cdot \lambda s}{(1 + 0.01s)(0.032s^3 + 2.36s^2 + s) + 400(1 + 0.16s)}$$

当 $\lambda = 1/2.4 = 0.417$ 时,可以使系统等效为 Ⅱ 型系统,此时系统的速度误差为零,加速度误差为常值。前馈校正环节可由比电势为 $0.417\text{V} \cdot \text{s}$ 的测速发电动机实现。

(3) 在部分补偿情况下,如果引入具有

$$G_q(s) = \frac{\lambda_2 s^2 + \lambda_1 s}{Ts + 1}$$

传递函数形式的前馈校正环节,则系统误差传递函数为

$$\Phi_e(s) = \frac{1 - G_q(s) \cdot \dfrac{G_2(s)}{1 + G_2(s)G_f(s)} \cdot G_3(s)}{1 + G_1(s) \cdot \dfrac{G_2(s)}{1 + G_2(s)G_f(s)} \cdot G_3(s)}$$

$$= \frac{s(0.01s + 1)[(0.00064T s^4 + (0.00064 + 0.4592T)s^3 + }{(Ts + 1)[6.4 \times 10^{-6} s^5 + 0.005232 s^4 + }$$

$$= \frac{(0.4592 + 2.48T - 0.384\lambda_2)s^2 + (2.48 + T - 2.4\lambda_2 - 0.384\lambda_1)s + (1 - 2.4\lambda)]}{0.0484 s^3 + 2.49 s^2 + 65 s + 400]}$$

当 $\lambda_1 = 1/2.4 \approx 0.417, \lambda_2 = 1.0333 + 0.417T - 0.16\lambda_1 = 0.9666 + 0.417T$ 时,可以使系统等效为 Ⅲ 型系统,此时系统的加速度误差为零。前馈校正环节可采用比电势为 $0.417\text{V} \cdot \text{s}$ 的测速发电动机串联一个微分网络实现。

工程实践中,输入信号的一阶导数和二阶导数往往由测速发电动机与无源网络的组合线路实现,本题前馈校正环节传递函数形式的选取就是基于这种考虑。

图 9-43 是复合控制随动系统的简化原理图,其输入是转角 $\varphi_r(s)$,用一对自整角机测角,前馈通道是在输入轴上连接一个直流测速发电机,再串接一个 RC 无源微分网络组成,前馈通道的传递函数可表示为

$$G_q(s) = \frac{K_e s \dfrac{R_2}{R_1 + R_2}(R_1 Cs + 1)}{\dfrac{R_1 R_2}{R_1 + R_2} Cs + 1} = \frac{\beta s(\tau_1 s + 1)}{\tau_2 s + 1} \tag{9-65}$$

式中,$\beta = K_e \dfrac{R_2}{R_1 + R_2}, \tau_1 = R_1 C, \tau_2 = \dfrac{R_2}{R_1 + R_2} \tau_1$。

前馈信号 u_r 加入主通道,后半部分的传递函数可近似表示成

$$G_2(s) = \frac{K_2}{s(1 + T_1 s)(1 + T_2 s)} \tag{9-66}$$

利用不变性条件,选取 $\beta = 1/K_2, \tau_1 = T_1 + T_2$,则可获得 $G_q(s)$ 仅在一阶、二阶低阶项近似为 $G_2(s)$ 的倒数。原始系统不加前馈时为 Ⅰ 型,按上述方式引入前馈通道后可获得 Ⅲ 型系统的精度,提高了系统的精度,又不影响系统的稳定性。所以,系统对阶跃输入信号、速度输入信号和加速度输入信号均具有稳态不变性。

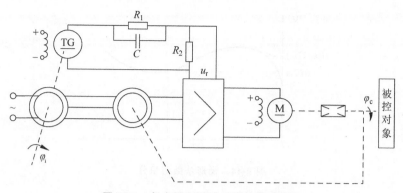

图 9-43 复合控制随动系统简化原理图

9.3 数字控制器设计

数字控制系统设计是指在给定系统性能指标的条件下,设计出控制器的控制规律和相应的数字控制算法。本章主要介绍数字控制系统的常规控制技术,即数字控制器的间接设计技术和直接设计技术。由于控制任务的需要,当所选择的采样周期比较大或对控制质量要求比较高时,就要从被控对象的特性出发,直接根据采样系统理论来设计数字控制器,直接数字设计比模拟化设计具有更一般的意义。

9.3.1 数字控制器的间接设计法

在分析和设计计算机控制系统时,常先按连续系统建立其数学模型,选定数字控制器结构,采用连续系统的分析方法对系统结构和性能进行研究,然后再将连续系统转化成离散系统,以获得实际的控制算法,并设计相应的控制程序。数字控制器的间接设计法是将数字模拟混合系统按模拟系统的设计准则设计出模拟控制器的传递函数 $D(s)$,然后再将 $D(s)$ 离散化后间接得到数字控制器 $D(z)$ 的一种方法。下面介绍几种常用的连续系统离散化方法,即由 $D(s)$ 求 $D(z)$ 的 3 种常用离散化方法。

1. 双线性变换

双线性转换法又称梯形积分法,它是基于梯形法数值积分原理来实现连续系统离散化的。设有一个积分系统,其输入信号为 $x(t)$,输出信号 $y(t)$,系统拉普拉斯传递函数为

$$\begin{cases} y(t) = \int_0^t x(\tau) \mathrm{d}\tau \\ G(s) = \dfrac{Y(s)}{X(s)} = \dfrac{1}{s} \end{cases} \tag{9-67}$$

若采用梯形法数值积分,如图 9-44 所示,取步长为 T,KT 时刻输入信号为 $x(KT)$,输出信号为 $y(KT)$,则可得差分方程为

$$y(KT) - y(KT - T) = \frac{T}{2}[x(KT) + x(KT - T)] \tag{9-68}$$

对该差分方程进行 z 变换,得

$$Y(z) - z^{-1}Y(z) = \frac{T}{2}[X(z) + z^{-1}X(z)] \tag{9-69}$$

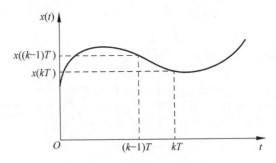

图 9-44　梯形法数值积分

$$G(z) = \frac{Y(z)}{X(z)} = \frac{1}{\dfrac{2}{T} \dfrac{1-z^{-1}}{1+z^{-1}}} \tag{9-70}$$

将 $G(s)$ 与 $G(z)$ 的表达式比较,可知

$$s = \frac{2}{T} \frac{1-z^{-1}}{1+z^{-1}} \tag{9-71}$$

由上式可得

$$z = \frac{1 + \dfrac{T}{2}s}{1 - \dfrac{T}{2}s} \tag{9-72}$$

设 $s = \sigma + j\omega$,代入上式,得

$$|z| = \frac{\left(1 + \dfrac{T}{2}\sigma\right) + j\left(\dfrac{\omega T}{2}\right)}{\left(1 - \dfrac{T}{2}\sigma\right) - j\left(\dfrac{\omega T}{2}\right)}$$

对上式两边取模的平方,得

$$|z|^2 = \frac{\left(1 + \dfrac{T}{2}\sigma\right)^2 + \left(\dfrac{\omega T}{2}\right)^2}{\left(1 - \dfrac{T}{2}\sigma\right)^2 + \left(\dfrac{\omega T}{2}\right)^2} \tag{9-73}$$

分析式(9-73),可得如下映射关系,如图 9-45 所示。

(1) 当 $\sigma = 0$(S 平面虚轴)→$|z| = 1$(Z 平面单位圆上);

(2) 当 $\sigma < 0$(S 平面左半平面)→$|z| < 1$(Z 平面单位圆内);

(3) 当 $\sigma > 0$(S 平面左半平面)→$|z| > 1$(Z 平面单位圆外)。

若令 $z = u + jv$,从图 9-45 可得到,S 平面的左半平面映射到 Z 平面为单位圆,即 $u^2 + v^2 \leqslant 1$。因此,双线性变换把整个左半 S 平面映射到 Z 平面以圆点为圆心的单位圆内。

2. 正反差分法

模拟控制器若用微分方程的形式表示,其导数可用差分近似,常用的差分方法有两种:反向差分法和正向差分法。

1) 反向差分法

反向差分法是一种简单的转换方法,以增量近似代替微分,则一阶导数为

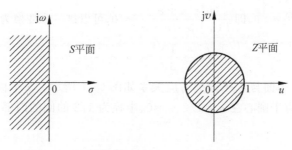

图 9-45 双线性转换 S 平面与 Z 平面的对应关系

$$\frac{\mathrm{d}y(t)}{\mathrm{d}t} \approx \frac{y(t) - y(t - T)}{T} \qquad (9\text{-}74)$$

反向差分转换也可用数值积分逼近连续积分得到,如图 9-46 所示。积分 $y(t) = \int_0^t x(\tau)\mathrm{d}\tau$ 的拉普拉斯变换为 $G(s) = \dfrac{Y(s)}{X(s)} = \dfrac{1}{s}$。

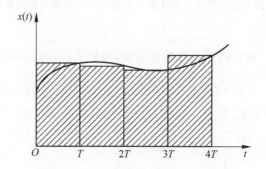

图 9-46 反向差分变化的近似面积积分

根据图 9-46 得到反向差分转换的近似面积积分为

$$y(KT) = T \sum_{i=1}^{K} x(iT) \qquad (9\text{-}75)$$

$$y[(K-1)T] = T \sum_{i=1}^{K-1} x(iT) \qquad (9\text{-}76)$$

两式相减得

$$y(KT) - y[(K-1)T] = Tx(KT) \qquad (9\text{-}77)$$

对等式两端进行 z 变换,得

$$\frac{Y(z)}{x(z)} = \frac{T}{1 - z^{-1}} = \frac{Tz}{z - 1} \qquad (9\text{-}78)$$

比较 $G(s)$ 与 $G(z)$ 的表达式,可知

$$s = \frac{z - 1}{Tz} \qquad (9\text{-}79)$$

设 $z = u + \mathrm{j}v, s = \sigma + \mathrm{j}\omega$,则上式可写为

$$\sigma + \mathrm{j}\omega = \frac{(u + \mathrm{j}v) - 1}{T(u + \mathrm{j}v)} = \frac{[(u + \mathrm{j}v) - 1](u - \mathrm{j}v)}{T(u + \mathrm{j}v)(u - \mathrm{j}v)} = \frac{(u^2 - u + v^2) + v\mathrm{j}}{T(u + \mathrm{j}v)(u - \mathrm{j}v)} \qquad (9\text{-}80)$$

S 域稳定的条件是 $\sigma<0$，即 $\dfrac{(u^2-u+v^2)}{T(u+\mathrm{j}v)(u-\mathrm{j}v)}<0$，可以进一步变换为 $u^2-u+v^2<0$，即

$$\left(u-\frac{1}{2}\right)^2+v^2<\frac{1}{4} \tag{9-81}$$

反向差分转换 S 平面与 Z 平面的对应关系如图 9-47 所示。S 平面的左半部经反向差分转换到 Z 平面，对应于圆心在 $u=1/2$、$v=0$、半径为 $1/2$ 的圆的内部，可见若 $D(s)$ 稳定，则 $D(z)$ 也一定稳定。

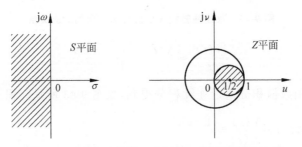

图 9-47　反向差分转换 S 平面与 Z 平面的对应关系

2）正向差分法

在正向差分中，用一阶正向差分置换导数项，可用下式近似表示为

$$\frac{\mathrm{d}y(t)}{\mathrm{d}t}\approx\frac{y(t+T)-y(t)}{T} \tag{9-82}$$

按照近似面积积分关系，如图 9-48 所示，可以导出

$$y(KT)-y[(K-1)T]=Tx[(K-1)T] \tag{9-83}$$

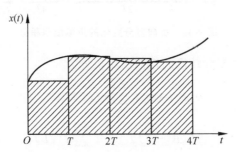

图 9-48　正向差分变化的近似面积积分

对等式两端进行 z 变换得

$$\frac{Y(z)}{X(z)}=\frac{Tz^{-1}}{1-z^{-1}}=\frac{T}{z-1} \tag{9-84}$$

于是

$$s=\frac{z-1}{T} \tag{9-85}$$

设 $s=\sigma+\mathrm{j}\omega$，则 $|z|^2=(1+T\sigma)^2+\omega^2T^2$，对于稳定系统有 $|z|^2\leqslant1$，故

$$(1+T\sigma)^2+\omega^2T^2\leqslant1$$

即

$$\left(\sigma + \frac{1}{T}\right)^2 + \omega^2 \leqslant \left(\frac{1}{T}\right)^2 \tag{9-86}$$

上式所表示的在 S 平面的图形如图 9-49 所示,正好是以 $(-1/T,0)$ 为圆心,以 $1/T$ 为半径的圆。因此,S 平面与 Z 平面的映射关系如图 9-49 所示,即 S 平面左半平面以 $(-1/T,0)$ 为圆心,以 $1/T$ 为半径的圆内映射到 Z 平面以圆点为圆心的单位圆内。映射表明,左半 S 平面的极点可能映射到 Z 平面单位圆以外。可见,正向差分法中稳定的 $D(s)$ 不能保证变换成稳定的 $D(z)$。因此,一般在实际中不采用正向差分法作为离散化方法。

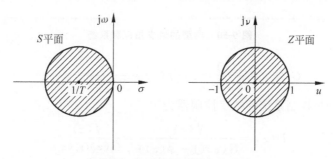

图 9-49 S 域到 Z 域的映射关系

9.3.2 数字控制器的直接设计法

立足于连续系统控制器的设计,然后用微型计算机进行数字模拟,这种方法称为连续化设计方法。但是,连续化设计要求较小的采样周期,只能实现较简单的控制算法。由于控制任务的需要,当所选择的采样周期比较大或对控制质量要求比较高时,就要从被控对象的特性出发,直接根据采样系统理论来设计数字控制器,这种方法称为直接数字(离散化)设计。直接数字设计比间接设计具有更一般的意义,它完全是根据采样系统的特点进行分析与综合,并导出相应的控制规律的。利用微机软件的灵活性,就可以实现从简单到复杂的各种控制规律。

1. 最少拍系统的设计

在随动系统中,当偏差存在时,总是希望系统能尽快地消除偏差,使输出跟随输入变化,或者在有限的几个采样周期内即可达到平衡。最少拍实际上是时间最优控制,因此,最少拍控制系统的设计任务就是设计一个数字控制器,使系统达到稳定时所需要的采样周期最少,而且系统在采样点的输出值能准确地跟踪输入信号,不存在静差,而对任何两个采样周期中间的过程则不作要求。在数字控制过程中,一个采样周期称为一拍。

典型的最少拍控制系统如图 9-50 所示。

在图 9-50 中,$D(z)$ 为数字控制器,$\dfrac{1-e^{-sT}}{s}$ 为零阶保持器,$G(s)$ 为包含保持器的广义被控对象传递函数,$\Phi(z)$ 为闭环 z 传递函数,$C(z)$ 为输出信号的 z 传递函数,$R(z)$ 为输入信号的 z 传递函数。闭环 z 的传递函数为

$$\phi(z) = \frac{D(z)G(z)}{1 + D(z)G(z)} \tag{9-87}$$

最少拍控制系统误差信号的 z 传递函数为

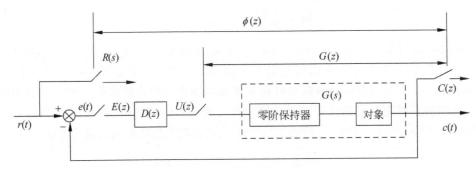

图 9-50 典型的最少拍控制系统

$$G_e(z) = \frac{E(z)}{R(z)} = 1 - \phi(z) = \frac{1}{1 + D(z)G(z)} \tag{9-88}$$

由此可得最少拍控制系统的数字控制器为

$$D(z) = \frac{\phi(z)}{G(z)(1 - \phi(z))} = \frac{\phi(z)}{G(z)G_e(z)} \tag{9-89}$$

系统在典型输入作用下,经过最少采样周期,使得输出稳态误差为零,达到完全跟踪,系统误差 z 变换为

$$E(z) = G_e(z)R(z) \tag{9-90}$$

将 $E(z)$ 用 z 变换的定义表示为

$$E(z) = \sum_{k=0}^{\infty} e(kT)z^{-k} \tag{9-91}$$

最少拍控制器设计要求系统在有限拍内,$e(k) = 0$。

对于单位阶跃输入 z 变换为

$$R(z) = \frac{z}{z-1} \tag{9-92}$$

对于单位斜坡输入 z 变换为

$$R(z) = \frac{Tz^{-1}}{(1 - z^{-1})^2} \tag{9-93}$$

对于单位加速度输入 z 变换为

$$R(z) = \frac{T^2 z^{-1}(1 + z^{-1})}{2(1 - z^{-1})^3} \tag{9-94}$$

归纳总结出输入 z 变换的一般表达式为

$$R(z) = \frac{A(z)}{(1 - z^{-1})^m} \tag{9-95}$$

式中,$A(z)$ 为不含 $(1 - z^{-1})$ 的关于 z^{-1} 的多项式。

对于单位阶跃输入信号 $(m=1)$,$A(z) = 1$。

对于单位斜坡输入信号 $(m=2)$,$A(z) = Tz^{-1}$。

对于单位加速度输入信号 $(m=3)$,$A(z) = \dfrac{T^2 z^{-1}(1 + z^{-1})}{2}$。

误差可以表示为

$$E(z) = G_e(z)R(z) = \frac{G_e(z)A(z)}{(1-z^{-1})^m} \tag{9-96}$$

当要求系统的稳态误差为零时,利用 z 变换的终值定理有

$$\lim_{k \to \infty} e(k) = \lim_{z \to 1}(1-z^{-1})E(z) = \lim_{z \to 1}(1-z^{-1})\frac{G_e(z)A(z)}{(1-z^{-1})^m} = 0 \tag{9-97}$$

式中,$A(z)$ 为不含 $(1-z^{-1})$ 的 z^{-1} 的多项式,因此 $G_e(z)$ 必须含有 $(1-z^{-1})^m$,则

$$G_e(z) = (1-z^{-1})^m f(z) \tag{9-98}$$

式中,$f(z)$ 可以表示为

$$f(z) = 1 + \phi_1 z^{-1} + \phi_2 z^{-2} + \cdots + \phi_n z^{-n} \tag{9-99}$$

为了简单化,取 $f(z)=1$,对于单位阶跃输入 $(m=1)$,误差 z 传递函数为

$$E(z) = G_e(z)R(z) = (1-z^{-1})\frac{z}{z-1} = 1 \tag{9-100}$$

通过与 $E(z)$ 的 z 变换定义式比较,可知

$$E(z) = 1 + 0 \cdot z^{-1} + 0 \cdot z^{-2} + \cdots + 0 \cdot z^{-n} = 1 \tag{9-101}$$

则单位阶跃输入信号作用下动态误差序列为 $e(0)=1, e(1)=e(2)=\cdots=0$。说明在单位阶跃输入条件下,经过调节时间 $T(1$ 拍$)$ 后,系统偏差就可以消除,系统便可完全跟踪单位阶跃输入信号。

同样方法,可推导出单位速度输入信号 $(m=2)$ 作用下误差 z 传递函数和误差的 z 变换分别为

$$G_e(z) = (1-z^{-1})^2$$

$$E(z) = G_e(z)R(z) = (1-z^{-1})^2 \frac{Tz^{-1}}{(1-z^{-1})^2} = Tz^{-1}$$

则单位速度输入信号作用下动态误差序列为 $e(0)=0, e(1)=T, e(2)=e(3)=\cdots=0$。说明在单位速度输入条件下,经过调节时间 $2T(2$ 拍$)$ 后,系统偏差就可以消除,系统便可完全跟踪单位速度输入信号。

单位加速度输入信号 $(m=3)$ 作用下误差 z 传递函数和误差的 z 变换分别为

$$G_e(z) = (1-z^{-1})^3$$

$$E(z) = G_e(z)R(z) = (1-z^{-1})^3 \frac{T^2 z^{-1}(1+z^{-1})}{2(1-z^{-1})^3} = \frac{T^2}{2}z^{-1} + \frac{T^2}{2}z^{-2}$$

则单位加速度输入信号作用下动态误差序列为 $e(0)=0, e(1)=e(2)=T^2/2, e(3)=e(4)=\cdots=0$。说明在单位加速度输入条件下,经过调节时间 $3T(3$ 拍$)$ 后,系统偏差就可以消除,系统便可完全跟踪单位加速度输入信号。

如果已知 $G(z)$,并根据 $\phi(z)$,数字控制器 $D(z)$ 就可唯一确定,$\phi(z)$ 与 $D(z)$ 的选取要考虑以下因素:

1) $D(z)$ 的物理可实现性

数字控制器 $D(z)$ 在物理上能实现的条件是,控制器的输出信号只能与现在时刻和过去时刻的输入信号及输出信号有关,而不能与将来的输入信号有关。因为任何实际的物理系统,不可能在尚未加入信号之前就会有与输入信号有关的输出信号。按物理上可实现的要求,第 k 次采样时刻控制器的输出应为

$$u(k) = a_0 e(k) + a_1 e(k-1) + \cdots + b_1 u(k-1) + b_2 u(k-2) + \cdots$$

表示成脉冲传递函数为

$$D(z) = \frac{a_0 + a_1 z^{-1} + a_2 z^{-2} + \cdots}{1 - b_1 z^{-1} - b_2 z^{-2} - \cdots} = \frac{a_0 z^n + a_1 z^{n-1} + a_2 z^{n-2} + \cdots}{z^n - b_1 z^{n-1} - b_2 z^{n-2} - \cdots}$$

只要脉冲传递函数的分子 z 的次数低于或等于分母的次数,该控制器就是在物理上可实现的;否则,如果分子 z 的次数高于分母的次数,将会在 $u(k)$ 的表达式中出现 $k+1$、$k+2$ 等将来时刻的信号。由式(9-89)可知,要实现这一式与对象的传递函数 $G(z)$ 和闭环系统的传递函数 $\phi(z)$ 有关。

2) 稳定性

一个稳定系统的脉冲传递函数的特征方程的根必须全部都在单位圆中。如果 $G(z)$ 中包含单位圆上或单位圆外的零点或极点,则必须通过选择 $\phi(z)$ 或 $D(z)$,使它们能抵消 $G(z)$ 的不稳定的零点或极点。但是这不能简单地用 $D(z)$ 的极点(或零点)来抵消 $G(z)$ 的不稳定的零点(或极点),因为若要抵消 $G(z)$ 的不稳定零点,则 $D(z)$ 的分母中就必须含有相应的不稳定极点,这将导致 $D(z)$ 的不稳定,这是不允许的。若要求 $D(z)$ 抵消 $G(z)$ 的不稳定极点,则 $D(z)$ 的分子中就必须包含相应的不稳定零点。由于漂移等原因,系统特性 $G(z)$ 会发生小的变化,这将使系统不再稳定。

如果 $1-\phi(z)$ 中以零点的形式把 $G(z)$ 的单位圆上或单位圆外的极点包含在传递函数 $1-\phi(z)$ 内,则可以使 $D(z) = \dfrac{\phi(z)}{G(z)G_e(z)}$ 中不包含稳定的零点。同样,在 $\phi(z)$ 中以零点的形式把 $G(z)$ 的不稳定的零点包含在 $\phi(z)$ 中,则可以使 $D(z)$ 中不包含不稳定的极点。因此,就可以使 $D(z)$ 中既没有不稳定的零点,也没有不稳定的极点。

最少拍控制系统设计方法简便,控制器结构简单,便于计算机实现。但最少拍系统设计存在以下问题:

(1) 存在波纹。最少拍系统设计只在采样点上保证稳态误差为零,而在采样点之间输出响应可能波动,有时可能振荡发散,导致系统实际上是不稳定的。

(2) 系统适应性差。最少拍系统设计原则是根据典型输入信号设计的,对其他类型的输入信号不一定是最少拍的,可能会出现很大的超调和误差。

(3) 对参数变化的灵敏度大。最少拍系统设计是在结构和参数不变的条件下得到的。当系统结构参数变化时,系统性能可能会有较大的变化。

(4) 控制幅值受约束。按最少拍设计原则设计的系统是时间最少系统。从理论上说,采样时间越小,调整时间越短。但在实际上这是不可能的,因为一般系统多少都存在着饱和特性,控制器所能提供的能量是受约束的。因此,采用最少拍设计方法,应合理选择采样周期的大小。

2. 最少拍无波纹系统的设计

最少拍系统设计方法得到的控制器是有纹波数字控制器,其输出序列经过若干拍后不为零或常值,而是振荡收敛的,只保证了在最少的几个采样周期后系统的响应在采样点时稳态误差为零,而不能保证任意两个采样点之间的稳态误差为零,在非采样时刻的纹波现象不仅会造成非采样时刻有偏差,而且浪费执行机构的功率,增加机械磨损。采用最少拍无波纹系统设计方法得到的无纹波控制器可以消除这种现象。要使系统的输出无纹波,对阶跃输入必须满足：当 $t \geqslant NT$ 时，系统输出为常数。被控对象 $G(s)$ 有能力给出与系统输入 $r(t)$ 相同且平滑的输出 $c(t)$。

由式(9-89)可知，$G(z)$ 在单位圆内的零点成为 $D(z)$ 的极点，位于单位圆内的负实轴上或第二、第三象限内，控制器输出振荡衰减。因此，要实现最少拍无纹波系统，闭环 z 传递函数 $\phi(z)$ 需要包含被控对象 $G(z)$ 的所有零点。设计的控制器 $D(z)$ 中消除了引起纹波振荡的所有极点，采样点之间的纹波也就消除了。

无纹波最少拍的一般步骤为：

(1) 确定闭环脉冲传递函数 $\phi(z)$。把广义被控对象 $G(z)$ 的纯滞后因子 z^{-d} 作为 $\phi(z)$ 的纯滞后因子，并把 $G(z)$ 的所有零点作为 $\phi(z)$ 零点。

(2) 根据输入信号类型、广义被控对象 $G(z)$ 的不稳定极点、$\phi(z)$ 的阶次综合确定 $G_e(z)$。

(3) 确定数字控制器 $D(z)$。利用 $G_e(z) = 1 - \phi(z)$ 这一关系确定出 $\phi(z)$、$G_e(z)$ 的全部待定系数，由 $D(z) = \dfrac{\phi(z)}{G(z)(1 - \phi(z))} = \dfrac{\phi(z)}{G(z)G_e(z)}$ 确定数字控制器 $D(z)$。

例 9.11　某位置随动系统被控对象的开环传递函数为 $G(s) = \dfrac{190\,417}{s(s^2 + 126.5s + 100\,046)}$，采样周期 $T = 0.001s$，确定满足最少拍无波纹控制的控制器。

解　广义被控对象的脉冲传递函数为

$$
\begin{aligned}
G(z) &= Z\big[G_h(s)G(s)\big]_{T=0.001} \\
&= Z\left[\frac{1 - e^{-sT}}{s} \cdot \frac{190\,417}{s(s^2 + 126.5s + 100\,046)}\right]_{T=0.001} \\
&= 3.061 \times 10^{-5} \frac{z^{-1}(1 + 3.596z^{-1})(1 + 0.261z^{-1})}{(1 - z^{-1})(1 - 1.788z^{-1} + 0.881z^{-2})}
\end{aligned}
$$

选取阶跃输入作为典型输入信号，要满足无纹波设计，闭环 z 传递函数 $\phi(z)$ 应选为包含 z^{-1} 和 $G(z)$ 的全部零点，即

$$\phi(z) = az^{-1}(1 + 3.596z^{-1})(1 + 0.261z^{-1})$$

由于 $G_e(z)$ 由输入信号类型、广义被控对象 $G(z)$ 的不稳定极点、$\phi(z)$ 的阶次综合确定，$G_e(z)$ 可以写为

$$G_e(z) = (1 - z^{-1})(1 + bz^{-1} + cz^{-2})$$

式中，$(1 - z^{-1})$ 项由阶跃输入条件下 $G_e(z) = (1 - z^{-1})^m f(z)$ 确定，$1 + bz^{-1} + cz^{-2}$ 由 $G_e(z)$ 和 $G(z)$ 阶次相同确定。

由 $G_e(z) = 1 - \phi(z)$，得到 $a = 0.173, b = 0.827, c = 0.162$，则

$$G_e(z) = (1 - z^{-1})(1 + 0.872z^{-1} + 0.162z^{-2})$$

由 $D(z) = \dfrac{\phi(z)}{G(z)(1 - \phi(z))} = \dfrac{\phi(z)}{G(z)G_e(z)}$ 确定数字控制器 $D(z)$ 为

$$D(z) = 5.65 \times 10^3 \frac{1 - 1.788z^{-1} + 0.881z^{-2}}{1 + 0.827z^{-1} + 0.162z^{-2}}$$

由图 9-50 可知，控制器的输出 $U(z)$ 可以判断设计的 $D(z)$ 是否是最少拍无波纹数字控

制器系统，$U(z)$ 为

$$U(z) = D(z)G_e(z)R(z)$$

$$= 5.65 \times 10^3 \frac{1 - 1.788z^{-1} + 0.881z^{-2}}{1 + 0.827z^{-1} + 0.162z^{-2}} (1 - z^{-1})(1 + 0.827z^{-1} + 0.162z^{-2}) \frac{1}{1 - z^{-1}}$$

$$= 5.65 \times 10^3 (1 - 1.788z^{-1} + 0.881z^{-2})$$

由 z 变换的定义可知，$u(0) = 5.652 \times 10^3$，$u(T) = -1.0102 \times 10^4$，$u(2T) = 4.9776 \times 10^3$，$u(3T) = u(4T) = \cdots = 0$，输出相应曲线无波纹地跟随输入信号，调节时间为 $3T(0.003\text{s})$。说明所求控制器 $D(z)$ 是合理的，此时系统为三拍系统。

9.3.3 数字 PID 控制器设计

在工业过程控制中，应用最广泛的控制器是 PID 控制器，它是按偏差的比例（P）、积分（I）和微分（D）组合而成的控制规律。比例控制简单易行，积分的加入能消除静差，微分项则能提高快速性，改善系统的动态性能。合理地调节 PID 控制器的参数就能获得满意的系统性能，图 9-51 为模拟 PID 控制系统。计算机技术的发展，不仅能将模拟 PID 控制器改为数字实现，并且利用了计算机的强大功能，不断改进数字 PID 控制规律，朝着更加灵活和智能化的方向发展。

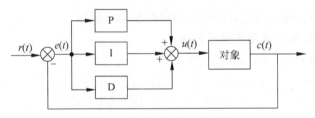

图 9-51 模拟 PID 控制系统

1. 数字 PID 基本算法

模拟 PID 算法为

$$u = K_p \left(e + \frac{1}{T_i} \int e \, dt + T_d \frac{de}{dt} \right) \tag{9-102}$$

式中，u——控制器的输出信号；

$\quad e$——控制器输入的偏差信号，它等于测量值与给定值之差；

$\quad K_p$——控制器的比例系数；

$\quad T_i$——控制器的积分时间常数；

$\quad T_d$——控制器的微分时间常数。

1）位置型 PID 算法

控制器的传递函数 $D(s)$ 为

$$D(s) = \frac{U(s)}{E(s)} = K_p \left(1 + \frac{1}{T_i s} + T_d s \right) \tag{9-103}$$

对式（9-102）进行离散化，假设采样周期为 T，式中各项近似表示为

$$\begin{cases} t \approx KT \quad K = 0,1,2,\cdots \\ e(t) \approx e(KT) \\ \int e(t)\mathrm{d}t \approx \sum_{i=0}^{K} e(iT)T = T\sum_{i=0}^{K} e(iT) \\ \dfrac{\mathrm{d}e(t)}{\mathrm{d}t} \approx \dfrac{e(KT) - e[(K-1)T]}{T} \end{cases} \tag{9-104}$$

为了方便描述,将 KT 用 K 表示,式(9-102)离散化为

$$u(K) = K_p\left\{e(K) + \frac{T}{T_i}\sum_{i=0}^{K} e(i) + \frac{T_d}{T}[e(K) - e(K-1)]\right\} \tag{9-105}$$

上式得到的 $u(K)$ 直接对应执行机构的位置,因此该算法称为位置型 PID 算法。

由 z 变换理论知, $Z[e(K-1)] = z^{-1}E(z)$, $Z\left[\sum_{i=0}^{K} e(i)\right] = \dfrac{E(z)}{1 - z^{-1}}$,则 $U(z)$ 的表达式为

$$U(z) = K_p E(z) + K_i\frac{E(z)}{1 - z^{-1}} + K_d[E(z) - z^{-1}E(z)] \tag{9-106}$$

式中, $K_i = K_p T/T_i$——积分系数;

$K_d = K_p T_d/T$——微分系数。

控制器的传递函数 $D(z)$ 为

$$D(z) = \frac{U(z)}{E(z)} = K_p + K_i\frac{1}{1 - z^{-1}} + K_d(1 - z^{-1}) \tag{9-107}$$

位置式算法有不安全因素,如果计算机出故障, $u(K)$ 的突变会造成执行机构位置的突变,容易造成安全隐患。下面介绍安全性较好的增量型 PID 算法。

2) 增量型 PID 算法

由位置式算法可写出前一时刻的输出量为

$$u(K-1) = K_p\left\{e(K-1) + \frac{T}{T_i}\sum_{i=0}^{K-1} e(i) + \frac{T_d}{T}[e(K-1) - e(K-2)]\right\} \tag{9-108}$$

$U(K)$ 减去 $U(K-1)$,得到第 K 个时刻的输出增量 $\Delta U(K)$ 为

$$\Delta U(K) = K_p\left\{e(K) - e(K-1) + \frac{T}{T_i}e(K) + \frac{T_d}{T}[e(K) - 2e(K-1) + e(K-2)]\right\}$$

$$\tag{9-109}$$

输出量 $U(K)$ 为

$$U(K) = U(K-1) + \Delta U(K)$$

$$= U(K-1) + K_p\left\{e(K) - e(K-1) + \frac{T}{T_i}e(K) + \frac{T_d}{T}[e(K) - 2e(K-1) + e(K-2)]\right\}$$

$$\tag{9-110}$$

对上式进行 z 变换,得

$$U(z) = z^{-1}U(z) + (K_p + K_i + K_d)E(z) - (K_p + 2K_d)z^{-1}E(z) + K_d z^{-2}E(z)$$

$$\tag{9-111}$$

控制器的传递函数 $D(z)$ 为

$$D(z) = \frac{U(z)}{E(z)} = \frac{(K_p + K_i + K_d) - (K_p + 2K_d)z^{-1} + K_d z^{-2}}{1 - z^{-1}} \tag{9-112}$$

增量算法与位置算法无根本差别,只不过在增量型 PID 算法中,把由计算机承担的累加功能在系统中其他部件进行,即计算机输出不直接对应执行机构位置,而是将控制增量传输给某些具有积分作用的硬件,如步进电动机等,再由硬件对应执行机构的位置。这样一旦计算机出现故障,就只影响控制增量,不会产生执行机构位置的突变,如图 9-52 所示。

图 9-52 增量型 PID 控制

3) 改进 PID 算法

(1) 积分分离 PID 算法。

PID 控制器中积分环节的作用是消除偏差。当系统输出接近参考输入值时,积分作用明显。当因各种原因使系统出现很大的偏差时,会造成积分积累,使系统产生很大的超调,甚至引起系统的不稳定。采用积分分离算法,当被控量由于开启等原因引起较大偏差时,暂时关闭积分作用。当被控量接近参考输入时,再启动积分环节,保持系统的精度。这种改进方法称为积分分离 PID 控制算法。

积分分离 PID 算法可以描述为

$$\begin{cases} u(K) = K_p \left\{ e(K) + \dfrac{T}{T_i} \displaystyle\sum_{i=0}^{K} e(i) + \dfrac{T_d}{T}[e(K) - e(K-1)] \right\} & |e(K)| \leqslant \varepsilon \\[3mm] u(K) = K_p \left\{ e(K) + \dfrac{T_d}{T}[e(K) - e(K-1)] \right\} & |e(K)| > \varepsilon \end{cases} \tag{9-113}$$

(2) 不完全微分 PID 算法。

对于常规的 PID 控制,在具有高频扰动的控制过程中,微分作用响应速度比较灵敏,容易引起控制过程振荡,降低调节品质。尤其是计算机对每个控制回路的输出时间是短暂的,而驱动执行器动作又需要一定时间,如果输出较大,那么在短暂时间内执行器达不到应有的相应开度,会使输出失真。为了克服这一缺点,同时又要使微分作用有效,可以在 PID 控制的输出端串联低通滤波器(一阶惯性环节),以达到抑制高频干扰的目的,这就组成不完全微分 PID 调节器,如图 9-53 所示。

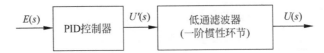

图 9-53 不完全微分 PID 控制

一般 PID 控制器的传递函数为

$$D(s) = K_p \left(1 + \frac{1}{T_i s} + T_d s \right) \tag{9-114}$$

串联低通滤波器(一阶惯性环节)后,PID 控制器的传递函数可变为

$$D(s) = \frac{U'(s)}{E(s)} \frac{U(s)}{U'(s)} \tag{9-115}$$

低通滤波器的传递函数为

$$\frac{U(s)}{U'(s)} = \frac{1}{1 + T_f s} \tag{9-116}$$

写成微分方程的形式为

$$T_f \frac{\mathrm{d}u}{\mathrm{d}t} + u = u' \tag{9-117}$$

写成差分方程为

$$T_f \frac{u(K) - u(K-1)}{T} \mid u(K) - u'(K) \tag{9-118}$$

$$u(K) = \frac{T_f}{T + T_f} u(K-1) + \left(1 - \frac{T_f}{T + T_f}\right) u'(K) \tag{9-119}$$

式中，$\dfrac{T_f}{T + T_f}$ 为控制量调节系数。

在实际工程应用中，也可以将低通滤波器串联到 PID 控制器的微分环节上，$U(s)$ 可写为

$$U(s) = \left(K_p + \frac{K_p}{T_i s} + K_p T_d \frac{s}{1 + T_f s}\right) E(s) \tag{9-120}$$

上式中，比例项和积分项与常规 PID 算法相同，微分项可以写为

$$U_D(s) = K_p T_d \frac{s}{1 + T_f s} E(s) \tag{9-121}$$

$$U_D(K) = \frac{K_p T_d}{T + T_f s}[e(K) - e(K-1)] + \frac{T_f}{T + T_f} u_D(K-1) \tag{9-122}$$

现以单位阶跃序列输入为例，分析说明在开始的几个采样周期内，不完全微分控制与常规微分控制的输出幅度的差异。

对于常规微分控制，微分环节的差分方程为

$$u(K) = \frac{T_d}{T}[e(K) - e(K-1)] \tag{9-123}$$

可知当 $K = 0$ 时，$u(0) = \dfrac{T_d}{T}$；当 $K = 1, 2, 3, \cdots$ 时，$u(1) = u(2) = \cdots = 0$。

对于在 PID 控制器内串联低通滤波器的不完全微分控制，由式(9-122)可知：$K = 0$ 时，$u(0) = T_d/(T + T_f)$；$K = 1$ 时，$u(1) = T_d T_f/(T + T_f)^2$；$K = 2$ 时，$u(2) = T_f^2 T_D/(T + T_f)^3$。

由于在低通滤波器的 T_f 远大于采样周期 T，因此在第 1 个采样周期中，不完全微分控制比普通微分控制器的输出幅度要小得多，控制信号比较均匀、平缓，可以在较长时间内起作用，从而改善控制性能。所以不完全微分数字 PID 具有良好的控制性能。

2. PID 调整参数的整定

数字 PID 参数的整定，除了比例系数 K_p，积分时间常数 T_i 和微分时间常数 T_d 外，还需要确定第 4 个参数——采样周期 T。由于生产过程一般有较大的时间常数，而在大多数情况下，采样周期比过程的时间常数小得多，所以数字调节器参数的整定可以仿照模拟 PID 调节器参数整定的各种方法。

1) 扩充临界比例系数法

扩充临界比例系数法是模拟 PID 控制器使用的临界比例系数法的扩充,其整定步骤如下:

(1) 选择足够小的采样周期 T_{min},一般应取对象的纯滞后时间的 1/10 以下。

(2) 采用上述的 T_{min} 去掉积分和微分控制作用,只保留比例控制,然后逐渐增大比例系数 K_p,直至系统出现等幅振荡,记下此时的临界比例系数 K_C 和临界振荡周期 T_C。

(3) 选择控制度。所谓控制度,就是以模拟调节器为基础,将直接数字控制(DDC)的效果与模拟调节器的控制效果相比较,控制效果的评价函数一般采用误差平方积分。

$$控制度 = \frac{\left(\int_0^\infty e^2 \, dt \right)_{DDC}}{\left(\int_0^\infty e^2 \, dt \right)_{模拟}}$$

通常当控制度为 1.05 时,就是指数字控制与模拟控制效果相当;控制度为 2.0 时,是指数字控制效果比模拟控制差,即数字控制的误差平方积分比模拟控制多两倍。

(4) 按表 9-2 计算采样周期 T 和 K_p、T_i、T_d。

表 9-2　扩充临界比例系数法 PID 参数计算公式

控制度	T/T_C	K_p/K_C	T_i/T_C	T_d/T_C
1.05	0.014	0.63	0.49	0.14
1.20	0.043	0.47	0.47	0.16
1.50	0.09	0.34	0.43	0.20
2.00	0.16	0.27	0.40	0.22

(5) 按计算所得参数投入在线运行,观察效果,如果性能不满意,可根据经验和对 PID 各控制项作用的理解,进一步调节参数,直到满意为止。

2) 扩充响应曲线法

扩充响应曲线法是将模拟调节器响应曲线法推广用来求数字 PID 调节器的参数。其步骤如下:

(1) 测出对象的动态响应曲线。具体方法是将系统开环,给被控对象加上阶跃输入,测得被控量的过渡过程,见图 9-54。

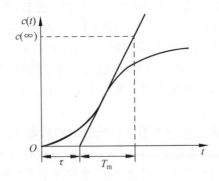

图 9-54　被控对象的响应曲线

（2）在对象响应曲线拐点处作切线。求出等效纯滞后时间 τ 和等效时间常数 T_m，并算出它们的比值 T_m/τ。

（3）选择控制度。

（4）查表 9-3 求得采样周期 T 和 K_p、T_i、T_d。

表 9-3　扩充响应曲线法 PID 参数计算公式

控制度	T/τ	$\dfrac{K_p}{T_m/\tau}$	T_i/τ	T_d/τ
1.05	0.05	1.15	2.00	0.45
1.20	0.16	1.00	1.90	0.55
1.50	0.34	0.85	1.62	0.65
2.00	0.60	0.60	1.50	0.82

（5）投入运行，观测控制效果，适当修正参数。

需要注意的是，以上方法仅适用于被控对象是一阶滞后惯性环节。

第10章

随动系统非线性分析

在实际随动系统中不可避免地存在着非线性因素。当系统的非线性指标满足误差要求时，可以近似认为是线性系统。依据线性系统原理设计出来的随动系统，如果一个或多个元件存在非线性因素且不可忽略，例如控制系统的功率放大器饱和非线性特性对系统的影响、传感器的存在所造成控制信号的输出死区非线性、执行电动机与被控对象之间的传动间隙所造成的非线性、继电器的非线性、随动系统的摩擦所带来的非线性以及各种干扰等，非线性指标一旦超过一定范围，往往会导致整个系统的不稳定，此时需要考虑随动系统的非线性特性问题。这时，随动系统参数的选择，就成为一个复杂的问题，要考虑诸多因素。虽然对于非线性控制系统可以通过计算机模拟仿真、实验等手段测试其各种性能指标，但很多时候受到客观条件限制而难以实现，这为实现高精度的随动系统增加了设计和制造成本。

本章详细分析引发随动系统非线性的各种因素、非线性随动系统的稳定特性、非线性给随动系统带来的所特有的自激振荡、对典型输入信号的响应特征以及对整个系统性能的影响。此外，对非线性的分析还从机械方面、控制参数的设计、电路和干扰等方面进行研究和探讨；同时应用非线性理论的一些结论来研究随动系统的非线性特性产生的原因和对系统的影响，以及如何消除非线性对系统性能的危害，并给出解决随动系统的非线性稳定、对元器件非线性的减小等相应解决方法。

10.1 非线性随动系统的概述

前面章节详细讨论了线性随动系统的原理和设计问题，但实际上，不存在完全线性的随动系统。因为组成随动系统的元件静态特性都存在着不同程度的非线性。

随动系统中用于测量角位置的旋转变压器、自整角机和光电码盘均具有死区特性，它们的编码读数也存在着一定的滞后，在测量角度和角速度时，总有一个不灵敏区，如图10-1(a)所示。放大元件具有饱和特性，比如晶体放大器中的晶体管或磁放大器中的铁心都有一定的线性工作范围，超过了这个范围，放大器的特性就出现了饱和现象，如图10-1(b)所示。执行元件一般兼有死区和饱和特性，执行电动机轴上存在着摩擦力矩和负载力矩，因此只有当输入电压达到一定数值时,电动机才会转动,即存在不灵敏区;同时,当输入电压超过一定数值时,电动机的转速会出现饱和,如图10-1(c)所示。各种传动机构都存有间隙,例如齿轮传动和杆系传动,由于加工精度和装配上的限制,在传动过程中存在着间隙特性,如图10-1(d)所示。

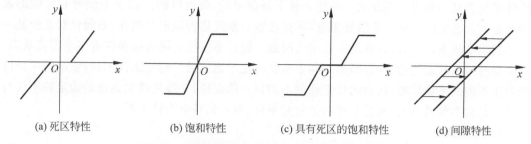

(a) 死区特性　　　　(b) 饱和特性　　　　(c) 具有死区的饱和特性　　　　(d) 间隙特性

图 10-1　数字随动系统中的几种典型非线性特性

综上所述,非线性特性在实际随动系统中是普遍存在的。因此可以定义非线性随动系统为具有一个或一个以上非线性静态特性元件的随动系统。所以严格说,工业应用中的随动系统都是非线性系统。

将随动系统的非线性特性线性化,线性化后的系统可视为线性系统,可用线性理论进行分析研究。这对解决大多数随动系统的分析和设计问题是行之有效的。但是,对于非线性程度比较严重、输入信号变化范围较大的系统,某些元件将明显地工作在非线性范围,这样的系统就是非线性系统,其输出会出现许多用线性理论无法解释的怪异现象,必须用非线性理论进行研究,才能得出较为正确的结论。

随着生产和科学技术的发展,新的控制问题日益增多,对随动系统的质量和精度提出越来越高的要求,迫切要求用更精确的方法来描述和研究真实的随动系统。这样,线性的数学模型就日益显得不能满足要求了,必须针对非线性系统,建立相应的数学模型,并用非线性理论进行研究,才能解决高质量随动系统的控制问题。

在实际的随动系统中,除了存在着不可避免的非线性因素以外,有时为了改善随动系统的性能或简化系统的结构,还必须考虑非线性控制器的设计,人为地采用非线性部件或更复杂的非线性控制器。最简单、最常用的非线性部件是继电器。例如,采用继电器控制执行电动机,使电动机始终工作在最大电压下,充分发挥其调节能力,可以获得时间最优控制系统;利用变增益控制器,在某些控制系统中,可大大改善随动系统的性能。以上说明非线性系统有很多优点,而分析和设计非线性随动系统,必须应用非线性理论。但应该说明的是,非线性特性千差万别,对于非线性系统目前尚无统一的和普遍的处理方法,线性系统的分析和设计方法在非线性系统研究中仍将发挥重要作用。

10.1.1　非线性系统的特性

对于线性系统,描述线性系统运动状态的数学模型是线性微分方程,其重要特征是可以用叠加原理的;对于非线性系统,描述非线性系统运动状态的数学模型是非线性微分方程,不能应用叠加原理。两类系统的这种区别,导致它们的运动规律差别非常大,故能否应用叠加原理是两类系统的本质区别。因此非线性随动系统与线性随动系统有着本质的区别,非

线性随动系统有着与非线性系统的相同特征。现将非线性系统所具有的主要运动特点归纳如下:

1. 稳定性

线性系统的稳定性仅取决于系统的结构和参数,与外作用和初始条件无关。因而,只要线性系统在某一外力作用和某一初始条件下是稳定的,就可以断定这个系统所有可能的运动状态均是稳定的。对于非线性系统,不存在整个系统是否稳定的概念,必须针对系统某一具体的运动状态,才能讨论其是否稳定的问题。而且非线性系统可能存在着多个平衡状态,其中某些平衡状态是稳定的,而另一些平衡状态是不稳定的。初始条件不同,系统的运动可能趋于不同的平衡状态,运动的稳定性就不相同。所以说,非线性随动系统的稳定性不仅与系统的结构和参数有关,而且与运动的初始条件、输入信号有直接关系。

2. 时间响应

对于线性系统,阶跃输入信号的大小只影响响应的幅值,而不会改变响应曲线的形状。因此,线性随动系统的时间响应的形状与输入信号的大小及初始条件无关,如图 10-2 中的线性随动系统阶跃响应曲线。非线性系统的时间响应形状与输入信号的大小和初始条件有关,随着非线性,系统输入信号的大小不同,响应曲线的幅值和形状都会产生显著变化,从而使输出具有多种不同的形式。因此对于非线性随动系统,同时振荡是收敛的,但振荡频率和调节时间均不相同,还可能出现非周期形式,甚至出现发散的情况,这是由于非线性特性不遵守叠加原理造成的,如图 10-2 中的非线性随动系统阶跃响应曲线。

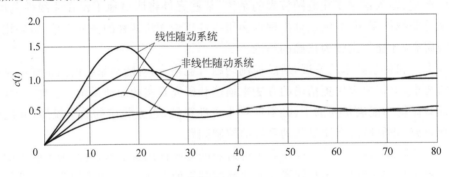

图 10-2　随动系统对阶跃信号的响应曲线

3. 自激振荡

线性定常系统只有在临界稳定的情况下,才能产生周期运动,而这一周期运动实际上是观察不到的。因为一旦系统参数发生微小变化,这一临界状态就被破坏;即使维持了临界状态,系统中的周期运动仍然不能维持。例如控制参数调节不适当导致系统成为无阻尼系统 $\ddot{y}+\omega_n=0$,自由运动的解 $y(t)=A\sin(\omega_n t+\varphi)$,其振幅 A 和相角 φ 都依赖于初始条件,一旦系统受到扰动,振幅 A 和相角 φ 的数值都要发生变化,原来的周期运动便不能维持,所以说线性系统中的周期运动不具有稳定性。

非线性系统在没有外界周期变化信号的作用下,系统中就能产生具有固定振幅和稳定频率的周期运动,被称为自激振荡,简称自振,其振幅和频率由系统本身的特性决定。自振具有一定的稳定性,当受到某种扰动之后,只要扰动的振幅在一定范围之内,这种振荡状态仍能恢复。在多数情况下,不希望系统有自振产生,因为长时间大幅度的振荡会造成机械磨损,能量消耗,并带来控制误差。但是有时又故意引入高频小幅度的颤振来克服间隙、摩擦等非线性因素给系统带来的不利影响。因此必须对自振产生的条件、自振振幅和频率的确定,以及自振的抑制等问题进行研究。所以说自振是非线性随动系统一个十分重要的特征,也是研究非线性随动系统的一个重要内容。

4. 输出响应的畸变现象

线性系统在正弦信号作用下的稳态输出是与输入同频率的正弦信号;非线性系统在正弦信号作用下的稳态输出不是正弦信号,而是包含除了同频率的正弦信号分量(基频分量)外还包含有倍频和分频等各种谐波分量,使输出波形发生非线性畸变,如图 10-3 所示。此外,在非线性系统中还会出现一些更加奇异的现象,在此限于篇幅不再赘述。

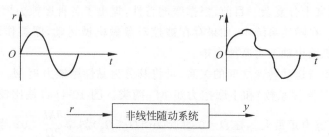

图 10-3　非线性随动系统的畸变现象

10.1.2　非线性系统常用工程方法

对于非线性系统,建立数学模型要比线性系统困难得多,至于解出非线性微分方程,用其解来分析非线性随动系统的性能,就更加困难。这是因为除了极特殊的情况以外,多数非线性微分方程无法直接求得解析解。到目前为止,还没有一种成熟的通用方法可用来分析和设计各种不同的非线性系统。一般主要采用工程上的近似方法研究非线性随动系统问题,常用的工程近似方法有如下几种。

1. 相平面法

相平面法是求解一阶和二阶常微分方程的图解法,通过在相平面上绘制相轨迹,可以求出微分方程在任何初始条件下解的运动形式。它是时域分析法在非线性系统中的推广应用,但仅仅适用于一阶和二阶系统。

2. 描述函数法

描述函数法是一种基于频域分析法和非线性特性谐波线性化图解分析方法。该方法针对满足结构要求的一类非线性系统,通过谐波线性化将非线性特性近似表示为复变增益环节,然后推广应用频率法分析非线性系统的稳定性和自激振荡。它是线性理论中的频率法在非线性随动系统中的推广应用,这种方法不受系统阶次的限制,是目前用得最多的一种分析设计方法。对于非线性随动系统,即是将元件的非线性特性线性化,然后用频率法的一些结论来研究非线性随动系统问题。

3. 计算机求解法

用计算机直接求解非线性微分方程,对于分析和设计复杂的非线性随动系统,是目前唯一行之有效的方法。随着计算机智能算法的广泛应用,这种方法定会有更大的发展。

应当指出,这些方法主要用于解决非线性系统的"分析"问题,而且是以稳定性问题为中心展开研究的。对于非线性系统的"综合"方法,其研究成果远不如稳定性问题的成果,可以说到目前为止还没有一种实用的综合方法,可以用来设计任意的非线性系统。因此对于非线性随动系统的分析和设计也不例外,一般也是根据具体的系统利用以上方法进行分析,并按系统的具体要求和特性,运用线性理论和各种非线性方法以及仿真实验,互相补充,从而设计出较好的非线性随动系统。

10.2　随动系统的干摩擦非线性分析

摩擦在随动系统中是最常见的一类非线性现象,其在动力学角度具有高度的复杂性和不确定性,分析起来十分复杂。目前,根据摩擦特性,提出了各种摩擦力模型,但工程应用上常采取简化办法。在随动系统中,如果存在被控对象做机械运动,摩擦作用是必然存在的,反映到执行电动机输出轴上为摩擦力矩。

根据摩擦力矩与运动转速之间的关系,可将其分为黏性摩擦力矩 $M_b = b\Omega$(其中 Ω 为运动角速度,b 为黏性摩擦系数)和干摩擦力矩 M_c 两类。图 10-4(a)是比较接近实际的干摩擦力矩特性,静摩擦力矩最大。在 $\Omega = 0$ 附近($0 < \Omega < \Omega_a$)斜率 $\dfrac{\partial M}{\partial \Omega} < 0$;当 $\Omega_a < \Omega < \Omega_c$ 时,$\dfrac{\partial M}{\partial \Omega} > 0$;当 $\Omega > \Omega_c$ 时,$\dfrac{\partial M}{\partial \Omega} \approx 0$。如果用 b 表示斜率,则它随 Ω 值的变化而变化。如图 10-4(b)所示特性是工程应用计算常用的一种近似,即可用下式

$$M = M_c \mathrm{sign}\Omega \tag{10-1}$$

其中符号函数

$$\mathrm{sign}\Omega = \begin{cases} 1, & \Omega > 0 \\ -1, & \Omega < 0 \end{cases}$$

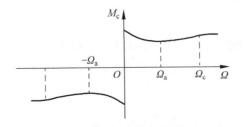

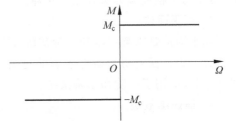

(a) 实际的干摩擦力矩的近似表示　　　　　　　　(b) 工程上干摩擦力矩的近似表示

图 10-4　干摩擦力矩特性的近似表示

正因为干摩擦具有非线性的本质特征,给随动系统工作品质带来不可忽视的影响,对位置随动系统而言,当系统处于协调位置附近时,由于误差信号 e 很小,经放大后执行电动机所产生的力矩小于静摩擦力矩 M_c 时,电动机就不能带动负载转动,则系统保持有静误差。显然,M_c 越大将使系统的静差越大,下面深入分析干摩擦对随动系统性能的影响。

10.2.1　干摩擦造成系统低速不平滑

随动系统运动时,执行电动机轴上承受的负载力矩通常包含干摩擦力矩 M_c 和惯性转

矩 M_j。图 10-5 以直流他励电动机电枢电压控制为例，控制电压 U_a、电枢电流 I、电枢内阻 R_d、反电势系数 $K_e[V \cdot s]$、力矩系数 $K_m[N \cdot m/A]$、电动机电磁力矩 $M[N \cdot m]$、电动机及负载折算到电动机轴上的转动惯量 $J[kg \cdot m^2]$、电动机轴承受的干摩擦力矩 M_c、电动机输出角速度 Ω，忽略电动机电枢电感时，根据基尔霍夫定律和牛顿运动定律不难写出以下方程(拉普拉斯变换后的形式)

$$U_a(s) = I(s)R_d + K_e\Omega(s) \tag{10-2}$$

$$M(s) = K_m I(s) \tag{10-3}$$

$$M(s) = Js\Omega(s) + M_c(s) \tag{10-4}$$

如果将干摩擦力矩的特性进行线性化，则可写成 $M_c(s) = b\Omega(s)$，因而式(10-4)可写成

$$M(s) = Js\Omega(s) + b\Omega(s) \tag{10-5}$$

根据式(10-2)、式(10-3)和式(10-5)，不难画出他励直流电动机电枢电压控制的结构图如图 10-6 所示。

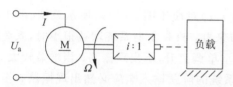

图 10-5 直流他励电动机电枢电压控制示意图

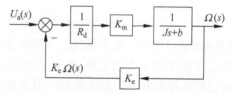

图 10-6 直流他励电动机控制结构图

由此不难推导出它的传递函数为

$$\frac{\Omega(s)}{U_a(s)} = \frac{K_m/R_d}{Js + K_eK_m/R_d + b} = \frac{K_d}{T_m s + 1} \tag{10-6}$$

式中

$$K_d = \frac{K_m}{K_eK_m + R_d}, \quad T_m = \frac{JR_d}{K_eK_m + R_d b} = \frac{J}{K_eK_m/R_d + b}$$

显然，这是一个惯性环节，T_m 称为机电时间常数，其中 $\dfrac{R_d}{K_eK_m}$ 是该电动机机械特性的斜率为常值，而 b 是 M_c 进行线性化处理得到的速度阻尼系数。从图 10-4(a)可以看出，当 $0 < \Omega < \Omega_a$ 时，$b < 0$。如果此时 $|b| > K_eK_m/R_d$，即 $K_eK_m/R_d + b < 0$ 时，则式(10-6)表示一个不稳定的惯性环节，因而该电动机工作在 $\Omega < \Omega_a$ 的低速运行时是不稳定的。但随着角速度增高，当 $K_eK_m/R_d + b > 0$ 时，式(10-6)又成为稳定的。这就是随动系统低速运行时，会出现不平滑的跳动现象，也称为低速爬行现象。如果这种现象出现在雷达、天文望远镜、火炮和导弹发射架等随动系统上，往往导致随动系统不能跟踪目标，甚至丢失目标。

从随动系统的动态过程来分析：要使位置随动系统具有较高精度和较好的动态品质时，其开环对数幅频特性应如图 10-7(a)、(b)所示，分别代表Ⅰ型系统和Ⅱ型系统(均属最小相位系统)，对应的系统开环传递函数分别为

$$G_1(s) = \frac{K(1 + T_2 s)}{s(1 + T_1 s)(1 + T_3 s)} \tag{10-7}$$

$$G_2(s) = \frac{K(1 + T_2 s)}{s^2(1 + T_3 s)} \tag{10-8}$$

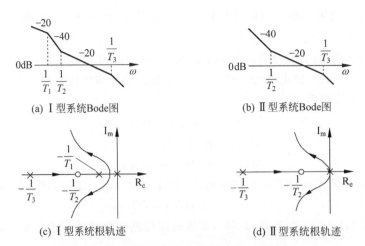

(a) I型系统Bode图　　　　(b) II型系统Bode图

(c) I型系统根轨迹　　　　(d) II型系统根轨迹

图 10-7　系统开环对数幅频特性和对应的根轨迹

根据以上关系不难画出它们的根轨迹,图 10-7(c)对应于图 10-7(a)所示系统,图 10-7(d)对应于图 10-7(b)所示系统。从根轨迹的分布来看:只有 I 型系统增益很小时,系统闭环特征方程才是 3 个负实根,其系统的阶跃响应呈单调上升,不出现振荡;当增益较大时,闭环特征方程只有一个负实根和一对共轭复根,系统的阶跃输入响应必然出现振荡。至于 II 型系统,始终有一对共轭复根,系统的阶跃输入响应总是振荡的。

当随动系统作等速跟踪(即输入为斜坡信号)时,系统的动态响应是系统的零输入响应加上系统的零状态响应。II 型系统和增益较大的 I 型系统,其动态响应均会出现振荡,如图 10-8 所示。图 10-8(a)表示快速跟踪时系统输出经过有限次振荡便进入稳态-等速跟踪;图 10-8(b)表示低速跟踪时的情形,由于存在振荡性和干摩擦力矩,因此产生了"跳动"不平滑现象,系统始终不能进入稳态。

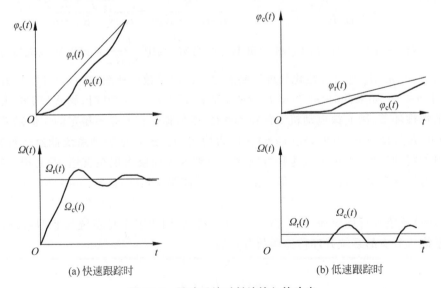

(a) 快速跟踪时　　　　(b) 低速跟踪时

图 10-8　随动系统对斜坡输入的响应

10.2.2　减小低速跳动的措施

通过以上分析可知：随动系统低速跟踪时出现"跳动"现象的原因是多方面的，其中主要的原因是运动部分存在干摩擦。下面介绍一些有效的技术措施。

（1）在设计系统机械传动部分时，要合理地选用传动形式、材料、摩擦表面的光洁度以及润滑条件等，使干摩擦尽量小，使系统有较低的平滑跟踪速度。

（2）执行电动机的机械特性要硬，例如直流电动机的 K_eK_m/R_d 要大，使之不出现 $b+K_eK_m/R_d<0$ 的情形。在随动系统中常采用速度负反馈来增加机械特性的硬度，有利于扩大平滑调速的范围。

（3）在相同的跟踪速度条件下，增大系统运动部分的转动惯量 J，有利于平滑因干摩擦引起的速度波动，即改善低速跟踪的平滑性；但增加转动惯量对系统的快速响应不利，当系统做大失调角转动时，由于转动惯量大，会出现过大的超调和振荡。

如果改用加速度负反馈，也相当于增加了转动惯量，能改善系统低速跟踪时的平滑性，系统做大失调角转动时，不会像增加转动惯量 J 那样出现过大的超调和振荡，但对系统的快速响应仍有影响。

（4）从系统的特性看：尽量增加开环对数幅频特性中频段（与 0dB 线相交部分）斜率为 -20dB/dec 线段的长度，以降低系统阶跃输入响应的振荡性，也能增加系统低速平滑跟踪的范围。

（5）系统执行元件采用力矩电动机，其调速范围一般可达 $\Omega_{\max}/\Omega_{\min}$ 为 $10^4\sim10^5$。伺服电动机调速范围大，主要体现为低速性能好，若有可能让电动机轴与负载轴直接相连，则可省掉机械减速装置，从而减少整个运动部分的干摩擦，有利于改善系统的低速跟踪的平滑性。

（6）采用 PWM 控制方式，设定系统工作在双极性脉冲调宽方式，执行电动机在受控信号 u_1 作用的同时，还受一个交流信号 $N(\rho,t)$ 作用，产生一个交变力矩，使执行电动机轴产生微颤，用于克服静摩擦，使电动机承受的摩擦均为动摩擦。这种高频振动使干摩擦的非线性得到线性化，成为改善系统低速平滑性的一个十分有效的措施。

假设 PWM 调制级输入信号为 u_1，三角波电压为 $u_p(t)$，峰值为 U_p，频率为 f_s（通常几百赫兹到 4000Hz），加到执行电动机两端的脉冲电压幅值为 U_s，它们之间的关系如图 10-9 所示，当 $u_1=U_p$ 时，加到电动机电枢两端的电压恒定为 U_s，故 PWM 驱动装置的放大系数是 U_s/U_p，执行电动机电枢两端电压

$$u_a=\frac{U_s}{U_p}u_1+N(\rho,t) \tag{10-9}$$

其中，直流分量 $\dfrac{U_s}{U_p}u_1=pU_s$ 正比于 u_1，它决定电动机输出转速的高低及转向；$N(\rho,t)$ 是呈矩形波的交流分量，使电动机轴产生同频率的微颤，下面详细讨论它的作用。

设 $u_1=0$，电枢电压只含矩形波电压 $N(\rho,t)$，如图 10-10 中所示，由于脉冲频率 f_s 有几百甚至几千赫兹，因而电动机电枢的感抗远大于它的内阻，可将它近似称纯感性负载，设电感为 L，因而电枢电流为

$$I(t)=\frac{1}{L}\int_0^t N(\rho,t)\mathrm{d}t \tag{10-10}$$

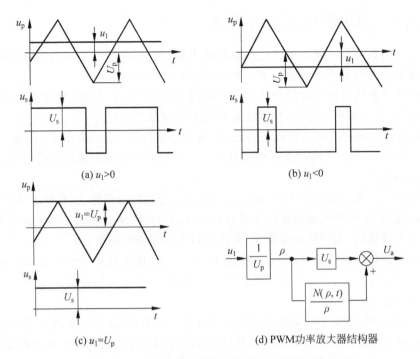

图 10-9 PWM 驱动装置的输入与输出之间的对应关系

$I(t)$ 近似呈三角波,如图 10-10 所示,在 $t=T/4$($T=1/f_s$ 表示周期)时,电流达到峰值 $I_m/2$。

$$\frac{I_m}{2}=\frac{1}{L}\int_0^{\frac{T}{4}}U_s\mathrm{d}t=\frac{U_sT}{4L}$$

故

$$I_m=\frac{U_sT}{2L}=\frac{U_s}{2Lf_s} \tag{10-11}$$

电动机电磁转矩 $M(t)=K_mI(t)$(其中 K_m 为电动机转矩系数)亦呈三角形(见图 10-10),在 $0\leqslant t\leqslant T/4$ 范围内,力矩随时间 t 成直线关系,即

$$M(t)=\frac{2K_mI_m}{T}t \tag{10-12}$$

当执行电动机承受的惯性负载力矩 $J\dfrac{\mathrm{d}\Omega_o(t)}{\mathrm{d}t}$($J$ 为转动惯量,$\Omega_o(t)$ 表示电动机角速度)远大于干摩擦力矩 M_c 时,则电动机输出角速度 $\Omega_o(t)$ 就是 $M(t)$ 的积分,因此它的相位滞后 $M(t)$ 均为 $90°$。在 $0\leqslant t\leqslant T/4$ 范围内,可用下式表达 $\Omega_o(t)$ 的值为

$$\Omega_o(t)=\frac{2K_mI_m}{JT}\left[\int_0^{\frac{T}{4}}t\,\mathrm{d}t-\int_0^t t\,\mathrm{d}t\right]=\frac{K_mI_mT}{16J}-\frac{K_mI_mt^2}{JT} \tag{10-13}$$

按不同区段积分,可获得如图 10-10 所示波形,每段都是时间的二次曲线。

电动机轴的转角 $\varphi_o(t)=\displaystyle\int_0^t\Omega_o(t)\mathrm{d}t$,因而 $\varphi_o(t)$ 的相位又滞后 $\Omega_o(t)90°$,波形如图 10-10 所示,在 $t=T/4$ 时,转角达到其幅值 φ_m

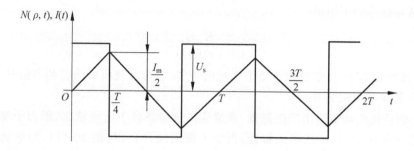

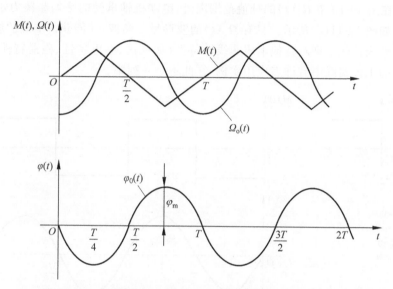

图 10-10 电动机电压、电流、力矩、角速度、转角关系示意图

$$\varphi_{\mathrm{m}} = \int_0^{\frac{T}{4}} \Omega_{\mathrm{o}}(t)\,\mathrm{d}t = \frac{K_{\mathrm{m}}U_{\mathrm{s}}}{4Lf_{\mathrm{s}}} \tag{10-14}$$

由图 10-10 所示的力矩波形可知,峰值力矩 M_{m} 出现在 $t = T/4$ 处,由式(10-12)和式(10-11)得

$$M_{\mathrm{m}} = \frac{K_{\mathrm{m}}I_{\mathrm{m}}}{2} = \frac{K_{\mathrm{m}}U_{\mathrm{s}}}{4Lf_{\mathrm{s}}}$$

必须使 M_{m} 略大于电动机轴上所承受的干摩擦力矩 M_{c},即

$$\frac{K_{\mathrm{m}}U_{\mathrm{s}}}{4Lf_{\mathrm{s}}} > M_{\mathrm{c}} \tag{10-15}$$

上式中只有电源电压 U_{s} 和脉冲频率 f_{s} 可供选择,但 U_{s} 要根据电动机额定电压来确定,因而只有 f_{s} 可供选择,为满足式(10-15),就确定了脉冲频率 f_{s} 的上限。

由式(10-15)可以看出,在交流电流作用下,电动机轴转角以 φ_{m} 为幅值作周期振动,如果电动机轴与系统输出轴之间存在减速比 $i = \Omega_{\mathrm{o}}/\Omega_{\mathrm{c}}$(式中 Ω_{o}、Ω_{c} 分别表示电动机角速度和系统输出角速度),因而系统输出轴振动角度的幅值为 φ_{m}/i,它必须小于系统的静误差 e_{c},即

$$ie_{\mathrm{c}} > \frac{K_{\mathrm{m}}U_{\mathrm{s}}}{192LJf_{\mathrm{s}}^3}$$

由此可得脉冲频率的下限值

$$f_s > \left[\frac{K_m U_s}{192 L J i e_c}\right]^{\frac{1}{3}} \tag{10-16}$$

当然,脉冲频率 f_s 一般要大于整个系统的带宽,应与系统机械谐振频率错开,还应该考虑功率管开关频率的限制等。

PWM 驱动使电动机输出产生振颤,系统输出轴始终处于运动状态,因而干摩擦力矩的特性更接近于如图 10-4(b)所示的特性,再加上振动线性化(见图 10-11),当电动机输出角速度 Ω_{dc} 处在图 10-10 中 $\Omega_o(t)$ 的峰值范围内时,电动机轴承受的平均摩擦力矩 M_{cp} 与 Ω_{dc} 的对应关系如图 10-11(d)所示。只有 $\Omega_o(t)$ 的波形呈三角波,才能获得准确的线性化结果。

这种振动线性化原理对其他本质非线性特性(如死区、继电特性、磁滞特性等)也适用,在控制系统的工程实践中有许多应用实例,在此不一一列举。

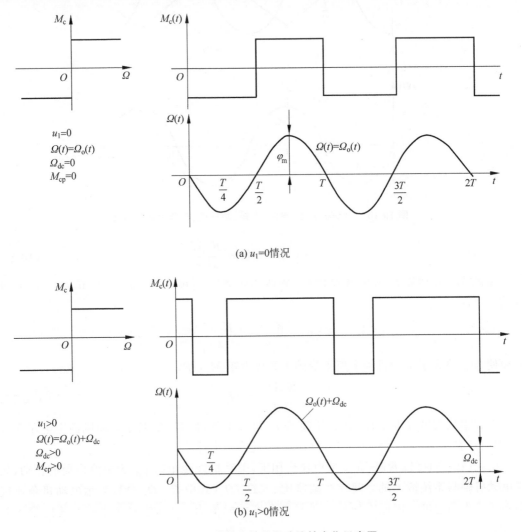

图 10-11　干摩擦力矩的振动线性变化示意图

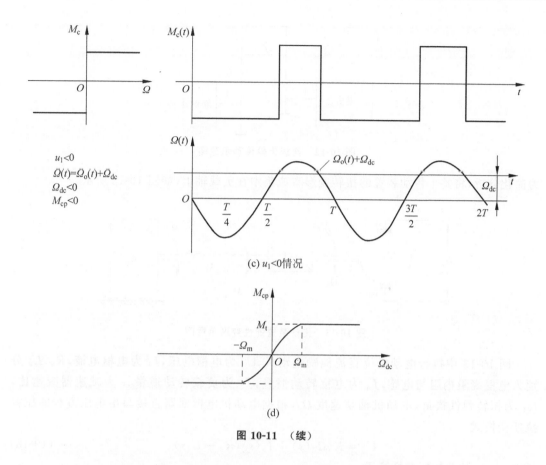

(c) $u_1<0$ 情况

(d)

图 10-11 (续)

10.3 随动系统的机械结构谐振非线性分析

随动系统执行元件的输出一般通过传动装置或直接带动被控对象,以旋转运动为例,通常将传动装置、传动轴视为刚性,如在前面的分析中,将传动装置的传递关系简单地用传动比 i 表示。实际上,机械传动轴都有不同程度的弹性扭转变形,随着系统频带的增宽,这种弹性变形造成的机械谐振对系统动态特性的影响明显增加,不能随意忽略。

10.3.1 传动轴弹性变形造成的机械谐振

随动系统执行电动机经齿轮减速装置带动被控对象。图 10-12 表示两级齿轮传动的示意图,图中共有 3 根轴,为简化分析,设 3 根轴的长度、粗细、材料均相同,故而有相同的弹性模量 K_L。两级减速的传动比分别为 i_1、i_2,总传动比为 $i_1 i_2$。

当执行电动机输出力矩为 M_d 时,轴 1 承受的力矩即为 M_d,此时轴 2 承受力矩为 $i_1 M_d$,轴 3(即负载轴)承受的力矩为 $M_3 = i_1 i_2 M_d$。现考虑它们产生的扭转弹性变形,轴 1 的扭转变形角 $\psi_1 = M_d/K_L$,轴 2、轴 3 的扭转变形角分别为 $\psi_2 = i_1 M_d/K_L$、$\psi_3 = i_1 i_2 M_d/K_L$。显然负载轴的扭转变形角最大,将轴 1、轴 2 的变形角都折算到轴 3,得传动装置总的扭转变形角

$$\psi = \psi_3 + \frac{1}{i_2}\psi_2 + \frac{1}{i_1 i_2}\psi_1 = \psi_3\left(1 + \frac{1}{i_2^2} + \frac{1}{i_1^2 i_2^2}\right) \tag{10-17}$$

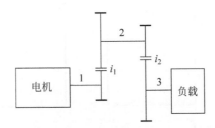

图 10-12   两级齿轮传动示意图

为简化分析,将整个传动装置的扭转变形看成集中在负载轴上,如图 10-13 所示。

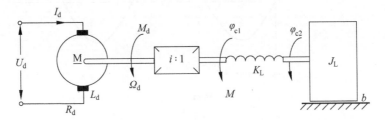

图 10-13   传动装置弹性变形示意图

图 10-13 中执行电动机位直流他励电动机,U_d 为电枢电压,I_d 为电枢电流,R_d、L_d 分别为电枢绕阻内阻与电感,J_d 为电枢转动惯量,J_L 为负载转动惯量,i 为减速器减速比,K_L 为扭转弹性模量,电动机轴角速度 Ω_d,根据电动机电枢回路直接写出电压方程的拉普拉斯变换式

$$U_d = K_e \Omega_d(s) + I_d(s)(R_d + L_d s) \tag{10-18}$$

式中,s——拉普拉斯变换算子;

K_e——电动机电势系数。

电动机的转矩系数为 K_m,电磁转矩表达式为

$$M_d(s) = K_m I_d(s) \tag{10-19}$$

设图 10-13 中弹性变形轴左端承受的力矩为 M,折算到电动机轴上为 M/i,按牛顿定律可写出

$$M_d(s) = J_d s \Omega_d(s) + \frac{M(s)}{i} \tag{10-20}$$

按胡克定律,负载轴力矩可写成

$$M = K_L[\varphi_{c1}(s) - \varphi_{c2}(s)] \tag{10-21}$$

式中,φ_{c1}、φ_{c2} 分别表示负载轴两端所转角度,$\varphi_{c1}(s) = \dfrac{1}{is}\Omega_d(s)$。

设负载轴上有惯性负载(转动惯量为 J_L)和黏性摩擦负载(黏性摩擦系数为 b),因而所有转矩平衡方程为

$$K_L[\varphi_{c1}(s) - \varphi_{c2}(s)] = J_L s^2 \varphi_{c2}(s) + b s \varphi_{c2}(s) \tag{10-22}$$

根据式(10-18)～式(10-22),可画出对应的动态结构图,如图 10-14 所示。由于存在弹性变形,因而负载轴上的转矩不能简单地折算到电动机轴上。

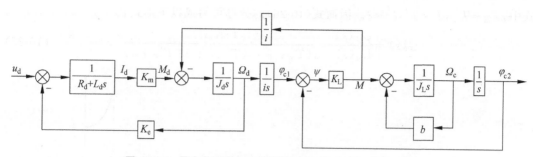

图 10-14　具有传动装置机械弹性形变的电动机动态结构

由图 10-14(a)可推导出它的传递函数

$$G(s) = \frac{\varphi_{c2}(s)}{U_d(s)}$$

$$= \frac{K_m i / R_d b}{s\left[(T_a s + 1)\left(\dfrac{J_L J_d i^2}{K_L b}s^3 + \dfrac{J_d i^2}{K_L}s^2 + \dfrac{J_L + J_d i^2}{b}s + 1\right) + \dfrac{K_m K_e i^2}{R_d b}\left(\dfrac{J_L}{K_L}s^2 + \dfrac{b}{K_L}s + 1\right)\right]} \tag{10-23}$$

式中，T_a——电动机电磁时间常数，$T_a = L_d/R_d$。

分母括号中最后一项相当于一个振荡环节，该小括号内的 3 项可写成

$$\frac{J_L}{K_L}s^2 + \frac{b}{K_L}s + 1 = T^2 s^2 + 2\xi T s + 1 \tag{10-24}$$

式中，T——机械谐振周期，$T = \sqrt{\dfrac{J_L}{K_L}}$；

ξ——相对阻尼比，$\xi = \dfrac{b}{2\sqrt{J_L K_L}}$。

当忽略 T_a 与 b 时，式(10-23)可简化成

$$G(s) = \frac{\varphi_{c2}(s)}{U_d(s)} = \frac{1/K_e i}{s\left[T_m T^2 s^3 + T^2 s^2 + (T_m + T_z)s + 1\right]} \tag{10-25}$$

式中，T_m——电动机机电时间常数，$T_m = \dfrac{R_d J_d}{K_m K_e}$；

T_z——被控对象的等效时间常数，$T_z = \dfrac{R_d J_L}{K_m K_e i^2}$。

为便于因式分解，式(10-25)可改写成以下形式

$$G(s) = \frac{\varphi_{c2}(s)}{U_d(s)} = \frac{1}{K_e i T_z s^2}\frac{T_z s}{(T_m s + 1)(T^2 s^2 + 1) + T_z s} \tag{10-26}$$

对应式(10-26)，可画出忽略 T_a 和 b 的简化结构如图 10-15(a)所示。现以 T_z 为变量画出小闭环的根轨迹如图 10-15(b)所示。小闭环有一个实极点和一对共轭复极点，因实际 T_z 值较小，故实极点距 $-\dfrac{1}{T_m}$ 很近，而一对共轭复极点分别距 $\dfrac{j}{T}$、$-\dfrac{j}{T}$ 很近。故式(10-26)的分母可写成

$$(T_m s + 1)(T^2 s^2 + 1) + T_z s = (T'_m s + 1)(T'^2 s^2 + 2\xi' T' s + 1)$$

式中，$T_m \approx T'_m, T \approx T', \xi' \approx \xi$。因而式(10-26)的分母可写成以下形式：

$$G(s) = \frac{\varphi_{c2}(s)}{U_d(s)} = \frac{1/K_e i}{s(T'_m s + 1)(T'^2 s^2 + 2\xi' T' s + 1)} \tag{10-27}$$

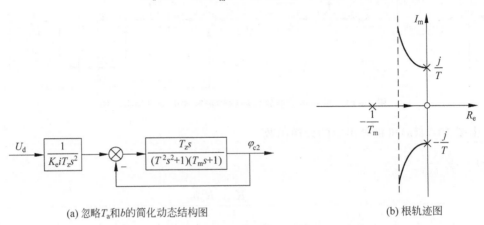

(a) 忽略T_a和b的简化动态结构图   (b) 根轨迹图

图 10-15   忽略 T_a 和 b 的简化动态结构和根轨迹图

一般相对阻尼比 $0.01 \leqslant \xi \leqslant 0.1$，即机械谐振形成的振荡环节具有较高的谐振峰值。如果没有弹性变形，则 $K_L = \infty$，从而 $T = 0, \xi = 0$，式(10-27)只剩下一个积分环节和一个惯性环节。

通常称 $\frac{1}{T'} = \omega_n$ 为机械谐振频率，只有当 K_L 很大，使 $\omega_n \gg \omega_c$（系统开环截止频率）时，如图 10-16(a)所示，机械谐振出现在系统通频带之外，只影响系统特性的高频段，对系统动态品质影响甚微。如 J_L 大、K_L 较小，ω_n 处在系统特性的中频区，如图 10-16(b)所示，它对系统动态性能影响很大，甚至导致整个系统不稳定。

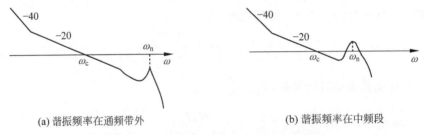

(a) 谐振频率在通频带外   (b) 谐振频率在中频段

图 10-16   机械谐振对系统动态性能的影响

10.3.2   消除或补偿机械谐振影响的措施

当随动系统动态响应要求较高，需要较宽的通频带时，若被控对象的转动惯量 J_z 较大，则不能忽视传动装置产生的机械谐振。通常有以下几种改进措施。

1. 尽可能地提高机械传动装置的刚度

如增大轴的直径，有时可采用空心轴，减小传动轴的长度，从而增大弹性模量 K_L。只要 $\sqrt{\dfrac{K_L}{J_L}} = \omega_n > (8 \sim 10)\omega_c$，机械谐振峰值就不在系统特性的中频段内，如图 10-16(a)所示，机械谐振不会影响系统的动态品质。

2. 增加机械阻尼

增大黏性摩擦系数 b，则有效地增大 $\xi = \dfrac{b}{2\sqrt{K_L J_L}}$，只要 $\xi \geqslant 0.5$，不出现过大的谐振峰值，再辅以其他补偿措施，便能使系统获得满意的动态品质。

3. 采用串联补偿

机械谐振在系统特性中表现为振荡环节的性质，可串联一个具有向下凹陷特性的二阶微分环节，对于如图 10-17 所示的陷波滤波器，只要凹陷处的频率等于机械谐振频率 ω_n，就可达到互相抵消的目的。

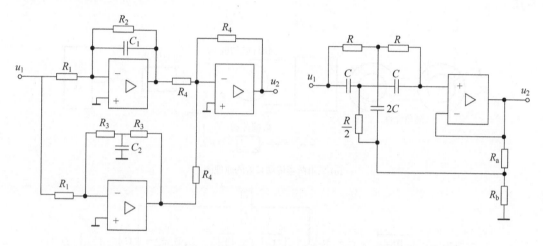

(a) 顺馈并联组合成二阶微分环节电路　　　　　(b) 双T网络的有源陷波滤波器

图 10-17　陷波滤波器

图 10-17(a) 就是利用顺馈并联组合成二阶微分环节电路，其传递函数为

$$G(s) = \frac{U_2(s)}{U_1(s)} = \frac{(K_1 + K_2)\left(1 + \dfrac{K_2(T + \tau)}{K_1 + K_2}s + \dfrac{K_2 T \tau}{K_1 + K_2}s^2\right)}{1 + Ts} \tag{10-28}$$

其中，$K_1 = R_2/R_1$、$T = R_2 C_1$、$K_2 = 2R_3/R_1$、$\tau = R_3 C_2/2$，适当地选配参数，可使上式的分子与机械谐振的参数相对应，从而达到互相抵消的目的。

图 10-17(b) 是采用双 T 网络的有源陷波滤波器，其传递函数为

$$G(s) = \frac{U_2(s)}{U_1(s)} = \frac{R^2 C^2 s^2 + 1}{R^2 C^2 s^2 + 4\left(\dfrac{R_a}{R_a + R_b}\right)RCs + 1} \tag{10-29}$$

可选择参数使 $RC = 1/\omega_n$，使上式分子与机械谐振的参数相对应，将这种陷波滤波器串联入系统中，便可达到抵消机械谐振的目的。

采用图 10-17(a)，即具有式 (10-28) 的传递函数的形式，采用图 10-17(b) 的传递函数为式 (10-29)。两者都有寄生的惯性环节。最主要的是系统工作会受周围环境条件变化的影响，系统的参数会发生变化，包括机械谐振频率 ω_n 和相对阻尼比 ξ 均很难保持不变，因此这种串联补偿只能近似地抵消机械谐振的影响。

4. 采用双套机械传动装置

一套用于执行电动机到被控对象作动力传动；另一套用于执行电动机到测角元件作数据传动,构成系统的主反馈,如图 10-18(a)所示。从式(10-17)可知:负载轴的弹性变形影响最大,加上负载转动惯量 J_z 大,形成机械谐振的振荡环节。测角元件本身的转动惯量很小,带动它的转动轴几乎没有弹性变形,因而不会出现机械谐振。这样系统的动态结构框图如图 10-18(b)所示。动力传动机械谐振的振荡环节处在系统闭环之外,机械谐振对系统动态性能的影响将显著降低。这是工程实践应用中常采用的一种措施。

除了上述方法外,还可用极点配置等方法来补偿机械谐振对随动系统的影响,此处不再赘述。

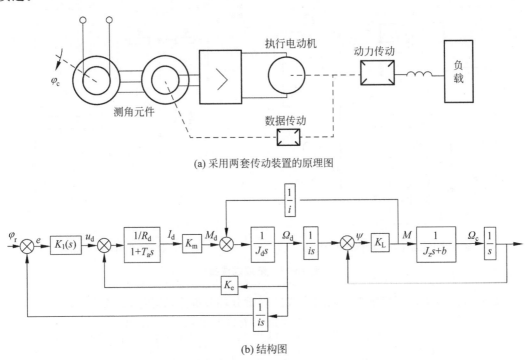

(a) 采用两套传动装置的原理图

(b) 结构图

图 10-18　采用两套传动装置的原理及结构图

10.4　对随动系统传动间隙的非线性分析

传动间隙广泛存在于各种随动系统中,是随动系统中最主要的非线性环节,也是对系统性能影响最大的非线性因素,会造成随动系统极限环振荡、低速不平稳和换向误差跳变等。在非直接驱动的随动系统中,由于机械加工精度和装配上限制,使用减速器不可避免地存在传动间隙,这种非线性称为间隙非线性。针对不同类型的随动系统,设计的主要任务是考虑不致影响随动系统的工作性能的传动间隙容许值,若不能达到容许值范围的要求,则要考虑传动间隙消除的方法。

10.4.1 传动间隙对系统性能的影响

传动装置存在的间隙对随动系统动、静态性能均有影响。为了便于分析,将所有传动间隙折算到执行电动机轴上进行分析。用 2Δ 表示间隙特性的宽度,随动系统的结构框图如图 10-19 所示。

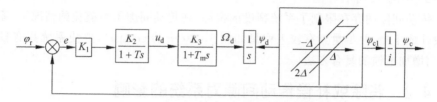

图 10-19 含有传动间隙的随动系统结构框图

用描述函数法对系统进行稳定性分析,系统线性部分的频率特性用 $G(j\omega)$ 表示为

$$G(j\omega) = \frac{K_1 K_2 K_3/i}{j\omega(1+Tj\omega)(1+T_m j\omega)} \tag{10-30}$$

传动间隙特性的描述函数为 $N(A)$

$$N(A) = \frac{1}{\pi}\left[\frac{\pi}{2} + \sin^{-1}\left(\frac{A-2\Delta}{A}\right) + \frac{A-2\Delta}{A}\sqrt{1-\left(\frac{A-2\Delta}{A}\right)^2}\right] + j\frac{4}{\pi}\left[\frac{\Delta(\Delta-A)}{A^2}\right] \tag{10-31}$$

式中,A 为该非线性环节输入转角 φ_d 的振幅值。

根据系统结构框图(见图 10-19),可以写出系统闭环特征方程为

$$1 + G(j\omega)N(A) = 0$$

在奈奎斯特平面上画出 $-1/N(A)$ 特性,并画出系统特性线性部分的频率特性 $G(j\omega)$ 如图 10-20 所示。

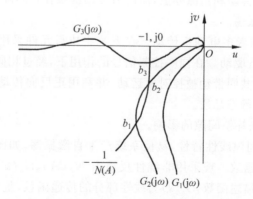

图 10-20 传动间隙情况下的随动系统特性分析

当间隙宽度 2Δ 的值一定时,在 (u, jv) 平面上 $-1/N(A)$ 是确定的特性,$\lim\limits_{A\to\infty}[-1/N(A)] = (-1, j0)$,整个 $-1/N(A)$ 分布在第Ⅲ象限。当线性部分只含有一个积分环节(即系统为Ⅰ型)时,系统稳定裕量较大,画出线性部分的频率特性如图 10-20 中 $G_1(j\omega)$,它不与

$-1/N(A)$ 有相交,间隙特性不会使系统产生自激振荡,系统能稳定工作。如果系统稳定裕量稍小,线性部分的频率特性如图 10-20 中 $G_2(j\omega)$,它与 $-1/N(A)$ 有两个交点 b_1 和 b_2,表示间隙将使系统产生自激振荡,其中 b_1 为不稳定的自激振荡点,b_2 为稳定的自激振荡点。倘若系统含有两个积分环节即为 II 型系统,系统线性部分的频率特性如图 10-20 中的 $G_3(j\omega)$,但它必然要与 $-1/N(A)$ 相交,即传动间隙对 II 型系统必然产生稳定的自激振荡(如图 10-20 中的 b_3 所示)。

由于传动间隙的存在限制了系统精度的提高,在传动间隙不可避免的情况下,系统闭环只适宜设计成 I 型,并尽量具有较大裕量如图 10-20 中的 $G_1(j\omega)$,要使系统具有较高的精度,则采用增加前馈的复合方法。

10.4.2　消除或补偿传动间隙对系统的影响

随动系统中的定位随动系统功能单一,带宽窄,增益低,常采用位置传感器包围动力传动间隙的方法,得到精确测量位置。按 I 型系统设计时,应避免自激振荡,可在速度环加入积分环节,或用复合控制方式对力矩进行补偿,以消除静阻力矩扰动带来的误差。若用 II 型系统,为避免自激振荡,要合理设置积分参数自适应、变增益、精度陷阱等非线性环节。

与定位随动系统具有不同特征的位置跟踪系统,具有速度、加速度跟踪精度要求,带宽宽,增益高,若位置传感器包围动力传动的间隙就很难稳定。多采用间隙很小的仪表传动链等效替代间隙大的动力传动链。综合两者的特点,总结得到以下消除或补偿传动间隙的方法。

(1) 设计传动装置时,尽量减小间隙,特别是最后一级的间隙要消除,例如最后一级齿轮副采用双层齿轮具有弹性啮合的办法。但此法只适用于小功率系统,因为弹性啮合所承受的负载转矩不能太大。

(2) 采用两套机械传动链,如前面补偿机械谐振提出的,一套动力传动链;另一套为数据传动链,后者可用精密传动和消隙办法,而动力传动链虽存在间隙,但处在系统闭环之外,因而不会造成系统自激振荡。

(3) 采用双电动机或者多电动机传动。在系统中执行元件采用两个型号相同、功率完全相同的电动机同时进行驱动。在同一控制信号的作用下,经过相同的功率放大,使两个执行电动机同时同向转动,共同带动被控对象运动,并利用正反向传动消除传动间隙,从而使随动系统具有较好的动、静态品质。

(4) 用非线性反馈来补偿间隙的影响。

系统闭环中包含有间隙线性特性,易使系统产生自激振荡,如图 10-21 所示系统,其中 $N_1(A)$ 表示间隙的描述函数。现采用非线性反馈由 $N_2(A)$、$G_a(s)$ 组成的补偿通道,其中 $N_2(A)$ 为非线性部分的描述函数,$G_a(s)$ 为线性部分的传递函数,整个闭环系统的传递函数可简化表示成以下形式:

$$\Phi(s) = \frac{G_1 G_2 G_3 N_1 G_4}{1 + G_1 G_2 G_3 N_1 G_4 + G_2 N_2 G_a} \tag{10-32}$$

特征方程为

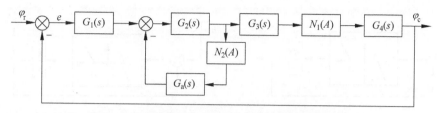

图 10-21   用非线性反馈来补偿非线性影响的原理图

$$1 + G_1 G_2 G_3 N_1 G_4 + G_2 N_2 G_a = 0 \qquad (10\text{-}33)$$

根据式(10-33)特征方程可判断系统是否存在自激振荡。

由式(10-33)可以看出,当选取 $G_a(s)$ 满足

$$G_a(s) = G_1(s) G_3(s) G_4(s) \qquad (10\text{-}34)$$

时,再选取非线性特性 $N_2(A)$ 满足

$$N_2(A) = \beta[1 - N_1(A)], \quad 0 < \beta \leqslant 1 \qquad (10\text{-}35)$$

通常尽量取 $\beta = 1$,这样系统的特征方程应为

$$1 + G_1(s) G_2(s) G_3(s) G_4(s) = 0$$

此方程与间隙特性 $N_1(A)$ 没有关系,系统的零输入响应特性完全由系统的线性部分的特性决定,因而不会出现自激振荡现象。

这种非线性反馈补偿非线性影响的方法,不限于补偿间隙非线性,也可用来补偿其他类型的非线性。但这种非线性反馈只能改变传递函数的分母,而不能改变传递函数的分子,即只能补偿非线性对系统零输入响应的影响。

下面具体分析补偿间隙的办法。实现式(10-34)比较容易,关键在于如何实现式(10-35)。$N_2(A)$ 包含有 $N_1(A)$,因此要考虑用简便的方法来仿真间隙非线性,然后实现 $N_2(A)$ 特性就不难。

有人提出用死区非线性与积分环节组成闭环如图 10-22(a)所示,死区的宽度等于间隙的宽度 2Δ,增益 k 尽量大(理论上应该是∞),便可用它来近似逼近间隙非线性,因此它的描述函数近似等于 $N_1(A)$,即近似满足式(10-31)。这样就可用如图 10-22(b)所示的结构近似实现式(10-35),即近似具有 $N_2(A)$ 的描述函数。采用图 10-22(c)模拟线路,便具有图 10-22(b)的特性。

由图 10-22(c)和 $G_a(s)$ 线路便构成了非线性反馈补偿通道,调节电位计滑臂即可调整 β 值。在实际系统中应用时需要调节它。这是因为系统的传动间隙也会受环境温度的不同而变化,会在系统长期运行中由于传动啮合面的磨损而发生改变,采用如图 10-22(c)所示的有源线路本身的特性也难保持绝对稳定不变。何况它还是一种近似实现 $N_2(A)$ 特性的线路,故必须留有调整的余地。

改善随动系统性能,提高随动系统品质的方法是多种多样的,是系统设计工作中一个很重要的方面,以上介绍的方法主要是针对随动系统的设计,且是工程应用实践中行之有效的一些方法,虽然没有包含数字控制技术,但其中许多原理和方法,完全可以用数字控制技术来实现。另外,还有不少新的控制技术和方法,限于篇幅,在此不一一列举。

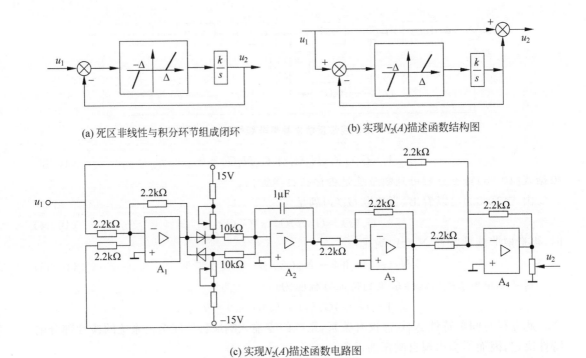

(a) 死区非线性与积分环节组成闭环

(b) 实现$N_2(A)$描述函数结构图

(c) 实现$N_2(A)$描述函数电路图

图 10-22　实现具有 $N_2(A)$ 描述函数的一种近似方案

第11章

随动系统设计应用举例

本章是在前面所介绍内容的基础上,通过发射架模拟随动系统和高精度数字随动系统两个应用实例,介绍模拟随动系统和数字随动系统的一般设计过程。对于模拟随动系统,主要介绍串联微分校正、并联负反馈、并联正反馈校正装置在系统中的应用;对于数字随动系统,主要介绍数字 PID 控制算法和最少拍系统数字控制算法在数字控制器中的应用。借助 Matlab/Simulink 工具完成两个实例的整个设计过程,并进行仿真。

11.1 发射架模拟随动系统设计

发射架随动系统是包括方位回转运动和高低俯仰运动的两套独立的随动系统,两套系统的实现原理基本相同,发射架随动系统具有大转动惯量的特点,要求有较高的控制精度和响应速度。由于两套发射架随动系统都是由粗、精双通道自整角机线路构成测量电路,在跟踪过程中发射架随动系统处于小角度跟踪,精通道测量线路起主导作用。因此本节主要根据发射架的性能要求,以精通道测量电路构成的随动系统为例设计高性能的发射架随动系统。

11.1.1 原始发射架随动系统

1. 各环节传递函数

发射架随动系统属于大功率电气随动系统,原始的发射架随动系统由精通道自整角机测量电路、选择级、相敏整流放大级、综合放大级、功率放大级、放大电动机、执行电动机、减速器组成,如图 11-1 所示。

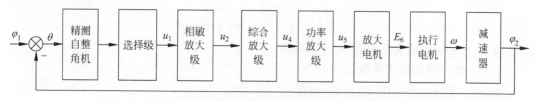

图 11-1 发射架原始电气随动系统组成方框图

1) 精测自整角机测量电路、选择级和输入变压器环节

由精测自整角机测量电路、选择级和输入耦合变压器合成为一个环节,输入信号为失调角 θ,输出信号为输入变压器的输出电压 u_1,传递函数为

$$G_1(s) = \frac{ic\theta an}{\theta} = ican$$

式中,i——精、粗测自整角机的传速比,$i=15$;

    c——自整角机的比同步电压,$c=0.195$(伏/密位);

    a——选择级分压系数,$a=0.08$;

    n——相敏整流环节输入耦合变压器的变压比,$n=0.25$。

根据电路参数可得出合成环节的传递函数为

$$G_1(s) \approx 0.059(\text{伏} / \text{密位})$$

2) 相敏整流放大级环节

相敏整流放大级的输入信号是输入变压器的输出电压 u_1,输出信号是相敏整流放大级的输出电压 u_2。图 11-2 为相敏整流放大级的等效电路图。

经推导,相敏整流放大级的传递函数为

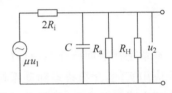

图 11-2   相敏整流放大级的等效电路图

$$G_2(s) = \frac{u_2(s)}{u_1(s)} = \frac{K_2}{T_2 s + 1}$$

式中,$K_2 = \dfrac{R_a R_H \mu}{2R_i(R_a + R_H) + R_a R_H}$,$T_2 = \dfrac{2R_i R_a R_H C}{2R_i(R_a + R_H) + R_a R_H}$;

    R_i——电子管的交流内阻,$R_i = 11\text{k}\Omega$;

    μ——电子管的放大系数,$\mu = 35$;

    R_a——阳极负载电阻,$R_a = 40\text{k}\Omega$;

    C——滤波电容,$C = 0.25\mu\text{F}$;

    R_H——相敏整流放大级的输出负载电阻,$R_H = 315\text{k}\Omega$。

根据电路参数可得出相敏整流放大环节的传递函数为

$$G_2(s) = \frac{u_2(s)}{u_1(s)} = \frac{21.6}{0.0034s + 1}$$

3) 综合放大级环节

综合放大级的输入信号是相敏整流放大级的输出电压 u_2,输出信号为电压 u_4,综合放大级的等效电路图如图 11-3 所示。

由综合放大级的工作原理可知,输入电压 u_2 应等于两电子管栅压之差 $\Delta u g_1 - \Delta u g_2$,经推导,综合放大级的传递函数如下:

$$G_4(s) = \frac{u_4(s)}{u_2(s)} = \frac{\mu R_a}{R_a + R_i}$$

式中,R_i——电子管的交流内阻,$R_i = 480\text{k}\Omega$;

    μ——电子管的放大系数,$\mu = 97.5$;

    R_a——阳极负载电阻,$R_a = 1500\text{k}\Omega$。

综合放大级没有惰性元件,是一个纯放大环节,根据电路参数可得出综合放大环节的传

递函数为

$$W_4(s) \approx 74$$

4）功率放大级环节

功率放大级输入信号是综合放大级的输出电压 u_4，输出电压是送到放大电动机控制绕组两端电压 u_5。功率放大级的等效电路如图 11-4 所示。

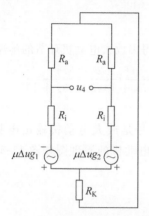

图 11-3 综合放大级等效电路图

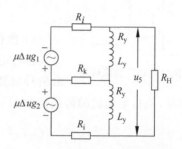

图 11-4 功率放大级的等效电路图

由功率放大级的工作原理可知，输入电压 u_4 应等于两电子管栅压之差 $\Delta ug_1 - \Delta ug_2$，经推导，功率放大级的传递函数如下

$$G_5(s) = \frac{u_5(s)}{u_4(s)} = \frac{K_5(\tau_5 s + 1)}{T_5 s + 1}$$

式中，$K_5 = \dfrac{\mu R_H R_y}{R_H R_i + 2R_y R_i + R_H R_y}$，$\tau_5 = \dfrac{L_y}{R_y}$，$T_5 = \dfrac{(2R_i + R_H)L_y}{R_H R_i + 2R_y R_i + R_H R_y}$；

μ——电子管的放大倍数，$\mu = 225$；

R_i——电子管的交流内阻，$R_i = 50\text{k}\Omega$；

R_y——半边控制绕阻电阻，$R_y = 3.3\text{k}\Omega$；

L_y——半边控制绕阻电感，$L_y = 117\text{H}$；

R_H——保护电阻，$R_H = 43\text{k}\Omega$。

根据电路参数可得出功率放大级环节的传递函数为

$$G_5(S) = \frac{12.2(0.0355s + 1)}{0.0064s + 1}$$

5）放大电动机环节

放大电动机环节输入信号是功率放大级的输出电压 u_5，输出信号是放大电动机的输出电势 E_6，为了简化计算，在推导放大电动机传递函数时，以全补偿为例进行推导。放大电动机的原理图如图 11-5 所示。

经推导，放大电动机的传递函数如下：

$$G_6(s) = \frac{E_6(s)}{u_5(s)} = \frac{K_6}{(T_6 s + 1)(T'_6 s + 1)}$$

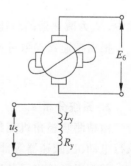

图 11-5 放大电动机的原理图

式中，K_6——放大电动机的放大倍数，测得电压放大倍数 $K_6 = 7.2$；

T_6——控制回路的时间常数，$T_6 = \dfrac{L_y}{R_y}$；

T_6'——交轴回路的时间常数，$T_6' = \dfrac{L_2}{R_2}$；

R_2——放大电动机交轴回路电阻，$R_2 = 2.7\Omega$；

L_2——放大电动机交轴回路电感，$L_2 = 0.117\text{H}$。

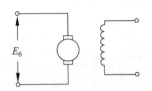

图 11-6　执行电动机的原理图

根据放大电动机参数可得出放大电动机环节的传递函数为

$$G_6(s) = \frac{7.2}{(0.0355s + 1)(0.043s + 1)}$$

6）执行电动机环节

执行电动机环节输入信号是放大电动机输出电势 E_6，输出信号是其角速度 ω。执行电动机的原理图如图 11-6 所示。

经推导，执行电动机的传递函数如下：

$$G_7(s) = \frac{\omega(s)}{E_6(s)} = \frac{K_7}{T_7 s + 1}$$

式中，$K_7 = \dfrac{1}{C_e}$；

$T_7 = \dfrac{R_a J}{C_e C_M}$——执行电动机的机电时间常数；

C_e——电动机反电势系数，$C_e = 0.8222(\text{V} \cdot \text{s/rad})$；

C_M——电动机电磁转矩系数，$C_M = 0.0838(\text{N} \cdot \text{m/A})$；

R_a——执行电动机回路电阻，$R_a = 5.415\Omega$；

J——执行电动机转动惯量，$J = 0.00924(\text{kg} \cdot \text{m}^2)$。

根据执行电动机参数可得出执行电动机环节的传递函数为

$$G_7(s) = \frac{1.216}{0.726s + 1}$$

7）减速器环节

减速器环节输入是执行电动机的角速度 ω，输出是发射架的转角 φ_2，并将角度单位转化为密位。经推导，减速器的传递函数如下

$$G_8(s) = \frac{\varphi_2(s)}{\omega(s)} = \frac{1}{sN} \frac{3000}{\pi}$$

式中，N 为减速器的减速比，$N = 2042$。

根据减速器参数可得出减速器环节的传递函数为

$$G_8(s) = \frac{0.468}{s}$$

2. 系统分析

由精测自整角机测量电路、选择级、相敏放大级、综合放大级、功率放大级、放大电动机、执行电动机、减速器等部分组成的未校正的闭环随动系统结构图如图 11-7 所示。

前面已经给出了各环节的传递函数，若 $G_k(s) = G_4(s)G_5(s)G_6(s)G_7(s)$，则

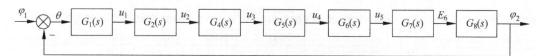

图 11-7　发射架随动系统校正前结构图

$$G_{k}(s) = \frac{7904}{(0.0064s+1)(0.043s+1)(0.726s+1)} \tag{11-1}$$

系统的开环传递函数为

$$G_{o}(s) = G_{1}(s)G_{2}(s)G_{k}(s)G_{8}(s) = \frac{4714}{s(0.0034s+1)(0.0064s+1)(0.043s+1)(0.726s+1)}$$

利用 Matlab 程序对原始系统进行分析，其分析程序如下：

```
% 原系统分析
s = tf('s');                          %定义 s 算子
Go = 4714/(s * (0.0034 * s + 1) * (0.0064 * s + 1) * (0.043 * s + 1) * (0.726 * s + 1)); %原系统开环传
                                      % 递函数
Gbh = feedback(Go,1);                 %原始闭环传递函数
figure(1)
pzmap(Gbh)                            %原系统闭环零极点分布
eig(Gbh)                              %闭环极点值
figure(2)
margin(Go)                            % 原系统 bode 图和稳定裕量
grid
figure(3)
step(Gbh, 1)                          % 原系统单位阶跃响应
grid
% end
```

原系统分析如图 11-8 所示，其闭环极点为 s1＝－296.20，s2＝－134.37，s3＝－87.97，s4＝21.77＋38.83i，s6＝21.77－38.83i，原系统的零极点分布如图 11-8(a)所示。由闭环极点可知，在复数平面有一对正半平面的极点，因此原始随动系统不稳定。

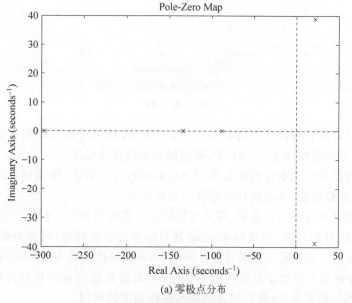

(a) 零极点分布

图 11-8　串联校正后随动系统的分析图

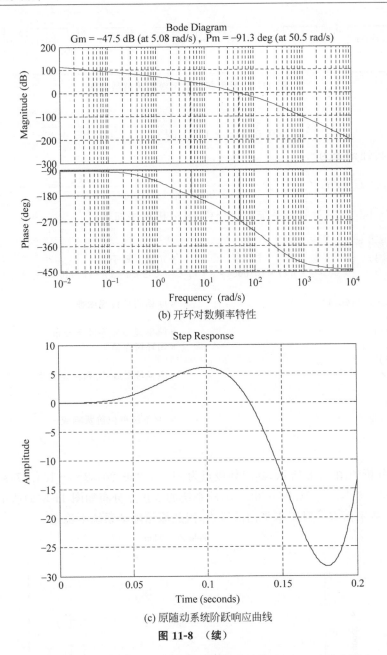

(b) 开环对数频率特性

(c) 原随动系统阶跃响应曲线

图 11-8 （续）

原系统的开环幅相频特性曲线如图 11-8(b)所示,利用对数频率判据也可判定随动系统是不稳定的,其相角裕度 $\gamma = -91.3°$,表明随动系统极不稳定。

原系统对阶跃信号的响应曲线如图 11-8(c)所示,可以看出,该系统对阶跃信号跟踪过程发散,无法满足稳定性、准确性和快速性的品质要求。

为提高稳定性和过渡过程品质,需要对原随动系统进行校正。根据校正装置所处位置,可分为串联校正、并联校正(反馈校正);按其对信号的变换特性,可分为微分校正、积分校正、积分-微分校正。在各类串并联校正方法中,串联微分校正具有减小超调量,提高系统稳定性的作用;并联负反馈校正具有增加系统阻尼,改善系统的振荡性的作用;并联正反馈校正具有减小系统稳态误差,提高系统的同步跟踪精度的作用。

11.1.2 串联微分校正网络

为了提高系统的稳定性，增加系统的快速性，在系统主回路中的相敏整流放大级之后、综合放大级之前加串联微分校正网络，其组成方框图如图 11-9(a)所示，其结构图如图 11-9(b)所示。在图 11-9(b)中，$G_1(s)$ 由精测自整角机和选择级衰减网络构成，$G_3(s)$ 为串联校正网络传递函数。

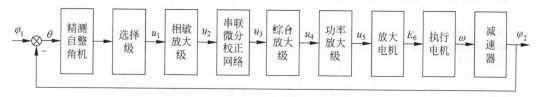

(a)引入串联微分校正网络的随动系统组成方框图

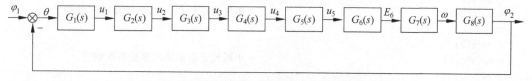

(b)引入串联微分校正网络的随动系统结构图

图 11-9 串联校正后的随动系统组成及结构图

1. 串联校正网络传递函数

串联微分校正网络的输入信号是相敏整流放大级的输出直流信号电压 u_2，输出信号是送给综合放大级的信号电压 u_3，串联微分校正网络的原理电路如图 11-10 所示。

经推导，串联微分校正网络的传递函数如下：

$$G_3(s) = \frac{u_3(s)}{u_2(s)} = \frac{K_c(\tau_c s + 1)}{T_c s + 1}$$

式中，$K_3 = \dfrac{R_{12}}{R_{11} + R_{12}}$，$\tau_c = \dfrac{R_{13}R_{11} + R_{13}R_{12} + R_{11}R_{12}}{R_{12}}$，$T_c = $

$\dfrac{R_{13}R_{11} + R_{13}R_{12} + R_{11}R_{12}}{R_{11} + R_{12}} C_5$；

图 11-10 串联微分校正网络的原理图

$R_{11} = R_{13} = 300\text{k}\Omega, R_{12} = 15\text{k}\Omega, C_5 = 0.1\mu\text{F}$。

从推导出的串联微分校正网络的传递函数来看，RC 微分校正网络是典型的微分校正网络，具有串联微分校正作用。

由电路参数可得串联微分校正网络的传递函数为

$$G_3(s) = 0.0476 \frac{0.66s + 1}{0.031s + 1}$$

2. 串联校正后随动系统分析

经串联校正后发射架随动系统的开环传递函数为

$G_{oc} = G_3(s)G_o(s)$

$= 0.0476 \dfrac{0.66s + 1}{0.031s + 1} \cdot \dfrac{4714}{s(0.0034s + 1)(0.0064s + 1)(0.043s + 1)(0.726s + 1)}$

$$= \frac{224.4(0.66s+1)}{s(0.031s+1)(0.0034s+1)(0.0064s+1)(0.043s+1)(0.726s+1)}$$

利用 Matlab 程序对串联校正后的系统进行分析,其分析程序如下:

```
% 串联校正后随动系统分析
s = tf('s');                                 % 定义 s 算子
Gc = 0.0476 * (0.66 * s + 1)/(0.031 * s + 1);
Go = 4714/(s * (0.0034 * s + 1) * (0.0064 * s + 1) * (0.043 * s + 1) * (0.726 * s + 1));  % 原系统开环
                                             % 传函

Goc = Gc * Go;                               % 串联校正后开环传函数
Gbc = feedback(Goc, 1);                      % 串联校正后闭环传函数
Figure(1)
pzmap(Gbc);                                  % 串联校正后闭环极点分布图
eig(Gbc)                                     % 串联校正后闭环极点
grid
figure(2)
margin(Goc)                                  % 串联校正后系统 Bode 图和稳定裕量
grid
figure(3)
step(Gbc, 1)                                 % 串联校正后系统的单位阶跃响应
grid
% end
```

串联校正后系统分析如图 11-11 所示。闭环极点 $s1 = -296.46$,$s2 = -117.61 + 13.04i$,$s3 = -117.61 - 13.04i$,$s4 = 12.97 + 39.05i$,$s5 = 12.97 - 39.05i$,$s6 = -1.52$,零极点分布如图 11-11(a)所示,串联校正后系统在复数平面右半平面仍有两个极点,因此串联校正后发射架随动系统仍不稳定。串联校正后系统的开环对数频率特性曲线如图 11-11(b)所示,其相角裕度 $\gamma = -56°$,因相角裕量 γ 为负,系统仍不能满足稳定性要求。串联校正后系统对阶跃信号的响应曲线如图 11-11(c)所示,说明系统对阶跃信号跟踪过程仍然发散。

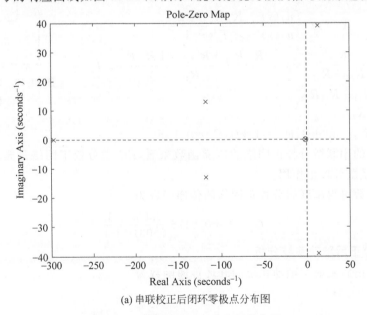

(a) 串联校正后闭环零极点分布图

图 11-11 串联校正后系统分析仿真图

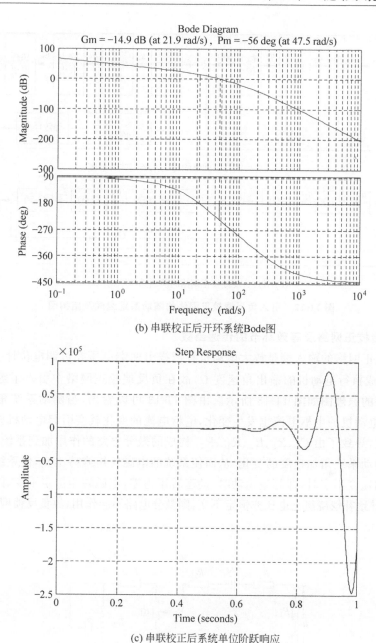

(b) 串联校正后开环系统Bode图

(c) 串联校正后系统单位阶跃响应

图 11-11 （续）

比较图 11-8 和图 11-11 可知,经串联校正后随动系统的零极点分布和相角裕量虽得到一定改善,但系统仍不稳定,其超调量、调节时间和振荡次数都不能满足系统的动态性能要求。

11.1.3 负反馈校正网络

为了改善系统的振荡性能,减少发射架的摆动次数和调节时间,增加系统的阻尼,改善系统的稳定性和快速性,在引入串联校正网络的基础上再引入负反馈校正网络,其组成方框图如图 11-12(a)所示,其结构图如图 11-12(b)所示。在图 11-12(b)中,$G_9(s)$由负反馈校正网络和等效环节组成。

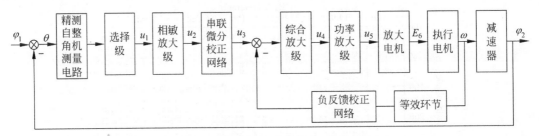

(a) 引入负反馈校正网络的随动系统组成方框图

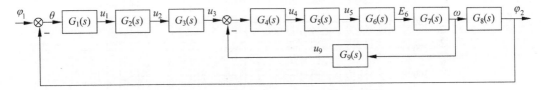

(b) 引入负反馈校正网络的随动系统结构图

图 11-12   引入负反馈校正网络的随动系统组成及结构图

1. 负反馈校正网络及等效环节的传递函数

负反馈校正网络的输入端是放大电动机补偿绕组两端电压在可调电位计 R_1 上的电压 u_i，将 u_i 折算成执行电动机的输出角速度 Ω，故在负反馈校正网络中引入了等效环节。负反馈校正网络的原理图如图 11-13 所示。由图 11-13 可以看出，当随动系统角加速度发生变化时，执行电动机的电枢电流也发生变化，电枢电流的变化就会引起电动机放大机补偿绕组上电压变化，导致了由 C_2、R_2、R_3、R_{19}、R_{20} 构成的微分电路的作用加到系统中，负反馈网络作用阻止随动系统角加速度的变化，从而使系统的电磁转矩维持不变，使系统稳定。而当随动系统角加速度不变时，即等速运动时，动态转矩为零，电磁转矩恒定不变，因而电枢电流也保持不变，导致补偿绕组上电压亦恒定不变，则微分电路不起作用，故负反馈网络不起作用。

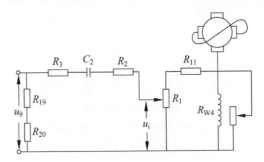

图 11-13   负反馈校正网络的原理图

经推导，负反馈校正网络及等效环节的传递函数如下：

$$G_9(s) = \frac{u_9(s)}{\Omega(s)} = \frac{\tau s}{Ts+1} \frac{R_1 \beta R_{W4} f}{(R_{11}+R_1)C_M}(T_M s+1)$$

式中，$\tau = (R_{19}+R_{20})C_2$，$T = (R_2+R_3+R_{19}+R_{20})C_2$，$T_M = \dfrac{J}{f}$；

$R_{19} = 100\text{k}\Omega$，$R_{20} = 100\Omega$，$R_2 = 5.1\text{k}\Omega$，$R_3 = 100\text{k}\Omega$，$R_1 = 680\Omega$，$R_{11} = 3.9\text{k}\Omega$，$R_{W4} = 0.967\Omega$，$C_2 = 4\mu\text{F}$；

f——黏滞摩擦系数，$f=0.0015(\text{kg}\cdot\text{s/rad})$；

J——折算到电动机轴上的转动惯量，$J=0.009\,24(\text{kg}\cdot\text{m/s}^2)$；

C_M——转矩系数，$C_M=0.0838(\text{kg}\cdot\text{m/rad})$；

β——负反馈电位计的可调系数。

由电路参数可得负反馈校正网络及等效环节的传递函数为

$$G_9(s)=\frac{u_9(s)}{\Omega(s)}=\frac{0.001\beta s(6.16s+1)}{0.82s+1} \tag{11-2}$$

2. 负反馈校正网络作用分析

负反馈校正网络所包含的环节是综合放大级、功率放大级、放大电动机和执行电动机，局部负反馈部分的传递函数为

$$G_{jf}(s)=\frac{G_k(s)}{1+G_k(s)G_9(s)}$$

将式(11-1)和式(11-2)代入上式，得

$$G_{jf}(s)=\frac{7904(0.82s+1)}{1.6138\times10^{-4}s^4+0.02983s^3+(0.672+48.69\beta)s^2+(1.595+7.904\beta)s+1}$$

$$\tag{11-3}$$

若忽略局部负反馈的传递函数中的小时间常数，局部负反馈部分的传递函数可近似为二阶环节和惯性环节构成，即

$$\begin{aligned}\tilde{G}_{jf}(s)&=\frac{K(T_1s+1)}{(T_2s+1)(T^2s^2+2\xi Ts+1)}\\&=\frac{7904(0.82s+1)}{0.02983s^3+(0.672+48.69\beta)s^2+(1.595+7.904\beta)s+1}\end{aligned} \tag{11-4}$$

由式(11-4)可以看出，在 T_1 不变的情况下，增加负反馈校正网络后，可以对原系统的阻尼系数进行调节，其阻尼系数 ξ 与可调系数 β 有关，通过调整负反馈环节的电位计 R_1，改变 β 的大小，使阻尼系数 ξ 接近最佳阻尼 0.707，以改善系统的振荡性能，减少发射架的摆动次数，起到稳定作用。同时可以看出，增加并联负反馈校正网络后，系统相应增加了一个微分环节 $0.82s+1$，相当于增加了微分校正网络，起到了串联微分校正的作用。

11.1.4 正反馈校正网络

为了减少系统的稳态误差，提高系统的同步跟踪精度，在系统中引入负反馈校正网络的同时，增加正反馈校正网络，如图 11-14 所示。在图 11-14(b)中，$G_{10}(s)$ 由正反馈校正网络和等效环节组成。

1. 正反馈校正网络及等效环节传递函数

正反馈校正网络的原理图如图 11-15 所示。从系统原理图可以看出，正反馈校正网络的输入是执行电动机两端电压 u，将执行电动机两端电压 u 折算成角速度 ω，引入等效环节。由图 11-15 可以看出，当随动系统有误差角时，电动机就有电枢电压，正反馈网络就起作用。因此，有了正反馈网络，若使执行电动机达到同样大小的速度，则控制信号可相对减小，因而可使系统的误差角也减小，从而提高了系统的放大倍数，减小系统速度误差，达到提高系统跟踪精度的目的。

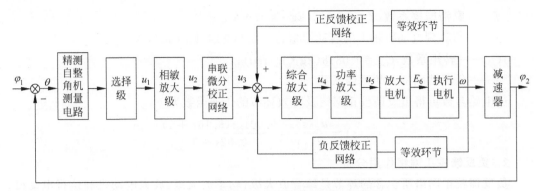

(a) 引入正反馈校正网络的随动系统组成方框图

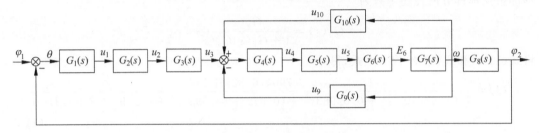

(b) 引入正反馈校正网络的随动系统结构图

图 11-14 引入正反馈校正网络的随动系统组成及结构图

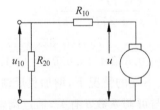

图 11-15 正反馈校正网络的原理图

忽略电动机电枢电感，经推导，并联正反馈校正网络的传递函数为

$$G_{10}(s) = \frac{u_{10}(s)}{\omega(s)} = \frac{R_{20}}{R_{10} + R_{20}} \frac{R_a f}{C_M}(T_M s + 1)$$

式中，$R_{10} = 200\text{k}\Omega$，$R_{20} = 100\Omega$；

R_a——执行电动机回路电阻，$R_a = 0.52\Omega$；

f——黏滞摩擦系数；

C_M——转矩系数。

由电路参数可得正反馈校正网络的传递函数为

$$G_{10}(s) = \frac{u_{10}(s)}{\omega(s)} = 4.65 \times 10^{-6}(6.16s + 1) \tag{11-5}$$

2. 正反馈校正网络作用分析

负反馈和正反馈构成的局部反馈部分的传递函数为

$$G_{jfz}(s) = \frac{G_{jf}(s)}{1 - G_{jf}(s)G_{10}(s)}$$

将式(11-3)和式(11-5)代入上式,得

$$G_{jfz}(s) = \frac{7904(0.82s+1)}{1.6138\times10^{-4}s^4 + 0.029\,83s^3 + (0.4864+48.69\beta)s^2 + (1.339+7.904\beta)s + 0.9633}$$

经整理得

$$G_{jfz}(s) = \frac{8205(0.82s+1)}{1.6753\times10^{-4}s^4 + 0.0309s^3 + (0.5049+50.55\beta)s^2 + (1.39+8.205\beta)s + 1}$$

$$(11-6)$$

比较式(11-6)和式(11-3)可以看出,加上正反馈校正网络后,局部反馈部分放大倍数提高。由于放大倍数的提高使系统的稳态误差下降,所以提高了发射架同步跟踪的精度。

11.1.5 校正后系统分析计算

1. 系统稳定性分析计算

增加串联校正、负反馈和正反馈 3 种校正网络后,系统结构图如图 11-14 所示。

发射架随动系统能否完成给定任务,首要的条件是判断系统是否稳定。根据以上推导的各环节传递函数,可得到校正后系统的开环传递函数为

$$G_{ocfz}(s) = G_n(s)G_{jfz}(s)G_8(s)$$

式中,$G_n(s) = G_1(s)G_2(s)G_3(s) = \dfrac{0.0607\times(0.66s+1)}{(0.0034s+1)(0.031s+1)}$,$G_8(s) = \dfrac{0.468}{s}$。

将式(11-6)代入上式,得

$$G_{ocfz}(s) =$$

$$\frac{233.08(0.82s+1)(0.66s+1)}{s(0.0034s+1)(0.031s+1)[1.6753\times10^{-4}s^4 + 0.0309s^3 + (0.5049+50.55\beta)s^2 + (1.39+8.205\beta)s + 1]}$$

$$(11-7)$$

由式(11-7)可以看出,发射架随动系统是 I 型系统。在 $\beta=0.7$ 和 $\beta=0.15$ 时,经过串联和正、负反馈校正后系统分析分别如图 11-16 和图 11-17 所示。

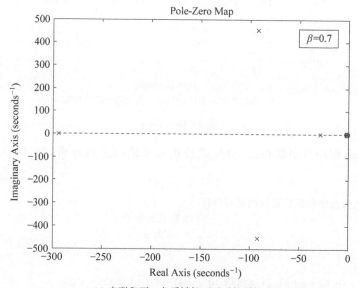

(a) 串联和正、负反馈校正后系统零极点分布图

图 11-16 增加校正网络的随动系统开环对数幅相特性曲线($\beta=0.7$)

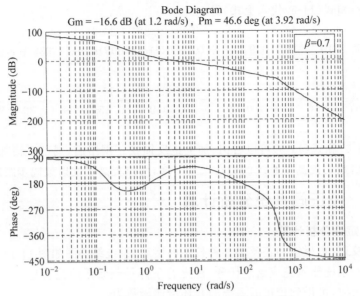

(b) 串联和正、负反馈校正后系统的Bode图

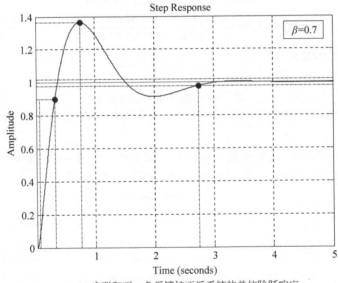

(c) 串联和正、负反馈校正后系统的单位阶跃响应

图 11-16 （续）

利用 Matlab 程序对串联和正、负反馈校正后系统的进行分析,在 $\beta = 0.7$ 时分析程序如下:

```
% 串联和正、负反馈校正后系统的进行分析
s = tf('s');                          % 定义 s 算子
bate = 0.7;                           % 给出 β = 0.7
Gn = 0.0607 * (0.66 * s + 1)/((0.0034 * s + 1) * (0.031 * s + 1));
G8 = 0.468/s;
Gjfz = 8205 * (0.82 * s + 1)/(1.6753 * 10^( - 4) * s^4 + 0.0309 * s^3 + …
(0.5049 + 50.55 * bate) * s^2 + (1.39 +   * bate) * s + 1);   % 局部正负反馈环节传递函数
```

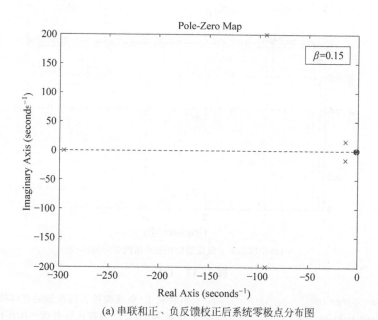

(a) 串联和正、负反馈校正后系统零极点分布图

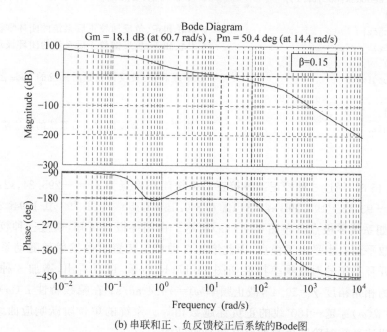

(b) 串联和正、负反馈校正后系统的Bode图

图 11-17 增加校正网络后的随动系统开环对数幅相特性曲线($\beta=0.15$)

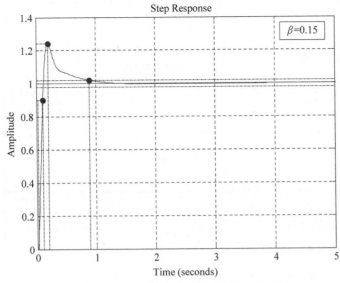

(c) 串联和正、负反馈校正后系统的单位阶跃响应

图 11-17　（续）

```
Gocjfz = Gn * Gjfz * G8              % 串联和正、负反馈校正后系统的开环传递函数
Gbcjfz = feedback(Gocjfz,1);         % 串联和正、负反馈校正后系统的闭环传递函数
figure(1)
pzmap(Gbcjfz)                        % 串联和正、负反馈校正后系统的闭环零极点分布
eig(Gbcjfz)                          % 串联和正、负反馈校正后系统的闭环极点
figure(2)
margin(Gocjfz)                       % 串联和正、负反馈校正后系统的 Bode 图和稳定裕量
grid
figure(3)
step(Gbcjfz,5)                       % 串联和正、负反馈校正后系统的单位阶跃响应
grid
 % end
```

在 $\beta=0.15$ 时，经过 3 种校正装置校正后系统闭环极点为 $s_1=-295.24$，$s_2=-93.43+199.29i$，$s_3=-93.43-199.29i$，$s_4=-12.79+0.1594i$，$s_5=-12.79-0.1594i$，$s_6=-2.05$，$s_7=-1.08$，如系统零极点分布图 11-17(a) 所示。由闭环极点可知，通过三种校正装置校正后系统在复数平面右半平面无极点，因此增加 3 种校正装置后的发射架随动系统达到了稳定性要求。开环系统的对数频率特性如图 11-17(b) 所示，可以看出，增加 3 种校正装置后的开环系统的相角裕度 $\gamma=50.4°$，截止频率 $\omega_c=14.4\mathrm{rad/s}$；在幅频特性 $L(\omega)$ 大于零的频段，相频特性 $\theta(\omega)$ 穿越 $-180°$ 线的正负穿越数相等。系统的单位阶跃响应曲线如图 11-17(c) 所示，说明该系统对阶跃信号跟踪过程是收敛的。

通过对增加 3 种校正装置后的随动系统进行分析，由图 11-16 和图 11-17 可以看出，校正后系统达到了稳定性要求，通过改变 β 可以改变系统的稳定性和动态性能。

2. 系统的品质分析计算

发射架随动系统以振荡次数、调节时间和超调量衡量系统的品质。

所谓振荡次数，就是在给定发射架随动系统一个阶跃作用（失调角）后，发射架达到给定位置时左右摆动的次数,显然振荡次数越少越好,如果振荡次数太多,不但影响调节时间,还会对发射架和导弹上的器件有影响。

所谓调节时间,就是系统给定一个阶跃作用(输入方位角)后,从发射架起动到发射架方位角达到给定值95%(或98%)范围内所需的最短时间。这个指标表明系统的快速性,如果调节时间太长,则会造成发射架无法跟踪目标。

所谓超调量,就是系统给定一个失调角后,发射架超过给定值最大量的程度。超调量太大,不仅影响发射架各器件的寿命,而且会影响系统的误差。

通过求系统的闭环传递函数得出系统的过渡过程,再通过系统的过渡过程可以分析振荡次数、调节时间和超调量。

由图 11-16 可以看出,当 $\beta = 0.7$ 时,系统的超调量约为 36%,系统上升时间约为 0.26s,系统的调节时间约为 2.74s,振荡次数 $N = 2$。由图 11-17 可以看出,当 $\beta = 0.15$ 时,系统的超调量约为 24%,系统上升时间约为 0.075s,系统的调节时间约为 0.89s,振荡次数 $N = 1$。可通过改变 β 可改变校正后系统的响应品质。

3. 系统的误差分析与计算

发射架随动系统的精度,主要从静态误差和稳态误差两个方面考虑。

1) 静态误差

对于闭环状态的发射架随动系统,在理想情况下,只要有失调角存在,执行电动机就会产生转矩,带动发射架转动,直到失调角等于零,则此系统无静态误差。但实际与理论总是有一定的差距的,由于所用元件本身的误差及其电气上的原因,会使系统产生静态误差。

发射架随动系统产生静态误差的主要因素有:自整角机的失灵区,电子管放大器的零点漂移、放大电动机的剩磁以及执行电动机的静摩擦转矩等。

2) 稳态误差

稳态误差是随动系统的原理误差。由自动控制原理可知,在计算稳态误差时,可按终值定理求得。

稳态误差为

$$e(\infty) = \lim_{s \to 0} s R(s) \Phi_e(s) \tag{11-8}$$

式中,$R(s)$——输入信号的拉普拉斯变换;

$\Phi_e(s)$——误差信号的传递函数。

误差信号的传递函数 $\Phi_e(s)$ 为

$$\Phi_e(s) = \frac{1}{1 + G_{ocfz}}$$

将式(11-7)代入上式,可以看出稳态误差的大小只与输入信号 $R(s)$ 和误差信号传递函数 $\Phi_e(S)$ 有关,而系统的误差信号传递函数又与其结构有关,这里是在系统结构确定的情况下讨论稳态误差,所以稳态误差只与输入信号有关。

(1) 当输入信号为单位阶跃信号时,也就是当随动系统有误差角后突然启动时($r(t) = 1(t)$)。

将输入信号的拉普拉斯变换 $R(s) = \dfrac{1}{s}$ 和式(11-7)代入式(11-8)得系统的稳态误差为

$$e(\infty) = \lim_{s \to 0} s \frac{1}{s} \Phi_e(s) = 0$$

$e(\infty)=0$ 说明当输入为恒定的角度信号时,系统在角度跟踪上无误差,即被控对象能够完全复现控制信号。$e(\infty)=0$ 是理论计算值,实际上并不能为零,最低限度还有静态误差无法彻底消除。

(2) 当输入信号为速度信号时,也就是匀速跟踪时($r(t)=Vt$)。

将输入信号的拉普拉斯变换 $R(s)=\dfrac{V}{s^2}$ 和式(11-7)代入式(11-8),得系统的稳态误差为

$$e(\infty)=\lim_{s\to 0}s\frac{V}{s^2}\Phi_e(s)=\frac{V}{K}=\frac{V}{233.08}$$

说明系统在匀速跟踪时,有一定的稳态误差。因此,当发射架匀速跟踪时,发送机和接收机之间必然存在误差,即速度误差。速度误差大小与发射架跟踪速度大小成比例,这是因为跟踪的速度越高,执行电动机的反电势越大,要求放大电动机输出电压越大,跟踪时的失调角就越大。

由发射架随动系统的分析可以看出,此例发射架随动系统的设计充分利用了事物发展过程中的辩证关系,即主要矛盾和次要矛盾在发展过程中相互转化。当系统的主要矛盾是稳定性问题时,采用串联校正和负反馈校正提高系统的稳定性,且在系统角速度和角加速度发生变化时负反馈校正起作用,达到增大系统阻尼、阻止系统振荡的目的,提高随动系统稳定性和动态品质。当系统的主要矛盾是精度问题时,可采用正反馈校正提高系统的精度,而在系统达到平衡位置时只要系统有误差正反馈就起作用。从阶跃响应来看,系统往往在开始时误差和角加速度较大,系统的稳定性和跟踪的快速性是系统的主要矛盾,负反馈校正作用要强,而精度是次要矛盾,经过一段时间的调节,在系统达到平衡位置附近时其控制精度就转化成了主要矛盾,而在接近平衡位置时系统角加速度变小,振荡问题就转化为次要矛盾,负反馈校正作用变弱,使正反馈校正作用增大,达到了增大系统放大倍数、减小系统误差和提高系统精度的目的。

11.2　高精度位置数字随动系统设计

高精度位置数字随动系统的框图如图 11-18 所示。该系统采用一个功率为 2.5kW 的宽调速电动机作为执行电动机,拖动负载运动,系统要求达到的技术指标为:

(1) 定位精度<0.4°;

(2) 跟踪过程超调量<10%;

(3) 输入阶跃、速度转角信号时,调节时间 t_s<250ms;

(4) 跟随速度信号时,无稳态误差。

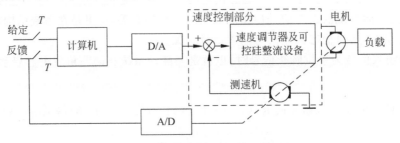

图 11-18　高精度位置数字随动系统的框图

11.2.1 高精度位置数字随动系统数学模型

1. 速度控制部分

该系统控制的内环由电流环和速度环组成。为提高系统的快速性,电流调节器采用比例器。速度环采用测速机和电动机同轴相连,测量电动机转速形成速度控制回路。通过选择适当速度调节器,在忽略非线性影响时,速度环可以近似为二阶振荡环节,其传递函数为

$$G_1(s) = \frac{K_1}{T_0^2 s^2 + 2\xi T_0 s + 1}$$

其中,K_1 为速度回路闭环增益。

经实测,$V_1 = 10\text{V}, n = 860\text{r/min}$,则

$$K_1 = \frac{860 \times 360}{10 \times 60} = 516°/\text{s}$$

实测得阻尼比 ξ 约为 $0.5, T_0 = 11.03\text{ms}$,代入相关参数后得

$$G_1(s) = \frac{516}{0.01103^2 s^2 + 0.01103s + 1}$$

2. D/A 转换

计算机输出的控制量,必须以模拟量的形式作用到被控对象上,因此采用 D/A 转换器。为了保证控制精度的要求,要求 D/A 转换器的单位足够小。

设 D/A 转换器的位数为 n,如果 D/A 转换器模拟量输出的最大范围 $M_{\max} = 10\text{V}$。采用 12 位 D/A 转换器时,量化单位为

$$q = \frac{M_{\max}}{2^n} = \frac{10}{2^{12}} \approx 2.44\text{mV}$$

如果 10V 对应的转速为 1000r/min,则 2.44mV 对应的转速为

$$n_2 = \frac{2.44 \times 1000}{10\,000} = 0.244\text{r/min}$$

3. A/D 转换

A/D 转换器位于反馈通道中,量化单位也影响系统的精度,系统的位置检测元件选用与控制电动机同轴的轴角编码电路。

控制电动机每旋转一周,轴角编码电路的调制通道要增(减)N 个脉冲。因此调制通道每增(减)一个脉冲,相位变化一个单位,对应电动机轴转角的变化为 $\alpha = 360/N$。

如果 $N = 2048$,则测角精度 $\alpha = 360/2048 \approx 0.176° < 0.4°$,满足控制精度要求。故选用 $N = 2048 = 2^{11}$ 的轴角编码电路作为系统位置检测电路。

4. 位置环的结构

位置环的结构如图 11-19 所示。

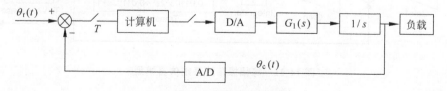

图 11-19 位置环的结构图

5. 开环放大倍数

用 b 表示二进制的数码,由 D/A 转换器可知,其转换系数 $K_2 \approx 2.44\text{mV/b}$。

由 A/D 转换器的原理可知,当电动机旋转一周时,轴角编码器的数码为 2048,所以 A/D 转换系数 $K_3 = 2048/360 \approx 5.69\text{b/度}$。因此系统广义被控对象的开环放大系数为

$$K = K_1 K_2 K_3 = 516 \times 0.00244 \times 5.69 \approx 7.162$$

位置环的传递函数为

$$G(s) = \frac{K}{s(T_0^2 s^2 + 2\xi T_0 s + 1)}$$

11.2.2　数字控制算法

将位置环结构框图等效为单位反馈形式,如图 11-20 所示。

$$\theta_r(t) \quad \frac{1}{K_3} \quad + \quad \otimes \quad T \quad D(z) \quad \text{零阶保持器} \quad \frac{K}{s(T_0^2 s^2 + 2\xi T_0 s + 1)} \quad \theta_c(t) \quad \text{负载}$$

图 11-20　位置环的等效框图

这里介绍数字 PID 控制算法和最少拍系统数字控制算法。

1. PID 控制算法

常规 PID 算法: $D(s) = K_p\left(1 + \dfrac{1}{T_i s} + T_d s\right)$,使用模拟控制器离散化的方法,将模拟 PID 控制器 $D(s)$ 转化为数字 PID 控制器 $D(z)$,采用反向差分法得到数字控制器的脉冲传递函数为

$$
\begin{aligned}
D(z) = D(s) \Big|_{s=\frac{1-z^{-1}}{T}} &= K_p + \frac{K_p}{T_i}\frac{T}{1-z^{-1}} + K_p T_d \frac{1-z^{-1}}{T} \\
&= \frac{(K_p + K_i + K_d)z^2 - (K_p + 2K_d)z + K_d}{z^2 - z}
\end{aligned}
\tag{11-9}
$$

式中,$K_i = \dfrac{K_p T}{T_i}$,$K_d = \dfrac{K_p T_d}{T}$。

采用第 9 章介绍的扩充临界比例系数法,去掉积分和微分控制,只保留比例控制,逐渐增大比例系数 K_p,直至系统出现等幅振荡,其仿真模型如图 11-21 所示,仿真结果如图 11-22 所示。由仿真模型和仿真结果可知,临界振荡周期 $T_C = 0.07\text{s}$,临界比例系数 $K_C = 12.659$。

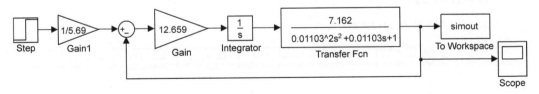

$$\text{Step} \quad \frac{1}{5.69}\ \text{Gain1} \quad + \quad 12.659\ \text{Gain} \quad \frac{1}{s}\ \text{Integrator} \quad \frac{7.162}{0.01103^2 s^2 + 0.01103s + 1}\ \text{Transfer Fcn} \quad \text{simout}\ \text{To Workspace} \quad \text{Scope}$$

图 11-21　等幅振荡的系统仿真模型

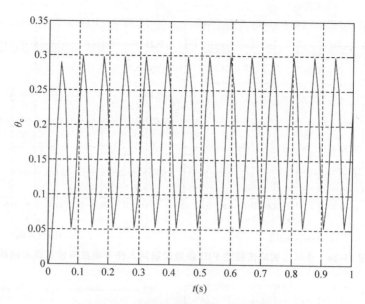

图 11-22　等幅振荡的系统阶跃响应曲线

当控制度为 1.05 时,按临界比例度法整定参数有 $K_p = 0.63K_C = 7.9745$, $T = 0.014T_C = 9.8 \times 10^{-4}$, $T_i = 0.49T_C = 0.0343$, $T_d = 0.14T_C = 0.0098$, 相应得到 $K_i = \dfrac{K_p T}{T_i} = 0.2278$, $K_d = \dfrac{K_p T_d}{T} = 79.745$。

由式(11-9)可得离散 PID 模型为

$$D(z) = \frac{87.947z^2 - 167.464z + 79.745}{z^2 - z}$$

以单位阶跃转角信号为输入信号,按临界比例度法整定 PID 参数的系统仿真模型如图 11-23 所示,其响应曲线和误差曲线如图 11-24 所示。

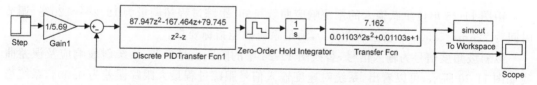

图 11-23　临界比例度法整定 PID 参数的系统仿真模型

由图 11-24 阶跃响应曲线可知,经 PID 校正后系统性能不能满足指标要求,其超调量为 48%,根据 PID 参数的作用,调整整定参数,使 $K_p = 4.5$, $T = 9.8 \times 10^{-4}$, $T_i = 0.09$, $T_d = 0.01$, 相应得到 $K_i = \dfrac{K_p T}{T_i} = 0.049$, $K_d = \dfrac{K_p T_d}{T} = 45.918$。

由式(11-9)可得离散 PID 模型为

$$D(z) = \frac{50.467z^2 - 96.337z + 45.918}{z^2 - z}$$

将上式调整后的 PID 模型替换图 11-23 中 PID 模型,以单位阶跃转角信号为输入信号,系统的阶跃响应曲线和误差曲线如图 11-25 所示。

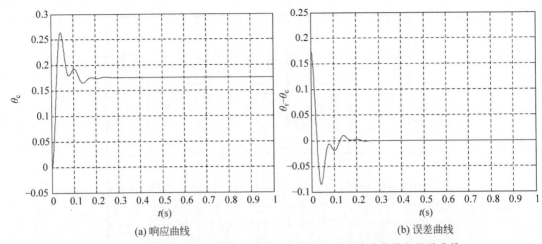

(a) 响应曲线　　　　　　　　　　　　　(b) 误差曲线

图 11-24　临界比例度法整定 PID 参数阶跃输入信号响应曲线和误差曲线

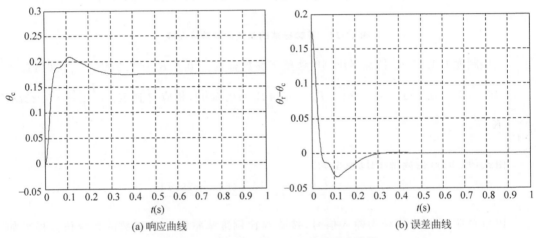

(a) 响应曲线　　　　　　　　　　　　　(b) 误差曲线

图 11-25　调整后的阶跃输入信号响应曲线

由图 11-25 单位阶跃输入的系统响应曲线可知,跟踪过程超调量为 $19.2\%<20\%$,调节时间为 226ms<250ms,稳态误差为 0,满足系统性能指标要求。

以斜坡角度信号为输入信号,替换图 11-23 中的阶跃信号环节,系统斜坡响应及误差曲线如图 11-26 所示,可以看出,系统对速度输入信号跟踪过程最大跟踪误差为 0.004,系统稳态误差为 0,系统在 0.172s 时跟踪误差就为 0,调节时间为 172ms<250ms。因此,经调整后系统能满足性能指标要求。

2. 最少拍无波纹系统控制器设计

为了尽快消除误差,达到时间最优控制,可以采用最少拍系统数字控制算法进行控制。广义被控对象的脉冲传递函数为

$$G(z) = Z[G_\mathrm{h}(s)G(s)]_{T=0.001}$$

$$= Z\left[\frac{1-\mathrm{e}^{-Ts}}{s} \frac{7.162}{s(0.011\,03^2 s^2 + 0.011\,03s + 1)}\right]$$

$$= 9.589 \times 10^{-6} \frac{z^{-1}(1+3.647z^{-1})(1+0.262z^{-1})}{(1-z^{-1})(1-1.905z^{-1}+0.9133z^{-2})}$$

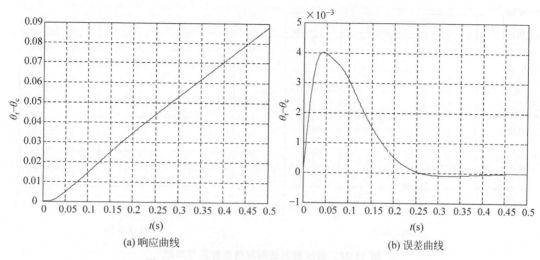

(a) 响应曲线   (b) 误差曲线

图 11-26 调整后的斜坡输入响应曲线和误差曲线

连续模型到离散模型转换的程序如下：

```
% 连续模型到离散模型转换
s = tf('s');
T = 0.001;                                          % 采样周期
Gs = 7.162/(s * (0.01103^2 * s^2 + 0.01103 * s + 1));  % 连续传递函数
Gz = c2d(Gs, T, 'zoh') ;                            % 连续模型到离散模型
Gzpk = zpk(Gz)                                      % 转换为离散零极点模型
% end
```

以阶跃输入信号作为典型输入信号，要满足无纹波设计，单位阶跃输入选择误差脉冲传递函数 $G_e(z)$ 和闭环脉冲传递函数 $\phi(z)$ 为

$$G_e(z) = (1 - z^{-1})(1 + az^{-1} + bz^{-2})$$

$$\phi(z) = cz^{-1}(1 + 3.647z^{-1})(1 + 0.262z^{-1})$$

由 $G_e(z) = 1 - \phi(z)$ 得到 $a = 0.8295, b = 0.1629, c = 0.1705$。

由 $D(z) = \dfrac{\phi(z)}{G(z)(1 - \phi(z))} = \dfrac{\phi(z)}{G(z)G_e(z)}$ 确定数字控制器 $D(z)$ 为

$$D(z) = 1.7781 \times 10^4 \frac{1 - 1.905z^{-1} + 0.9133z^{-2}}{1 + 0.8295z^{-1} + 0.1629z^{-2}}$$

以单位阶跃转角信号为输入信号，按最少拍无波纹系统控制器设计的系统仿真模型如图 11-27 所示，其响应曲线和误差曲线如图 11-28 所示。

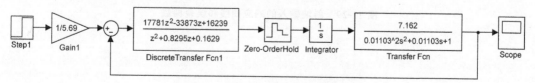

图 11-27 最少拍无波纹系统仿真模型

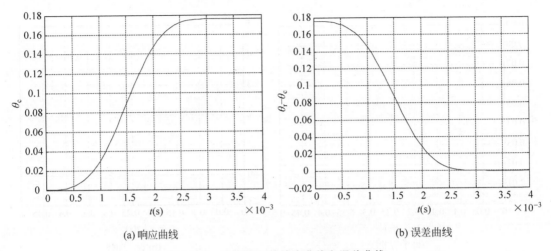

(a) 响应曲线　　　　　　　　　　　　　(b) 误差曲线

图 11-28　阶跃输入的响应曲线和误差曲线

由图 11-28 单位阶跃输入的系统响应曲线和误差曲线可知,跟踪过程无超调量,且输出只需 3 拍就可跟踪上输入信号,调节时间为 3ms,远远小于 250ms,稳态误差为 0。因此,完全满足系统性能指标要求。

以斜坡角度信号为输入信号,替换图 11-27 中的阶跃信号环节,系统斜坡响应及误差曲线如图 11-29 所示,可以看出,系统对速度输入信号跟踪过程最大跟踪误差为 0.000 35,系统稳态误差非常小(约为 0.000 32),系统调节时间非常小(小于 3ms)。因此,经最少拍无波纹系统控制器设计后系统完全能满足性能指标要求。

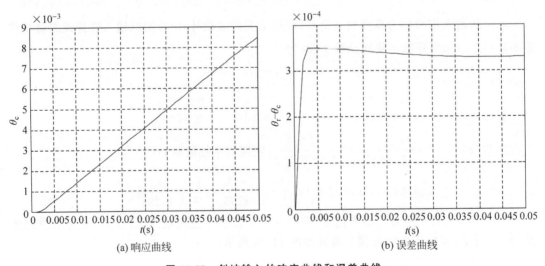

(a) 响应曲线　　　　　　　　　　　　　(b) 误差曲线

图 11-29　斜坡输入的响应曲线和误差曲线

参 考 文 献

[1] 刘胜,彭侠夫,叶瑰昀.现代伺服系统设计[M].哈尔滨:哈尔滨工程大学出版社,2001.

[2] 张莉松,胡佑德,徐立新.伺服系统原理与设计[M].北京:北京理工大学出版社,2005.

[3] 徐承忠,王执铨,王海燕.数字伺服系统[M].北京:国防工业出版社,1994.

[4] 秦继荣,沈安俊.现代直流伺服控制技术及其系统设计[M].北京:机械工业出版社,2002.

[5] 冯国楠.现代伺服系统的分析与设计[M].北京:机械工业出版社,1990.

[6] 卢志刚,吴杰,吴潮.数字伺服控制系统与设计[M].北京:机械工业出版社,2007.

[7] 肖英奎,尚涛,陈殿生.伺服系统实用技术[M].北京:化学工业出版社,2004.

[8] 丛爽,李泽湘.实用运动控制技术[M].北京:电子工业出版社,2006.

[9] 敖荣庆,袁坤.伺服系统[M].北京:航空工业出版社,2006.

[10] 姜大中,陈铮,费开,等.动力装置数字控制系统[M].西安:西北工业大学出版社,1988.

[11] 钱平.伺服系统[M].北京:机械工业出版社,2005 .

[12] 胡寿松.自动控制原理[M].北京:科学出版社,2004.

[13] 薛定宇.控制系统计算机辅助设计[M].北京:清华大学出版社,2006.

[14] 张晓江,黄云志.自动控制系统计算机仿真[M].北京:机械工业出版社,2009.

[15] 飞思科技产品研发中心.MATLAB7辅助控制系统设计与仿真[M].北京:电子工业出版社,2005.

[16] 肖田元,范文慧.系统仿真导论[M].北京:清华大学出版社,2010.

[17] 张彦斌.火炮控制系统及原理[M].北京:北京理工大学出版社,2009.

[18] 夏福梯.防空导弹制导雷达伺服系统[M].北京:中国宇航出版社,1996.

[19] 朱忠尼,蔡小勇,卢飞量,亓迎川.伺服控制系统[D].空军雷达学院,2000.

[20] 国家机械工业委员会.控制微电动机产品样本[M].北京:机械工业出版社,1987 .

[21] 《中国集成电路大全》编写委员会.TTL集成电路[M].北京:国防工业出版社,1985 .

[22] 厉虹,杨黎明,艾红.伺服技术[M].北京:国防工业出版社,2008.

[23] 王广雄,何朕.控制系统设计[M].北京:清华大学出版社,2008.

[24] 郝丕英.防空导弹发射装置伺服系统[M].北京:中国宇航出版社,1992.

[25] 梅晓榕,兰朴森,柏桂珍.自动控制元件及线路[M].哈尔滨:哈尔滨工业大学出版社,1994.

[26] 吕淑萍,李文秀.数字控制系统[M].北京:哈尔滨工业大学出版社,2002.

[27] 张汝波,徐东.计算机控制原理与系统[M].北京:哈尔滨工业大学出版社,2002.

[28] 曹鹏举,许平勇,李晓峰.基于DSP的液压伺服系统最少拍无纹波控制[J],液压与气动,2008(1),33-35.

[29] 薛定宇.控制系统仿真与计算机辅助设计[M].北京:机械工业出版社,2005.

[30] 高金源,等.计算机控制系统——理论、设计与实现[M].北京:北京航空航天大学出版社,2001.

[31] 姜学军,刘新国,李晓静.计算机控制技术[M].北京:清华大学出版社,2009.

[32] 陈伯时.自动控制系统[M].北京:机械工业出版社,1981.